KB154941

개정판 **소비자상담**

CONSUMER CONSULTING

# CONSUMER CONSULTING

개정판

# 소비자상담

이기춘·박명희·이승신·송인숙·이은희·제미경·박미혜 지음

(주)교 문 사

2007년 교문사에서 소비자상담 책을 낸 지 벌써 4년이 지났다. 그동안 하루가 다르게 소비자상담 환경이 변화하고 있어 이를 반영하는 개정판을 내게 되었다(사실 변화를 그때 그때 반영하려면 매년 책을 개정해야 하리라).

이 책의 저자들은 소비자상담을 전문적인 분야로 발전시키기 위해 노력해 왔다. 그 시작은 1996년 한국소비자학회에서 소비자상담사 자격인증을 위한 워크숍을 제공한 것이었다. 이때 개발된 내용을 기초로 1997년 국내에서 가장 처음 소비자상담 책을 출판하였다. 뒤이어 2000년, 2003년 두 번의 개정을 하였고(소비자상담의 이론과 실무, 학현사, 2000; 개정판, 2003) 2007년에는 교문사에서 새로운 내용과 모습으로 출간하였으며, 이번에 다시 개정판을 내게 되었다. 처음 낸 소비자상담 책을 시작으로 보면 이번 작업이 네 번째 개정이 되는 셈이다(이로써 이 책은 초판 이후 무려 15년이라는 역사를 갖게 되었다!).

이번 개정판에서는 목차는 그대로 두고 통계자료와 기업고객만족 사례나 소비자피해 상담사례를 새로운 것으로 대폭 보완하여 내용을 수정하였으며, 1372 소비자상담센터와 같은 새로운 제도 변화를 반영하였다. 또한 이슈가 되고 있는 불만대응행동에서 문제행동을 하는 소비자, 소위 '블랙컨슈머'와 관련된 최근 연구결과를 포함하였다.

그 사이 소비자상담 분야의 여러 제도가 새롭게 발전하고 있다. 중요한 변화 몇 가지를 살펴보면 다음과 같다. 먼저 한국소비자학회에서 주관하던 민간자격 '소비자상담사'는 명칭과 기관이 바뀌어 한국소비자업무협회의 '소비자업무전문가'가 되었다. 2003년도부터 한국산업인력공단 주관(주무부처 공정거래위원회)으로 시험이 시작된 국가자격 '소비자 전문상담사'도 2급에 이어 현재 1급도 배출하고 있다. 기업의 소비자만족 자율관리시스템에 대한 인증인 CCMS도 2005년 공표된 이래 많은 기업이 도입하며 잘 정착되고 있다. 또한 1372 소비자상담센터는 소비자상담기관 간의 협력과 상담의 표준화를 꾀하는 효율적인 제도로 2010년부터 시행되고 있다.

소비자상담은 단지 소비자불만이나 피해를 처리해 주는 소극적인 비용지출 업무에만 머무르지 않고, 고객접점부서에서 다양한 정보를 흡수 분석하여 해당기관의 전 프로세스에 피드백시킴으로써 내·외부 고객 만족을 높일 수 있는 적극적인 이윤창출업무로 인식이 변화되고 있다. 정부정책 면에서도 국민의 소비생활문제를 직접적으로 파악하고 해결을 돕는 대국민서비스의 최전방이라 할 수 있다. 새롭게 개정된 이 책이 소비자상담 분야에서 전문가로 성장하고자 하는 독자들에게 도움이 되길 바란다.

2011년 8월
저자 일동

새로운 세기로 진입한 이후 디지털경제라는 새로운 패러다임이 등장하였으며 시장경제와 소비환경은 급격히 변화하고 있다. 소비자가 일상생활과 시장에서 경험하는 소비자문제도 더욱 다양하고 복잡해졌으며 새로운 패러다임을 어떻게 받아들이느냐에 따라 소비자는 물론이고 기업과 국가의 경쟁력과 생존이 좌우된다.

디지털시대의 소비자는 수많은 제품, 브랜드, 판매처, 정보의 홍수 속에서 선택해야 하지만 과거처럼 획일적인 규범에 맞추어 생활하는 것을 거부하고 소비를 통해서 자신을 표현하고 삶을 즐기는 추세를 받아들이기 시작하였다. 지금까지는 소비자문제를 경험했거나 불만이 있는 소비자에 대한 대응책으로 소극적인 소비자상담이 이루어졌다면 앞으로는 적극적인 의미에서 소비자만족을 높이고 소비자 삶의 질을 향상시키는 차원으로 소비자상담의 기능과 역할이 이루어져야 한다.

기업에서도 소비자만족 경영체제를 실현하기 위해서 더욱 전문적인 수준의 소비자상담 업무를 필요로 하게 되므로, 소비자상담업무 종사자는 전문적이고 체계적인 소비자정보 제공과 교육을 통한 각종 소비자지원 역할을 수행할 수 있어야 한다. 한편, 다양한 신상품의 새로운 등장, 전자거래의 활성화로 인해 소비생활상담의 필요성이 절실해지고 있기 때문에 정부의 지자체 행정기관에 대한 상담서비스 요구도 증가하게 된다.

우리가 추구하는 새로운 소비자상(image)은 소비자 개인의 이익뿐만 아니라 타인과 사회공동체의 이익을 생각하고, 현재와 동시에 미래 환경을 고려하는 소비자시민성을 지니는 소비자이다. 이러한 미래소비자상을 구현하기 위해서도 소비자상담과 소비자업무교육은 필수적이다.

'소비자상담'은 2003년부터 시행되고 있는 '소비자전문상담사 1 · 2급'의 이론과 실기 시험의 기본 과목이다. 한국소비자학회가 주관해왔던 '소비자상담사' 인증제는 2004년부터 '소비자업무전문가(Consumer Affairs Professional)'로 명칭이 바뀌었는데 '소비자상담'은 역시 필수과목으로 지정되어 있다.

이 책은 소비자상담 및 업무에 대한 사회적 요구와 전문인력 양성의 필요성에 부응하기 위해서 기본적인 이론과 실무내용을 함께 다루었다. 특히 소비자상담 현장에서 실제로 활용할 수 있도록 기업, 소비자단체, 행정기관의 소비자상담 실무를 분리하여 다루고 각 장의 도입에서 사례를 제시하였다. 따라서 이 책은 대학의 강의교재뿐만 아니라 각 기관의 상담과 업무 실무를 위한 지침서로 활용될 수 있다.

　이 책은 6인의 공저로서 제1부인 1장 소비자상담의 필요성과 특성, 2장 구매의사결정 단계별 소비자상담의 의의와 내용은 이기춘 교수가 집필하였다. 제2부인 3장 효율적인 상담을 위한 기술, 4장 소비자를 이해하기 위한 방법과 기술은 송인숙 교수, 5장 상담접수방법과 처리 기술은 제미경 교수, 6장 인터넷 소비자상담은 박미혜 교수가 집필하였다. 제3부인 7장 고객만족을 위한 소비자상담은 박명희 교수, 8장 고객서비스부서의 혁신체계는 이은희 교수가 집필하였다. 제4부인 9장 소비자단체의 소비자상담 실무, 10장 행정기관과 한국소비자원의 소비자상담 실무는 이승신 교수, 11장 상품 및 서비스 유형별 소비자상담의 적용은 박미혜 교수가 집필하였다.

　끝으로 오늘날 그 중요성이 더욱 확대되고 사회적 수요가 증가할 소비자상담과 소비자 업무에 동참하게 된 독자 여러분을 진심으로 환영하며 이 저서가 급변하는 한국사회에서 소비자 삶의 질을 향상시키고 소비자상담 및 업무전문가를 양성하는 데 기여할 수 있기를 바라는 마음이다. 이 책이 새로운 모습으로 나오기까지 배려를 아끼지 않으신 (주)교문사 류제동 사장님과 임직원 여러분께 진심으로 감사를 드리는 바이다.

2007년 8월
저자 일동

# 차 례

## 제1부 소비자상담의 기초

## 제2부 소비자상담을 위한 방법과 기술

# 차 례

## Contents

# 제1부

# 소비자상담의 기초

본 장에서는 소비자상담의 기본적인 개념과 필요성을 이해하게 하고 소비자상담사가 담당하는 역할과 소비자상담사 자격증에 대한 지식을 효과적으로 습득하도록 한다. 따라서 상담사례를 직접 제시하기보다는 학생들이 경험한 소비생활문제와 피해에 대한 상담경험, 사회현장에서 이루어지고 있는 소비자상담에 대하여 기관별, 영역별, 단계별로 학생들이 지금까지 지니고 있었던 생각과 소비자상담사에 대한 이미지 및 역할 등에 대하여 자유토론을 하게 한다. 또는 10인 이내로 팀을 구성하여 아이디어를 공동으로 내어놓는 집단사고 개발법인 브레인스토밍(brainstorming)의 방법으로 자유롭게 의견을 개진할 수 있도록 권장함으로써 소비자상담에 대한 학습동기를 유발하도록 한다.

정보화·세계화가 사회구조적인 거시적 측면과 인간의 생활양식이라는 미시적 측면에서 근원적인 변화를 초래하며, 특히 미래의 소비생활은 정보화와 세계화의 영향을 크게 받아서 변화하리라 예상된다. 디지털과 네트워킹 기술로 대변되는 정보화 혁명은 일상생활 전반에 걸쳐 상상할 수 없는 변화의 물결을 일으키게 된다.

즉 기술의 발달로 상품과 서비스의 종류 및 거래방법도 다양해지면서 소비자문제의 양상도 복잡해질 뿐만 아니라, 인터넷의 발달로 새로운 소비자문제가 등장하고 있다. 상품 및 서비스의 구매 및 사용으로 인한 피해구제뿐만 아니라 소비자의사결정 전 과정에 걸쳐서 소비자는 조언 및 정보를 필요로 한다. 이러한 조언이나 정보를 체계적으로 제공해 주는 소비자상담에 대한 수요는 더욱 증가할 것으로 예상된다.

본 장에서는 소비자상담이란 무엇이고 왜 필요하며, 소비자상담의 특성과 역할은 어떠하며, 소비자상담사 자격증이 어떻게 주어지는지를 살펴보고자 한다.

# 1 장
# 소비자상담의 필요성과 특성

**Keyword** 소비자상담, 소비자문제, 소비자상담사, 소비자전문상담사

## 소비자상담은 왜 필요한가?

### 1. 소비자상담의 필요성

#### 1) 소비자상담의 개념

현대사회는 기술의 발달로 상품과 서비스의 종류 및 거래방법이 다양해지고 소비자문제의 양상도 복잡해질 뿐만 아니라, 인터넷의 발달로 새로운 소비자문제가 등장하고 있다. 따라서 상품 및 서비스의 구매 및 사용으로 인한 피해구제뿐만 아니라 소비자의사결정 전 과정에 걸쳐서 소비자는 조언 및 정보를 필요로 한다.

송인숙·이은희(1996)는 소비자상담이 소비자에게 적절한 정보를 제공하는 것에서부터 소비자피해구제에 이르기까지 소비생활의 여러 측면에서 소비자들에게 도움을 주는 활동으로 다양한 기관에서 이루어지고 있는 소비생활 전반에 걸친 활동임을 지적하고 있다.

또한 소비자상담은 소비자에게 상품에 대한 바른 정보를 제공하고, 알기 쉽게 소비자교육을 하는 한편, 소비자로부터의 문의, 고발, 불만 등을 처리해줌으로써 소비자의 욕구와 소비자행동을 파악하고 이를 기업에 피드백시킨다(이기춘 외, 1995).

따라서 소비자상담은 소비자의 상품 및 서비스의 구매와 사용으로 인한 피해구제뿐만 아니라 소비의사결정 전 과정에 걸쳐서 소비자가 필요로 하는 조언 및 정보를 체계적으로 제공해주는 활동으로 정의할 수 있다. 현대사회에서 소비자상담은 소비자 피해보상뿐만 아니라 기업과 소비자 사이의 의사소통, 소비자욕구의 기업에의 반영, 소비자생활에 관련된 다양한 정보제공, 소비자교육, 소비자행정의 문제점에 관한 정보수집과 정책수립에의 반영 등을 포함한 광범위한 영역이 포함된다(송인숙 · 이은희, 1996).

## 2) 소비자상담이 필요하게 된 배경

현대사회에서 소비자가 직면하는 문제가 너무나 다양하고 복잡해져서 소비자의 의사결정 전 과정에 걸쳐 직접적이고 구체적인 조력이 필요하기 때문에 소비자상담이 출현하게 되었다. 경제 · 사회 및 기업환경의 변화에 따라 소비자상담이 대두된 배경을 소비자측면과 기업측면으로 나누어서 살펴보기로 한다.

### ■ 소비자측면의 배경

풍요의 시대로 대표되는 산업사회가 도래되기 이전까지 소비자가 느끼는 가장 큰 어려움은 선택의 문제가 아닌 '자원의 부족, 결핍'이라는 기본적인 소비생활조건의 열악함이었다. 그런 사회에서 소비자가 경험하는 고전적 피해는 현재 우리가 겪고 있는 피해와 같이 심각하게 소비자에게 인식되지 못하였다.

산업사회의 양적인 발전과 함께 질적인 측면의 소비자문제가 사회구조적으로 발생하게 되었으며, 비인간적이고 방대한 시장과 풍요의 사회 속에서 소비자들은 더욱 무력감을 느낄 수밖에 없는 상황이 되었다(Swagler 저, 이기춘 외 공역, 1990).

선택의 범위가 넓어진 만큼 의사결정을 해야 하는 상황이 더욱 자주 노출되는데 비해서 현명하고 합리적인 의사결정은 한층 어려워지고 있다. 정보의 홍수라고 불릴 만큼 엄청난 양의 정보에 둘러싸여 있으면서도 정작 소비자 자신을 위한 유용한 정보의 선택이 어려운 상황이다.

따라서 다양하고 다원화되어 있는 복잡한 경제구조 속에서 소비자로서의 선택과 의사결정을 도와주고 문제를 경험했을 때 문제해결의 조력자로서 기능할 수 있는 새로운 역할에 대한 필요성이 강력하게 대두되었다.

### ◼️ 기업측면의 배경

대량생산을 가능케 했던 산업사회 초기에는 수요가 공급을 초과하고 생산이 곧 판매로 이어질 수 있었기 때문에 기업은 소비자에 대해 막강한 지배력을 행사할 수 있었다.

산업화가 진전되어 시장구조가 공급과잉 상태로 되고 재화의 종류도 보다 다양해지면서 비로소 소비자욕구의 파악과 대처에 중점을 두는 소비자지향적 사고와 시장지향적 사고가 대두되었다(이기춘 외, 1995).

소비자지향적 마케팅과 시장지향적 마케팅에서는 소비자 만족이 주요한 이슈가 된다. 따라서 경쟁이 심화되는 기업환경에서 생존할 수 있는 길이란 오직 고객(customer) 만족이라는 것을 기업이 인식하는 것이다. 이러한 상황이 더욱 더 심화되어가면서 고객중심적·고객지향적 경영마인드로의 전환이 급속도로 이루어지게 되었으며, 기업측면에서 소비자와 기업 간의 통로 기능을 할 수 있는 새로운 역할에 대한 수요가 발생하게 되었다.

민간단체에서의 소비자불만창구 운영으로 소비자불만해소에 도움을 주기 시작한 소비자상담이 이제는 많은 기업체의 상담실 개설로 진전이 되었으며 소비자상담 업무를 담당할 전문인력에 대한 수요가 증가하고 있다.

## 3) 소비자상담의 필요성

소비자상담의 출현배경에 대한 논의에서와 마찬가지로, 그 필요성에 있어서도 소비자측면과 기업측면으로 나누어 논의하고자 한다.

### ◼️ 소비자문제의 심화

현대사회에서의 소비자문제가 점차 다양하고 심각해짐에 따라 소비자문제를 해결하고 소비자를 보호하기 위한 각종 제도적·정책적 노력이 행해지고 있는데, 이 가운데 특히 소비자들은 자신이 구입한 상품에 불만이 있을 때 이를 쉽게 호소하고 합리적으로 해결할 수 있도록 하는 도움을 가장 필요로 한다. 과학기술과 경제구조가 빠르게 변화하고 시장상황도 복잡해지면서 소비자문제를 경험했을 때 소비자 스스로 해결방안을 강구하기란 매우 어렵기 때문에 조력을 줄 수 있는 사람이나 기관에 대한 필요가 더욱 강해지고 있다.

현재 이러한 역할을 담당하기 위하여 소비자피해보상기구의 설치를 정책적으로 지원하고 있기는 하지만, 소비자상담부서의 위상이 낮고, 전문인력이 부족하며, 또한 담당자의 근무의욕도 낮은 편이어서 소극적으로 피해보상 업무만을 수행하고 있을 뿐 소비자에게 정보를 제공하고 교육하는 것과 같은 적극적인 업무를 수행하지 못하고 있다는 평가를 받고 있다.

### ◼ 소비생활의 확장

더욱이 현대사회의 소비자역할은 확대되고 있기 때문에 단순히 과거와 같이 구매자로서 겪는 어려움, 즉 구매에 따른 소비자피해의 구제만이 문제가 되는 것이 아니라 예산수립, 정보탐색, 구매, 사용후 처리라고 하는 소비생활 전반에 걸친 광범위한 영역에서 겪는 어려움에 대한 조력이나 조언이 필요한 상황이다. 이것은 단순히 피해보상기구 등의 사후적 처리과정만 가지고는 해결될 수 없는 부분으로, 생활환경이 점차 복잡해지고 있는 현실에서 소비생활 전반에 대한 도움을 줄 수 있는 소비자상담의 필요성이 더욱 강하게 대두된다.

유아에서부터 노인에 이르기까지 모든 국민이 소비자이며, 의·식·주에 관련된 소비생활뿐만 아니라 여가생활 비중이 소비자의 삶의 질에서 중요한 비중을 차지하므로 소비자상담을 통해 만족을 증대시키는 일은 소비자측면에서 대단히 중요한 일이다.

### ◼ 기업의 소비자지향적 마케팅

과거에 기업의 입장에서는 소비자불만에 대응하기 위한 기업의 활동을 이익보다 비용으로 인식하였다. 그러나 최근에 와서 소비자불만에 대한 적절한 대응이 기업의 이익에 크게 기여한다는 연구결과들이 보고되고 있다.

Fornell은 소비자만족수준을 높이면 기존고객의 충성도를 높이고, 미래의 거래비용을 낮추며 기업의 이미지를 개선시킬 수 있다는 연구결과를 발표하였다. Anderson

등도 소비자만족이 기업의 수익성을 높인다는 가설을 경험적인 자료를 가지고 입증하였다. 또 Cooper와 Kleinschmidt는 신제품개발 아이디어를 자체기술이나 경영자로부터 얻었을 때보다 소비자에게서 얻었을 때 제품의 성공률이 높았음을 보고하고 있다(이기춘 외, 1995).

따라서 기업에서도 소비자지향적인 마케팅개념을 도입하여 기업의 경영을 소비자에게서 출발하여 소비자에게로 귀속시켜야 한다는 토탈 마케팅활동이 강조되고 있다(신유근, 1996).

소비자만족을 높이기 위한 첫 단계는 먼저 소비자들의 불만내용을 정확히 파악하는 것이다. 경쟁이 치열해지고 있는 오늘날의 기업환경에서 기업은 '고객중심적' 경영전략만이 기업의 생존을 가능케 한다는 사실을 인식하고, 소비자의 만족을 증진시키기 위한 각종 프로그램 제공에 초점을 맞추고 있다.

### ■■ 포괄적인 소비자상담의 필요

지금까지는 문제를 경험했거나 불만이 있는 소비자에 대한 대응책으로서의 소비자상담이라고 하는 소극적인 행동영역으로 국한되어 왔으나, 앞으로는 보다 나아가 소비자의 불만수준을 낮추는 것이 아니라 긍정적인 의미에서 만족수준을 높이려는 능동적이고 적극적인 양태로 변화해야 한다. 이제 소비자상담의 범위는 소비자피해구제라고 하는 제한된 범위로 한정되는 것이 아니라 소비생활의 전 과정에서 일어나는 소비자의 의사결정을 돕는, 보다 적극적인 의미에서의 상담이 필요하다. 즉, 소비자로서의 문제인식이나 정보탐색, 대안평가 등에 관한 상담이다. 구매후 만족/불만족의 결과로 일어나는 문제의 상담 등을 모두 포함하는 보다 포괄적인 의미에서의 소비자상담이 필요하다. 이것은 우리가 궁극적으로 추구하는 소비생활의 질을 높이고 복지수준을 높이기 위해 반드시 마련되어야 할 하나의 프로그램이라고 할 수 있다.

이와 같이 소비자상담의 필요성이 더욱 커지고 있는 현실에서 소비자상담의 전문성을 높이기 위한 소비자상담사 자격제도의 도입은 소비자복지 향상을 위해 중요한 역할을 수행하게 될 것이다.

## 2. 디지털시대의 소비자상담 전망

### 1) 디지털시대의 소비자

정보화시대, 디지털시대, 세계화시대, NGO시대, 소비자시대, 그리고 고령화시대 및 지식기반시대 등 21세기를 지칭하는 용어들은 그 다양성을 헤아릴 수 없을 정도에 이르렀다. 이들 용어는 각각 별개처럼 보이기도 하지만, 결국 동전의 양면으로서 바퀴의 두 축처럼 상호불가분의 관계에서 서로 상승작용을 일으키며 시대의 변화를 주도하는데, 이러한 변화의 동인이 되고 있는 두 개의 핵심어는 '소비자'와 '디지털'이다(이기춘, 2005).

디지털사회란 '디지털기술의 발달로 인해 경쟁력의 원천과 인간이 탐구할 대상이 디지털화됨으로써 인간의 주요 활동이 정보통신기술에 의해 제공되는 서비스의 지원을 받아 이루어지는 사회'이다(김기옥 외, 2004: 24).

21세기의 주역이 될 N세대(네트워크 세대)는 컴퓨터 통신이나 인터넷을 통해 정보를 주고받으며 성장했기 때문에 그러한 이름이 붙여졌는데, 이 세대의 주요한 특징은 경제적 풍요로움, 개성화, 정보화이다(김영신 외, 2004: 13). 디지털시대의 새로운 도구로 무장한 소비자의 힘이 뭉쳐지면서 기업이나 정부는 그 막강한 영향력에 주목하지 않을 수 없게 되었다.

디지털시대가 도래하면서 경제주체의 경제활동에 변화가 일어나고 있는데, 특히 소비자는 생산자와 거의 동등한 정보를 보유하고 자신의 선호를 생산과정에 적극 표출할 수 있게 됨으로써 소비자중심의 시대가 열리게 되었다. 디지털시대를 맞아 소비자의 역할은 증대하고 사이버공동체와 디지털 소비자운동이 활성화될 것으로 전망하고 있다(김기옥 외, 2004: 56-57).

#### ■▪ 소비자역할의 증대

인터넷의 대중화로 소비자는 생산자와 거의 동등한 정보를 보유하고 생산자와 직접 대화를 통해 자신의 취향을 생산과정에 반영하는 일이 가능해졌으며, 맞춤형 제품과 맞춤형 서비스의 출현으로 소비자는 생산자의 역할을 수행할 수 있게 되었다. 또한 인터넷의 보급으로 막강한 정보력을 갖추게 된 소비자는 네트워크의 광속성과 쌍방향성으로 인해 가격설정자로서의 역할을 할 기회가 생겼다. 디지털시대의 소비자는 생산자로서의 역할이 추가되는 등 그 역할의 폭이 더욱 다양해졌으며, 가격설정자의 역할을 담당하여 보다 적극적인 거래의 주체로서 부상하게 되어 소비자의 역할은 그 폭이 넓어지고 있다.

### ■■ 사이버공동체와 디지털 소비자운동

네트워크의 상호연결성은 소비자들 사이의 의사소통과 정보공유를 가능하게 함으로써 소비자들 스스로 네트워크를 형성하는 일이 과거와 비할 바 없이 매우 손쉬워졌다. 소비자는 자신의 욕구를 적극적으로 표출하여 공급자 사이의 경쟁을 유도할 수 있게 되었고, 소비자의 입장에서 가장 유리한 조건의 거래를 이끌어낼 수 있게 되었다. 소비자가 네트워크를 통해 소비자 공동체를 형성하는 일이 손쉬워지면서 소비자의 주권향상을 위한 소비자운동 또한 네트워크를 통해 보다 폭넓은 소비자의 참여와 관심 및 행동을 효율적으로 유도할 수 있게 되었다. 따라서 디지털경제시대의 소비자운동은 네트워크를 통한 디지털 소비자운동이라는 새로운 패러다임을 기반으로 소비자의 주권향상을 앞당길 수 있게 되었다.

## 2) 디지털시대의 소비자상담

### ■■ 특 성

디지털시대의 소비자상담의 특성으로서 소비자상담의 역할 증대, 인터넷상담의 증가, 소비자상담의 새로운 패러다임의 요구로 정리해볼 수 있을 것이다.

**소비자상담의 역할증대**

디지털시대의 도래는 소비자로서의 인간에게 새로운 기술의 잠재적 혜택을 줄 뿐만 아니라 새로운 문제를 발생시키는데, 소비자의 사생활 침해와 관련한 사례로는 수시로 날아드는 텔레마케팅과 스팸의 침해를 대표적으로 들 수 있다. 이 밖에도 아이디 도용과 피싱(phishing) 및 아이디 무선인식과 관련된 소비자문제가 증가하고 빠르게 확산되고 있다(이기춘, 2005).

전자상거래의 확대와 함께 이로 인한 소비자문제가 증가하고 있는데, 교섭과 계약의 문제, 배송과 지불의 문제, 반품 및 환불의 문제, 신용카드 결제로 인한 개인정보

노출 및 악용가능성의 문제 등이 나타나고 있다. 또한 전자상거래의 발달로 외국과의 거래가 늘어나면서 국제적인 소비자피해 및 분쟁도 늘어날 것으로 보이며, 정보화ㆍ과학화로 인한 첨단 하이테크 제품들의 등장은 소비자의 생활을 진일보시키겠지만 제품의 사용법을 파악하는 데서부터 심각한 소비자피해에 이르기까지 크고 작은 소비자문제를 유발시킬 것으로 예상된다(이은희, 2001). 또한 불건전한 정보의 문제, 인터넷 중독의 문제, 그리고 사이버 범죄의 문제가 디지털시대의 새로운 소비자문제이다(김기옥 외, 2004: 229). 이러한 문제들에 대한 이해와 함께 소비자상담의 역할 증대를 인식하여야 할 것이다.

디지털사회가 도래하였다 하더라도 기존에 존재하였던 전통적인 형태의 소비자문제는 여전히 발생하고 있다.

따라서 디지털시대의 도래로 인해 새롭게 나타나는 시장상황 및 소비자문제와 더불어 기존의 소비자문제에 적절히 대처하고 이를 해결하기 위한 소비자상담의 필요성은 더욱 증대될 것으로 예상된다.

### 인터넷상담의 증가

인터넷을 근간으로 정보가 전달되고 경제행위가 이루어지는 디지털 경제의 급속한 확산으로 인터넷 사용이 보편화되면서 과거에는 방문이나 서신, 전화로 소비자상담이 주로 이루어졌으나, 최근에는 인터넷 소비자상담이 증가하고 있다. 정부기관, 기업 또는 소비자민간단체 등 소비자상담을 하는 대부분의 기관은 소비자에게 서비스를 제공해주는 사이트를 개설, 운용하고 있다.

한국소비자원 자료에 의하면 총 상담건수 중 인터넷상담이 차지한 비율이 1999년 3.1%, 2001년 11.2%, 2003년 25.7%, 2005년 31.2%, 2006년 38.5%, 2007년 46.1%, 2008년 40.7%, 2009년 35.6%(한국소비자원, 2009; 2010)로 급격히 증가한 것으로 나타났다.

인터넷 상담은 우선 여러 가지 긍정적인 기능을 가지고 있는데(허경옥, 2003: 25-26), 첫째 우선 편리하다. 소비자뿐만 아니라 상담주체기관의 입장에서도 상담 장소와 시간에 구애받지 않고 수시로 소비자상담을 할 수 있다. 둘째, 효율적이다. 상담사가 소비자의 설명이 부족한 경우 다시 질문할 수 있으며, 유사한 상담내용의 공개로 반복적 상담을 줄일 수 있다. 셋째, 편리한 시간과 장소에서 서면을 통한 명확하고 효과적인 상담을 할 수 있도록 하여 상담사의 업무 스트레스를 줄일 수 있다. 넷째, 정보

제공이나 구매전 상담에 효과적이다. 이러한 인터넷상담은 소비자나 상담서비스를 제공하는 주체 모두에게 효과적이고 강력한 소비자상담방법으로 앞으로 계속 증가할 것이다.

### 소비자상담의 새로운 패러다임 요구

최근의 시장환경은 소비자 '보호'에서 '주권실현'으로 패러다임이 변화하고 있다. 2007년 3월부터 한국소비자보호원이 한국소비자원으로 개칭한 것도 이와 같은 맥락이라고 볼 수 있다. 따라서 소비자상담도 새로운 모델을 필요로 한다.

소비자주권시대에 소비자상담시스템에서 중요한 것은 기업의 자율적 피해구제이다. 특히 소비자보호를 위하여 소요되는 비용의 상당부분을 정부와 소비자단체가 부담해오고 있으나, 소비자피해의 원인을 제공한 기업과 문제해결의 수혜자인 소비자가 부담하는 것이 합리적이라는 전제에서 출발한다(이창옥, 2005).

〈표 1-1〉은 소비자상담의 미래의 구조적 변화를 나타낸다.

**표 1-1** **소비자상담의 현재와 미래의 구조적 변화**

| 항 목 | 현 재 | 미 래 |
|---|---|---|
| 패러다임 | • 소비자 '보호'<br>• 소비자개념: 보호의 대상, 약자 계층 | • 소비자 '주권실현'<br>• 소비자개념: 시장속에서 자율과 책임을 져야 할 경제적 행위자 |
| 상담접근방식 | 대량처리(물량 위주) | 질 위주(정책 피드백에 주력, 소비자피해 대량발생 예방적 조치에 치중) |
| 소비자지불비용 | 무상(정부지원/기부) | 유료화(소비자/기업 당사자부담원칙) |
| 지역차원 | 중앙에서 집중처리 방식 | 지역별 분산처리 중심 |
| 과학기술의 사용 | 전화, 서신, 방문 중심 | 인터넷 중심 |
| 지향점 | 개별소비자의 보상에 치중 | 소비자정보화→소비자정책화→보다 인간적인 공동체 형성, 개인 삶의 질 향상 추구 |
| 사업자와의 관계 | 대립적 구도 | 협력, 상생의 도모 |

자료 : 이창옥, 2005

## ■ 소비자상담의 주체에 따른 소비자상담의 전망

소비자상담은 심리상담과 달리 정보제공의 비중이 크다. 고도화되고 대중적인 소비시대와 정보화, 개방화의 특징을 동시에 갖는 우리의 미래사회에서는 전문적인 소비자상담에 대해 사회적·개인적 수요가 더욱 증가될 것이다. 특히 더욱 복잡해지는 소비환경에서 소비자들은 소비생활에 대한 의사결정을 내리기 위해 보다 효과적인 정보를 얻고 도움을 받을 수 있는 조력자를 필요로 하게 될 것이다.

소비자상담의 주체에 따른 전망은 다음과 같다.

### 기업의 소비자상담

21세기의 복합적인 시장환경은 기업의 전반적인 변화를 요구하고 있다. 소비자의 욕구가 다양화, 고급화, 복잡화되면서 기업의 성공여부가 소비자에 의해 결정된다고 보고 고객만족의 극대화를 기업최고의 목표로 삼는 경영방식인 고객만족경영의 중요성이 증가하고 있다. 고객만족경영원칙 중 중요한 하나는 고객서비스를 중시하는 것이다. 고객서비스는 기업의 제품, 기업이미지, 유통요소 등과 더불어 고객만족을 증진시키는 요소이다.

고객만족(CS)경영방식은 역동적인 기업환경의 변화에 대한 기업의 대응수단으로 채택된 것이다. 즉 유통시장의 개방으로 범세계적인 경쟁체제로 돌입하여 기업의 위기의식이 고조되었고, '생산자 주도'에서 '소비자 주도'로 시장환경이 바뀌었으며, '수동적 소비자'에서 '능동적 생활자'로, '획일적 소비자'에서 '다양한 개성 추구자'로 소비자는 변화되었다.

CS경영은 1980년대 후반 미국에서 탄생했다. 그 계기는 QC(품질관리)에 의해 세계시장을 석권한 일본 기업에 대항해서 경쟁에서 승리할 수 있는 전략적 과제를 놓고 연구한 데서 비롯되었다. 이제는 CS경영이 일본, 한국을 비롯한 많은 국가의 기업들이 생존전략으로 삼고 있는 세계적 추세가 되었다. CS경영이 각광을 받아 많은 기업들이 도입하기 시작한 가장 큰 이유는 시장과 소비자의 성숙화에 따라 기업 간의 경쟁이 치열해져서 보다 좋은 상품과 서비스를 제공하여 소비자의 만족을 충족시키지 않고는 살아남기 어려워졌기 때문이다.

갈수록 경쟁제품이 많아지고 소비자의 욕구가 다양해지는 시장에서 장기적인 이익을 실현하기 위해서는 고정고객 확보를 통하여 경쟁적 우위를 획득해야 한다. 이는 고객만족을 통해서 얻어질 수 있다. 이를 위해서 기업은 고객정보의 창출, 확산, 대응이라는 고객지향성을 경영체제의 핵심으로 정착시켜 나가야 한다.

고객만족경영 원칙하에서 기업의 소비자상담은 소비자불만해소를 위해서뿐만 아니라 기업과 소비자 사이의 의사소통을 통해서 소비자의 욕구와 선호 및 기업의 소비자문제를 분석·파악하여서 이를 기업의 고객만족경영에 반영시키는 데 그 목적이 있다.

지금까지 기업의 소비자상담은 소비자불만처리와 소비자피해구제상담에 국한되어 왔다. 기존의 기업내 소비자상담 업무는 주로 전화, 서신, 방문, 인터넷을 통한 소비자들의 불만접수와 문제가 되는 상품의 수선, 교환, 환불처리와 같은 단순한 일이 대부분을 차지하고 있다. 소비자불만처리나 소비자피해구제는 이제 기본적인 소비자의 권리이자, 기업의 의무로 인식되고 있다.

고객만족경영 원칙하에서 기업내 소비자상담은 기존의 소비자불만·피해에 대한 '단순처리' 차원에서 벗어나 앞으로는 소비자의 욕구를 능동적으로 사전에 발굴하여 대책을 수립할 수 있어야 할 것이다. 이를 위한 소비자정보의 수집 및 관리를 담당하는 기업내의 소비자상담부서의 중요성은 날로 증가하고 있다. 소비자상담과정에서 얻어진 정보는 생산이나 마케팅 전략수립에 대단히 중요한 요소이다.

따라서 소비자불만처리 및 피해구제와 기업의 고객만족경영체제를 동시에 실현하기 위해 소비자상담업무는 지속적으로 필요할 것이다. 기업과 소비자 간의 상호교섭을 통하여 소비자문제를 해결하는 것은 기업내 소비자상담의 주요한 역할 중의 하나이며, 나아가 소비자상담으로 얻어진 정보를 활용하여 기업이 소비자문제를 미연에 방지하고 고객만족을 달성하면 기업의 장기적인 존속 및 성장에 크게 기여할 것이다.

그리고 소비자상담업무 종사자는 과거보다 한층 높은 수준의 전문적이고 체계적인 소비자정보 관리자로서의 역할을 수행할 수 있어야 하기 때문에 소비자상담 자격증을 소지한 인력을 더욱 필요로 하게 된다. 미래사회에서는 다양화, 개성화되는 소비자의 욕구와 행동을 신속히 파악하고 이를 기업경영에 반영시키는 데 중요한 역할을 할 수 있는 전문가적인 소비자상담사에 대한 수요가 더욱 증가할 것이다.

### 행정부·소비자단체의 소비자상담

기업의 소비자상담은 소비자불만처리 및 피해구제와 소비자의 다양한 욕구 파악과

정보제공이라는 고객만족경영에 초점을 둔다. 그러나 행정부와 소비자단체의 소비자상담은 소비자피해상담 업무 외에도 소비생활지도라는 중요한 영역을 담당해야 한다. 또한 소비자상담의 결과로 얻은 정보를 근거로 정책건의를 함으로써 소비자정책에 기여할 수 있다.

미래사회에서도 소비자문제가 소멸되지 않는 한 소비자상담은 지속될 것이다. 실제로 소비자문제는 시간이 흐름에 따라 그 양상은 달라지지만 끊임없이 새로운 문제가 등장하고 있다. 예를 들면, 유전자 조작으로 개발된 농산물로 만든 식품문제, 방사선조사 식품문제는 새로운 소비자문제이다. 기술 발전에 따라 이와 같은 새로운 소비자문제는 끊임없이 발생할 것이다.

다음으로 행정부와 소비자단체의 소비자상담에서 다루어야 할 영역은 소비생활지도와 이에 대한 상담이다. 소비생활지도는 소비자교육의 일환인데, 소비자교육이 가정과 학교에서 부분적으로 이루어지고 있으나 현실적으로 미흡한 실정이다. 따라서 소비자상담을 통한 소비자교육에 대한 사회적 요구가 현실적으로 매우 높다. 사회교육의 일환으로 소비자교육이 실시될 때 그 담당자로서 행정부와 소비자단체의 소비자상담실이 사회소비자교육의 주체로 활용될 수 있다. 그리고 사회소비자교육이 체계적으로 실시되기 위해서 필요한 교사나 교육프로그램 개발 등이 전문적인 소비자상담사의 육성을 통해서 일부 해결될 수 있다.

사회소비자교육의 중요한 영역이 될 행정부·소비자단체의 소비자상담은 소비자불만처리 및 피해구제를 지속적으로 다루게 될 것이며 그 영역이 확대되어 소비생활지도와 상담을 폭넓게 실시하게 될 것이다. 이는 소비자 개인 및 가정의 소비생활 전반에 대한 소비자가치관과 소비자능력개발을 포함하는 소비자교육이 되며 소비자상담전문가가 이 역할을 수행하게 될 것이다.

소비자상담과정에서 소비자가 겪고 있는 소비자문제, 소비자의 욕구와 소비자행동 등에 관하여 얻은 정보를 토대로 기업전략 또는 정부정책건의에 활용함으로써 보다 나은 소비생활환경을 만드는 데 기여할 수 있을 것이며, 미래에는 이러한 역할이 보다 중요해질 전망이다. 즉 행정부와 민간소비자단체에서는 소비자상담업무를 통해 소비자불만의 해결뿐만 아니라 성인소비자에 대한 소비자교육을 담당하며 기업의 생산활동과 정부의 소비자정책의 감시자 역할을 수행하게 될 것이다.

행정부와 소비자단체의 소비자상담 기능은 상담을 주관하고 있는 기관 및 단체의 성격에 따라 다양하게 나타나고 있지만, 공통적으로 나타나고 있는 특징은 소비자피해상담, 소비생활지도의 결과로 얻은 정보를 근거로 정책건의를 하는 것이라고 할 수 있다. 미래의 소비자상담은 소비자정책 건의의 중요성이 증가할 것으로 보인다.

이러한 소비자상담분야의 수요증대 여건에 따라 이제까지 비전문가가 직접적인 일의 수행과정에서 필요한 지식과 기술을 쌓으면서 대응하던 방식과는 달리 전문적인 능력을 갖춘 사람들이 일을 해야 할 필요성이 늘어난다.


# 소비자상담의 특성과 역할

## 1. 소비자상담의 특성과 영역

### 1) 소비자상담의 특성

소비자상담의 특성은 어떤 것인가? 소비자상담의 특성은 일반심리상담과 소비자상담을 비교함으로써 잘 파악할 수 있다. 따라서 소비자상담을 설명하기에 앞서 일반심리상담의 개념과 원리를 알아보고자 한다.

#### ■ 일반심리상담

**상담이란?**

상담(相談)은 가장 쉬운 말이면서도 그 의미를 정확히 말하기 힘든 용어 중의 하나이다. 우선 글자로 보아서는 서로 말을 주고받는다는 뜻이 되기 때문에 정보를 교환하고 서로 협의하는 상황이면 다 상담이라고 말할 수 있을 것이다. 그러나 상담이 일반적인 회담이나 면담과 다른 것은 상담에서는 한쪽이 다른 쪽에게 조언을 해주어 관심사나 문제를 해결해 주는 특성이 있다는 점이다. 정보제공과 조언만으로 문제를 해결할 수도 있고, 몰랐던 정보를 얻고 충고를 받는 것만으로 해결되지 않는 문제도 있다. 문제는 '어떤 목적으로, 어떤 사람에게, 어떤 종류의 도움을 주느냐'에 따라 상담의 범위가 많이 달라질 것이다.

산업이 고도로 발달되지 않아서 인간생활이 단순했던 20세기 초까지만 하더라도 감정적, 행동적 장애가 많이 생기지도 않았거니와 별로 문제될 것도 없었다. 그러나 환경과 생활조건이 급속도로 변화하고 있는 현대사회에서는 감정·행동상의 문제도 많아지게 되었고, 전문가만이 제공할 수 있는 정보와 조언도 많이 필요하게 되었다. 따라서 오늘날의 상담은 여러 가지로 복잡한 생활과정상의 문제를 전문적으로 다루는 것이 되었다.

이러한 측면을 감안해서 상담의 정의를 내린다면 "도움이 필요한 사람이, 전문적인 훈련을 받은 사람과의 관계에서 자기의 생활과정상의 문제를 해결하고, 생각·감정·행동측면의 '인간적 성장'을 위해 노력하는 학습과정(이장호, 1982: 11)"이다.

여기에서 말하는 '학습'은 상담에서 변화가 이루어져야 한다는 것을 강조한 것이다. 즉 상담의 결과로 과거와 다른 변화가 이루어진다면 '학습이 됐다'고 해석할 수 있기 때문이다. '조언중심'의 일반적 상담과 습관 및 성격상의 변화까지를 다루는 '심리치료적 상담' 또는 '행동수정적' 접근방법도 여기에 다 포함될 수 있다고 보겠다.

### 상담의 원리

상담이 면담이나 일상적인 회화와 다르다고 하면 어떤 전문성을 띤 원리가 있어야 할 것인데, 상담의 기초원리는 첫째로 내담자의 모든 행동은 이유와 목적이 있다는 사실에 주목해야 한다는 점이다. 내담자의 행동 하나하나가 내담자의 문제를 이해하고 해결해 주는 데 필요한 자료이기 때문이다. 또한 상담자는 제한된 시간 외에는 내담자를 이해할 기회가 없기 때문에 상담 중에 보이는 내담자의 행동 하나하나에 주목하여 그 이유와 의미를 생각하여야 한다.

둘째로, 내담자의 반응 중 즉각적으로 관찰되는 것뿐만 아니라 관찰될 수 없고 지연된 반응이 있음을 주목하고, 이를 가능한 한 정확히 예측하는 것이다. 내담자가 당장 반응을 보이지 않았다고 해서 효과나 의미가 없는 것이 아니라는 점을 명심하는 것이 중요하다. 즉각적인 반응이 없거나 다음 면접에서도 반응이 없는 경우에는 상담자가 "지난주에 내가 얘기한 것에 대해 어떻게 생각하는지 알고 싶습니다."라고 말해 주는 것이 필요하다. 이렇게 내담자의 반응을 가능한 한 정확히 이해하고 예측하면 할수록 상담은 보다 효과적으로 진행될 수 있는 것이다.

세 번째 상담원리는 상담의 최종목표와 중간목표를 구별하여 먼저 중간목표를 달성하도록 노력해야 한다는 것이다. 상담의 최종목표는 내담자가 제시하는 여러 가지 '문제' 와 직접 관련되고, 상담자와 합의된 '문제해결의 내용 및 수준' 에 따라 다를 수밖에 없다. 초심자들은 혼히 이러한 상담의 최종목표를 처음부터 달성하려고 애쓰는 데서 좌절감을 많이 겪거나 무리한 노력을 하는 경향이 있다. 상담의 중간목표는 내담자 문제의 성질, 내담자의 적응수준 및 상담자의 전문적 판단에 따라 그 내용이 달라질 수밖에 없을 것이다. 그러나 모든 전문적 상담관계에서 공통적이며 기본적으로 거쳐야 할 중간과정이 있다. 이 중간과정은 바로 상담자-내담자 간의 '개방적 신뢰관계' 와 '내담자의 자각 및 자주성의 회복' 이다. 전자는 상담면접의 촉진조건이며, 후자는 내담자 문제해결의 기본 과제라고 말할 수 있다. 이 기본 촉진조건은 상담자와 내담자 간의 면접관계에 관한 것이기 때문에 상담의 '촉진적 관계' 라고 부르기도 한다.

### 상담의 촉진적 관계

인간은 죽을 때까지 관계 속에서 살며 이러한 인간관계에 따라 행·불행이 결정된다. 인간관계는 상호작용이며, 이 상호작용은 상대방에 대한 지각, 평가 및 태도에 따라 영향을 받기 마련이다.

상담의 촉진적 관계도 상담자나 내담자가 서로 상대방을 어떻게 보며 받아들이느냐는 지각 및 태도의 차원에서 이해될 수 있다. 즉 촉진적 관계의 구성요소는 상담자가 내담자에게 전달하는 인상 및 태도와 상담자에 대한 내담자의 지각 및 감정을 포함하는 것이다. 촉진관계를 위해 필요한 상담자의 바람직한 태도 및 행동특징은 공감적 이해, 수용적 존중, 일관적 성실 및 전문적 능력으로 집약된다고 할 수 있다. 이러한 상담자의 행동특징이 내담자에게 느껴지고 전달될 때에 내담자가 편안하게 자기를 개방할 수 있고, 상담자와 효과적으로 교류할 수 있는 것이다.

• **공감적 이해**　　공감적 이해란 자신이 직접 경험하지 않고도 다른 사람의 감정을 거의 같은 내용과 수준으로 이해하는 것이다. '공감적' 이라는 것은 내담자가 말하는 (관찰될 수 있는) 것으로부터 그의 감정, 태도 및 신념 등(잘 관찰될 수 없는 것)에 대하여 정확하게 의미를 포착하는 것이라고 풀이할 수 있다.

상담자의 공감적 이해능력에는 두 가지 기초적인 요소가 있다. 첫째는 상담자가 내담자의 말 속에 깔려 있는 중요한 감정, 태도, 신념, 가치기준을 포착하는 것이다. 이것은 감수성의 차원이다. 두 번째로, 상담자가 외적인 측면뿐만 아니라 내적인 측면까지 이해하고 알게 되었다는 것을 내담자에게 알려 주는 것이다. 이것은 전달과 소통, 즉 커뮤니케이션의 차원이다. 전달의 과정보다는 감수성의 차원이 상담자로서는 더 어려운 부분일 것이다. 즉 내담자가 말하고 느끼는 것, 전체적 생활상황 그리고 내담자의 현재와 미래에 관련된 의미를 이해하는 것은 단순한 과정이 아니다. 우선 내담자가 경험하고 있는 감정을 감지하고 인식하는 데는 어떤 단서가 있으면 도움이 될 것이다. 내담자를 이해하는 데 도움이 되는 중요한 단서로 볼 수 있는 것은 바로 내담자의 말과 행동이다.

• **수용적 존중**    상담자는 따뜻하고 수용적이어야 한다. 상담자는 이러한 자세를 말로 전달할 뿐 아니라 음성의 억양과 비언어적 단서, 특히 얼굴 표정으로 전달하여야 한다. 상담자는 "당신을 이해하고 장래성이 있는 인간으로 보고 있다. 내가 어떤 면에서는 당신과 의견이 다르지만, 그래도 당신을 인격적으로 존중한다."는 뜻을 말로나 행동으로 내담자에게 전달하는 것이 중요하다.

상담자가 내담자의 의견에 동의하지 않는 것과 내담자를 거부하는 것은 구별되어야 한다. 즉 내담자 의견에는 동의하지 않을 수 있지만, 내담자를 하나의 인격체로 존중할 수 있는 것이다. 상담자가 내담자의 의견에 동의하지 못할 경우에는 동의하지 않는다는 사실을 분명히 전달하되 그 표현이나 자세는 어디까지나 온화해야 한다. 중요한 점은 상담자가 반대의견을 표현할 때에는 온화한 태도로 표현해야 한다는 것이다. 상담자가 반대의견을 말할 때 권위적이거나 강압적인 자세라면 이미 이루어진 촉진적인 상담관계도 깨지고 말 것이다.

• **일관적 성실**    상담자가 내담자에게 꾸준히 성실하고 정직하게 대하는 것은 쉽지 않다. 그렇게 하기 위해서는 상담자 자신이 솔직해야 할 것이다. 그리고 자신의 가치관과 신념이 무엇이며 자기의 태도와 가치관이 내담자에게 어떤 영향을 주고 있는지 항상 예민하게 파악하는 것이 바람직하다.

간혹 초심자들은 "내담자에게 솔직하게 말하는 것이 내담자에게 나쁠 뿐만 아니라 자신에게도 불리한 결과를 초래하지 않느냐?"고 말해 온다. 그러나 상담자가 내담자에게 나쁜 영향을 주는 경우는 오히려 상담자가 성실하지 않고 정직하지 않다는 것을 내담자가 발견할 때이다. 이렇게 되면 과거에 아무리 좋은 영향을 끼쳤더라도 촉진적 관계는 깨지고 만다. 부정적 반응을 가져오리라는 예측 아래 거짓말을 하거나 사실을 회피하는 것은 솔직히 말해 주는 것보다 더 나쁜 부정적 결과를 가져온다는 것을 명심해야 한다.

• **전문적 능력**　　내담자는 상담자에게 도움을 구하러 온다. 내담자로서는 상담자가 자기를 도와줄 수 있는 전문적 훈련을 받은 사람이라는 것을 인식하는 것이 중요하다. 여기서 핵심이 되는 개념은 '희망'이다. 흔히 상담의 효과는 상담자가 자기를 도와줄 수 있는 사람이라는 희망이나 믿음을 내담자가 가지느냐의 여부에 따라 많이 달라진다.

내담자에 따라 특별한 상담과정에 대한 확신을 필요로 하는 경우가 있다. 만약 내담자에게 이런 확신이 필요하다고 판단되거나 내담자 쪽에서 직접 확인해 주기를 요구해 온다면, 상담자는 자연스럽게 다음과 같이 이야기해 줄 수 있을 것이다.

"내가 너를 도울 수 있다고 생각한다."
"우리가 함께 문제를 풀 수 있다고 생각한다."

효과적인 상담이 되기 위해서는 상담자는 내담자가 과거에 경험하지 못한 공감적 이해를 전달해 주어야 한다. 상담자는 내담자가 일상생활에서 만나는 사람들과는 다른 신념을 보여주고, 객관적이고도 전문적인 이해를 전달해 주어야 한다.

• **촉진적 관계의 목표**　　촉진적인 관계는 그 자체가 상담의 최종목표가 아니며, 상담의 결실을 가져오기 위해 필요한 과정이다. 그러므로 앞에서 설명한 촉진관계는 상담과정을 발전시키고 내담자의 문제해결을 돕기 위해 우선 달성해야 할 직접적인 목표이다. 일단 이 관계가 성립된 후에는 다음의 사항을 검토함으로써 상담을 효과적으로 이끌어 갈 수 있다.

• 지금까지 상담과정에서 내담자가 무엇을 얻고자 했는가?
• 무엇이 내담자로 하여금 도움을 청하게 만들었는가?
• 어떤 책략이 내담자나 그의 환경을 변화시키는 데 가장 적합한가?
• 상담의 최종목표와 관련지어 볼 때 내담자가 이제부터 무엇을 학습해야 하고 실천해야 할 것인가?

### ▦ 일반심리상담과 소비자상담의 차이

일반심리상담의 경우 상담을 받는 내담자는 자신이 가진 심리적 문제를 상담자와의 상담을 통해 해결해 나가는 과정으로 볼 수 있다. 여기에서 상담의 초점은 내담자의 생각, 감정, 행동 측면의 '인간적 성장'을 위한 노력과정이다. 내담자와 상담자는 개방적인 신뢰관계를 형성한 상담과정을 통해 내담자가 자신을 이해하고, 수용하며, 자주성을 회복할 수 있도록 돕게 된다.

이에 비해 소비자상담의 경우 내담자는 곧 소비자이다. 또는 기업 소비자상담에서는 특정 자사제품을 구매한, 또는 구매하고자 하는 잠재적인 고객(customer)이 된다. 소비자 또는 고객은 소비생활에서 발생한 제 문제를 해결하기 위해 상담을 원한다. 불만을 호소하거나 피해를 보상받고자 하는 것 외에도 소비생활에 필요한 정보나 조언 등을 얻고자 원한다. 따라서 소비자상담사는 우선적으로 이러한 문제해결에 도움을 줄 수 있는 객관적이고 정확한 지식을 갖추어야 한다.

또, 심리상담에서는 상담자가 내담자에 대한 감정이입이 필요한 것이 일반적이나, 소비자상담에서는 소비자의 설명이나 주장을 충분히 듣고 객관적인 입장에서 사실을 확인할 수 있는 능력이 필요하다. 기업체의 소비자상담이라면 문제의 발생원인이 어디에 있는 것인지, 예를 들면 소비자가 제품의 품질에 대해 불만을 호소하였을 경우에 불량제품 발생원인이 원자재의 문제인지, 생산공정의 문제인지, 유통과정의 문제인지 등을 밝혀낼 수 있어야 한다. 그리고 이를 통해 관련부서에 해결을 요구할 수 있는 능력이 필요하다. 또, 소비자단체에서 소비자상담을 받을 경우에 일방적인 소비자의 주장을 그대로 받아들이기보다 사업자와의 관계에서 중립적인 입장을 견지하면서 사실을 확인해야 하며 어느 경우에는 소비자의 주장내용 가운데 혹 사실과 다른 내용이 포함되어 있다면 이를 밝힐 수도 있어야 한다.

그러나 소비자상담도 상담과정에서 일반심리상담이 요구하는 기본적인 사항의 적용이 요구된다. 내담자의 기분을 공감적으로 이해하는 것, 내담자가 처해 있는 현실을 그대로 받아들이는 것, 성실하고 일관성 있게 대하는 것, 그리고 내담자의 문제를 도울 수 있는 전문적 능력을 갖추는 것 등이 일반심리상담에서 필요한 기본적인 사항이다. 이에 비추어 소비자상담사는 우선 상담하고자 하는 내용을 잘 들음으로써 문제에 부딪쳐 곤혹스러워하거나 불쾌해 하는 고객 또는 소비자의 기분을 충분히 공감하며 이해해야 한다. 무엇이 문제인지를 파악하였으면 이를 다시 질문 등을 통해 확인하고 난 후 문제해결을 위한 구체적인 행동을 하는 것이 기본적이 사항이라고 할 수 있다.

지금까지의 내용을 표로 정리하면 〈표 1-2〉와 같다.

표 1-2 일반심리상담과 소비자상담의 비교

| | 심리상담 | 소비자상담 |
|---|---|---|
| 용어 | 상담자<br>내담자 | 소비자상담사(원)<br>고객, 소비자 |
| 상담의 초점 | 생각, 감정, 행동측면의 '인간적 성장'을 위한 노력과정 | '소비생활'에서 발생되는 제 문제를 해결하기 위한 불만호소, 피해구제, 정보제공, 조언, 교육 등 |
| | 상담자–내담자 간의 개방적 신뢰관계, 내담자의 자기이해, 자기수용 및 자주성의 회복 | |
| 기본 사항 | 공감적 이해<br>'상담자는 내가 어떻게 느끼는지 알고 있다' | 듣는 기능 |
| | 수용적 존중<br>'상담자는 나를 부드럽게 대하고, 현재의 나를 그대로 받아들이고 있다' | 공감 기능(심리적 불쾌감, 곤혹스러움 등) |
| | 일관적 성실<br>'상담자는 위선적이 아니고, 항상 나를 순수하게 대할 것이다' | 확인 기능(문제를 확인) |
| | 전문적 능력<br>'상담자는 내 문제를 도와줄 수 있는 능력과 방법을 갖추고 있다' | 행동 기능(문제해결을 위한 구체적 행동, 정보제공 등) |

## 2) 소비자상담의 영역

소비자상담은 일반적인 개인의 심리적인 문제상담과는 달라서 가시적이고 구체적인 문제가 중심이 되며 그 영역도 포괄적이고 다양하다. 소비자상담의 형태는 기준을 어디에 두는가에 따라서 다음과 같이 구분할 수 있다.

첫째, 소비자상담의 주체가 누구인가에 따른 상담

• 민간소비자단체에 의한 소비자상담
• 사업자(기업)에 의한 소비자상담
• 행정기관에 의한 소비자상담

이들 세 주체의 소비자상담은 상담의 목적, 상담의 내용, 상담의 자세 등에 있어서 공통점과 차이점을 갖게 된다.

둘째, 소비자상담 내용의 차원에 따른 상담

- 소비자불만 호소에 대한 대응적 차원의 상담
- 소비자정보 제공적 차원의 상담
- 소비자교육적 차원의 상담

소비자상담은 발생한 소비자피해나 문제의 해결이 중심이 되는 소비자불만호소에 대한 대응적 차원의 경우처럼 일회성이나 단기적으로 종료될 수도 있으며, 소비자문제 예방 및 해결을 위한 소비자정보 제공적 차원의 상담처럼 단편적인 정보제공 자체로서 끝날 수 있는 것과 포괄적이고 다양한 측면의 정보를 수회에 걸쳐서 제공하는 형태가 있을 수 있다. 소비자교육적 측면의 상담은 내담자의 인구사회적 특성, 라이프스타일 등을 고려하여 장기적으로 수행되며 평생교육의 일환이 될 수 있다.

셋째로, 소비자의 구매과정에 따른 상담

- 구매전 상담
- 구매시 상담
- 구매후 상담

소비자상담은 소비자가 상품이나 서비스를 구매하고 이용하는 과정에서 일어나는 소비자의 의사결정을 도와주는 일이므로 구매전 상담, 구매시 상담, 구매후 상담의 전 과정을 포함하며 각각의 과정에서 강조되고 다루어지는 내용이 차별화 되는데 이에 관해서는 뒷장에서 자세히 다루게 될 것이다.

## 2. 소비자상담의 역할 및 소비자상담사 제도

### 1) 소비자상담의 역할

소비자상담은 내용면에서 소비자불만호소에 대한 대응적 차원의 상담, 소비자정보 제공적 차원의 상담, 소비자교육적 차원의 상담이 있을 수 있다. 소비자상담의 역할은 바로 이 내용분류와 관련하여 생각할 수 있다. 즉 소비자불만호소에 대응하는 과정에서 소비자피해를 보상하게 되기도 하고, 소비자의 의사를 기업에 전달하거나 기업의 의사를 소비자에게 전달하는 의사소통 역할을 하기도 한다. 또, 소비자에게 제품을 비롯하여 생활에 관련된 다양한 정보를 제공하여 의사결정을 돕기도 한다. 소비생활에 관련된 정보를 제공하거나 소비자피해구제과정에서 반복적인 피해를 막기 위한 조언을 해주는 등의 과정에서 소비자교육자로서의 역할도 수행하게 됨은 물론이다. 이때의 소비자교육은 포괄적인 소비자교육이 아닌 특정 소비자를 대상으로 특정 시점에서 특정한 문제를 체험적으로 다루게 되므로 일반적인 대단위의 소비자교육보다 아주 효과적이 될 수 있다. 뿐만 아니라 소비자와의 소비생활에 관한 직접적인 상담을 통하여 소비자행정의 문제점에 관한 정보를 수집하고 이를 정책수립에 반영하는 제언을 할 수도 있다.

이상에서 설명한 소비자상담의 역할을 정리하여 열거하면 다음과 같다.

- 소비생활에 관련된 다양한 정보제공
- 소비자에게 서비스를 제공
- 소비자문제의 해결
- 소비자교육기능의 부분적 수행
- 기업과 소비자 사이의 의사소통
- 소비자욕구의 기업에의 반영
- 소비자행정의 문제점에 관한 정보수집과 정책수립에의 반영

이상의 소비자상담이 맡는 역할은 소비자상담이 이루어지는 기관이 어느 곳인가에 따라 강조되는 역할에 차이가 있을 수 있다. 즉, 민간소비자단체에서의 소비자상담이냐, 그리고 특정 개별기업에서 이루어지는 소비자상담이냐에 따라 상담자의 다양한 역할 중에서 비중의 차이가 있게 된다. 소비자상담의 역할을 볼 때 민간단체와 행정기

관이 주체가 되는 소비자상담의 역할이 목적이나 내용면에서 보다 유사하며, 기업이 주체가 되는 소비자상담은 사업자 측면의 고유한 목적이 포함된다.

다음에서 이를 보다 자세히 살펴보자.

### ■■ 민간소비자단체와 소비자관련 행정기관의 소비자상담 역할

소비자보호단체협의회에 가입된 민간소비자단체나 한국소비자원과 같은 공적인 소비자기구에서 행해지는 소비자상담은 소비자가 피해보상을 받을 권리를 실현시키기 위하여 보다 소비자입장에서 공정한 합의안을 제시하려고 노력하며, 소비자의 알 권리를 실현시키기 위해 상품테스트자료, 정보네트워크 등을 이용한 정보제공을 해준다.

그리고 발생한 소비자피해문제를 해결하도록 도와주는 일뿐만 아니라 소비자가 스스로의 구매 및 사용행동에 관해 생각하고 자각하여 문제의 원인을 찾고 차후에 대비할 수 있는 능력을 키워주는 것이 중요하다. 그리고 피해구제의 차원을 넘어 소비생활의 질을 향상시킬 수 있도록 소비생활 전반에 관련된 유용한 정보를 제공하고 조언함으로써 소비자상담을 소비자교육의 차원으로 이끌어갈 수 있어야 한다.

다음으로 소비자상담을 하는 과정에서 소비자정책이나 행정의 문제점을 발견하고 정보를 수집하여 피드백시킴으로써 소비자행정을 발전시키는 데 기여해야 한다.

### ■■ 기업의 소비자상담 역할

기업의 소비자상담 역할 중에서 일차적인 것은 무엇보다도 소비자불만의 해소를 위해서 소비자피해를 구제해주는 것이다. 다음으로 기업과 소비자 사이의 의사소통을 통해서 소비자의 욕구와 선호를 파악할 뿐만 아니라 기업의 소비자문제를 분석하고 파악하여서 이를 기업의 고객만족경영에 반영시키도록 하는 것이다. 다시 말해 소비자상담활동을 통해 궁극적으로 고객을 만족시켜 재구매를 창조하는 등 마케팅에 기여하고 기업에 대한 소비자의 이미지 향상에 공헌하게 된다. 이러한 기능을 활성화하는 데 개개의 기업역량에 한계가 있기 때문에 기업의 소비자상담 담당자들이 전문적이고 자율적인 활동을 하기 위한 조직으로 기업소비자전문가협회(OCAP)를 발족하여 활동하고 있다.

## 2) 소비자상담사 제도

### ▪️ 소비자상담사에게 요구되는 능력

소비자상담사에게 요구되는 능력은 크게 인간적 능력과 전문적 능력으로 나누어 생각해 볼 수 있다. 우선 인간적인 능력으로는 상담 및 설득에 필요한 인내심, 타인의 상황에 대한 공감 능력, 공정하고 객관적인 판단 능력 등이며, 이는 단기간의 교육을 통해서 길러지기는 어려우나 관심을 가지고 꾸준히 노력하면 어느 정도 향상될 수 있다고 본다.

전문적인 능력으로는 소비자보호의 구조와 관련기관, 소비자와 판매자의 법적 권리와 책임, 상품의 특성과 성능의 이해 및 상품관리 지식, 판매 및 광고와 촉진활동에 대한 지식, 기업구조와 유통시스템의 내적 구조, 서비스업에 대한 지식 등이 필요하다. 또, 대인관계 및 의사소통 기술이 필요하며, 그밖에 교섭능력, 각종 정보를 조사 분석하고 문서화하는 기술도 필요하다. 컴퓨터를 이용할 수 있어야 하며 판매촉진기법과 홍보기술도 이해하고 활용할 수 있어야 한다.

소비자상담사에게 요구되는 능력은 어떤 기관에서 상담활동을 하든지 기본적인 능력은 공통적으로 요구되나 특별히 강조되는 능력에서 약간의 차이를 보인다. 예를 들면, 기업의 소비자상담은 기업과 소비자 사이의 의사소통을 강조하고 소비자욕구의 기업에의 반영이라는 일을 수행하게 되며, 이런 활동을 통해 궁극적으로 소비자를 만족시켜 재구매를 창조하는 등 마케팅과 연결된다는 점에서 기업에서 활동을 하는 소비자상담사는 기업경영에 대한 전반적인 이해와 마케팅 지식, 그리고 자사상품에 대한 지식과 최근의 새로운 상품 거래방법에 의한 소비자피해정보 등이 더욱 중요하다.

직급에 따라서도 필요한 업무능력에는 차이가 있다. 소비자상담부서 내에서 하급직일 경우는 전화상담과 같은 대인상담기술이 더 중요하겠으나 상급직으로 갈수록 부서 전체를 조직하여 운영할 수 있는 능력이 요구되므로 기획·평가능력과 인력관리나 교육훈련, 리더십 같은 능력이 요구된다.

### ▪️ 소비자상담분야의 자격제도 현황

**외국의 현황**

소비자상담관련 전문자격제도가 가장 활발한 곳은 일본으로 다양한 소비자상담 자격증제도가 운영되고 있다. 통상산업성의 '소비생활어드바이저', 일본소비자협회의 '소비생활컨설턴트', 국민생활센터의 '소비생활전문상담원'과 '소비생활상담원' 등 이다. 그 자격증 부여방법과 자격증 소지자의 활동 등은 〈표 1-3〉에 정리되어 있다. 특히 소비자지원서비스 공공기관인 소비생활센터에서의 활동이 활발하고, 기업체의 경우는 이들 자격증 소지자의 소비자상담실 채용비율 등이 기업체 평가기준에도 반영되고 있다.

미국의 경우는 소비자상담업무 담당자에 대한 자격증 부여제도는 없고, 대신 이와 견줄 만한 활동이 HEIB를 통해 발견된다. HEIB란 남녀를 불문하고 가정학사로서 각 자의 지식과 경험을 민간기업이나 공익기관을 돕는 데 사용하고 있는 집단으로 미국 가정학회에 속하며 8개의 직종으로 분류되어 있다. 1920년 경부터 시작되어온 HEIB

**표 1-3  일본의 소비자상담관련 자격제도 현황**

| 주 관 | 통상산업성 | 일본소비자협회 | 국민생활센터 | |
|---|---|---|---|---|
| 시행년도 | 1981년 | 1962년 | 1991년 | 1975년 |
| 명 칭 | 소비생활어드바이저 | 소비생활컨설턴트 | 소비생활전문상담원 | 소비생활상담원 |
| 자격증 부여방법 | • 산업능률대학의 통신강좌 1년 수강 후 시험<br> – 1차: 객관식, 단답식<br> – 2차: 주관식<br> – 연수: 실무경험 없는 사람 대상 (5일간)<br>• 28세 이상(실무경험자–소비자관련부문 1년 이상 주2일 이상–는 제한 없음)으로 학력, 성별 제한 없음<br>• 기업체 상담실 근무자와 일반인 대상 | • 소비생활컨설턴트 강좌 수료자에게 부여<br>• 강좌내용: 가정학, 경제학, 경영학 등을 소비과학의 측면에서 종합적으로 채택 | • 시험(소비생활상담원 연수강좌를 반드시 수강할 필요는 없으나 수료자 합격률 높음) | • 소비생활상담원 연수강좌(연 1회 50명씩) 수료자에게 부여 |
| 활동 등 | • 합격자 구성비<br> 1989. 11. 현재 2,215명(남 37.7%, 여 62.3%/유직 73.0%, 무직 27.0%) 무직자 중 취업희망자 취직률 높음<br>• 유통, 국·지방 공공단체, 제조서비스업 등에서 소비자상담업무, 주로 기업체 상담실에서 근무(소비자와 기업의 교량 역할) | • 전국 소비생활센터은행, 백화점, 관청, 공공단체에서 소비자문제 담당 | • 행정청, 지방자치단체의 상담창구에서 근무 | • 행정청, 지방자치단체의 상담창구에서 근무 |

자료 : 한국소비자원 자료(1990)와 내부자료를 토대로 재구성

는 현재 미국 전역에 걸쳐 3,000여 명의 회원이 활발하게 활동하고 있다. HEIB의 기능은 앞에서 살펴 본 소비자상담사의 역할과 거의 동일하여, 첫째 소비자에게 상품에 관한 바른 정보를 제공하고, 알기 쉽게 소비자교육을 하는 한편, 소비자로부터의 문의, 고발, 불만 등을 처리한다. 둘째, 지역사회에 소비생활에 관련된 광범위한 지도와 조언을 한다. 셋째, 소비자의 참된 욕구와 소비자행동을 파악하고 이를 기업에 피드백시켜 유익한 제품의 개발과 개량에 대한 제언을 하는 것 등이다.

영국의 경우 지방행정기관에서 소비자가 결함상품이나 질 나쁜 서비스 때문에 소매점이나 서비스기관에 대응할 때 자신의 권리가 무엇인지를 조언해 주는 역할을 하는 소비자권리상담자(consumer rights adviser)가 있다. 이들은 어떤 자격증을 요하는 것은 아니지만 가정학, 경영학, 법학 등을 학부에서 전공하거나 지방행정, 소비자법 등의 현장경험을 갖춘 사람들이 종사하고 있다.

### 국내의 현황

국내 대학에서는 생활과학(과거 가정학) 계열에서 소비자학이 전문화하여 소비자교육, 소비자법과 정책, 소비자와 시장환경 등 다양한 소비자학관련 교과목이 개설되어 제공되면서 소비자상담에 적합한 능력을 갖춘 인력을 배출하고 있다. 특히 생활과학은 사용자 또는 소비자의 시각을 가지면서 의·식·주의 다양한 소비재상품 지식뿐 아니라 소비자상담에 도움이 되는 관련과목도 함께 제공하고 있어 소비자상담전문가의 양성에 가장 좋은 환경이라 할 수 있다. 또 소비자상담은 대체로 여성이 담당하는 현황에 비추어서도 생활과학 계열에 여학생 비율이 높은 점이 유리하다.

한국소비자학회에서는 소비자전문상담 분야의 전문성을 높이고 이 분야 인력의 수요와 공급을 촉진하고자, '소비자상담사' 자격인증제도를 1995년부터 시행해 왔는데, 현재는 한국소비자업무협회 주관으로 '소비자업무전문가' 자격인증제도로 바뀌어 시행되고 있다. 이 인증제도의 시행으로 소비자교육 프로그램의 발전과 전문인력의 중요성 인식에 기여한 바 크다. 2002년부터는 국가자격제도로 '소비자전문상담사'가 제정되면서 학회의 '소비자상담사' 대신 한국소비자업무협회에서 '소비자업무전문가' 인증제도를 시행하고 있다(www.kcop.net). '소비자업무전문가'는 소비자상담분야 외에 소비자교육, 소비자정책, 소매유통, 소비트렌드 분석 등 4년제 대학에서 소비자학을 전공하여 소비자에 관한 업무전체를 수행할 수 있는 능력을 갖춘 인

표 1-4    한국소비자업무협회의 소비자업무전문가 인증요건

| 내 용 | | 교과목 | 비고(대체인정과목) |
|---|---|---|---|
| 기본요건 | | – 4년제 대학 이상 또는 전문대 졸업자로 소비자학 관련 교과목 중 아래의 필수와 선택 교과목을 이수하고 현장실습을 마친 자<br>– 이수교과목의 학점기준은 개별교과목 C 이상, 전체 평균 B 이상이어야 인정 | |
| 이수교과목 | 필수<br>(5과목<br>총 14학점) | 소비자학(소비자와시장)<br>소비자의사결정<br>소비자법과 정책<br>소비자상담<br>소비자조사법<br>소비자교육 | 소비자학의 이해, 소비자와 시장, 소비자교육론<br>소비자의사결정론, 구매론, 소비자행태론, 소비자교육론<br>소비자정책론, 소비자보호론<br>소비자상담 및 피해구제<br>연구방법론(사회조사방법론) |
| | 선택<br>(6학점<br>이상) | 경영학, 경제학, 가계경제, 가계재무설계, 기업고객상담, 마케팅, 민법, 미시경제, 상품학, 소비자정보론, 소비자와 금융, 소비자와 유통, 소비자트렌드분석, 소비문화론, 식품학, 의류학, 주거학 | |
| 현장실습 | 기관 | 기업체 소비자상담실, 소비생활센터, 민간소비자단체 등 | |
| | 시간 | 최소 40시간 교과목의 경우 1학점 이상 이수 | |

자료 : (사)한국소비자업무협회 홈페이지

력에게 부여하는 인증이라 할 수 있다. 〈표 1-4〉에 '소비자업무전문가' 인증요건이 제시되어 있다.

국가자격 '소비자전문상담사'는 1급과 2급으로 나누어 있으며 각각 객관식시험과 주관식시험을 치르게 되어 있다. 응시자격과 시험교과목에 대한 내용은 〈표 1-5〉에 요약되어 있다. 이 자격제도는 한국산업인력공단에서 운영, 관리하고 있기 때문에 자세한 시험정보는 공단홈페이지(http://cyber.hrdkorea.or.kr)에서 지속적으로 확인할 수 있다.

한국소비자원에서는 소비자문제에 관한 다양한 교육・연수를 실시함으로써 이 분야 종사자들의 전문성 향상을 위해 노력하고 있다. 즉, 기업체의 소비자상담업무 담당자, 소비자행정관련부서 담당공무원 등을 대상으로 소비자교육과 연수를 실시하고 있다. 특히 기업체 직원을 대상으로 1994년부터 '소비자문제 전문요원 양성과정'을 개설하고 있다. 이는 일본의 국민생활센터에서 제공하는 소비생활상담 연수강좌와 비슷한 형태이다. 일본의 경우는 수료자에게 소비생활상담원 자격증을 부여하고 시험을 실시하여 통과한 사람에게 소비생활전문상담원의 자격증을 부여하는 데 비해,

worksheet 1-1

# 소비자 의사결정단계별 상담 연습

학번 :　　　　　　　이름 :　　　　　　　제출일 :

해외여행을 가려 한다. 동료와 짝이 되어 여행상품에 대하여 구매단계별로 소비자와 상담자의 역할을 분담하여 실습해 보자. 상담내용을 정리하여 발표하고 이를 토대로 바람직한 상담내용을 구성해 보자.

## 1. 구매전 상담

내용 _____

문제점 _____

바람직한 상담내용 _____

## 2. 구매시 상담

내용 _____

문제점 _____

바람직한 상담내용 _____

## 3. 구매후 상담

내용 _____

문제점 _____

바람직한 상담내용 _____

| 표 1-5 | 국가자격 '소비자전문상담사' 제도의 검정기준과 시험과목 | |
|---|---|---|

| 자격구분 | | 2급 | 1급 |
|---|---|---|---|
| 검정기준 | | 소비자 관련법과 보호제도를 토대로 물품·서비스 등에 관한 소비자의 불만을 상담, 해결하고 물품·서비스 등의 구매·사용·관리방법을 상담하며 모니터링, 시장조사 및 각종 정보를 수집, 분석·가공·제공하고 소비자 교육용 자료를 수집, 제작, 시행하는 직무수행 | 복잡한 소비자문제를 상담 및 해결·처리하고 소비자문제 처리업무를 기획 및 관리·평가하며, 소비자조사를 기획 및 시행하고 체계적인 소비자교육과 소비자정보의 수집·분석·가공·제공 및 정보관리기법을 개발·시행하며 소비자와 기업, 행정기관, 소비자단체간의 업무를 연결 및 조정하고 전략을 수립하는 직무수행 |
| 응시자격 | | 제한없음 | • 소비자전문상담사 2급 취득 후 소비자상담실무경력 2년 이상인 자<br>• 소비자상담관련 실무경력 4년 이상인 자<br>• 대학졸업자 등 또는 그 졸업예정자(4학년에 재학 중인 자 또는 3학년 수료 후 중퇴자를 포함)<br>• 전문대학 졸업자 등으로서 졸업 후 응시하고자 하는 동일직무분야에서 2년 이상의 실무에 종사한 자<br>• 외국에서 동일한 등급 및 종목에 해당하는 자격을 취득한 자<br>• 학점인정 등에 관한 법률 제8조의 규정에 의하여 대학졸업자와 동등 이상의 학력을 인정받은 자 또는 동법 제7조의 규정에 의하여 106학점 이상을 인정받은 자<br>• 학점인정 등에 관한 법률 제8조의 규정에 의하여 전문대학 졸업자와 동등 이상의 학력을 인정받은 자로서 응시하고자 하는 종목이 속하는 동일직무분야에서 2년 이상 실무에 종사한 자 |
| 시험 과목 | 필기 | 1. 소비자상담 및 피해구제<br>2. 소비자관련법<br>3. 소비자교육 및 정보제공<br>4. 소비자와 시장 | 1. 소비자법과 정책<br>2. 소비자상담론<br>3. 소비자정보관리 및 조사분석 |
| | 실기 | 소비상담실무<br>1. 소비자관련자료의 기획과 분석<br>2. 유형별 소비자상담 적용능력<br>3. 소비자관련자료 및 보고서 작성능력 | 고급소비자상담실무<br>1. 소비자상담 자료의 분석과 활용능력<br>2. 소비자상담 부서의 기획과 운영능력<br>3. 소비자조사능력 |
| 합격 기준 | 필기 | 100점 만점 40점 이상, 전과목 평균 60점 이상 | |
| | 실기 | 100점 만점 60점 이상 | |

자료 : 한국산업인력공단 홈페이지(www.kcop.net)

우리나라는 아직까지는 수료자에게 수료증만을 부여하고 있다. 소비자교육 프로그램의 주요내용은 소비자문제 일반, 소비자상담 및 피해구제, 소비자문제관련 법규, 기업활동과 소비자문제 등으로 구성되어 있다.

기업의 소비자부서에서 활동하는 사람들의 모임으로 우리나라의 경우 기업소비자전문가협회(OCAP: Organization of Consumer Affair Professions, 일본의 경우 ACAP, 미국의 경우 SOCAP)가 조직되어 있으며 회원의 전문성을 향상하기 위해 다양한 노력을 하고 있다.

연구문제

1. 최근 기업의 경영환경이 변화함에 따라 각 기업에서는 고객만족 차원에서 소비자를 위한 새로운 경영방식을 도입하고 있다. 신문, 방송, 잡지 등의 보도내용이나 광고 등에서 이와 관련된 것을 찾아 스크랩을 한 뒤 분석하고 토론해 보자. 이 중한 기업을 선택하여 소비자상담부서의 직원을 찾아가 이러한 기업의 경영방식의 변화가 실제 소비자상담에 어떻게 반영이 되고 있는지 조사해 보자.

2. 각 기관별 소비자상담업무 담당자를 만나 소비자상담을 위해 특별히 교육이나 훈련을 받은 경험이 있는지 물어보라. 만일 있다면 구체적인 내용은 무엇인지 조사해 보자. 또한 앞으로 더 필요한 교육이나 훈련내용이 있는지 알아보자.

참고문헌

김기옥 · 김난도 · 이승신(2004). 디지털시대의 소비자정보론. 시그마프레스.
김기옥 · 유현정(2001). 민간 소비자상담 사이트의 상담서비스 평가. 대한가정학회지, 39(7), 145-163.
김소라 · 이기춘(2006). 온라인상에서의 개인정보유출피해에 대한 위험지각과 개인정보보호수준 따른 소비자 유형화 및 유형별 관련요인 고찰. 소비자정책교육연구, 2(2), 45-64.

김영신·서정희·송인숙·이은희·제미경(2004). 소비자와 시장. 시그마프레스.

송인숙·이은희(1996). 소비자상담사 교육프로그램에 관한 연구-필수 이수교과목의 교과내용과 현장실습교육을 중심으로. 대한가정학회지, 34(3), 1-12.

신유근(1996). 현대경영학. 가산출판사.

이기춘 외(1995). 소비자상담사 제도화를 위한 연구-제도의 필요성과 타당성분석에 따른 방안 제시. 대한가정학회지, 33(6), 149-161.

이기춘 외(1995). 소비자학의 이해. 학현사.

이기춘(1999). 생활과학의 어제와 오늘 그리고 내일. 서울대학교 생활과학대학 30주년기념 국제학술 심포지엄 자료집.

이기춘(2005). 디지털시대의 소비자학, 소비자주의, 그리고 소비자연구의 새 지평. 소비자정책·교육연구, 1(1), 1-12.

이승신(1999). 21세기의 소비자문제 해결을 위한 소비자정책, 한·일 소비자정책 국제포럼 자료집. 한국소비자원·일본국민생활센터.

이은희(2001). 소비자교육의 필요성과 방향. '디지털시대의 소비자 교육' 포럼 별첨자료.

이장호(1982). 상담심리학 입문. 박영사.

이장호 외(1999). 상담심리학의 기초. 학문사.

이창옥(2005). 소비자상담: 현재와 미래. 한국소비자학회 2005년 춘계학술대회 발표자료집, 695-696.

한국소비자원(2009). 2008 소비자 피해구제 연보 및 사례집.

한국소비자원(2010). 2009 소비자 피해구제 연보 및 사례집.

허경옥(2003). 인터넷 소비자상담에 대한 소비자평가 및 재이용의사. 소비자학연구, 14(3), 23-42.

Swagler(1990). 소비자와 시장 Consumer and the Market(이기춘 외, 역). 비봉출판사.

## 참고 사이트

### 지역의 소비생활센터

서울특별시청 소비생활센터  http://econo1.seoul.go.kr/sobi/sobiguide01.jsp

부산광역시청 소비생활센터  http://www.bsconsumer.go.kr

대구광역시청 소비생활센터  http://sobi.daegu.go.kr

인천광역시청 소비생활센터  http://consumer.incheon.go.kr

광주광역시청 소비생활센터  http://sobija.gjcity.net

대전광역시청 소비생활센터  http://www.daejeon.go.kr

울산광역시청 소비생활센터  http://cpc.ulsan.go.kr

경기도청 소비생활센터  http://www.goodconsumer.net

경기북부(2청사)소비생활센터  http://north.gyeonggi.go.kr/jsp/kor/consumer/index.jsp

충남도청 소비생활센터  http://www.chungnam.net/content/sobo/index.jsp

전북도청 소비생활센터  http://sobi.jeonbuk.go.kr

경남도청 소비생활센터　http://sobi.gsnd.net
제주도청 소비생활센터　http://sobi.jeju.go.kr

## 소비자단체

녹색소비자연대　http://www.gcn.or.kr
대한YWCA연합회　http://www.ywca.or.kr
대한주부클럽연합회　http://www.jubuclub.or.kr
소비자문제를연구하는시민의모임　http://www.cacpk.org
전국주부교실중앙회　http://www.nchc.or.kr
한국소비생활연구원　http://www.sobo112.or.kr
한국소비자단체협의회　http://www.consumernet.or.kr
한국소비자연맹　http://www.cuk.or.kr
한국여성단체협의회　http://www.iwomen.or.kr
한국YMCA전국연맹　http://www.ymcakorea.or.kr

## 사업자단체

기업소비자전문가협회　http://www.ocap.or.kr
전국경제인연합회　http://www.fki.or.kr
대한상공회의소　http://www.korcham.net
중소기업협동조합중앙회　http://www.kfsb.or.kr

## 기타

(사)한국소비자업무협회 http://kcop.net/main.php
한국산업인력공단 http://www.hrdkorea.or.kr/

## 일본 도시바 상담직원과 고객의 녹취테잎 내용

고객: …

상담직원: (고객의 말을 끊으며) 말을 듣고 있으니 간단히 말하세요.

고객: 무슨 이야기를 하는 거예요? 당신네들 업무 아닌가요?

상담직원: 업무 방해 하지마! 댁 같은 사람은 고객이 아니라 헤비 클레이머(상습 불평꾼)야.
이것은 업무 방해야. 알았어? 끊어요.

1999년 고객의 A/S상담을 받던 도시바 직원에게 폭언을 당한 소비자는 인터넷에 녹취한 음성파일을 올렸다. 이후 기업에 소비자항의가 빗발치고 불매운동 조짐까지 나타나며 사건은 사회적 문제로 확대되었다. 기업은 오히려 고객측에 문제가 있다고 항변하다가 비난이 거세지며 매출액이 급감하자, 4개월 후 도시바 부사장이 공식사과를 함으로써 사건이 종결되었다.

자료 : 지금은 고객만족시대-모두가 고객이다(MBC TV, 2002. 12. 23 방영)

소비자상담 업무라 하면 대부분이 구매후 일어나는 문제의 해결을 위한 애프터 서비스나 피해구제상담업무만으로 생각하기 쉬우나 실상 소비자가 구매후 만족을 느끼기 위해서는 구매전부터 자신이 원하는 것이 무엇인지를 인식해야 하며 이러한 소비자의 욕구를 만족시킬 수 있는 상품이 존재하는지에 대한 정보제공의 문제부터 상담은 시작된다고 볼 수 있다.

대부분의 경우 이러한 상품의 존재를 알리고 소비자가 원하는 상품의 특성을 파악하여 정보를 제공하는 것은 판매자의 역할이라고 생각할 수 있으나, 넓은 의미로 이러한 정보제공자의 역할이 곧 상담의 역할과 같은 맥락으로 인식하는 것이 필요하다.

따라서 소비자상담은 구매의 전과정에서 일어나는 소비자의 의사결정을 돕는 일이어야 한다. 소비자의 의사결정과정은 1) 문제인식, 2) 정보탐색, 3) 대안평가, 4) 구매, 5) 구매후 평가의 단계를 거친다고 볼 수 있는데, 소비자는 이러한 과정마다 많은 정보와 결정이 필요하다. 문제인식과 정보탐색, 대안평가와 관련된 문제의 상담을 구매전 상담이라고 한다면, 구매하기로 결정한 후 상점의 선택, 지불방법의 선택, 구매방법의 선택시 일어나는 문제에 대한 도움을 구매시 상담이라고 볼 수 있고, 구매후 사용과정과 구매후 만족/불만족의 결과로 일어나는 문제의 상담을 구매후 상담으로 볼 수 있다.

본 장에서는 소비자의사결정과정을 구매전, 구매시, 구매후 과정으로 나누고, 각 단계별 소비자상담과정, 즉 구매전 상담, 구매시 상담, 구매후 상담에 관하여 그 의의와 내용을 살펴보고자 한다.

# 2 장
## 구매의사결정 단계별 소비자 상담의 의의와 내용

학습목표
1. 구매전 소비자상담의 의의와 내용을 이해한다.
2. 구매시 소비자상담의 의의와 내용을 이해한다.
3. 구매후 소비자상담의 의의와 내용을 이해한다.

Keyword 소비자상담, 구매전 소비자상담, 구매시 소비자상담, 구매후 소비자상담

## 구매전 상담

### 1. 구매전 상담이란?

#### 1) 구매전 상담의 필요성

소비자불만의 대부분은 소비자들이 처음에 적절한 상품을 구매하지 못했기 때문에 일어난다. 특히 기술적으로 복잡한 제품이 계속적으로 쏟아져 나오고 복잡하고 빠르게 변화하는 쇼핑 상황에서, 소비자들이 지불한 화폐가치를 획득하는 것은 더욱더 불가능해지고 있으며 이를 해결할 수 있는 지식이나 자신감을 소비자들은 가지고 있지 못하다. 구매전 상담은 소비자들에게 정보와 조언을 제공하여 소비자들의 문제를 해결하거나 최선의 선택을 하도록 돕는 것이며, 따라서 이를 위한 여러 빙안올 마련하여 실행하는 것이 필요하다.

그러나 선택은 어디까지나 소비자의 주관적·개인적 판단에 기초해야 하므로 구매

전 상담과정에서는 정보와 조언을 제공하는 것이지 무엇을 사라, 사지 말라고 강요하는 것은 아니며 이 점이 판매원과 다른 점이라고 할 수 있다. 즉, 소비자에게 정보와 조언을 제공하고 소비자의 문제해결을 도움으로써 이것이 궁극적으로 판매증대의 보이지 않는 효과를 가져올 수 있는 것이지 직접적으로 구매를 권유하는 것은 아니다.

이상과 같은 구매선택에 관련된 상담뿐 아니라, 구매전 상담에서는 소비생활 전반에 관련된 다양한 정보와 조언을 제공함으로써 소비자생활의 질적 향상을 꾀할 수 있다. 현대 산업사회에서 소비자들은 개별상품의 선택뿐만 아니라 복잡다양화되고 있는 소비생활을 바람직하게 영위하는 데 있어 많은 어려움을 겪고 있으므로 이에 대한 상담과 조언이 필요하다.

소비자에게 정보와 조언을 제공하기 위한 구체적인 방법으로는 소비자상담사 스스로가 정보를 수집·정리하여 제공하거나, 여러 가지 방법으로 수집·정리된 정보들을 체계화시켜 소비자정보시스템(consumer information system)을 구축한 후 관련 정보를 제공하는 방법, 소비자정보자료를 제작하여 배포하는 방법, 또는 자동차 정비사, 식품영양학자, 엔지니어 등 관련 제품의 전문가를 시간제로 고용하여 정보를 제공하게 하는 방법 등을 생각해 볼 수 있다. 그리고 이러한 업무가 효율적·체계적으로 이루어지기 위해서는 소비자상담기구 내에 소비자정보센터나 소비생활정보센터를 설치하는 것이 바람직하다. 일례로 한국소비자원에서는 각종 채널을 통해 수집한 모든 소비자정보를 원내외에서 적극 활용할 수 있도록 '소비자정보시스템(SOBITEL)'을 구축하여 검색, 활용할 수 있도록 하고 있으며, 일반 소비자와 관련기관 또는 소비자단체, 기업체 등에서는 자사 홈페이지나 포털 사이트 등을 통해 24시간 연중무휴로 소비자정보제공을 실시하고 있다.

왜냐하면 기술혁신을 통하여 복잡 다양화된 제품들이 무수히 쏟아져 나오고 끊임없이 새로운 서비스가 개발되어 나오는 현대의 시장상황에서 소비자가 필요한 정보를 접하는 것은 매우 힘든 일이며, 소비자들이 필요한 정보를 접한다 하더라도 이를 모두 기억해 둘 수는 없기 때문이다.

## 2) 구매전 상담의 역할

### ▪▪ 구매상담 및 조언의 역할

구매전 상담과정에서는 소비자의 사용목적과 경제상태에 맞추어 최선의 구매를 할 수 있도록 상담 및 조언을 제공해야 한다. 소비자가 추구하는 궁극의 목표는 재화나 서비스가 가지고 있는 특성들을 소비함으로써 얻게 되는 만족이 목표가 된다 (Lancaster, 1966). 즉 소비자의 욕구충족은 재화나 서비스의 소비가 아니라, 재화나 서비스가 가지고 있는 특성들의 소비를 통한 만족이 되므로 소비자가 충족하고자 하는 재화와 서비스가 여러 특성, 즉 재화와 서비스의 물질적 · 심리적 측면 등의 다양한 파악이 이루어져야 한다.

그러나 대부분의 소비자는 자신의 욕구를 충족시킬 만큼 충분한 자원을 가지고 있지 못할 뿐만 아니라, 현대 자본주의사회의 대량생산, 대량소비체제에서 자신의 욕구를 확실하게 충족시켜 줄 수 있는 재화와 서비스를 찾는 데 필요한 정보가 부족하다. 즉, 정보의 홍수라고 불릴 만큼 엄청난 양의 정보에 파묻혀 있으면서도 정작 유용한 정보의 획득이 어렵고 이에 따라 정보선택의 어려움이나 정보의 부족을 호소할 수밖에 없는 상황에 놓여 있다. 따라서 구매전 상담과정에서는 소비자가 충족하고자 하는 욕구 또는 해결하고자 하는 문제가 무엇인가를 파악하고 소비자의 욕구충족 또는 문제해결에 도움을 줄 수 있도록 상담 및 조언을 제공해야 한다.

### ▪▪ 소비생활상담 및 교육의 역할

구매전 상담과정에서는 점차로 복잡다양화되는 소비생활의 문제점을 해결하고 보다 바람직한 소비생활을 영위할 수 있는 상담 및 조언을 제공함으로써 소비생활의 질적 향상을 꾀할 수 있도록 교육시킬 수 있다. 구체적 방법으로는 상담원이 주체가 되어 소비생활교육 프로그램을 기획하여 운영하거나, 개별상담에서 간접적으로 소비생활교육을 시킬 수 있다. 특히 개별소비자상담에서는 개별소비자에게 개별문제에 대한 가장 효율적인 교육이 가능하다. 즉, 소비자상담을 소비자교육으로 진전시키는 것인데, 여기에는 상담자의 능력이 중요하다. 예를 들이 가전제품업체의 경우는 소비자상담 능력이 중요하다. 가전제품업체의 경우는 소비자상담과정에서 제품의 특성이나 사용방법 등에 대해 설명을 하면서 다음과 같은 제품과 관련된 조언을 함으로써 교육의 효과를 꾀할 수 있다.

- 전자레인지 : 전자레인지를 이용한 조리법, 전자레인지에 적합한 그릇
- VTR : 좋은 VTR 테이프 선택방법
- 냉장고 : 식품별 유효보관기간
- 에어컨 : 여름철 실내온도 조절과 건강관리
- 난방기기 : 겨울철 실내온도 조절과 건강관리
- 세탁기 : 세탁기에 적합한 세제 및 환경오염도
- 제품 이용시의 에너지 절약방법

### ■■ 소비자정보제공의 역할

구매전 상담과정에서는 소비자의 구매선택에 도움을 줄 수 있는 정보를 제공함으로써 소비자가 합리적으로 구매의사를 결정하는 것을 도와준다. 또한 소비생활 전반에 관련된 다양한 정보를 제공함으로써 소비생활의 질적 향상에 도움을 준다. 이를 위해서는 소비자정보를 체계적으로 수정하여 정리해 놓거나 소비자정보시스템을 구축해 놓아야 하며, 이렇게 되어야 필요한 정보를 즉각적으로 찾아 소비자에게 제공해 줄 수 있게 된다.

## 2. 구매전 상담의 내용

### 1) 각 기관별 구매전 상담의 특성

행정기관, 소비자단체, 기업 등 소비자상담업무를 수행하는 각 기관에 따라 구매전 상담의 내용과 목적에 있어 차이가 있을 것이다. 즉, 기업에서의 구매전 상담은 각 기업이 생산하고 있는 제품을 중심으로 제품과 관련된 정보제공 또는 제품의 구매선택에 관해 도움을 주는 상담이 주로 이루어진다. 예를 들어 화장품업체에서는 다음과 같은 내용의 상담이 이루어질 수 있다(〈표 2-1〉 참조).

반면 행정기관과 소비자단체의 구매전 상담은 개별상품의 구매선택에 도움을 줄 수 있는 정보나 조언의 제공뿐 아니라 소비생활 전반에 관련된 정보를 폭넓게 제공해야 할 것이다. 예를 들어 한국소비자원의 '소비자정보시스템(SOBITEL)' 에서 제공되는 정보 중 일상생활에 바로 도움을 줄 수 있는 「생활정보」는

| 표 2-1 화장품업체 | |
|---|---|
| | **내 용(예)** |
| 상품 설명 정보 | • 제품의 특성<br>• 올바른 선택방법<br>• 올바른 사용법 |
| 관련 생활 정보 | • 미용 정보<br>　– 자신에게 맞는 화장법(얼굴형, 피부 등)<br>　– 피부관리<br>• 미용식<br>• 화장품 부작용의 유형과 대처방법 |

① 생활의 지혜 : 의식주 전반에 걸친 생활상식

　　예) 식품보관 요령, 옷감별 세탁 요령, 미용정보, 주방용품 관리 요령 등

② 어느 상품이 좋은가? : 각종 상품의 테스트 결과 및 상품 구입 요령

③ 생활 속의 안전 : 소비자안전에 관한 다양한 상식

④ 건강 가이드 : 건강상식 정보, 효능, 의료제도

⑤ 소비생활과 법 : 소비자보호와 관련된 각종 법률정보

⑥ 민원 안내 : 각종 생활민원정보와 민원처리 담당기관 소개

등 총 6종으로 구성되어 있는데 이 중 '어느 상품이 좋은가' 만이 제품의 구매선택에 직접적으로 도움을 줄 수 있는 정보이며 나머지는 소비생활 전반에 도움을 주는 정보라고 할 수 있다.

### 2) 구매관련 상담

구매관련 상담이란 제품의 구매선택과 관련하여 소비자들이 최선의 선택을 할 수 있도록 필요한 정보와 조언을 제공하는 것인데, 이는 소비자로 하여금 자신의 욕구나 구매목적에 부합되는 상품을 구매하게 함으로써 지불한 화폐로부터 최대한의 만족을 얻을 수 있게 해주며 구매후 만족을 증가시키게 된다. 제품의 구매선택과 관련하여 소비자에게 도움을 줄 수 있는 정보들을 좀더 자세히 살펴보면 다음과 같다.

### ■ 대체안의 존재와 특성에 관한 정보

소비자의 사용목적과 경제상태에 맞는 구매상담 및 조언을 하기 위해서는 시장에 어떤 대체안들이 존재하며, 각 대체안의 특성 및 장단점 등은 무엇인가에 대한 정보를 제공할 수 있어야 한다.

사람들은 필수적인 욕구를 충족시키는 것뿐만 아니라 보다 안전하고 풍요로운 삶을 영위하기 위해 재화나 서비스를 필요로 한다. 즉, 배가 고픈 것을 채우기 위해서만 음식을 원하는 것이 아니라 근사한 레스토랑에 가서 분위기 있는 식사를 하고 싶어하고, 보온이나 피부보호만을 위해서 의복을 필요로 하는 것이 아니라 자신의 만족을 위해서 혹은 주변 사람에게 멋지게 보이고 싶어서 필요로 하기도 하며, 잠자는 장소만을 위한 주택을 필요로 하기보다는 넓은 거실, 분위기 있는 벽난로, 전원풍의 근린환경, 편리한 교통, 효율적인 공간배치 등을 이유로 주택을 선택하기도 한다.

이와 같이 소비자의 욕구충족 수단인 재화와 서비스는 그 고유의 본질적 기능 이외에 소비자에게 효용을 주는 다양한 특성들을 가지고 있으며, 소비자들 또한 재화로부터 얻고자 하는(효용을 느끼는) 특성들이 각기 다르다. 더욱이 최근에 더욱 재화 고유의 본래적 기능보다는 소비자가 추구하는 다양한 특성들의 조합이 제품선택의 주된 이유가 되는 경우가 허다하다.

따라서 구매전 소비자 상담은 시장에 어떤 제품이 존재하는가 하는 대체안에 대한 정보를 제공하는 것뿐만 아니라 각 제품이 소비자 욕구의 어떤 측면을 충족시켜줄 수 있는지를 정확하게 파악하고 이루어져야 한다. 예를 들어 주택을 구매하는 데 있어서 숙소 그 자체의 효용뿐만 아니라 외양이나 안락감, 위치, 근린환경, 오락시설, 정구장이나 수영장 같은 근린시설 등 다양한 욕구를 충족시켜 주는 여러 특성의 조합을 소비자가 구매하는 것이므로 각 재화가 어떤 다양한 특성들을 가지고 있으며 이것이 소비자가 추구하는 욕구 또는 해결하고자 하는 문제에 적합한지를 잘 설명해 줄 수 있어야 한다. 이를 위해서는 제품의 다양한 특성들에 대해 정확하게 파악하여 조언이나 정보를 제공할 수 있어야 하는데, 제품개념(product concept)의 정확한 파악은 그 한 예가 될 수 있다. 즉, 농축세제인 LG생활건강 '한스푼'의 제품 개념은 적게 써도 세척력이 탁월하고 기존제품을 농축하여 사용 및 보관이 간편한 세제라는 것으로 정의될 수 있는데 이러한 사용목적을 원하는 소비자에게는 매우 긴요한 정보로 제공될 수 있다.

그런데 시장이 독과점형태로 구성되어 있다 하더라도 각 기업이 매우 다양한 상표를 출시하거나 가전제품의 경우처럼 생산되는 모델의 수가 매우 많은 경우에는 대체안의 존재와 특성에 관한 정보를 파악하여 제공하기가 그리 쉽지 않다.

또한 기업의 소비자상담의 경우는 자사에서 생산하는 제품과 함께 경쟁회사제품들에 대해 파악하고 있으면 되지만, 소비자단체나 행정기관의 경우는 이러한 정보를 수집하여 제공하기가 쉽지 않다. 서비스의 경우는 각 지역단위로 정보를 수집하여 소비자에게 제공하는 것이 더욱 바람직하므로 소비자단체의 각 지부나 행정기관의 각 지역별로 정보를 수집하여 제공하는 것이 보다 효율적이다.

### ■ 가격과 판매점 등의 시장정보

소비자는 욕구충족을 위해 필요한 여러 생활자원을 유통경로를 통하지 않고서는 거의 얻을 수 없다. 유통이란 생산자와 소비자 사이의 장소적 분리를 메워 주는 활동으로, 이 활동을 통하여 시간효용, 장소효용, 소유효용이 창조된다고 할 수 있다.

재화와 서비스의 유통이 바람직하게 이루어져 소비자가 원하는 상품을 원하는 시기에 원하는 곳에서 적절한 가격으로 구매, 소비할 수 있다면 소비자는 최대의 만족을 얻게 될 것이며, 나아가서 그들의 생활수준이 높은 수준에서 유지되고 향상될 수 있게 되는 것이다. 중요한 것은 소비자들이 추구하는 목적에 부합하는 상품을 구매하기 위해서는 어떤 유통기구, 즉 어떤 판매점을 이용해야 소비자에게 이익이 되느냐의 문제이다.

제품이나 서비스를 최종소비자에게 직접 판매하는 유통기구를 소매상이라 하는데, 소매상은 점포의 유무에 의해 '점포 소매업'과 '무점포 소매업'으로 나눌 수 있으며 소비자의 기호가 다양해짐에 따라서 소비자 기호에 부합하는 새로운 업태―업종별 전문체인점, 회원제 도매클럽, 창고형 대형 점포, 대형 할인점, 하이퍼마켓―들이 계속 등장하고 있으며 이러한 경향은 앞으로 더욱 두드러질 것으로 예상된다.

### ■ 대체안 평가방법에 대한 정보

소비자가 제품과 상표를 평가하는 데 사용하는 평가기준은 객관적일 수도 있으며, 소비자에 따라서도 각기 다르다.

• 객관적 기준 : 예를 들어 승용차 구매시 조작의 용이성, 색깔, 안전성 등
• 주관적 기준 : 예를 들어 승용차 구매시 사회계급적 이미지, 성적 이미지 등

소비자들은 객관적, 주관적 기준 등 나름대로의 기준을 가지고 대안들을 평가하게 된다. 그러나 아무리 많은 평가기준을 갖고 있다 할지라도 실제로 사용하는 평가기준은 가장 중요한 몇 개에 불과하다. 이러한 결정적인 기준이 되는 속성들을 결정적인 속성들(determinant attributes)이라고 한다. 어느 한 특성이 소비자에 의해 가장 중요한 것으로 인식되고 있다 해도 그것이 실제의 대안 평가과정에서는 결정적 속성이 되지 않을 수도 있다.

- 저관여 제품 : 적은 수의 평가기준을 적용함
- 고관여 제품 : 보다 많은 수의 평가기준을 적용함

그러나 대개 여섯 개 이하의 평가기준의 수를 적용하며, 아홉 개를 넘는 경우는 드물다.

일반적으로 소비자들은 저관여 제품의 경우 적은 수의 평가기준을 적용하고 고관여 제품의 경우는 보다 많은 수의 평가기준을 적용하여 대체안들을 비교 평가하지만 최근에는 광고나 소비자들의 특정 제품에 대한 관심의 증가 등으로 인해 저관여 제품의 평가기준도 증가하는 경향을 보이고 있다. 예를 들어 일반적으로 저관여 제품으로 분류할 수 있는 치약의 경우에도 충치예방 효과, 프라그제거 효과, 구취예방 효과, 풍치예방 효과, 치아미백 효과 등 다양한 평가기준이 제시되고 있다. 또한 고관여 제품의 경우에 소비자들의 정보처리능력에는 한계가 있기 때문에 평가기준에 대한 정보가 많이 제공된다 하더라도 이를 적절하게 처리하고 상표별로 비교 평가하여 최선의 선택을 하기가 쉽지 않다. 구매선택과 관련된 상담이 적절하게 이루어지기 위해서는 제품별로 평가기준에 관한 정보, 예를 들면 상품선택 요령에 관한 정보가 수집 정리되어 있어야 하며, 평가기준들의 상대적 중요성에 대한 정보 또한 매우 필요하다. 일반적으로 소비자는 몇 가지 두드러진 속성만으로 상품 전체의 가치를 평가하는 성향이 있으며, 평가기준 가운데 가장 많이 이용되는 것이 가격, 상표, 제조업자, 상점의 명성 등이다. 그러나 품질 간의 상관관계는 매우 낮은 것으로 나타나고 있는데, 이기춘·송인숙(1988)의 연구에 의하면 91개 상품의 가격과 품질 간의 평균상관계수는 .26으로 매우 낮은 정적 상관을 보이고 있다. 특히 가격이 높을수록 오히려 품질이 낮은 상품도 24개나 되어 전체 조사상품의 26.4%를 차지하고 있다. 따라서 가격을 품질의 대리지표로 사용하여 구매결정을 내릴 경우 발생할 수 있는 소비자의 피해, 혹은 손실은 불을 보듯 뻔한 일이다.

그러므로 소비자들에게 대체안들을 비교 평가하는 평가기준에 대한 정보와 조언을 제공하는 것은 매우 중요하다. 한편 표준화된 제품평가정보는 소비자들의 대체안 비교 평가에 도움을 줄 수 있는데 각종 표시제도, 품질인증마크, 등급사정, 상품 비교테스트 정보 등을 들 수 있다.

### ▣ 다양한 판매방법에 관한 정보

최근에는 소비자가 판매점에 가서 상품을 구입하는 전형적인 판매방법 외에 전화, 팩시밀리, 컴퓨터를 이용해 소비자가 원하는 상품의 정보부터 쇼핑, 결제까지 할 수 있는 다양한 쇼핑이 등장하여 계속 확대되는 추세를 보이고 있다. 가전제품, 식료품, 화장품, 귀금속류, 의류, 잡화 등이 주요 취급품목이며, 국내 상품뿐만 아니라 해외 브랜드상품까지 구입할 수 있다.

대금결제는 현금이나 카드 모두 가능하며, 현금은 물건 배달 후 지불하기도 하고 업체에 따라서는 선금으로 지불하는 곳도 있다.

그러나 통신판매는 카탈로그에 나와 있는 설명으로 제품을 판단해야 하기 때문에 광고와 실제 상품이 차이가 난다든지, 애프터 서비스 보장이 제대로 안된다든지 하는 경우가 발생하고 있어 이에 따른 소비자들의 주의가 필요하다.

통신판매를 이용할 경우 주의해야 할 점은 우선 물건을 구입하기 전에 시중 가격을 비교하고, 대금결제는 어떤 방법으로 할 것인지 확실히 해두고, 물건이 배달된 후에는 반드시 자신의 물건인지 확인해야 하며, 반품이나 애프터 서비스에 관한 사항도 알아두어야 한다.

한편 1995년 7월 개정시행된 '방문판매 등에 관한 법률' 에 의해 다단계판매가 법적으로 허용된 이후 외국계업체들의 매출액이 업계 전체 총매출액의 70%를 차지할 정도로 국내시장 대부분을 장악하고 있다. 그런데 '판매원=소비자' 가 되는 다단계판매는 적지 않은 문제점을 드러내고 있다. 다단계판매업의 기본구조는 유통비와 광고비를 줄여서 소비자와 판매자에게 이익을 준다는 논리다. 그러나 소비자가 물건을 써본 후 품질이 좋으면 다른 사람에게도 권하고 그 대가로 판매실적에 따라 후원금조의 판매수당(권장소비자가의 25%)을 주겠다고 제의해 거래를 확산시키거나, 업체에 따라 판매수당이 50%가 넘는 경우도 있다. 이는 결국 강제구매와 판매원당 매출액을 강조하는 시스템으로 가게 되어 소비자가 피해를 보게 되므로 이러한 판매방법에 대한 정확한 정보와 조언의 제공이 필요하다.

### ■■ 사용방법·관리방법에 관한 정보

사용방법에 관한 정보는 제품과 관련하여 소비자로 하여금 정말로 자신의 상황에 필요한 제품을 구입할 수 있게 하고 구매가 이루어진 후에도 지불한 화폐만큼의 효용을 얻을 수 있도록 해줌으로써 소비자의 욕망충족 및 목표달성에 유용하고 유의성 있는 가치를 지닌다고 할 수 있으며, 특히 새로운 제품과 모델이 계속 출현하고 새로운 기능이 계속 추가되는 현실에 있어서는 더욱 그렇다고 할 수 있다. 제품의 사용방법과 함께 관리방법에 대한 정보 또한 제품을 오랜 기간 손상 없이 사용할 수 있게 하므로 소비자의 욕망충족 및 목표달성에 유용하고 유의성 있는 가치를 지닌다고 할 수 있다(이은희, 1993).

사용방법, 관리방법에 대한 정보의 예를 들면 다음과 같다.

- 식생활 : 식품보존 아이디어, 식품저장법, 실패한 요리의 맛 되살리기, 남은 재료 활용법 등
- 의생활 : 얼룩빼기, 옷손질 및 보관법, 패션소품 손질법, 세탁물 말리는 법 등
- 주생활 : 가전제품의 관리와 청소, 손쉬운 자가수리, 주택 하자보수 등

## 3) 전반적인 소비생활 상담

소비자상담과정에서는 개별제품의 구매선택에 관련된 상담뿐만 아니라 소비생활 전반에 대한 정보와 조언을 제공함으로써 소비생활의 질적인 향상을 유도할 수 있다. 소비생활 전반에 관련된 상담은 개별소비자와의 개별적인 상담을 통하여 이루어질 수도 있고, 상담원이 주체가 되어 소비생활교육 프로그램을 기획, 운영함으로써 이루어질 수도 있다.

### ■■ 기업의 소비생활상담

기업의 소비생활교육 프로그램과 관련하여 조사결과에 의하면 기업들이 가장 많이 실시하고 있는 교육내용은 '자사 상품소개 및 이용방법'이고, 2위가 '고객서비스 이용방법', 3위가 '기업관련 정보', 4위가 '일반 소비생활 정보', 5위가 '경제실상 및 관련산업 현황' 등의 순서로 나타나고 있어서 소비자정보제공 측면이 강하다. 제품의 사용방법 미숙으로 이한 소비자불만이 자주 발생한다는 사실에 비추어 볼 때 '자사 상

품소개 및 이용방법', '고객서비스 이용방법' 등에 대한 정보제공이 중요하다. 그러나 장기적 관점에서 볼 때 자사 제품정보에서 일반정보로, 상품설명정보에서 생활정보로 정보제공 차원의 비중이 강화되는 것이 바람직하다. 이와 관련된 몇몇 주요업체별로 상품설명정보와 관련소비생활정보의 내용을 예를 들어 제시해보면 다음과 같다.

**표 2-2** 기업의 소비생활상담 내용

| | | 내 용(예) |
|---|---|---|
| 여행<br>업체 | 상품설명정보 | • 여행상품의 특징 |
| | 관련생활정보 | • 여행정보<br> – 해외여행시의 유의사항<br> – 여행자 보험<br>• 관광여행지 정보<br>• 여가생활 설계 |
| 보험<br>업체 | 상품설명정보 | • 보험상품의 특성<br>• 보험가입시의 유의사항 |
| | 관련생활정보 | • 생애위험의 유형과 대처<br>• 생활설계<br>• 건강관리<br>• 노후대책 |
| 유아용품<br>업체 | 상품설명정보 | • 제품의 특성<br>• 올바른 사용법 |
| | 관련생활정보 | • 관련 육아정보<br> – 종이기저귀로 인한 피부예방방법 및 사후대처방법<br> – 대소변 가리기의 방법, 시기<br>• 올바른 폐기방법<br> – 환경유해를 최소화할 수 있는 폐기방법<br>• 일반 육아정보 |
| 의약품<br>업체 | 상품설명정보 | • 제품의 특성<br>• 올바른 사용법 |
| | 관련생활정보 | • 건강정보<br> – 성인병 예방법<br> – 가정에서의 응급처치<br> – 가정에서의 상비약<br> – 스트레스 해소법<br> – 건강 식생활<br>• 의약품 오남용 및 부작용 예방과 대책 |

## ■▪ 소비자단체와 행정기관의 소비생활상담

소비자단체나 행정기관에서 개별적인 소비자상담이나 소비생활교육 프로그램을 통하여 이루어질 수 있는 소비생활 전반에 대한 상담내용을 제시해 보면 다음과 같다.

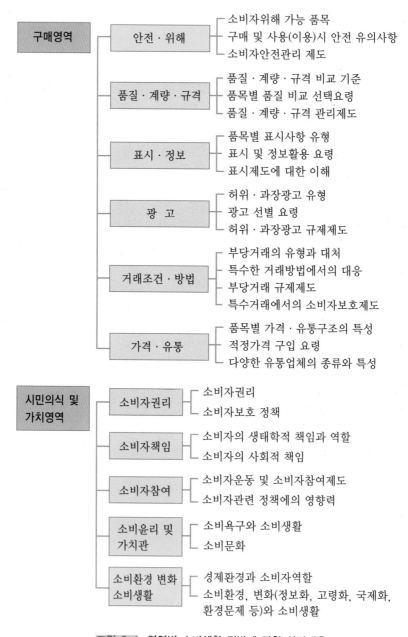

**그림 2-1** 영역별 소비생활 전반에 관한 상담내용

# 👤 구매시 상담

## 1. 구매시 상담이란?

### 1) 필요성

구매시 소비자상담이란 소비자가 상점을 찾을 때 소비자와 직접 접촉하여 정보를 제공하고 설득하여 구체적으로 소비자의 욕구와 기대에 맞는 상품과 상표를 선택할 수 있도록 도와주는 일이다.

이러한 구매시 상담은 소비자상담자로서의 역할을 하는 판매원이 담당하게 되는데 판매원인 소비자상담원은 상품에 대한 전문적 지식이 있고, 소비자의 문제를 이해하고 이를 해결하기 위해 소비자에게 상품선택에 구체적인 정보와 판단기준을 제공하여 소비자가 현명한 구매의사결정을 할 수 있도록 종합적인 조언을 해주는 역할을 담당한다.

특히 현대사회에서는 소비자의 기호가 급변하고 제품이 다양화, 복잡화되고 상품의 수명주기도 점점 더 단축되어 종래의 소품종 대량생산에서 다품종 소량생산으로 변화되었다. 또한 구매과정이 전산화됨에 따라 소비자는 구매의사결정을 하기 위해 상담원의 판매촉진 활동에 의존하게 되고 상담원의 역할이 단순한 판매자로부터 의사전달자, 계획자, 설득자, 정보수집 및 보고자, 소비자 문제의 정의 및 해결자, 소비자 훈련담당자로 확대되었다. 따라서 구매시 상담자로서 소비자상담원은 소비자의 구매계획이 얼마나 구체적인 것인지를 파악하는 것을 구매시 상담에서 우선적으로 하여야 한다.

또한 매일 수백 명의 소비자와 접촉하고 있는 일선에서의 소비자상담은 소비자들의 기대를 잘 이해함으로써 기업에 이익을 남길 수 있는 재화와 서비스를 더 잘 개발하고 소개할 수 있고, 기업에 대한 긍정적인 인식을 쌓게 할 수 있으며 이는 기존 고객유지 및 새로운 고객확보에도 도움을 줄 수 있을 것이다.

## 2) 구매시 상담의 역할

구매시 소비자상담원의 역할은 소비자측면과 기업측면의 두 가지로 나누어서 생각할 수 있다.

### ▪️ 소비자측면

• **소비자의 구매의사결정을 도와주는 역할**　소비자상담원은 수요를 창출하여 판매를 증대시킬 뿐 아니라 소비자의 구매의사결정에 영향을 준다. 중요한 제품에 대한 구매의사결정은 일반적으로 정보단계, 태도형성단계, 그리고 구매단계의 세 가지 단계를 거치며 태도형성단계에서는 보다 많은 양의 설득적인 정보가 필요하므로 상담원의 설득적 커뮤니케이션 과정이 매우 중요하다. 특히 소비자는 구매에 임박해서 불안이 고조되므로 이것을 적절히 해소해 주기 위해 보다 융통성 있고 설득력 있는 인적판매가 바람직하다.

또한 상담원은 소비자에게 안전하고 좋은 품질의 상품을 적정한 가격에 판매해야 할 의무가 있고 소비자의 욕구에 맞는 스타일, 색조, 유형 등에 대해서도 조사하여 소비자가 특정 아이디어를 받아들일 수 있도록 설득하는 판매기술을 터득하여야 한다.

• **소비자에게 정보를 제공하는 역할**　상담원은 회사와 소비자 간의 정보매개자로서 정보를 전달함으로써 소비자가 지닌 구매불안심리를 해소시켜 주며 합리적으로 구매의사결정을 하도록 도와준다.

예를 들어 소비자가 화장품을 구입하는 것은 화장품 그 자체만을 사는 것이 아니라 아름다움을 사는 것이다. 따라서 물리적인 상품 및 그로부터 얻을 수 있는 효용을 최대한으로 해 주는 것이 소비자상담원의 역할이다. 소비자상담원은 상품이 최선의 상태에서 사용되도록 상품지식에 정통하여야 한다. 소비자가 안심하고 구매할 수 있도록 상품의 올바른 사용방법, 유행경향, 생활정보 등에 대하여 풍부한 상품지식과 정보를 겸비하여야 하며 소비자들의 심리와 행동을 이해하고 분석할 수 있는 능력도 갖추어야 한다.

• **소비자에게 서비스를 제공하는 역할**　소비자의 구매의사결정시 상품의 질이나 가격 등도 중요하지만 상담원의 서비스가 결정적인 역할을 할 경우도 있다. 오늘날의 소비자는 상품구매에 점점 편의성·시간절약 추구경향이 강하므로 이에 부응하기 위

해서 서비스의 질을 개선해야 하며, 서비스는 기술이나 시설로서도 향상이 가능하지만 소비자를 만족시켜 주는 인적 서비스가 더 중요하다. 상담원은 인간적인 면에 있어서 소비자에게 필요한 서비스를 개발해야 한다.

• **소비자문제를 해결하는 역할**　　상담원은 소비자의 욕구를 확인하고 효과적인 처방을 제시함으로써 유대관계가 형성되어 소비자의 만족을 증가시킬 수 있으며, 문제해결자로서 소비자불만도 해결해 준다. 즉 상품관련 지식이 부족한 고객은 알고 싶은 사항이 있어도 상담대상이 없어 많은 어려움을 겪으며, 또 상품지식이 있는 고객은 나름대로 더욱 깊은 지식을 요구하므로 역시 상담이 필요하다. 그리고 상담한 내용이 반드시 상품자체만이 아니고 고객의 입장에서 필요한 생활상담 · 세무관계 · 행정관계 · 법률관계 · 교육관계 · 투자상담 · 일반교양 · 문화생활 등 어느 것이든 상담함으로써 소비자생활의 질을 향상시켜 만족을 증가시킬 수 있다. 따라서 상담원은 소비자의 구매상담자로서 상품자체 이외에도 소비자에게 필요한 것을 상담할 의무가 있으므로 폭넓은 지식 및 커뮤니케이션 교육이 필요하며, 소비자의 불만을 처리하는 능력도 필요하다.

### 기업측면

• **소비자정보 제공**　　상담원은 제 일선에서 소비자와 접촉하게 되므로 그들의 욕구기대가 무엇인지, 어떻게 충족시켜 주어야 하는지 알 수 있다. 소비자는 자신이 중요한 사람으로 취급되기를 원하고 그들의 욕구와 기대가 유일한 것으로 보이기를 원한다. 예를 들어 경쟁사에서 소비자들의 일반적인 욕구와 기대를 가격으로 오해해서 단순히 가격을 인하하거나 할인판매전략을 펼쳤을 때 직접적이고 경쟁적인 대안이 없는 경우 이 전략은 성공할 수 있다. 그러나 소비자에게 더 복잡한 욕구나 기대가 내재되어 있는 경우 재화와 서비스의 선택에서 가격요인은 중요하지 않게 된다. 상담원은 소비자와 끊임없이 대화하고 질문을 하여 소비자의 욕구와 기대가 무엇인지 알아내야 하고 이러한 정보는 기업경영에 반영될 수 있다.

• **이윤창출**　　상담원의 정보는 소비자의 기대를 초과할 수 있도록 재화와 서비스를 경쟁사보다 더 잘 개발하는 데 이용될 수 있다.

• **기존 소비자 유지**　　기업에서 새로운 소비자를 찾는 과정은 기존의 소비자를 유

**그림 2-2** 소비자상담원의 역할

자료 : 이혜임(1994)에서 재구성

지하는 것보다 비용이 많이 든다. 상담원은 기존의 소비자에게 관심을 가짐으로써 소비자의 기업에 대한 충성도를 증가시킬 수 있다.

• **새로운 소비자 확보**　　새로운 소비자를 확보하는 것은 우리가 사는 세계가 정적인 세계가 아니고 변화하는 세계이기 때문에 중요한 일이다. 소비자들이 만족한다면 소비자들은 보통 3~5명에게 이를 말하게 되고, 그만큼 광고비용이 줄어드는 반면, 새로운 소비자를 확보할 수 있고 상담원의 역할은 이를 가능하게 한다.

이상으로 소비자상담원의 역할을 도식화하면 〈그림 2-2〉와 같다.

### 3) 상담원에게 요구되는 능력

위에서 살펴본 바와 같이 소비자상담원의 역할을 수행하기 위해 필요한 상담원의 능력은 어떠한 것인가? 소비자가 바라는 상품지식은 합리적인 생활자, 현명한 소비자가 되기 위한 것이며, 직접적으로는 상품구입을 결정할 때의 참고정보이다. 상품지식에 있어서도 상품특성, 종류, 제조방법 등 변화하지 않는 것과 유통, 원재료 시황(市況), 가격시세 등 변동요인을 내포한 정보의 두 가지가 있으며, 또 소비자에 대해서는 용도, 합리적인 사용법 등이 있다. 또한 소비자가 바라는 정보는 취급상품에만 그치지 않고 상점에서는 판매하지 않는 유사상품에까지 미치게 되므로 그러한 부분의 상품지식도 익혀 둘 필요가 있다.

상담원인 판매원은 소비자에게 상품에 대한 질문을 받았을 때 애매한 대답보다는 정확하고 풍부한 상품지식을 보이는 것이 소비자가 안심하고 구매할 수 있게 만드는 것이다. 이를 항목별로 보면 다음과 같다.

## ■: 일반적 지식

① 회사의 개요
② 회사의 경영방침, 사규
③ 지점의 현주소 및 조직
④ 업계의 동향 및 일반경제에 관한 지식 : 유사품, 경쟁품의 특성, 생활에서 그 상품의 필요성 및 관련성
⑤ 상품의 유통에 관한 지식 : 상품시장의 구성, 시장에서의 지위, 역사, 유통상의 특징 등

## ■: 상품에 관한 지식

① 취급상품과 상품명
② 상품의 기능, 용도, 사용방법, 조작, 유용성
③ 상품의 가치와 가격과의 관련, 원가와 판매가와의 이익
④ 상품의 구조나 장점 · 단점
⑤ 원재의 기본적인 지식
⑥ 생산과정이나 제조과정

## ■: 상품시장에 대한 지식

① 구매하는 사람은 누구인가, 단체인가, 개인인가, 성별 · 연령 · 직업은?
② 구매하는 목적은 무엇인가?
③ 요구 정도는?(필요 · 편리 · 사치)
④ 무엇을 만족시키기 위해서 구매하는가?(의 · 식 · 주, 오감의 만족, 애정 · 보증 · 명예심 · 절약 · 영리 · 향상심)
⑤ 언제 구매하나?(일 · 주 · 월 · 년 · 언제든지, 특별한 시기에)
⑥ 얼마만큼의 빈도로 구매하는가?(자주, 드물게, 규칙적으로, 불규칙적으로)
⑦ 구매하는 수량은?
⑧ 개인의 취미나 기호에 얼마나 영향이 있나?
⑨ 계절적인 매출과 재고는?
⑩ 관련상품 · 근접상품은 어떤 것이 있나?

## ■ 소비자의 구매심리에 대한 지식

① 소비자의 소비성향, 구매행동, 구매심리에 대한 지식 : 소비자가 상품을 구입하고 선택하는 포인트가 무엇인지? 품질, 가격, 디자인, 소재, 색, 유행 때문인지?
② 상품의 진열장소 및 소비자에게 제공되는 서비스의 종류 및 사용법에 관한 지식
③ 접객판매에 관한 기술(복장, 태도, 화제), 화술 등에 관한 지식

## 2. 구매시 상담의 내용

### ■ 구매계획과 목표의 파악

소비자가 어떤 상품이나 서비스를 구매하고자 하는 구체적 계획을 가지고 실제로 구매를 위해 상점을 찾을 경우도 있으나 예산과 품목만을 결정한 후 이러한 품목을 구체적으로 어디에서 어떤 상품을 구매할 것인지를 결정하지는 않은 채 상점을 찾는 경우, 구체적으로 가격에 맞는 상품과 상표를 선택할 수 있도록 도와주는 일이 구매상담이라고 할 수 있다.

구매상담은 대부분 판매원이 하는 역할로서 소비자가 원하는 속성을 갖춘 상품의 존재를 알리고 예산가격에 적합한 상품을 선택할 수 있도록 종합적인 조언을 할 수 있는 역할이 구매시 상담에 필요한 역할이다. 소비자의 구매계획이 어떤 것인지 또 그 구매계획이 얼마나 구체적인 것인지를 파악하는 것이 구매상담에서 우선적으로 할 일이다.

일단 소비자가 구체적으로 원하는 것을 파악한 후 구체적으로 목표를 세워야 한다. 이때 소비자가 어떤 속성의, 어떤 상품을 원하는지를 구체적으로 파악한 내용을 상담자는 직접 소비자에게 질문하여 상담대상 소비자의 구체적 목표를 상담자가 확실히 확인하여야 한다. 즉 '소비자께서는 50만 원 정도의 예산으로 삶는 기능까지 포함한 5리터짜리 세탁기를 구입하기 원하시는 것인가요?' 와 같은 질문을 통해 소비자의 목표를 확인해야 한다.

### ■ 능동적 대화과정 조절

대화과정 조절은 상담이론과 연구에서 중시해온 개념인데, 특히 단회상담에서는

상담자의 능동적 대화과정 조절(process control)이 요구된다. '능동적' 이란 말은 '적극적' 이란 의미와는 다소 차이가 있는데 적극적 대화과정 조절은 상담자가 이끌고 적극적 태도를 보이는 것인 반면에, 능동적 대화과정 조절은 반드시 적극적일 필요는 없으며 상담자의 판단에 의해 융통성 있게 대화과정을 조절하는 것을 말한다.

소비자는 자신이 원하는 상품을 예산범위 안에서 구매하기를 원하기는 하나 정확한 예산을 밝히기를 꺼려하거나 확신을 가지고 있지 못한 경우도 있기 때문에 주저하거나 당황할 경우도 있으므로 이때 상담자는 전문가적 확신과 단호한 태도, 즉 소비자를 전문적으로 도와줄 수 있다는 태도로 소비자에게 신뢰감과 안정감을 줄 수 있어야 한다. 그러나 이러한 확신은 정확한 정보와 전문적 지식에 근거한 합리적인 것이어야 한다. 지나친 확신과 단호함은 소비자에게 오히려 강요한다는 인상을 줄 수도 있으므로 확실한 전문적 조언은 주되 결정은 소비자 스스로 할 수 있도록 하여야 한다.

### ▪▪ 구매대안의 제시

소비자가 구매하고자 하는 정확한 목표를 설정하고 난 후에는 자신이 원하는 속성을 가진 상품대안을 비교 평가하는 과정을 거쳐 최종적 선택을 하게 된다. 의사결정이나 선택을 위해서는 대안들을 제시하고 명료화하며, 그것의 장단점을 검토하여 몇 가지 비교대안들을 평가해야 한다.

구매의 대안에 대해 소비자가 확신을 갖고 있는 경우는 곧바로 선택과 대금지불 및 계약서 작성 등을 하게 되지만 확신을 갖고 있지 못할 경우에는 대안의 비교과정을 통해 다시 평가하는 작업을 하게 된다. 소비자는 정확한 정보나 자신의 확신이 부족할 때 상담자의 도움을 요청하게 되는데, 이때 상담자의 역할은 어떤 대안에 대한 주관적 지지보다는 합리적인 평가의 기준제시와 이 기준에 맞는 대안들의 객관적 평가정보를 제공하여 주는 것이 필요하다. 예를 들면 서너 가지 대안 중 최종적으로 두 가지의 대안으로 선택의 폭이 좁혀졌을 때 상담자는 추가정보를 제공하여 소비자가 스스로 선택을 할 수 있도록 도와주어야 한다.

조언은 소비자의 성격에 따라 반응이 달라질 수 있는데, 독립적인 소비자가 자신의 통합성을 지키기 위해 상담자의 조언을 거부하는 경우와 의존적인 소비자가 상담자에게 의사결정을 맡기는 경우이다. 독립적인 소비자에게 상담자가 가장 합리적인 조언이나 제시를 하더라도 이를 받아들이지 않을 경우 상담자는 자신의 신뢰성이 형성되지 못함에 실망하고 실망의 표현을 하게 되는데, 상담에 있어 이러한 표현은 금물이다.

상담자는 인내심을 가지고 소비자의 독립적 결정에 대한 감정적 반응을 자제하여야 한다. 반면에 의존적 소비자는 의사결정을 상담자에게 맡겨 버리지만 자신의 욕구가 충족되지 못할 경우 그 책임을 상담자에게 전가하려는 경향이 있으므로 이러한 결과도 결코 바람직한 것은 아니다.

### ■: 계약서 작성과 지불방법의 결정

구매대안이 결정되면 소비자는 계약서를 작성하고 지불방법을 결정하는데, 이 경우 지불방법에 따른 장단점을 설명하고 계약서상에 소비자와 판매자 간의 의견이 상충되는 점은 없는지 다시 한 번 확인하고 계약서에 사인을 하도록 한다.

계약서가 작성되기 전에 소비자에게 한 번 더 자신의 구매목적에 맞는 상품이나 서비스가 선택되었는지 확인하는 것이 필요하다. 구매상담과정에서 초기에 설정되었던 자신의 목표와 부합되지 못하는 계약을 할 수도 있으며 이러한 의사결정이 내려진 경우에는 구매후의 불만족이 야기될 가능성이 높기 때문이다.

지불방법은 현금결제, 신용카드결제 또는 할부결제 등의 소비자의 자원상황에 맞춰 결제방법을 선택하도록 한다.

## 👤 구매후 상담

## 1. 구매후 상담이란?

### 1) 필요성

구매후 소비자상담이란 소비자가 재화와 서비스를 사용하고 이용하는 과정에서 소비자의 욕구와 기대에 어긋났을 때 발생하는 모든 일들을 도와주는 상담을 말한다.

보통 소비자상담이란 구매후 상담을 말하며 각 기업체의 고객상담실, 소비자단체 및 소비자원의 소비자상담실 등이 이를 담당하게 되는데, 소비자상담은 재화와 서비스의 사용에 관한 정보제공, 소비자의 불만 및 피해구제, 이를 통한 소비자의 의견반영 등에 관한 기능이 있다.

기업의 소비자상담실의 상담업무 통계를 보면 상담건수 중 절반 이상이 계약의 내용에 대한 문의나 사용법 등에 관한 것으로 심각한 소비자문제에 관한 내용이 아니라고 밝히고 있다. 그러나 소비자단체에 상담을 요구하는 대부분의 상담건수는 소비자피해의 보상을 필요로 하는 소비자상담이다.

## 2) 구매후 소비자상담의 역할

구매후 소비자상담의 역할은 기업의 고객상담실과 소비자단체 및 소비자원에서 소비자상담을 담당하는 두 가지로 나누어 생각할 수 있다.

### ■■ 기업의 고객상담실

기업의 고객상담실은 소비자업무부서, 고객관련부서 또는 고객서비스부서가 주종을 이루고 있다. 이 부서는 오랫동안 상점의 상거래에서 발생한 불만을 처리해주는 일이 주업무였다. 그러나 오늘날 고객상담실은 불만처리에 제한된 것이 아니라, 수많은 작업 가운데 단지 한 부분이고, 회사의 마케팅 노력에 대해 적극 지원을 하고 있다. 예를 들면 고객상담실은 고객의 상품주문에 대하여 고객에게 알려줄 뿐만 아니라 애프터 서비스 문제, 배달문제, 신용카드 지불문제, 하자상품의 보수문제에 관하여도 문의를 받으면 즉시 알려준다. 이러한 고객상담실의 역할을 살펴보면 다음과 같다.

① 상담, 불만처리
② 관련정보의 수집과 사내 피드백
    a. 소비자의 불만, 상담내용을 관련부서에 피드백
    b. 신문 등에 의한 정보수집 공유
③ 행정, 단체, 매스컴에 대한 대응
    a. 행정기관(재정경제원, 서울시청, 한국소비자원 등)과의 접촉
    b. 소비자단체와의 접촉, 유대강화 : 일상적인 접촉, 집회 참석, 질의서(서신, 공문)에 대한 회신
    c. 매스컴에 대한 대응
④ 사내계몽
⑤ 광고, 사용설명서, 표시의 체크

⑥ 상담정보를 통한 텔레마케팅

⑦ 소비자계몽

### ■ 소비자단체 및 한국소비자원

소비자단체 및 한국소비자원의 역할은 다음과 같다.

① 소비생활에 필요한 정보 제공

② 불만 및 피해에 대한 구제방법 상담

③ 소비자 피해구제

④ 타부서 또는 타기관 안내

⑤ 건의나 제안에 대한 수렴 및 관련부서 피드백

⑥ 광고, 표시, 사용설명서, 카탈로그에 대한 모니터

## 2. 구매후 상담의 내용

구매후 소비자상담은 상담내용과 상담기관에 따라 다음과 같이 분류할 수 있다.

### 1) 상담내용에 따른 분류

구매후 소비자상담은 상담내용에 따라 불만처리, 피해구제, 기타상담으로 나눌 수 있으며, 이를 통하여 소비자의 기본권익보호와 소비생활의 향상 및 합리화를 도모할 수 있다.

### ■ 불만처리

불만처리란 소비자에게 상품정보, 시장정보 및 생활정보 등을 제공하거나 피해구제의 절차·사례·내용·보상기준 설명, 사업자의 피해보상기구 안내 및 각종 문의·건의에 대한 정보제공 등을 말하며, 상담을 통해 소비자피해를 사전에 예방하고 소비자의 불만을 해소하는 것이다. 따라서 소비자 스스로 피해구제로부터 보상받을 수 있는 방법을 제시하여 주는 상담이다.

### ■ 피해구제

소비자가 소비생활에서 경제적·신체적 피해를 입었을 때 관련 사업자와 자율적으로 해결되지 않는 경우 피해보상의 중재(합의권고)를 통해 소비자의 피해를 구제해 주는 일련의 활동을 말한다.

### ■ 기타상담

개인간의 계약 등 한국소비자원에서 처리가 곤란하거나 소비자원의 업무범위에서 제외되는 불만처리 및 피해구제를 말한다. 즉 타기관 알선 등이 속한다.

## 2) 상담기관에 따른 분류

구매후 소비자상담은 또한 상담기관에 따라 사업자, 소비자단체, 행정기관, 한국소비자원, 법원, 기타기관 및 단체에 의한 소비자상담으로 분류할 수 있다.

### ■ 사업자에 의한 소비자상담

소비자와 사업자 간의 상호교섭에 의한 소비자피해의 구제는 가장 많이 이용되고 있는 것으로 소비자가 적절한 보상을 받을 수만 있다면 가장 바람직한 피해구제방법이라고 할 수 있다. 왜냐하면 사업자가 제공한 상품·서비스로 인한 소비자의 불만내지 피해는 1차적으로는 소비자와 사업자 간에 해결해야 할 것이기 때문이다. 이때 소비자불만이 있다면 소비자의 신뢰를 회복시킬 수 있는 어떤 방법으로든지 불만이 해소되어야 하고, 만약 소비자피해가 발생한다면 사업자에게 그 상황에 따라 법률적 책임이 있게 된다.

오늘날 기업에서의 소비자상담의 역할은 소비자의 문제를 직접 듣고 상담처리하며 텔레마케팅을 통해 고객을 감동시킨 후 판매를 재창출하는 데 그 궁극적인 목적이 있고 이에 대한 성공적인 사례도 늘어나는 추세이다.

이때 상담원의 자세는 사명감, 책임감, 친절성, 준비성, 적극성, 합리성(객관성)을 가져야 한다.

### ■ 소비자단체에 의한 소비자상담

소비자단체를 통한 소비자고발의 상담 및 처리는 소비자들이 스스로의 권익보호를 위해 자주적으로 결성된 단체에 잘못된 상품, 서비스, 제도 등에 대한 상담 및 도움을 요청하고 소비자단체가 소비자의 대리인이 되어 문제해결에 적극적으로 임한다는 점에서 정부나 기업을 통한 피해구제와는 다른 특색이 있다.

소비자가 피해를 입은 경우 정보, 전문성, 이익추구 등에 있어 훨씬 우월한 지위에 있는 기업을 개별적으로 상대하는 것보다는 소비자들로 조직된 소비자단체가 표면에 나서서 공동의 의사표시를 하는 것이 피해구제에 효과적일 것이다.

이때 상담자는 단순히 소비생활문제에 대한 풍요한 지식뿐만 아니라 고발자의 고민에 귀를 기울이고 그 생활과 심리를 공감적으로 이해하고 소비자가 갖고 있는 문제해결의 능력을 이끌어주고 도와주는 인격적 태도를 갖추어야 한다. 또한 소비자상담은 정보전달, 물품교환, 변상, 수리 등의 기능에만 목적이 있는 것이 아니라 상담업무를 주축으로 하여 흩어져 있는 소비자들을 묶고 지역사회 발전에 정보제공의 역할을 하는 것을 목적으로 한다.

상담업무는 소비자교육 활동이나 소비자운동 등과 밀접한 관계를 갖고 뿌리를 박아야 된다. 초보적인 문제는 소비자가 스스로의 힘으로 해결하고, 상담업무를 통하여 얻은 새로운 정보가 받아들여지고 활용되도록 소비자교육이 육성되어야 할 것이다. 또한 고발처리에 의해서 명백히 밝혀진 위험하고 유해한 상품이나 사기방법 등에 대한 정보는 매스컴에 의하여 널리 소비자에게 알리고 같은 피해가 또다시 발생하지 않도록 예방하는 것이 중요한 과제이다.

### ▧ 행정기관에 의한 소비자상담

행정적 구제방법에는 소비자보호행정을 통하여 소비자 피해를 사전에 방지하는 사전 구제방법과 중재, 조정 등 행정지도를 통한 사후적 구제방법이 있다.

소비자보호행정은 소비자기본법을 위시하여 각종 소비자관계법에 규정된 바에 따라서 사업자에 대한 규제를 통하여 이루어지고 있다. 특히 재정경제부 장관이 품목별로 소관부처, 소비자대표, 사업자대표, 대학교수 등 전문가의 의견을 들어 제정한 소비자분쟁해결기준은 사전에 사업자의 책임범위를 구체적으로 정한 것으로서 분쟁당사자, 소비자단체, 행정기관, 한국소비자원의 분생해결시 지침으로 이용되고 있다.

사후적 피해구제는 소비자 피해와 관련된 분쟁에 행정기관이 적극 개입하여 양당사자에 대한 중재, 조정을 행하거나 시정명령 등으로 소비자의 피해를 구제하는 방법이다.

worksheet 2-1
# 구매시 상담역할 연습

학번 :                    이름 :                    제출일 :

여러분이 특정상품을 구매한다고 가정하고 실제 매장을 방문해서 판매를 담당하는 사람과 구매결정을 위해 상담을 해보자.

1. 이때의 대화내용을 기록한 보고서를 수업시간에 함께 읽고 토론해 보자.

   대화내용 _____

   토론 _____

2. 이를 토대로 가장 바람직한 소비자 상담원의 구매시 상담내용을 구성해 보고, 소비자와 상담원의 역할을 분담하여 실습을 해보자.

   구매시 상담내용 _____

   _____

3. 여러분 각자가 그 상황에 있는 다른 사람들의 대화방식에 대해 어떻게 느꼈는지 논의해 보자.
   또, 여러분 각자 자신의 행동에 대해 다음과 같은 질문을 해보자.

   나는 무엇을 잘했는가? _____

   나는 무엇을 잘 하지 못했는가? _____

   나를 향상시키기 위해 미래에 무엇을 할 수 있는가? _____

   _____

절 취 선

## ■: 한국소비자원에 의한 소비자상담

소비자기본법은 소비자 피해의 신속하고 원만한 구제를 위하여 한국소비자원에 소비자의 불만처리 및 피해구제를 할 수 있는 권한을 부여하고 있다.

한국소비자원은 피해 소비자로부터 피해구제를 요청 받으면 피해에 관한 사실확인 및 법령위반사실 등을 확인한 후 사업자에 피해보상에 관한 합의를 권고할 수 있다. 그러나 피해구제를 청구 받은 후 30일 이내에 합의가 이루어지지 않게 되면 원장은 지체 없이 소비자분쟁조정위원회에 조정을 요청하여야 한다. 소비자분쟁조정위원회도 조정신청을 받은 경우에는 원칙적으로 30일 이내에 조정을 하여야 하고, 조정이 이루어진 경우에 당사자가 이를 통보 받은 날로부터 15일 이내에 이를 수락하여 조정서에 서명, 날인하면 재판상의 화해와 동일한 효력을 가진다.

## ■: 법원에 의한 소비자상담

사법절차, 즉 소송에 의한 구제방법은 소비자피해구제를 위한 궁극적인 방법이자 가장 기본적인 해결방법이라 할 수 있다. 다시 말하면 위에서 본 구제방법들에 의하여 구제를 받을 수 없을 때는 마지막으로 법원의 판결에 의존할 수밖에 없고, 법원의 판결이 다른 방법에 의해 해결의 기준으로 제시될 수 있다.

이상으로 소비자 상담의 과정을 구매과정별로 살펴보았다.

상담이란 상담대상자와 상담자 간의 의사소통을 통하여 문제인식을 공유하며 상담대상자의 문제를 해결해 주는 작업이다. 따라서 상담자는 이러한 과정에서 의사소통 능력과 이해력, 판단력이 정확해야 문제해결 능력을 높일 수 있다.

뿐만 아니라 이러한 문제해결과정에서 느끼는 갈등과 긴장을 완화시키며 소비자의 입장에서 문제해결을 적극적으로 도와주고자 하는 성품이 필요하다. 이러한 상담자의 특성은 원래부터 가지고 있기보다는 끊임없는 훈련과 실무경험을 바탕으로 형성될 수 있을 것이다. 또한 다른 상담과 달리 소비자상담은 정확한 지식을 바탕으로 문제해결을 처리해야 하며, 상담과정이나 문제해결과정 중 발생하는 갈등과 긴장 등과 같은 심리적 부담도 완화시켜 주는 성숙된 자세를 가져야 할 것이다.

 연구문제

1. 지수는 현재 가지고 있는 컴퓨터를 좀 더 성능이 좋은 컴퓨터로 바꾸려고 한다. 이 경우에 지수가 겪어야 할 의사결정단계에 따라 필요한 소비자상담의 내용은 어떤 것이 있는지 생각해 보자. 그리고 필요한 상담 중에서 현재 지수가 실질적으로 이용할 수 있는 소비자상담은 어떠한 것들이 있는지 조사해 보자. 이때 상담내용, 상담제공기관, 상담시 들어가는 제 비용은 어느 정도가 되는지 기관별로 비교하고 가장 효율적인 상담은 어떤 것인지 찾아보자.

2. 행정기관, 소비자단체, 기업을 직접 방문하여 구매전 상담이 어떻게 이루어지고 있는지, 즉 구매전 상담의 내용과 방법들을 조사한 후 각 기관별 구매전 상담의 특성을 비교 평가해 보고 바람직한 방향을 모색해 보자.

참고문헌

기업소비자전문가협회(1996). 기업의 소비자 대응 실무 매뉴얼. 사단법인 기업소비자전문가협회.

박명희(1996). 소비자의사결정론. 학현사.

상무달(1991). 판매이론과 판매기법. 형설출판사.

안광호 · 이학식 · 하영원(1997). 소비자행동. 법문사.

안승철(1996). 소비자보호와 피해구제. 중문.

이기춘 · 김외숙(2004). 소비자보호론. 한국방송대학교출판부.

이기춘 · 송인숙(1988). 소비자제품의 비교테스트 정보분석에 의한 가격과 품질의 상관관계에 관한 연구. 한국가정관리학회지, 6(2).

이득영 · 송순영(1992). 소비자교육의 교육내용 모형 개발연구. 한국소비자원.

이은희(1993). 소비자정보의 요구에 관한 연구. 박사학위논문. 서울대학교.

이혜임(1994). 판매원의 자질향상을 위한 교육강화 요구도-백화점 판매원을 중심으로. 소비자학 연구, 5(1).

한국소비자원(1994). 소비자문제 전문요원 연수과정. 한국소비자학회.

한국소비자원(1996). 대학생교육 연수자료.

한국소비자학회(1996). 소비자상담, 소비자상담사 자격인증을 위한 workshop 교재.

Lancaster, K.(1996). Change and Innovation in the Technology of Consumption. *American Economic Review, 56*, 14-23.

Roderick M. McNealy(1996). *Making customer satisfaction happen-A strategy for delighting customer.* Chapman & Hall.

## 참고 사이트

국토해양부  http://www.hrdkorea.go.kr/

공정거래위원회  http://www.ftc.go.kr/

금융위원회  http://www.fsc.go.kr/

농림수산식품부(농산물, 수산물안전) http://www.maf.go.kr/main.jsp

보건복지부(의료분쟁조정)  http://www.mw.go.kr/front/index.jsp

지식경제부(공산품안전, 가격표시제)  http://www.mke.go.kr/

식품의약품안전청(식의약품안전)  http://www.kfda.go.kr/index.jsp

중소기업청(제조물책임제도)  http://www.smba.go.kr/

통계청(전자상거래 등 각종통계)  http://kostat.go.kr/portal/korea/index.action

한국소비자원  http://www.cpb.or.kr

면 잘 듣지 못하게 된다. 예를 들어, 사람들이 대화를 할 때 다음과 같은 의도가 개입되어 있다면 진정으로 듣지 못하게 될 것이다(임철일·최정임 역, 1999: 22).

- 상대방에게 흥미를 가지고 있는 것처럼 보여 상대방 마음에 들려고 할 때
- 거절당할까봐 긴장하고 있을 때
- 특정한 정보만 듣고 다른 것은 무시할 때
- 다음에 할 말을 준비하기 위해 시간을 벌려고 할 때
- 내 말을 듣게 하기 위해 상대방의 말을 대충 들어줄 때
- 상대방의 약점을 찾아내려고 할 때
- 대화의 약점을 찾아서 자신이 항상 옳다는 것을 증명하고자 할 때
- 사람들이 어떻게 반응하는지를 점검하고 자신이 바람직한 영향력을 행사했음을 확인하고자 할 때
- 자신이 착하고, 친절하고, 좋은 사람인 것처럼 보이고자 할 때
- 상대방에게 상처를 주거나 공격하지 않고 거절하는 방법을 잘 모를 때

듣기를 방해하는 요인을 좀 더 체계적으로 살펴보면 다음과 같이 나누어 살펴볼 수 있다(임철일·최정임 역, 1999: 22). 대부분 사람들이 대화 중에 이러한 활동을 하고 있기 때문에 잘 듣지 못하는 경우가 많다.

- 비교하기　　누가 더 똑똑하고 누가 더 능력 있는지에 대해 자신과 다른 사람을 계속 비교하려고 하기 때문에 듣기를 어렵게 만든다. 다른 사람이 이야기하는 동안 '내가 더 잘할 수 있었을 텐데…, 내가 더 어려운 경험을 했는데…, 내가 더 많이 했는데…' 라고 속으로 생각하는 경우이다. 이렇게 계속 평가를 하다보면, 비교하는 데만 정신이 팔려서 상대방의 이야기를 잘 들을 수 없게 된다.

- 마음 읽기　　말하는 사람이 '정말로' 무엇을 생각하고 느끼는지를 계속 파악하려고 노력하기 때문에 상대방이 말하는 내용에는 별로 관심을 기울이지 않게 된다. '그녀는 영화를 보러가고 싶다고 이야기 하지만, 진심으로는 피곤해서 쉬고 싶을거야. 가고 싶지 않은데 내가 계속 가자고 하면 화를 낼거야' 라고 생각하면서 진실을 파악하기 위해 말보다는 억양이나 미묘한 단서에 더 주의를 기울이게 된다.

- 자신이 말할 내용 준비　　다른 사람이 말하는 동안 다음에 자신이 무슨 말을 할

것인지 생각하고 있다면 상대방의 이야기를 들을 여유가 없어진다. 다음에 자신이 할 말과 전략에 모든 주의를 기울이고 있으면서도 상대방이 하는 이야기에 흥미 있는 것처럼 보이려고 한다. 그러나 해야 할 이야기가 있고 주장할 의견이 있기 때문에 마음은 다른 곳에 가 있다.

• **걸러 듣기**　　어떤 것은 듣지만 어떤 것은 듣지 않는 것을 말한다. 예를 들면 상대방이 화가 났는지 아닌지에만 관심을 가지고 일단 이것과 관계없는 이야기에는 관심을 기울이지 않는 것이다. 아들이 학교에서 싸웠는지 여부를 파악할 때까지만 듣다가 아들이 싸우지 않았다는 것을 듣고 안심하자마자 시장 볼 물건에 대한 생각만을 하는 경우와 같은 것이다.

• **미리 판단하기**　　상대방에 대해 선입관를 가지고 있어 이야기에는 주의를 기울이지 않게 되는 경우이다. 부도덕하다든지 위선적이라든지 하는 성급한 판단을 내려 이야기를 들을 필요가 없다고 생각하여 '반사적인' 반응만을 보내는 것이다.

• **공상하기**　　다른 사람의 이야기를 성의 없이 들을 때 간혹 상대방이 말한 내용이 갑자기 개인적인 연상의 고리를 건드리는 경우가 있다. 지루하다고 느끼거나 걱정이 많을 때는 더욱 다른 생각에 빠지기 쉽다. 모든 사람들이 대화 도중 다른 생각에 많이 빠지게 된다. 그러나 어떤 특정한 사람과 있을 때 공상을 많이 하게 된다면 아마 상대를 알려고 하거나 인정하려는 노력이 부족하기 때문일 것이다. 적어도 상대방이 말하는 것에 대하여 거의 가치를 두지 않는다는 것을 나타낸다.

• **자기경험과 관련짓기**　　상대방이 이야기하는 것을 자신의 경험과 관련시키는 것이다. 예를 들면 상대방이 치통에 대해 이야기하고 싶어 하는데 그 이야기로 인해 자신이 아픈 잇몸 때문에 수술을 받았던 경험을 기억해내고 상대방이 이야기를 끝내기 전에 자신의 이야기를 시작한다. 상대방이 하는 모든 이야기를 자신의 경험과 연결하여 자신의 이야기를 늘어놓느라 정신이 없어서 상대방을 이해하거나 진정으로 그 사람의 이야기를 들을 마음이 없다.

• **충고하기**　　몇 마디만 듣고도 다 알았다는 듯이 조언을 하기 시작하는 경우다. 항상 자신은 훌륭한 문제해결자이고 다른 사람에게 조언하고 충고할 준비가 되어있다. 하지만 조언을 하며 상대방을 설득하는 동안 상대방의 감정이나 아픔 등을 이해하지 못할 수 있다.

• **언쟁하기**　　　다른 사람과 말싸움을 하거나 논쟁을 할 때 반론을 하는 데에만 온 신경을 쓰기 때문에 잘 듣지 못하는 경우이다. 완강한 입장을 취하고 분명한 신념을 가지고 있을 때 상대방의 이야기에 재빨리 반대표시를 하여 상대방은 당신이 자기 이야기를 잘 들었다고 느끼지 않게 된다. 언쟁을 피하려면 상대방이 주장하는 내용을 일단 반복하여 이야기하고 인정하는 것이 도움이 된다.

• **자기만 옳다고 주장하기**　　　자신이 틀리다는 것을 인정하지 않기 위해서 소리를 지르거나, 변명을 하거나 지난 잘못을 들추는 등 무엇이든지 하려고 할 때는 상대방의 이야기를 잘 들을 수 없다.

• **주제 이탈하기**　　　대화도중 갑자기 화제를 바꾸는 것이다. 주제가 따분하거나 불편한 내용일 때 대화의 주제를 바꾼다. 어떤 경우는 농담으로 대하기도 한다. 이야기를 진지하게 듣기가 불편하거나 불안할 때 상대방의 이야기를 계속 농담으로 받아들이고 비꼴 수 있다.

• **비위 맞추기**　　　상대방의 말에 주의를 기울이고 관찰하기보다는 '그래, 그래', '네가 맞아', '그렇군', '나도 알아', '물론이지', '세상에', '정말?' 등으로 비위를 맞추려고 애쓴다. 다른 사람이 자신을 친절하고, 기분 좋은 사람으로 인정하고 좋아해 주길 원하여 모든 것에 동의한, 이런 경우 대화에 진정으로 몰두하지 않고 대충의 경향을 알 정도로만 주의를 기울인다.

## ▪▪ 효과적인 듣기를 위한 전략

따라서 이와 같은 잘 듣지 못하게 하는 방해요인을 피하면서 효과적으로 들으려면 어떻게 해야 할까? 다음에서 설명하는 효과적인 듣기를 위한 전략(임철일·최정임 역, 1999: 36-46)이 도움이 될 것이다.

### 적극적으로 듣기

잘 듣기 위해서는 입을 다물고 조용히 앉아 있는 것만으로는 안 된다. 오히려 언어적·비언어적 수단을 통해 적극적으로 대화과정에 참여하는 것이 필요하다. 의사소통의 의미를 완전히 이해하기 위해서는 상대방이 말한 내용을 다른 말로 바꾸어 말하여 피드백을 주거나 질문해야 한다. 즉 의사소통의 협력자로서 대화를 주거니 받거니

함으로써 적극적인 듣기가 되어야 한다. 이를 위해서 바꾸어 말하거나 명료화하기, 피드백 등을 사용할 수 있다.

• **바꾸어 말하기**　　바꾸어 말하기는 상대방이 방금 이야기했다고 생각하는 것을 자신의 단어로 다시 진술하는 것을 말한다. 바꾸어 말하기는 효과적으로 듣기 위해 꼭 필요한 것이다. '내가 들은 바로는…', '그러니까 당신이 느끼는 것은…', '당신이 말하고자 하는 것은… 입니까?' 등과 같은 도입부를 사용할 수 있다. 바꾸어 말함으로써 얻을 수 있는 기대효과는 다음과 같다.

　　첫째, 잘 들어준 데 대해 상대방이 감사하게 된다.
　　둘째, 화가 났을 때 격화되는 것을 막아주고 위기를 완화시켜 준다.
　　셋째, 오해를 막아준다.
　　넷째, 대화의 내용을 기억하는 데 도움을 준다.
　　다섯째, 비교, 판단, 연습, 비난, 조언, 공상과 같은 듣기 장애물을 사용하기가 어려워지므로 이러한 것들로 인한 듣기 장애를 해결할 수 있다.

• **명료화하기**　　더 완전하고 또렷하게 듣기 위해 가끔 더 필요한 내용을 질문하는 것이다. 명료화는 바꾸어 말하기와 동시에 이루어지는 경우가 많다. 이렇게 해서 대화의 내용을 더욱 선명하게 알 수 있다.

• **피드백**　　바꾸어 말하기와 명료화는 상대방의 대화내용을 더 잘 이해하기 위한 노력이다. 피드백은 자신이 들은 내용에 대한 느낌이나 생각 등을 상대방과 공유하는 것이다. 피드백은 즉각적이고 정직하며 지지적이어야 한다. 바꾸어 말하기와 명료화를 통해 의사소통을 이해하면 곧바로 피드백을 제공하고, 공격적이지 않고 친절하게 말해야 하는 것이다. 예를 들면 '너 나에게 숨기는 것이 있지' 라는 것보다 '나에게 아직 말 안한 것이 있는 것 같아' 라는 말이 지지적이다.

### 인식하면서 듣기

인식하면서 듣는다는 것은 상대방이 말한 내용과 자신이 가지고 있던 기존 지식과의 비교를 통해 이 둘이 일치하는지를 주의하면서 듣는 것을 말한다. 또 하나는 상대방 목소리의 고저, 얼굴표정, 몸짓 등이 말하고 있는 내용과 일치하는가, 즉 일관성이 있는지를 확인하는 것이다. 이와 같은 인식을 통해 일치하지 않는 것이 있다면 이를 확인하거나 피드백을 주어야 한다.

또 효과적인 듣기를 위해 필수적으로 구사해야 하는 전략은 자신이 소비자의 이야기를 잘 듣고 있음을 확인시켜 주는 단서를 여러 가지로 전달해 주는 것이다. 사람들은 상대방이 자신의 이야기를 들어주기를 원한다. 그래서 그들은 상대방이 자신의 이야기를 듣고 있음을 증명하는 단서를 찾고자 한다.

따라서 소비자에게도 아래와 같은 방법을 적절히 사용하여 소비자의 이야기에 귀를 기울이고 있음을 표현하는 것이 좋다(임철일·최정임 역, 1999: 44).

· 눈맞춤을 유지한다.
· 몸을 약간 앞쪽으로 기울인다.
· 소비자의 말에 대해 끄덕이거나 바꿔 말함으로써 말하는 사람에게 강화를 준다.
· 질문을 해서 명료화한다.
· 화가 나거나 기분이 나쁘더라도 상대방의 대화를 이해하기 위해 최선을 다한다.

### 2) 잘 표현하기

상대방의 이야기를 잘 듣고 이해하였다면 자신이 전하고 싶은 의사소통내용을 효과적으로 표현하기 위해서 다음과 같은 규칙을 지켜야 한다(임철일·최정임 역, 1999: 78-89).

· 메시지는 직접적이어야 한다.
· 메시지는 즉각적이어야 한다.
· 메시지는 명확해야 한다.
 − 자신이 하고픈 말이 있을 때 이를 질문형태로 돌려 말하지 말라.
 − 메시지의 내용, 목소리, 신체언어를 일치시켜 일관성을 유지하라.
 − 두 가지 상반되는 의미를 동시에 전달하는 이중메시지를 피하라.
 − 막연한 힌트를 주기보다 자신의 느낌과 요구에 대해 명확히 나타내라.
 − 한 번에 한 가지만 초점을 맞춰라.
· 메시지는 솔직해야 한다.
· 메시지는 고무적이어야 한다. 즉, 상대방이 상처받지 않도록 서로 생각이나 느낌을 공유하고 이해해야 한다.

그리고 〈표 3-1〉과 같은 상황별 인사말은 늘 쓰이는 것이므로 상황에 맞게 적절히

| 표 3-1 | 기본적인 상황별 인사말 |

| 상 황 | 기본적인 인사말 |
|---|---|
| 맞이할 때 | 어서오십시오, 어서오세요.<br>안녕하십니까?, 안녕하세요?<br>무엇을 도와드릴까요? |
| 상담내용을 받아들일 때 | 네, 잘 알겠습니다.<br>네, 말씀대로 처리해 드리겠습니다.<br>감사합니다. |
| 감사의 마음을 전할 때 | 감사합니다.<br>멀리서 와주셔서 감사합니다.<br>항상 이용해 주셔서 감사합니다. |
| 질문이나 부탁을 할 때 | 죄송합니다만, 주소를 말씀해주시겠습니까?<br>죄송합니다만, 성함이 어떻게 되십니까?<br>죄송합니다만, 제게 주시겠습니까? |
| 소비자를 기다리게 할 때 | 잠시 기다려주시겠습니까?<br>죄송합니다만, 5분만 더 기다려 주시겠습니까?<br>잠시 후에 곧 처리해 드리겠습니다. |
| 자리를 잠시 뜰 때 | 잠깐 실례하겠습니다.<br>죄송합니다. 잠시만 기다려주시겠습니까? |
| 소비자의 재촉을 받을 때 | 대단히 죄송합니다. 곧 처리해 드리겠습니다.<br>대단히 죄송합니다. 잠시만 더 기다려 주시겠습니까? |
| 소비자를 번거롭게 할 때 | 죄송합니다만 …<br>귀찮으시겠지만 …<br>대단히 송구스럽습니다만 … |
| 소비자가 불평할 때 | 네, 그렇게 생각하시는 것이 당연합니다만 …<br>다시 확인해보겠습니다. |
| 거절해야 할 때 | 정말 죄송합니다만 …<br>정말 미안합니다만 …<br>말씀드리기 어렵습니다만 … |
| 상급자를 만나기 원할 때 | 죄송합니다만 누구시라고 전할까요?<br>죄송합니다만 어디시라고 전할까요? |
| 용건을 마칠 때 | 대단히 감사합니다.<br>오래 기다리셨습니다. 감사합니다.<br>바쁘실텐데 기다리게 해서 정말 죄송합니다. |

자료 : 삼성전자 글로벌마케팅연구소, 1999

구사할 수 있도록 반복하여 연습하는 것이 좋다. 그러나 인사말이나 자신을 소개하는 말 등은 기본적인 틀을 지키되 자연스럽게 표현되도록 하여 자칫 진부하거나 상투적인 인사가 되지 않도록 주의할 필요가 있다.

언어적 의사소통기술의 향상을 위해서는 이상에서 설명한 내용 외에도 대화능력 향상에 관한 다양한 책들에 관심을 가지고 읽으면서 그 내용을 실제 적용하여 몸에 배도록 하는 노력을 꾸준히 해야 할 것이다.

●●●●●●●
**상담의 포인트 3-1**

## 남에게 호감을 사는 여섯 가지 방법

① 다른 사람에게 순수한 관심을 기울여라.

　다른 사람에게 진심에서 우러나오는 관심을 가지면 친구도 사귈 수 있을 뿐 아니라 고객들을 당신회사에 보다 충실한 고객으로 만들 수가 있다.

② 미소를 지어라.

　얼굴에 나타나는 표정이 얼굴생김이나 입고 있는 옷보다 훨씬 더 중요하다.

③ 당사자들에게는 자신의 이름이 그 어떤 것보다도 기분 좋고 중요한 말임을 명심하라.

　다른 사람의 호의를 누릴 수 있는 가장 간단하고 분명하면서 중요한 방법은 이름을 기억하여 불러주는 것이다.

④ 남의 말을 잘 들어주는 사람이 되어라. 자기 자신에 대해 말하도록 상대방을 격려하라.

　말솜씨가 좋은 사람이 되길 원하면 우선 상대방 말을 잘 들어야 한다.

⑤ 상대방의 관심사에 대해 이야기하라.

　사람의 마음을 사로잡는 지름길은 그 사람이 가장 아끼고 있는 일들에 관해서 이야기하는 것이다.

⑥ 상대방으로 하여금 중요하다는 느낌이 들게 하라. 단 진지한 태도로 해야 한다.

　사람은 누구나 자신이 타인보다 어떤 점에서 뛰어나다고 생각하고 있다. 따라서 상대방의 중요성을 솔직하게 인정하고 상대방이 느끼게 하라.

자료 : 카네기, 1995

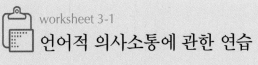

worksheet 3-1

# 언어적 의사소통에 관한 연습

학번 :　　　　　　　이름 :　　　　　　　제출일 :

1. 동료와 둘씩 짝이 되어 어떤 주제를 정하여 대화를 나누도록 하라. 대화 중에 이 책에서 설명한 적극적으로 듣기 위한 전략을 구사해 보고 그 결과를 서로 평가해 보라.

　　잘된 점 _____

　　_____

　　잘못된 점 _____

　　_____

또, 개선이 필요한 부분에 대해 서로 논의한 후 다시 대화를 나누고 이를 평가하라.

　　개선된 점 _____

　　_____

　　개선이 더 필요한 점 _____

　　_____

2. 많은 사람 앞에서 어떤 주제에 대해 간단한 발표를 해보고 자신의 발표내용을 사람들이 잘 듣고 있음을 어떻게 확인할 수 있었는지 이야기해 보자.

　　_____

　　_____

　　_____

## 2. 비언어적 의사소통기술

사람들은 한마디 말을 하지 않고서도 자신의 감정과 태도를 드러낼 수 있다. 예를 들면, 얼굴을 찡그리거나 고개를 가로젓든지 하여 상대방의 의견에 반대하는 것을 나타낼 수 있다. 비언어적 의사소통방법에는 두 가지가 있다. 첫째, 얼굴표정이나 몸짓과 같은 신체의 움직임과, 둘째 다른 사람과의 거리를 얼마나 두느냐와 같은 공간적 관계를 통한 방법이다(임철일 · 최정임 역, 1999: 91-105).

### 1) 신체 움직임

의사소통에서 신체적인 움직임을 이해하는 것이 중요한데, 그 첫째 이유는 메시지의 효과가 신체의 움직임에서 50% 이상이 나오기 때문이다. 알버트 메하라비안 (Albert Meharabian)에 의하면 의사소통에서 메시지의 전제적인 영향은 다음과 같다.

- 7% 언어적(단어나 말)
- 30% 음성적(성량, 고조, 리듬 등)
- 55% 신체적 움직임(대부분 얼굴표정)

신체적인 움직임이 중요한 두 번째 이유는 언어적 의사소통보다 더 진실한 경우가 많기 때문이다. 예를 들면, 고객에게 "이 물건이 마음에 드십니까?"라고 물었을 때 "네, 괜찮습니다."라고 대답은 하면서도 여전히 진열되어 있는 다른 물건들에 관심을 기울이면서 여러분을 마주보지 않을 때는 그 언어적 내용을 믿기보다는 소비자의 신체적 언어에 주의를 기울여 소비자가 다른 제품을 더 비교하여 마음에 더 드는 물건을 찾을 수 있도록 도와야 할 것이다.

신체적 언어에서 주의해야 할 핵심요소는 언어적 표현내용과 신체적 표현내용이 일치하는지, 즉 일관성 여부이다. 예를 들면 어떤 영업사원이 당신 옆에 서서 웃으면서 친절하게 악수를 한다. 그러나 그 사람이 당신 눈을 쳐다보기 두려워한다면 무언가 상반되는 감정이 있거나 감추고 싶어 하는 것이 있을지 모른다. 또는 다른 일에 관심을 두고 있으면서 의례적인 응대를 하고 있을 수도 있다.

따라서 여러분도 보다 효과적으로 의사소통을 하기 위해서는 자신의 언어적 의사소통내용과 신체적 움직임을 일치시켜야 한다. 예를 들면 회사의 문제를 개선하기 위한 좋은 아이디어를 가지고 있을지라도 회의석상에서 머뭇거리거나 의자에 푹 수그리고 앉아 있거나 방어적으로 팔짱을 끼고 있거나, 눈을 아래로 깔고 있다면 입으로는 '나는 좋은 아이디어를 가지고 있어요.' 라고 말할지라도 몸은 '저는 자신이 없어요.' 라고 말하는 것과 같다.

신체적 움직임을 통한 의사소통방법은 학습되기 때문에 지역이나 문화에 따라 보편적인 몸짓이 있다. 또 신체적 움직임은 말하는 사람의 태도와 감정을 전달하기도 하고 자신이 말하는 내용을 보충적으로 설명하는 기능을 하기도 한다. 예를 들면, 매장에서 '저것으로 주세요.' 하면서 어떤 제품을 손으로 가리키기도 하고 질문에 '네.' 라고 답하면서 고개를 끄덕이기도 하는 것이다. 또 신체적 움직임을 통해 상대방의 말에 대한 반응을 대신하면서 피드백하기도 한다. 예를 들면 상대방의 말을 들으면서 계속 고개를 끄덕이거나 미심쩍을 때는 눈썹을 올릴 수 있다.

### ▪▪ 얼굴표정

얼굴은 신체 중에서 가장 표현을 잘하는 부분이다. 또 얼굴 중에서도 눈은 그 사람의 감정과 태도를 잘 표현한다. 얼굴표정을 관찰할 때 눈썹이 올라갔는지 내려갔는지, 또는 앞이마를 찡그리는지 펴는지, 볼이 굳어졌는지 늘어졌는지에 주의할 수 있다. 피부가 붉어졌는지 또는 창백한지에 따라서도 유용한 정보를 얻을 수 있다.

### ▪▪ 몸짓

어떤 사람들은 의사소통을 하기 위해 손을 많이 사용한다. 그런 사람들은 전화로 이야기할 때조차도 무의식적으로 어떤 몸짓을 한다. 또 다리를 꼬지 않고 약간 떨어뜨려서 앉아 있을 때는 개방성을 나타내며, 두 다리를 크게 벌리고 앉아 있는 것은 지배적인 특성을 나타낸다. 보통 다리와 발이 가리키는 방향은 그 사람이 가장 흥미를 느끼는 것을 나타낸다.

### ▪▪ 자세와 호흡

구부정한 자세는 침울하거나 지친 감정의 표시이며 열등감이나 주목받고 싶지 않은 느낌의 표시가 될 수 있다. 키가 큰 사람들 중 일부는 키가 작은 사람들보다 너무 높아지거나 위협적으로 보이지 않기 위해 몸을 구부리는 경향이 있다. 자세를 바르게 하는 것은 구부정한 자세보다 자신감이나 개방성이 있는 것을 나타낸다.

호흡은 감정과 태도를 나타내는 또 하나의 중요한 지표다. 빠르게 호흡하는 것은 흥분하거나 두려워할 때 또는 성급하거나 아주 기쁘거나 불안할 때이다.

소비자상담을 할 때는 이상과 같은 내용을 잘 숙지하여 소비자의 신체적 움직임을 주의하여 대함으로써 소비자를 더 잘 이해하도록 하고, 자신의 신체적 움직임에도 더 주의를 기울여 자신감과 안정감을 주는 상담을 할 수 있도록 해야 할 것이다.

## 2) 공간적 관계

근접학(proxemics)은 공간을 사용하는 방법을 통해 무엇을 의사소통하는지 연구하는 학문이다. 이야기하는 상대에게서 얼마나 멀리 떨어져 있는가, 집에 가구를 어떻게 배치하는가, 다른 사람들이 자신의 영역을 침범하는 데 대해 어떻게 반응하는가 하는 것이 모두 중요하다.

에드워드 홀(Edward T. Hall)은 사람들이 다른 사람과 상호작용할 때 무의식적으로 사용하는 영역을 친밀한 거리(intimate distance), 개인적 거리(personal distance), 사회적 거리(social distance), 대중적 거리(public distance)의 네 가지로 나누어 설명했다.

친밀한 거리(0~45cm)는 실제 접촉을 하거나 약간 떨어진 것인데 연인이나 가까운 친구, 부모에게 안겨 있는 어린아이 사이에서 볼 수 있다. 친밀하지 않은 사람들이 친밀한 거리를 유지하도록 강요한다면 당황하거나 피하려 한다. 복잡한 버스나 전철, 또는 엘리베이터 안에서 접촉을 피할 수 없을 때 사람들이 어떻게 반응하는지를 살펴보라. 되도록 시선을 피하려 하고 긴장하며, 가능한 한 몸을 빼려고 할 것이다.

개인적 거리(45cm~2m)는 서로 마주보고 편안히 이야기할 수 있는 거리로 가까운 영역은 쉽게 접촉이 가능하고 먼 영역은 접촉할 위험이 없이 이야기할 수 있는 영역이다. 아마도 소비자상담을 하러 찾아온 소비자를 상담자가 대면상담할 때의 거리는 이 개인적인 거리 중 먼 영역에 속할 것이다.

사회적 거리(2~6m) 중 가까운 영역을 판매원이 소비자를 대할 때 또는 소비자가 서비스맨에게 이야기할 때와 같이 주로 대인업무를 수행할 때 사용되며 먼 영역은 공식적인 사업이나 사회적 상호작용에 사용된다. 가끔 회사의 사장들은 고용인들과 이 정도의 거리에 놓여 있는 책상에 앉아 있으면서 지배적인 지위를 나타내기도 한다. 또

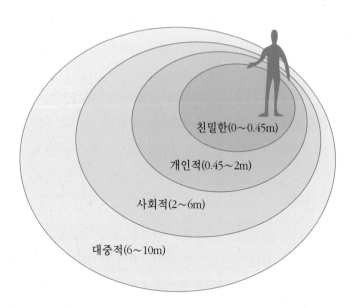

**그림 3-1** Hall의 네 가지 영역 모형

자료 : 임철일 · 최정임 역, 1999

회사원들이 다른 동료들에게 무례한 느낌을 주지 않으면서 작업을 계속할 수 있는 개방적인 사무실 환경에서도 이 사회적 거리를 유지한다. 또한 가정에서도 부부가 서로 독서하거나 TV를 볼 때, 일상적인 이야기를 할 때 이 거리를 유지하면서 앉아 있을 수 있다.

대중적 거리(6~10m) 중 가까운 거리는 교사가 교실에서 학생들과 수업할 때, 또는 사장이 고용인 집단과 이야기할 때와 같이 상대적으로 비공식적인 모임에 사용되며, 먼 거리는 정치나 명사들의 연설에 사용된다.

이 네 가지 영역은 문화마다 차이가 있고 같은 문화권이라도 개인마다 차이가 있다. 따라서 이 네 가지 영역 모형은 단지 일반적인 가이드로만 사용해야 한다.

# 비언어적 의사소통에 관한 연습

학번 :　　　　　　이름 :　　　　　　제출일 :

1. TV프로그램의 토크쇼나 대담 프로를 보면서 사람들이 의사소통을 위해 신체적인 움직임을 어떻게 사용하는지 관찰해 보라.

   1) 얼굴 표정, 팔과 손, 발과 균형, 자세 등이 어떠한지 또는 이를 이용해 무엇을 표현하는지 관찰하라. 또 호흡도 관찰하라.

   2) 신체적 움직임으로 전달되는 비언어적 메시지와 언어적 메시지가 일치하는지를 확인해 보라. 또 언어적 메시지에는 없으나 비언어적 메시지에만 전달되는 내용이 있는지 찾아보라.

2. 다음은 몸짓을 이용해 유도할 수 있는 내용들이다. 자신이 원하는 것을 비언어적으로 나타내기 위해 어떤 몸짓을 사용해야 할지 동료와 서로 짝이 되어 시도해 보라.

   • 이야기를 계속하도록
   • 속도를 빠르게 하도록
   • 속도를 늦추도록
   • 요점을 말하도록
   • 요점을 확장하도록
   • 요점을 고수하도록
   • 이야기를 중지하고 여러분이 이야기할 수 있도록
   • 이야기를 중지하고 대화를 끝내도록

# ☒ 복장과 태도

소비자를 대하고 상담에 들어가기 전에 먼저 소비자는 상담자의 복장과 용모를 보고 첫인상을 갖게 되므로 어떤 복장과 용모로써 소비자를 대하는가는 사소한 일 같지만 실은 아주 중요하다. 상담자가 무관심하거나 굳은 표정의 얼굴을 하고 있다면 소비자 마음이 위축될 것이며, 짙은 화장이나 정돈되지 않은 머리모양을 하고 있다면 신뢰감을 주지 못할 것이다. 그러면 어떤 용모와 복장을 갖추고 소비자를 대하여야 할 것인가? 용모와 복장, 그리고 표정에 대하여 기본적인 기준이 될 만한 내용을 살펴보기로 하자(기업소비자전문가협회, 1999: 68-75; 삼성전자 글로벌마케팅연구소, 1999: 50-67).

## 1. 용모와 복장

단정한 용모와 복장이 왜 중요한가? 용모와 복장은 첫인상을 결정할 뿐 아니라 일을 하는 자신의 마음가짐도 좌우하게 되기 때문이다. 용모와 복장은 대체로 다음과 같은 기준을 지키는 것이 좋다.

- 보편타당한 것으로 자신의 개성을 나타낸다.
- 항상 단정하고 청결하게 한다.
- 업무관리에 효율적인 용모와 복장이 되도록 한다.
- 자신의 인격과 근무하는 기관의 이미지를 고려한다.
- 지나치게 화려하거나 유행하는 것은 피한다

여성의 경우, 머리모양은 단정하고 산뜻한 머리 모양을 하되 긴 시간의 근무에도 흐트러지지 않는 스타일이 좋다. 앞머리가 흘러내리거나 눈을 가리지 않도록 한다. 첨단 유행을 따르거나 염색한 머리는 바람직하지 않다. 화장은 자신의 얼굴이 밝고 건강하게 보이도록 자연스럽게 하는 것이 좋다. 입술은 생기 있는 색을 선택한다. 평소 손을 사용하여 의사전달을 많이 하므로 손과 손톱도 늘 청결히 하고 매니큐어를 바를 때는 투명하거나 연한 핑크 또는 연한 갈색을 택한다. 장신구는 움직일 때 소리가 나거나 번쩍이는 화려한 것은 피하고 가짓수를 한두 가지로 제한한다. 의상은 너무 끼지 않고 잘 맞는 것을 택하며 일반적으로 사무적인 외모를 유지하기 위해서는 긴소매가 바람직하다.

남성의 경우도 매일 머리를 감아서 청결을 유지하고 단정히 빗는다. 수염도 매일 깨끗이 면도하며 손톱도 청결히 유지한다. 양복은 잘 맞는 것으로 택하고 색상은 보수적인 것으로 하는 것이 좋다.


## 2. 표정과 태도

단정한 용모와 복장을 갖추었으면 그 다음은 밝은 표정을 갖도록 해야 한다. 사람들은 상대방과 얼굴을 마주 대하고 의사소통을 하거나 업무를 하게 되기 때문에 좋은 느낌을 전달할 수 있는 표정 연출이 중요하다.

눈에서 받는 첫인상이 무엇보다도 강렬하므로 온화한 눈인사로 소비자를 대하는 것이 필요하다. 또 밝은 표정과 미소로 소비자를 대하여야 한다. 평소에도 무표정하고 딱딱하게 굳어 있기보다 마음을 부드럽게 하여 부드러운 표정을 하여야 소비자의 방문을 받는 순간 자연스럽게 밝은 미소와 표정으로 대할 수 있게 될 것이다. 자연스럽고 진심어린 반가움을 표현하는 미소로 소비자를 대한다면 상담에 큰 도움이 될 것이다. 그리고 다소 짜증나는 상황이 발생하더라도 절대로 미소를 잃지 않아야 한다.

이런 밝은 표정과 미소는 외부소비자에 대해서는 물론이고 함께 일하는 동료인 내부소비자에게도 필요하다. 서로에게 밝게 웃는 표정으로 대하는 것만으로도 하루 일과에 큰 활력소가 된다.

상담자로서 소비자상담을 할 때 가져야 할 태도는 무엇일까?

• 일에 대한 열정　무엇보다도 소비자상담의 중요성과 그 의의를 이해하여 자신이 하는 일에 대한 사람과 열정을 가져야 한다. 즉, 소비자상담은 소비자를 돕는 것이며 나아가 자신이 속한 기관의 이익에도 도움이 될 뿐 아니라 소비자와 사업자 사이의 힘의 균형을 꾀함으로써 궁극적으로 시장경제 시스템의 균형 있는 발전을 위한 역할을 하고 있는 것이라는 것을 의식하는 것이 필요하다.

• **인내심**　　　소비자상담은 많은 경우에 제품의 구매나 사용 중에 어려움을 겪는 소비자를 돕게 되기 때문에 즐거운 상태의 소비자를 대하기보다는 화가 나거나 짜증이 난 상태의 소비자를 대하게 될 것이다. 따라서 인내심을 가지고 이러한 소비자의 문제를 해결해 주는 자세가 필요하다. 기업의 경우는 제품이나 서비스에 대한 문제를 겪은 소비자가 상담자를 대상으로 화를 내게 되지만 그 상담자에게 화가 난 것이 아니라 자사제품에 대해 화가 난 것이므로 상담자는 이를 구분해야 한다. 또 소비자단체나 행정기관 등에서 소비자문제의 해결을 돕는 경우에도 사업자와의 합의를 유도하여 피해를 구제하기까지 쉽게 포기하지 않고 끝까지 일을 해나가는 인내심이 필요하다.

• **긍정적인 태도**　　　소비자는 상담자에게 고맙거나 기뻐서 상담하기보다는 어려움을 해결하기 위해 도움을 청하는 경우가 대부분이므로 소비자가 가진 문제를 나의 노력으로 해결할 수 있다는 자신감을 가지고 긍정적인 태도로 대해야 한다.

• **공감**　　　소비자가 겪는 어려움이나 곤란한 상황에 대해 공감함으로써 소비자의 입장에서 생각하고 감정이입할 수 있는 능력이 필요하다.

• **공유의식**　　　자신이 가지고 있는 지식을 소비자와 함께 나누려는 공유의식을 가져야 한다. 내가 가진 지각과 능력을 활용하여 상대방을 기꺼이 도우려는 태도가 필요하다.

이와 같은 일에 대한 열정, 인내심, 공감능력, 긍정적인 태도, 지식의 공유의식 등은 단기간에 얻을 수 있는 능력이 아니다. 평소에 풍부한 인간관계 속에서 타인의 어려움에 공감하고 자신의 능력으로 다른 사람을 적극적으로 돕고자 하는 태도를 길러 나가야 할 것이다.

이상을 종합하면 소비자상담자는 소비자를 대할 때 단정한 복장과 미소 띤 밝은 표정을 지으면서 상대방을 적극적으로 돕고자 하는 열성적인 태도로 임한다면 가장 이상적일 것이다.

# 𝕏 자료를 다루는 방법과 기술

소비자상담업무를 하면서 여러 가지 자료를 다루는 일도 하게 된다. 어떻게 필요한 자료를 수집하고 정리하여 활용할 것인가? 정보화 사회로 변화함에 따라 효율적인 정보관리업무가 더 중요해졌으며, 특히 소비자업무에서는 정보내용의 변화가 빠르고 양도 방대하기 때문에 잘 대처해야 한다. 또 이러한 자료는 다른 사람이 읽을 수 있는 보고서로 작성하거나 발표를 해야 할 경우가 있게 된다. 소비자상담 일선에서 일할 때는 소비자의 질문이나 불만에 응대하는 활동에서는 일정기간이 지나면 반복적이고 단순한 작업으로 변하기 쉽다. 이에 비해 소비자상담의 상급관리자 업무책임을 맡게 될 경우 또는 상급관리자로 성장하길 원할수록 아래와 같은 자료를 다루는 능력이 중요하다.

정보관리에 관한 구체적인 내용은 소비자정보관리론이나 소비자조사법과 같은 독립된 교과목에서 더 익힐 수 있다. 본 절에서는 소비자상담자로서 어떤 능력을 갖출 필요가 있는지 개괄적으로 확인하고자 한다.

## 1. 자료수집과 처리

### 1) 자료수집

자료의 수집에는 소비자상담에 필요한 자료들의 수집과 소비자와 관련된 정보의 수집이 있다. 즉, 소비자상담을 위해 필요한 여러 가지 정보를 수집하고 이를 체계화하여 필요할 때 찾아 쓸 수 있도록 하는 일과 상담과정에서 소비자로부터 얻는 여러 가지 정보를 그 기관에 활용 가능한 유용한 정보로 만드는 두 가지 종류로 나눌 수 있다.

#### ▪️ 소비자에게 필요한 자료수집 및 정리

먼저 소비지상담을 위해서는 여러 가지 정보가 필요하다. 소비자가 바람직한 소비생활을 하도록 돕기 위해서는 상품이나 서비스의 구매선택이나 사용과 관련된 품질과 안전성 정보, 거래방법이나 표시사항에 관한 정보, 광고나 약관에 관한 정보, 피해

읽지 않을 것이다. 모든 문서를 자세히 읽기는 너무 바쁘기 때문에 문서를 읽는 데 우선순위를 매기는 것이다.

문서를 읽는 사람이 바쁠 경우 이와 같이 문서의 첫 부분과 마지막 부분을 주목하는 경향이 있다. 그러므로 읽는 사람의 이러한 심리를 여러분이 응용해볼 필요가 있다. 즉, 작성한 정보가 전체적으로 또는 그것이 기록된 순서대로 읽혀지리라고 생각하지 말라. 대신에 반드시 보아야 할 중요한 정보는 페이지의 첫 부분이나 마지막 부분과 같은 전략적인 위치에 놓아라. 그리고 보다 덜 중요한 설명은 중간 단락쯤에 두는 것이 좋다. 문서를 대하는 사람들이 대강 훑어 보는 습관을 응용하여 다음과 같이 문서구성을 하는 것이 좋다.

- 수신, 발신, 날짜, 주제를 적는 부분이 완벽하고 모든 중요한 정보가 들어 있는 공간이 되도록 한다.
- 실질적인 요약을 쉬운 표현으로 하여 B나 E의 위치에 놓는다.
- 행동요구사항, 즉 당신이 읽는 사람들에게 기대하는 행동을 E 또는 B의 위치에 놓아라.
- 훑어 보는 것을 쉽게 하기 위해 문서 각각의 절에 제목을 사용한다.

이와 같은 점을 모두 고려하여 〈그림 3-3〉과 같은 일정한 형식을 만들어 사용하는 것도 좋다.

### ■ 5단계 : 유인물을 준비한다.

유인물은 중요한 정보를 강조하고 청중들이 계속 따라올 수 있도록 내용을 정리해주고 시각자료의 보조자료 역할을 할 수 있다.

### ■ 6단계 : 시각자료를 개발한다.

시각자료를 사용할 것인가, 사용한다면 언제 사용할 것인가를 결정하여야 한다. 그리고 시각자료를 잘 준비하기 위해서는 다음 사항을 지켜야 한다.

- 시각자료를 남용하지 말라.
  - 너무 많은 자료는 피하라. 시각자료나 정보를 너무 많이 제시하는 발표는 효과가 낮다.
  - 구두로도 설명이 될 수 있다면 시각자료가 필요 없다.
- 도표화한 시각자료를 사용하라.
- 한 장의 시각자료에 한 가지 키포인트를 사용하라.
  - 시각자료의 초점을 간단하고 명확하게 하여 집중할 수 있도록 한다.
- 내용과 수치를 잘 보이게 만들어라.
  - 맨 뒷줄에서 가서 시각자료가 보이는지 미리 확인하라.
  - 유인물을 통해 추가설명을 하거나 차트부분을 강조하여 준비할 수 있다.
- 색깔의 사용을 신중하게 하라.
  - 4~5개 이상의 색상을 사용하지 말라. 대비되는 색상을 사용하고 비슷한 색상은 피하라.
  - 어지러운 것은 피하라.
- 자료를 가능한 한 그래프로 나타내라.
- 시각자료를 제시할 장비를 반드시 사전에 점검하라.

자료 : 스티브 멘델, 1997

### ■ 7단계 : 서론과 결론의 문장을 생각한다.

청중에게는 말하려는 것을 미리 요약하여 알려주고 발표가 끝난 후 다시 요약하여 말해 줄 필요가 있다. 따라서 발표의 주요 아이디어를 확인하고 이를 서론에서 미리 말한 후 결론에서 반복하면서 맺는다.

자신을 소개하고 청중의 주의를 끄는 도입을 준비해야 한다. 왜 이 발표주제가 중요한지 그 의미와 발표자가 이 주제에 관해 발표할 자격이 있는지를 말하여 신뢰를 형성한다. 주의를 끌기 위해서는 주제를 다루는 데 도움이 되는 짧은 이야기인 일화를 준비하거나 유머, 질문 등을 사용할 수도 있다. 질문은 자유롭게 대답할 수 있는 것이거나 아니면 명확한 답변이 있는 간단한 것을 준비할 수 있다. 간단하고 알기 쉬운 인용으로 발표를 시작할 수도 있다.

### 3) 컴퓨터의 사용

앞서의 자료를 다루는 능력에는 다음과 같은 컴퓨터를 활용하는 능력이 뒷받침되어야 한다.

첫째, 양적자료의 처리에는 스프레드시트나 SPSS, SAS 등을 활용하게 된다.

둘째, 한글문서의 작성에는 한글, MS-워드, 훈민정음 등이 영어문서 작성에는 워드퍼펙트, MS-워드 등이 많이 활용된다.

셋째, 인터넷을 이용해 자료를 검색하고 이용 가능한 정보로 가공할 수 있어야 한다.

넷째, 프리젠테이션 자료 준비를 위해서는 MS-파워포인트를 활용할 줄 알아야 한다.

인바운드 상담만을 처리하든지 아니면 상담업무의 관리자로서 일하게 되든지 컴퓨터를 이용한 작업은 필수적이므로 이와 같은 기본적인 컴퓨터 사용능력을 연마하고 이와 관련된 자격증을 획득한다면 더욱 바람직할 것이다.

## 상품과 소비자 관련법에 관한 지식

소비자상담을 위해서는 해당상품에 대한 지식이 기본이다. 기업에서는 고객의 문의와 불만사항을 해결하기 위해서 상품에 관한 지식이 필요하므로 관련전공과 소비자학을 복수전공한 경우, 예를 들면 의류업체는 의류학전공과 소비자학을, 식품업체는 식품관련전공과 소비자학을, 이런 식으로 복수전공한 경우라면 이상적일 것이다.

복수전공을 하지는 않더라도 자신이 관심 있는 상품에 대한 기초지식을 해당 교과목을 통해 이수할 수 있다. 기초적인 지식이 있더라도 상품에 대한 구체적인 지식은 입사초기에 충분히 습득해야 한다. 소비자단체나 행정기관의 경우 단일상품보다는 광범위한 소비생활에 대한 이해가 필요하다. 한국소비자원은 상담의뢰가 많기 때문에 공산품, 주택 등과 같이 품목별로 상담을 나누어 접수받고 있고, 의료, 금융, 법률과 같은 전문서비스는 특별히 해당분야 전문지식을 가진 상담원을 두고 있다.

또 소비자관련법과 제도에 대한 충분한 지식이 있어야 한다. 먼저 정부의 소비자행정부서의 조직과 역할에 대한 이해와 함께 소비자상담관련 각 기관의 특성과 업무내용을 알아야 할 것이다. 소비자문제에 대한 각 기관의 역할분담과 협력체제에 대한이해는 소비자문제를 다루는 소비자상담업무에서 관련기관과의 협력과 조정역할을 하기 위해서 필수적이다. 이런 점에서 소비자상담업무에 대한 현장실습훈련을 받을 때는 어떤 한 기관에서만 경험하지 말고 기업, 소비자단체, 행정기관 등의 다양한 기관에서 실무경험을 갖는 것이 바람직하다.

소비자피해구제상담을 많이 하게 되는 소비자단체나 행정기관의 소비자상담에서는 민법에 대한 이해를 기초로 한다. 민법의 총칙은 법률적인 관계의 기본 개념, 채권부분은 소비자와 사업자 간의 거래상 분쟁이 발생하는 각종 계약에 관한 법률적인 문제를 규정해 놓고 있기 때문이다. 소비자기본법, 방문판매 등에 관한 법률, 약관규제에 관한 법률, 할부거래에 관한 법률, 전자상거래 등에서의 소비자보호에 관한 법률, 표시광고의 공정화에 관한 법률, 제조물책임법 등과 같이 소비자를 직접 목적으로 하는 법들을 능숙하게 다룰 수 있어야 함은 물론이다. 이에 대해서는 '소비자법과 정책'과 같은 관련 교과목을 통해 독립적으로 좀 더 깊이 있게 학습할 필요가 있다.

연구문제

1. 커뮤니케이션 능력을 향상하기 위해 도움이 되는 책들을 폭넓게 읽고 다음과 같이 해보자.
   1) 도서관에서 커뮤니케이션 능력을 향상시킬 수 있는 효과적인 대화법 관련 책들을 찾아 목록을 만들라.

2) 이들 목록의 책을 동료들과 함께 나누어 읽어본 후 각 책에서 제시하는 핵심내
용을 3~5분 스피치로 발표해서 공유하라.

3) 이들 책에서 언급하는 공통적인 내용을 추출하고, 이에 관해 토론해 보라.

2. 자신의 프리젠테이션 능력을 향상하기 위해

1) 관련서적(예: 한정선, 2004)들을 읽고 핵심적인 사항을 메모하라.

2) 앞서 과제 1번의 2)에서 3~5분 스피치를 할 때 서로의 발표에 대해 잘된 점과
개선할 점을 찾아보라.

• 음성과 어조는 적당한가? (음색, 강약, 빠르기, 쉼 등)

• 몸짓은 적당한가? (팔다리의 처리, 시선, 제스처 등)

• 전체적으로 내용전달이 잘 되고 있는가?

• 발표 보조자료는 잘 준비되었는가?

 참고문헌

기업소비자전문가협회(1999). 제3차 대학생고객상담실습 자료집.

삼성전자 글로벌마케팅연구소(1999). 고객만족 경영현장실습 자료집.

스티브 멘델(1997). 효과적인 프리젠테이션 기술. 알파경영혁신센타.

카네기(1995). 카네기 인간관계론. 카네기 트레이닝.

필립 E. 보우책(1993). 커뮤니케이션: 회의 · 보고서 · 프리젠테이션. 알파경영혁신센타.

필립 E. 보우책(1998). 커뮤니케이션. 알파경영혁신센타.

한정선(2004). 프리젠테이션-하나의 예술. 김영사.

Anton, J. T., Richard Bennett & R. Widdows(1995). *Inbound Customer Call Center Design-Management Information Systems*. Inchor Business Books.

F. E. Waddell(1999). 고객관리를 위한 재무상담(김경자 외, 역). 시그마프레스.

Mattew Mckay 외(1999). 효과적인 의사소통을 위한 기술(임철일 · 최정임, 역). 커뮤니케이션북스.

매장 안으로 고객이 들어왔다. 이때 판매사원인 당신은 인사를 건네고 그녀의 뒤를 졸졸 따라다니며 친절히 설명해야 할까, 아니면 언제나 그녀가 부르면 달려갈 수 있다는 표정을 짓고 그녀를 응시하며 내버려둬야 할까.

당신이 방문판매사원이라면 고객과 함께 김장거리를 다듬으며 세상 돌아가는 이야기를 나누어야 할까, 아니면 아직도 이 제품을 모르냐며 고객의 자존심을 살짝 건드려야 할까.

홍성태(2005)는 최근 우리나라 소비를 대표할 수 있는 서울과 일산, 분당 등에 거주하는 만 19세 이상 54세 이하 여성 1,000명을 조사해 대한민국 여성소비자를 외모를 비롯해 학력, 직업 등 겉으로 드러나는 모든 부분에 열등감을 갖고 있는 자포자기형 집단, 자기중심적인 성향이 매우 강한 욕구불만형 집단, 경제적인 어려움으로 구매에 소극적이지만 정직하고 희망을 가지고 사는 알뜰소박형 집단, 가장 전형적인 한국 주부로 평범한 이웃집 아줌마 같은 안전건실형 집단, 자신의 가치를 추구하는 개인적 성향의 미시개성형 집단, 무엇에든 관심과 의욕이 넘쳐 낄 때도 끼고 빠져야 할 때도 끼는 대세리드형 집단으로 나누었다.

그렇다면 당신은 이제 이러한 분류를 참조로 하여 여성소비자를 대하였을 때 어떤 라이프스타일인지 파악하여 그 고객이 어떤 특성을 지니고 있는지, 무엇을 원하는지, 그리고 어떻게 그들을 대해야 하는지 과연 알 수 있을까?

자료 : 홍성태, 2005

소비자상담을 위해서는 소비자를 잘 알아야 한다. 소비자를 아는 것은 결국 인간에 대한 이해에 기본을 둔다. 인간이라면 누구나 원하는 것 그것을 소비자도 원하며, 인간의 다양한 성격유형들이 소비활동을 통해 드러나게 되는 것이다. 따라서 본 장에서 다룰 내용은 인간의 기본적인 욕구나 여러 성격유형에 대한 이해를 소비자의 행동에 적용하여 생각해보고자 한다.

# 4 장
# 소비자를 이해하기 위한 방법과 기술

**학습목표**
1. 소비자의 기본적인 욕구를 이해한다.
2. 소비자의 구체적인 욕구를 알아낼 수 있다.
3. 소비자의 행동스타일 유형이나 특성에 따라 적절한 상담전략을 세울 수 있다.
4. 까다로운 소비자의 욕구를 이해하고 만족시킬 전략을 구사할 수 있다.

**Keyword** 소비자의 욕구, 개방형 · 폐쇄형 질문, 행동스타일, 소비자유형, 까다로운 소비자

## 소비자의 욕구 파악

### 1. 소비자의 일반적인 욕구

소비자가 원하는 것은 무엇일까? 바로 여러분이 소비자가 되었을 때 원하는 것 그것이다. 자신들이 지불한 돈에 해당하는 효과적이고 효율적인 서비스를 얻고 싶어 한다. 대부분의 소비자가 기본적으로 원하는 것은 다음과 같다(이승신 외 역, 1998: 61-62; 손광수, 1997: 205-210).

#### 관심과 정성을 원한다

소비자는 자신을 개인적으로 알아차려 주고 정성이 담긴 서비스를 제공받길 원한다. 예를 들어 여러분이 병원에 갔다면 어떤 대우를 받고 싶은가? 여러분 역시 개개인에 대한 주의 · 관심을 받고 싶지 않은가? 환자요구에 대한 신속한 대응이나 치료의 신뢰성 등도 모두 주의와 관심에서 시작하는 것이다. 금융기관 소비자가 가장 원하지

만 창구직원이 가장 잘 못하고 있는 사항은 소비자 한 사람 한 사람에게 알맞은 응대를 해주지 못하는 것이다.

아래에서 언급하는 제때 서비스를 제공하는 것이나 공정하게 처리하는 것 등은 모두 소비자에 대한 관심과 정성에서 출발하는 것이므로 소비자가 원하는 것 중 가장 중요한 것은 역시 관심과 정성이다. 소비자가 항상 진지하게 대우받기를 원한다는 것은 당연하다. 다시 말해서 소비자가 접촉하는 회사 측 사람이 자신의 문제나 의문사항에 관해 관심을 가져주길 원한다. 소비자의 문제가 무엇인가를 항상 소비자의 입장에서 생각해 주고 자신의 문제에 관한 이야기를 할 때에 주의 깊게 들어주는 것을 항상 기대한다. 따라서 소비자에게 관심을 가지고 정성을 기울인 열성적인 서비스를 제공한다면 가장 바람직할 것이다.

다음은 고객에게 관심과 정성을 표현하는 예이다.

- '네. 자세하게 제게 말씀해 주세요. 시간을 충분히 드리겠습니다.'
- '주의 깊게 듣도록 하겠습니다.'
- '제가 이 문제에 관해 주의를 기울일 수 있게 해주셔서 얼마나 기쁜지 모르겠어요.'

### ■■ 적시에 서비스를 제공받길 원한다

보다 신속한 일처리는 당신이 고객에게 얼마나 큰 관심을 가지고 있는가를 입증해 준다. 대부분 사람은 다른 소비자를 서비스하거나, 또는 전화로 다른 사람을 대하고 있는 것과 같은 합당한 이유가 있으면 서비스를 받기 위해 잠깐 기다리는 것은 별 문제로 삼지 않는다. 그러나 부당하게 시간을 허비하는 것은 싫어한다. 그러므로 담당자는 소비자에게 서비스를 제공하기 위해 항상 준비하고 있다가 소비자가 요구할 때는 적시에 서비스를 제공하도록 해야 한다.

다음은 즉각적인 서비스를 제공하는 표현의 예이다.

- '손님의 문제는 제가 가장 먼저 처리해야 할 과제입니다.'
- '제가 손님의 문제를 즉각 처리할 수 없다면 언제 그것을 처리할 수 있는지 정확한 시간을 알려 드리지요.'
- '그 문제를 처리하기 위해 밟아야 하는 절차를 다 거쳐서 마무리해 드리겠습니다.'

## 서비스 대기시간

일본의 나리타공항을 이용하는 외국인 여행객은 탑승수속시 항공사 직원의 대응을 높게 평가하는 한편, 입국심사 대기시간이 긴 점에 강한 불만을 가진다는 사실이 신도쿄국제공항공단의 설문조사결과 밝혀졌다.

이 설문조사는 나리타공항의 시설과 서비스에 대한 외국인 여행객의 반응을 참고하기 위해 지난해 11월 공항공단이 실시한 것이다.

시설의 충실도와 직원대응 등 14개 분야에 대해 어느 정도 만족했는지 10단계로 평가를 받아 각각 1000점 만점으로 환산해 비교했다.

그 결과 가장 평가가 높았던 것은 항공 카운터로 탑승수속을 할 때 항공사 직원의 대응이 신속하고 서비스도 훌륭하다며 849점을 받았다.

반대로 651점으로 가장 평가가 낮았던 것은 입국심사창구로, 특히 대기시간이 긴 점에 강한 불만을 가진다는 사실이 밝혀졌다.

자료 : KBS 2TV, 2004. 3.30

### ■: 소비자는 자신의 문제에 대해 공감을 얻고 공정하게 처리되길 원한다

소비자는 이해 받기를 원한다. 서비스 제공자로서 매번 그렇게 하도록 노력하고, 적절한 서비스를 제공하는 것이 당신이 할 일이다. 성공적으로 서비스를 제공하기 위해서는 소비자의 입장에서 보고, 소비자의 관점에서 원하는 것을 찾도록 해야 한다. 이는 특히 언어장애나 또는 다른 장애가 있는 소비자의 경우는 더욱 그렇게 해야 한다. 소비자가 불만을 갖거나 적절한 서비스를 받지 못했다고 느낄 때 진정시키고 달래는 것은 소비자상담자인 여러분들이 할 일이다.

또 누구에게도 비난받지 않고자 하는 것은 인간의 본성 중의 하나이다. 특히 개인적인 잘못이 없을 때는 더욱 그러하다. 그러나 비난이나 거절 또는 변명을 요하는 상황에 직면했을 때에도 사람 자체보다 그 상황이나 해결방법 등에 초점을 맞춤으로써 적절하게 문제를 처리할 수 있다.

따라서 여러분이 소비자의 문제를 해결하는 과정에서 어려움을 느끼더라도 이를 소비자가 느껴 심리적 부담을 갖도록 해서는 안 된다. 즉 담당자인 여러분이 아무 어려움 없이 효율적이고도 효과적인 매끄러운 서비스를 제공하는 것으로 느끼도록 해야 한다. 만일 회사정책이나 절차, 경영방침, 또는 소비자 등으로 인해 화가 나더라도 인내심으로 이를 감추어야 한다. 이는 만일 부당하거나 무례하거나 혹은 비현실적인 소비자라고 느껴질 때는 어려운 일이다.

소비자가 항상 옳은 것은 아니지만 옳은 것처럼 대하라. 상황이 너무 긴장되고 평온한 마음을 잃으면, 그 소비자를 대할 수 있는 다른 사람을 불러야 할 것이다. 무례한 말을 내뱉거나 행동하는 것을 억누르고 자신의 감정을 잘 통제하여 소비자상담전문가답게 소비자에게 인내심 있는 서비스를 제공함으로써 그 소비자와의 접촉을 보다 바람직하게 끝낼 수 있다.

예를 들면 다음과 같은 말을 사용하면 소비자가 부딪힌 문제를 상황에 공감하면서 개인적인 비난을 받지 않고 해결할 수 있을 것이다.

- '고객님이 얼마나 실망했는지 충분히 알 수 있어요.'
- '고객님의 견해나 느낌에 관해 이야기하고 싶군요.'
- '고객님의 염려나 요구가 그다지 무리한 것은 아니군요.'
- '고객님이 저나 저희 회사를 비난하셔도 할 수 없군요. 별로 변명의 여지가 없으니까요.'

### ■₩ 유능하고 책임 있는 일처리를 기대한다

고객들은 자신이 가진 문제를 잘 이해하고 있고 또 책임 있는 조치를 해줄 사람을 원한다. 유능한 일처리를 위해서는 맡은 업무영역에 대한 전문가적인 능력을 갖추고 자신감 있게 일처리를 할 수 있도록 준비해야 할 것이다. 또 책임 있는 일처리를 위해서는 자신의 업무에 대해 적절한 권한을 위임받는 것이 필요하다. 따라서 소비자 상담 기관에서는 인력에 대한 적절한 훈련과 교육이 이루어져야 하고, 일정한 업무영역에 대한 권한 위임이 적극적으로 이루어지는 것이 바람직하다.

다음은 유능하고 책임 있는 상담을 잘 표현하는 예이다.

- '제가 해드릴 수 있는 일을 하지 않기 위해 회사 핑계를 댈 생각은 전혀 없습니다.'
- '저는 손님의 문제를 어떻게 해결해야 하는지 충분히 알고 있습니다.'
- '손님에게 어떤 지시를 하고자 하는 것이 아니라 구체적으로 문제해결을 위해 무엇을 해야만 하는가 말씀드리려 합니다.'
- '문제가 일반적인 것이 아니라면 그것을 처리하는 방법을 찾아보도록 하지요.'

## 소비자지향적인 표현 연습

학번 :                이름 :                제출일 :

**1.** 아래 용어를 소비자의 입장에서 듣기 좋도록 바꾸어 보라. 또 이와 비슷한 사례를 주변에서 더 찾아 고쳐 보라.

|   | 공급자 중심 | 소비자 중심 |
|---|---|---|
| 1 | 현금지급기 | |
| 2 | 지급이자 | |
| 3 | 외환 매도율, 매입률 | |
| 4 | 복권당첨금 지급기한 | |
| 5 | 버스정류장 | |
| 6 | 안전선 밖으로 한걸음 물러서 주시기 바랍니다. (지하철 안내방송) | |
| 7 | 표 파는 곳 | |
| 8 | 특별보급가격 | |
| 9 | 세금징수 | |
| 10 | 무엇을 드릴까요?(식당) | |

자료 : 이유재, 1997

**2.** 다음은 어느 백화점 회원약관 중 일부이다. 소비자지향적이며 이해하기 쉽게 표현을 바꾸어 보아라.

| 공급자 중심 | 소비자 중심 |
|---|---|
| 8조(지급시기 및 잔여포인트)<br>1. 지급시기는 매년 1회(1월~3월) 지급합니다.<br>2. 당해연도 200만 원 이상 포인트는 익년도(1월~3월)에 수령하셔야 하며 미수령시 자동 소멸됩니다.<br>3. 정산 후 잔여포인트 및 200만 원 미만 포인트는 다음연도로 이월되며 최대 적립기간은 2년으로 합니다. 최대 적립기간(2년)동안 200만 원 미만 회원은 적립된 포인트 자동으로 소멸됩니다. | |

- '손님을 만족시킬 만한 조치를 취할 수 있는 권한이 제게 있습니다. 다른 사람의 허가를 필요로 하지 않아요.'
- '아마도 손님의 문제를 해결하기 위해서는 다른 사람의 도움이 조금 필요한 것 같습니다. 손님 문제를 결코 그냥 지나쳐 버리지는 않을 것입니다.'

## 2. 소비자의 구체적인 욕구 알아내기

개방형 질문과 폐쇄형 질문을 이해하고 이를 적절히 구사하면 소비자가 원하는 것을 구체적으로 알아내는 데 도움이 된다.

### 1) 개방형 질문

이러한 형식의 질문은 누가, 무엇을, 언제, 어디서, 왜, 어떻게 해야 하는가를 결정하는 데 도움을 주는 질문을 하는 것이다. 개방형 질문은 다음과 같이 이루어진다.

• **소비자의 욕구 확인하기**　　소비자가 무엇을 원하거나 기대하는지를 파악하는 데 도움을 준다. 예를 들어, 'ㅇㅇ씨, 당신은 어떤 형태의 차를 찾고 계십니까?'

• **많은 정보 모으기**　　소비자의 마음속에 무슨 생각을 가지고 있는지, 무엇이 중요한지 확신할 수 없을 때 도움을 준다. 예를 들어 'ㅇㅇ씨 부부, 좀 더 서비스를 잘 해 드리려고 하는데, 만약 직접 집을 짓는다면 이상적인 집은 어떤 것인지 설명하실 수 있겠습니까?'

• **배경자료 발견하기**　　상황에 대한 중요한 과거의 정보를 발견하는 데 도움을 준다. 예를 들어, 'ㅇㅇ부인, 과거 이 사무실에서의 일을 포함해서, 이 문제의 배경이 되는 이야기를 저에게 말씀해 주세요.'

개방형 질문을 함으로써 소비자는 많은 정보를 말하게 된다. 따라서 개방형 질문은 폐쇄형 질문보다 자료를 모으는 데 더 효과적이다.

### 2) 폐쇄형 질문

폐쇄형 질문은 짧은 한 마디의 답을 이끌어내고 새로운 정보를 얻지는 못한다. 많은 경우 '예' 혹은 '아니오'로 답할 수 있으며 다음과 같은 경우에 사용된다.

• **정보 확인하기**    폐쇄형 질문은 이미 말한 것이 무엇이고 무엇을 동의했는지 체크하는 가장 빠른 방법이다. 예를 들어, 'ㅇㅇ씨, 전에 저희 회사의 서비스를 이용하셨다고 알고 있는데, 맞습니까?'

• **주문 체결하기**    일단 소비자의 욕구를 발견하고, 제품이나 서비스의 이점과 특성을 제시했다면, 결정에 관한 질문이 필요하다. 예를 들어, 'ㅇㅇ씨, 이 넥타이는 새 양복에 잘 어울릴 것 같습니다. 이것을 싸 드릴까요?'

• **동의 얻기**    지속적인 대화가 있어 왔고, 이제 대화를 마치고 실행이 요구되는 경우에 폐쇄형 질문으로 원하는 결과를 만들 수 있다. 예를 들어, 'ㅇㅇ양, 오늘 떠나기 전에 이 프로젝트를 끝낼 수 있기를 바랍니다. 한 시간 더 함께 일할 수 있을까요?'

• **정보를 명확하게 하기**    이것은 세부사항을 정확하게 파악하는 데 도움을 줄 수 있다. 예를 들어, 'ㅇㅇ양, 제가 들은 것이 정확하다면, 엔진의 힘을 증가시킬 때 문제가 발생한다고 하셨습니다. 그것은 시동키를 돌리자마자인가요, 아니면 한동안 운전한 후인가요?'

## 소비자의 행동스타일 이해

행동스타일이란 사람들이 어떤 일을 할 때 또는 사람들을 대할 때 보여주는 지속적인 경향이다. 소비자상담전문가들이 인간의 행동스타일을 이해하는 것은 중요하다. 먼저 자신의 행동스타일을 파악하고 다른 사람의 행동스타일을 이해하여 모든 사람은 서로 다르다는 것을 알 필요가 있다. 그리고 자신이 선호하는 방법이 아니라 다른 사람들이 선호하는 방식으로 고객서비스를 제공하도록 노력해야 한다.

고대 철학자부터 오늘날의 심리학에 이르기까지 개인이 가진 지속적인 행농이나 성격특성에 따라 몇 가지의 유형으로 나누어 인간을 보다 잘 이해하고자 하는 노력들이 계속되어 왔다. 히포크라테스는 다혈질, 담즙질, 점액질, 우울질로 사람들의 기질을 나누고, 이제마는 태양인, 태음인, 소양인, 소음인의 네 체질로 구분하였다. 또

# 소비자의 행동스타일 이해

학번 :                 이름 :                 제출일 :


**1. 인간을 행동이나 성격특성에 따라 몇 가지의 유형으로 나누는 방법에는 무엇이 있는지 알아보자.**


**2. 5~6명이 한 조를 이루어 앞에서 조사한 여러 가지 방법에 따라 다음 내용을 알아보자.**

1) 각자 자신이 어느 유형에 속하는지 확인해 보자.


2) 서로 각 조원이 평소 보여주는 행동특성으로 볼 때 어떤 유형에 속하리라고 생각되는지를 판단해 주고 이 판단이 1)에서 본인들이 판단한 내용과 일치하는지 확인해 보자.


3) 이런 유형구분이 서로의 성격과 행동특성을 이해하는 데 얼마나 유용한지 토론해 보자.


4) 공통적으로 알고 있는 드라마나 영화 혹은 문학작품 속의 인물들이 어떤 유형에 속하는지 함께 생각해 보자.

MBTI(Myers-Briggs Type Indicator)에 의해 사람들의 성격유형을 좀 더 상세하게 분석하는 심리유형검사도 보편적으로 사용되고 있다. 커시 기질분류검사(Keirsey Temperament Sorter)는 일반인도 스스로 자신의 성격과 기질을 분석해 볼 수 있도록 MBTI를 좀 더 쉽고 간결하게 개발한 것으로 최근 많이 활용되고 있다. 이 척도는 네 가지 성격쌍(외향E/내향I, 직관N/감각S, 사고T/감정F, 판단J/인식P)에 따라 16가지 성격유형을 나누고 있다(좀 더 자세한 내용은 데이비드 커시·메릴린 베이츠, 2006 참조 바람).

여기에서는 소비자상담에 적용하기 쉬운 보다 간단한 행동스타일 분류를 소개하고 이들 각 유형에 따른 소비자 행동특성과 그에 대응하는 상담기술을 생각해보자.

## 1. 행동스타일 파악

자기평가설문지를 이용하여 행동스타일을 확인할 수 있다. 이런 종류의 다양한 설문지 가운데 하나를 〈표 4-1〉에 소개하였다. 각자가 어떤 유형에 속하는지 확인해 보라. 자신의 경향을 파악함으로써 이와 비슷한 다른 사람들의 경향을 파악하는 데도 도움을 줄 수 있다.

이 평가지는 사람들의 행동스타일을 단호한(decisive), 호기심 많은(Inquisitive), 합리적인(rational), 표현적인(expressive) 유형으로 나누어 설명하고 있다. 그러나 이러한 행동스타일을 사람들의 행동경향의 절대적인 지표로 사용하려고 해서는 안 된다. 왜냐하면 사람들은 적응성이 있으며 상황에 따라서 행동스타일 카테고리를 바꾸거나 다른 행동스타일을 나타낼 수 있기 때문이다. 예를 들면 일상적으로 품위 있고 친절한 사람이라도 자신이 책임져야 할 활동이나 과정을 관리하기 위해서 필요하다면 지배적 행동으로 행동경향을 바꿀 수 있다. 마찬가지로 일상적으로 자제하는 경향이 있거나 과제지향적 행동을 나타내는 사람이 사람들과 접촉하는 상황에서는 사회성이 있고 긍정적으로 반응할 수 있다.

또 행동스타일에는 옳고 그른 것이 없다. 각자가 가진 고유한 기질이 있는 것이며 각 사람의 이러한 특성을 이해할 때 어떤 편견이나 선입관 없이 상대방을 있는 그대로 받아들이게 될 것이다.

**표 4-1** 행동스타일 자기평가 설문지

**다음의 행동스타일 카테고리 중에서 여러분을 가장 잘 나타내 주는 것은?**

1단계: 다음의 단어를 읽고 자신을 평가하여 (1)부터 (5)까지의 숫자를 단어의 왼쪽에 써 놓아라. (1)은 그 단어가 여러분을 묘사하지 않는다는 것을 의미하며, (3)은 중립적 상황을 의미하고, (5)는 그 단어가 여러분 자신을 정확하게 묘사하는 것을 의미한다(주의: 시작하기 전에 그림 3-1의 예를 보라).

| | | |
|---|---|---|
| 단호한 | 논리적인 | 느긋한 |
| 이야기하기 좋아하는 | 계산적인 | 싸우기 싫어하는(갈등을 피하는) |
| 시종 일관된 | 즐거움을 추구하는 | 경쟁적인 |
| 질을 중시하는 | 성실한 | 열광적인 |
| 실용주의인 | 정확한 | 진실한 |
| 인기 있는 | 객관적인 | 세부 지향적인 |
| 참을성 있는 | 낙천주의인 | |

**총점: D =          I =          R =          E =**

2단계: 각 단어에 대해 평가한 후에는 첫 번째 단어 "단호한" 오른쪽에 대문자 "D"를 써 놓고, 두 번째 단어 오른쪽에 대문자 "I"를, 세 번째 단어 오른쪽에 대문자 "R"을, 그리고 네 번째 단어 오른쪽에 대문자 "E"를 써 놓아라. 같은 방법으로 다섯 번째 단어부터 여섯 번째 단어, 일곱 번째 단어의 순서로 반복해서 대문자 D, I, R, E를 하나씩 순서대로 써 놓아라.

3단계: "D" 문자가 쓰인 단어들의 점수를 모두 합하여 총점을 1단계 맨 아래쪽에 써 놓고, 마찬가지 방법으로 "I" "R" "E"에 대해서도 총점을 계산하라.

　　　D, I, R, E 각각의 총점 중 가장 높은 점수의 단어가 여러분의 행동스타일 경향이다. 예를 들면, 여러분의 점수 중 "D" 점수가 가장 높다면 여러분의 행동스타일은 "단호한(decisive)" 경향이고, "I" 점수가 가장 높은 경우는 "호기심 강한(inquisitive)" 경향, "R" 점수가 가장 높은 경우는 "합리적(rational)", "E" 점수가 가장 높은 경우는 "표현적(expressive)" 행동스타일 경향을 나타낸다.

만일 두 점수가 똑같이 높다면, 여러분은 두 가지 행동스타일의 경향을 비슷하게 가지고 있는 것이다.

주의 : 이것은 단지 간단한 지표일 뿐이며, 행동스타일을 더욱 잘 예측하기 위해서는 정식 조사도구를 사용해서 좀 더 철저하게 평가해야 한다는 것을 명심하라.

자료 : Robert W. Lucas, 1998

## 2. 행동스타일에 따른 소비자상담 전략

〈표 4-2〉에서는 앞서 〈표 4-1〉에서 분류한 각 행동스타일의 일반적인 행동 경향을 설명하고 이러한 각 행동유형의 특성을 고려할 때 보다 효과적인 소비자상담을 할 수 있는 여러 가지 전략을 함께 제시하고 있다.

표 4-2　행동스타일에 따른 소비자상담 전략

| 행동스타일 유형 | 일반적인 행동경향 | 소비자상담 대응전략 |
|---|---|---|
| 단호한<br>(DECISIVE):<br>시간과 돈을 절약하기를 원함 | • 빠르게 움직임<br>• 즉각적인 결과 혹은 즉각적인 욕구 충족을 추구함<br>• 해결을 하기 위해 적극적으로 일함<br>• 추진력이 있음<br>• 경쟁적인 성격임<br>• 자신만만하고 거만한 태도를 보임<br>• 구체적·직접적으로 질문하며, 짧고 직선적으로 답변함<br>• 자기 주장이 강함<br>• 어떤 것에 대해 쓰기보다는 토론함(예를 들면, 불평에 대해 글로 적기보다는 전화를 하거나 방문함)<br>• 듣기보다는 말함<br>• 자신의 위세를 강조하기 위해 권력의 상징을 사용함(즉, 값비싼 보석, 의류, 자동차 및 남색이나 회색 같은 권력을 상징하는 색깔의 제복 선호)<br>• 엄숙하며, 제한된 비언어적 신체 표현을 사용함<br>• 보통 힘차게 악수하며 직접적으로 상대방을 응시함<br>• 기능성을 살린 사무실을 가짐<br>• 활동적이고 경쟁적인 여가활동을 선호함 | • 그들은 무엇을 성취하기를 바라는가, 그들은 무엇을 원하거나 필요로 하는가, 무엇이 그들을 동기화시키는지 발견함으로써 통제를 하기 위해 그들의 욕구에 초점을 맞춰라.<br>• 그들의 질문에 직접적인, 간결한, 사실적인 대답을 하라.<br>• 설명을 간결하게 하고 해결책을 제공하라. 변명하지 마라.<br>• "그들을 알려고" 하지 마라. 그들은 자주 이것을 시간낭비로 인식하고 여러분의 동기를 믿지 않는다.<br>• 목표를 향해 똑바로 나아가고, 이후에 적절하게 상호작용의 결론을 내림으로써 시간을 의식하라.<br>• 대안적으로 작은 양의 정보를 제공하고 상황의 해결을 목표로 한 구체적 질문을 하고 그들에게 서비스함으로써 고객이 말할 기회를 제공하라.<br>• 고객이 도착하기 전에 정보와 필요한 양식, 세부적인 사항, 보증서 등을 준비하라.<br>• 적절한 때에 증거에 의해 지지되는 선택안을 제공하고 그 해결책이 고객의 시간, 노력, 돈에 어떻게 영향을 미치는지 초점을 맞추어라.<br>• 특히 환경적으로 민감하거나 반응적이라는 것을 강조하면서 "새로운" 혁신적인 제품이나 서비스에 초점을 맞추어라. |
| 호기심 많은<br>(INQUISITIVE):<br>품질과 효율, 정확함을 원함 | • 자발적인 감정 표현이 거의 없음<br>• 자신의 감정을 표현하기보다는 관련 있는 질문을 구체적으로 함<br>• 회사와 자신의 개인 생활을 분리시킴<br>• 전화나 직접적인 접촉보다는 우편을 통한 교류를 선호함<br>• 이름보다는 성(姓)이나 공식적인 칭호를 선호함<br>• 보통 미소 없이 형식적으로 간단한 악수를 함. 만일 미소를 짓는다면 억지로 하는 것임<br>• 액세서리를 잘 조화시켰다 하더라도 보수적인 의복을 착용함<br>• 차림새에 있어서 나무랄 데 없이 완벽함. 머리와 화장 등을 주위 사람들과는 다른 스타일을 선택함<br>• 시간을 엄수하며 시간을 매우 의식함<br>• 특히 질문에 대한 답을 얻고자 할 경우 긴 대화를 계속해서 함<br>• 목적을 달성하거나 주장을 관철하기 위해서 날짜, 시간, 객관적 사실 및 실용적 정보에 매우 의존함<br>• 외교적 수완이 있음<br>• 혼자서 하는 여가 활동을 선호함(독서나 음악 감상 등) | • 제품과 서비스에 관한 단계, 과정, 세부사항 등의 개요를 조직적으로 말함으로써 정확성과 효율성에 대한 고객의 욕구에 초점을 맞추어라.<br>• 의사소통은 감정이 아닌 사실과 연관되어야 한다.<br>• 미리 세부사항과 정보가 준비되도록 하고 그들과 철저히 친숙하라.<br>• 직접적인, 사무적인, 삼가는 식의 매너로 접촉을 시도하라.<br>• 자신에 관해 말하는 것을 피하라.<br>• 제품이나 서비스와 관련된 고객의 배경이나 경험에 대해 구체적인 개방형 질문을 하라.<br>• 장점, 가치, 품질, 신뢰성, 가격 등을 연속적으로 강조하는 방법으로 해결책을 제시하라. 또한 단점이 지적되거나 토론되는 데 대한 준비를 하라.<br>• 여러분의 주장을 뒷받침할 이용 가능한 자료를 갖추어라.<br>• 고객의 결정을 강요하지 말고 계약을 할 때까지 계속 설득하라. |

(계속)

| 행동스타일 유형 | 일반적인 행동경향 | 소비자상담 대응전략 |
|---|---|---|
| 합리적인 (RATIONAL): 평화와 안정을 유지하기 원함 | • 매우 참을성이 있음<br>• 시스템의 고장이나 조직의 결함을 파악하고 이에 대해 화가 났다 하더라도 불평 없이 한참 동안 한 자리에 서 있거나 기다림<br>• 친근감 있는 눈빛과 얼굴 표정을 보임<br>• 혼자 또는 대규모 집단보다는 일대일 또는 소규모 집단 내의 상호작용을 선호함<br>• 질문에 대한 구체적이고 완전한 설명을 추구함(즉, "그것이 우리의 정책입니다"라는 답변은 합리적인 고객에게는 절대 통하지 않음)<br>• 그들 자신이나 상황에 대해 주의를 환기시키는 것을 싫어함<br>• 갈등을 회피하고 화를 내지 않음<br>• 보통 부드러운 색깔과, 격식을 차리지 않거나 보수적이거나 전통적인 의복을 착용함<br>• 자신의 의견을 말하기보다는 질문을 함<br>• 말하기보다는 듣고 관찰함(특히 그룹 내에서)<br>• 관계를 지속하기 위하여, 우편을 통한 교류와 기록 및 카드의 사용(생일카드, 감사카드)을 좋아함<br>• 다른 사람들과 서로 이름 부르기를 원함<br>• 간단하고 사무적인 악수를 하고 가끔 눈을 마주침<br>• 격식을 차리지 않은 편안한 사무실 공간을 가짐<br>• 사람들과(보통 가족) 함께 여가 활동하길 좋아함 | • 안전하고 호감을 주는 관계를 갖고 싶어하는 고객의 욕구에 초점을 맞추어라.<br>• 고객 개개인과 그들의 견해에 진심으로 관심을 보여라.<br>• 만약 필요하다면, 여러분의 정보를 논리적 연속성을 갖도록 조직화하고 배경자료를 제공하라.<br>• 제품이나 서비스를 추천할 때 신중한 접근법을 취하라.<br>• 정보를 얻기 위해 개방형 질문을 사용하라.<br>• 여러분의 제품과 서비스가 고객의 관계와 시스템을 어떻게 단순화하고 지원하는 데 도움을 주는지를 설명하라.<br>• 위험부담이 적고 이익이 있음을 강조하라.<br>• 의견을 존중하는 사람과 같이 확인해 보도록 권유하라.<br>• 변화가 생길 때 고객이 적응할 시간을 주고 변화가 필요한 이유를 설명하라.<br>• 보증, 보장, 이용 가능한 지원시스템 등을 알려 주어라. |
| 표현적인 (EXPRESSIVE): 사람 지향적이고 사람들이 찾아오기를 원함 | • 다른 사람들과 교류하거나 대화할 기회를 찾음(예를 들면, 상점의 계산대, 버스정류장, 대기장소 등)<br>• 친근감 있고 긍정적인 태도를 보여 줌<br>• 열정적이며, 활발하게 말하거나 몸짓을 사용함<br>• 미소를 띠며 개방적인 신체언어를 사용함<br>• 말할 때 가깝게 접근하거나 접촉함<br>• 어떤 것에 대해 글로 적기보다는 말함(즉, 불평에 대해 글로 적기보다는 전화하거나 방문함) | • 고객의 감정에 호소함으로써 고객의 욕구가 선호되고 받아들여지는 것에 초점을 맞춰라.<br>• 고객의 생각을 인정하면서 긍정적인 피드백을 주어라.<br>• 고객의 이야기를 듣고 여러분에 관한 이야기를 재미있게 하라.<br>• 개방형 질문을 하고 친숙하게 접근하라.<br>• 고객에게 질문하라. "이 제품이나 서비스가 마음에 드는 점은 무엇입니까?"<br>• 간청하지 않는 한 제품의 세부사항은 최소한으로 제공하라.<br>• 제품이나 서비스가 어떻게 고객의 목표나 욕구를 충족시켜 줄 수 있는지 설명하라.<br>• 고객에 대한 영향과 다른 사람들과 고객의 관계에 대한 영향이라는 관점에서 해결책과 제안점을 설명하라.<br>• 만약 적당하다면 의사결정을 촉진할 인센티브를 제공하라. |

자료 : Robert W. Lucas(1998: 73-99)를 참조로 재구성

# 소비자유형별 상담기술

## 1. 소비자특성별 상담기술

소비자는 서로 다르다. 이동성이 아주 큰 현대사회에서 서로 다른 문화권의 사람이나 서로 다른 종교의 사람들이 만나 거래를 해야 하는 것은 필연적이다. 서로 다른 배경을 가진 사람들은 서로 다른 욕구를 가지고 있으며 또한 이를 표현하는 언어적 · 비언어적 표현방법도 차이가 있다. 모든 다양한 배경의 소비자집단에 대해 모든 서비스 전략을 세우는 것은 불가능할 것이다. 여기서는 외국인 소비자, 장애인 소비자, 노인 소비자, 미성년 소비자에 대해 좀 더 자세히 생각해 보자.

### 1) 외국인 소비자

외국인이 한국어를 할 수 없다면 회사 내에 해당 외국어를 할 줄 아는 사람의 도움을 받아야 할 것이다. 이럴 때를 위해 언어별로 도움 받을 수 있는 직원을 미리 알아두는 것이 필요하다. 또 많이 쓰이는 영어와 일어 정도의 간단한 회화는 익히는 것이 바람직하다. 외국인이 한국어를 할 수 있다고 하더라도 액센트가 다르기 때문에 잘 알아듣기 위해서는 노력이 필요하다. 다음과 같은 전략을 사용해 보라.

• **참을성 있게 듣기**　　여러분도 힘들겠지만 소비자도 역시 힘이 든다. 소비자가 말하는 것에 집중할 시간을 가지고 그들의 의도를 이해하도록 노력하라.

• **분명하고 천천히 말하기**　　이해를 돕기 위해 정상적인 어조와 크기로 또박또박 천천히 말한다. 우리말을 하지 못한다는 것이 귀머거리를 의미하는 것은 아니므로 필요 없이 큰 소리로 말할 필요는 없다. 또 표준어를 사용하고 기술적인 용어, 줄인 말, 불완전한 문장 등을 피한다. 주어와 술어를 갖추어 말하고, 자주 멈추어 이해하기 쉽게 도와준다.

일반적으로 외국인은 자신이 말로 표현할 수 있는 것보다는 상대방이 하는 말을 들어서 이해할 수 있는 수준은 높기 때문에 알아들을 수 없을 것이라고 생각하여 무례한 표현을 동료와 건네거나 해서는 절대로 안 된다.

• **비언어적 단서를 알아채기**　　언어적 의사소통이 불완전하기 때문에 비언어적 의사소통에 더욱 주의를 기울일 필요가 있다. 언어적인 내용과 일치하지 않는 비언어적 메시지가 있으면 다시 확인할 필요가 있다.

• **글로 적어보기**　　어떤 사람은 우리말을 말하는 것보다 읽는 것을 더 잘하므로 글로 적어가면서 의사소통할 수 있다.

• **소비자가 표현한 내용을 알기 쉽게 다시 말하기**　　외국인이 불완전하게 표현한 내용을 일단 완전한 문장으로 다시 표현하여 확인한 후 이에 대한 대답을 하도록 한다. 또 다음 단계로 넘어가기 전에 소비자가 이해했는지를 자주 확인하라.

• **계속 미소 짓기**　　미소는 세계 공통의 언어다. 미소라는 언어를 능숙하게 활용하라.

## 2) 장애인 소비자

장애인 소비자를 대하는 것을 싫어하는 경우가 있다. 이것은 대개 장애인 소비자를 일반인과 다르다고 생각하며 장애인을 대하는 데 익숙하지 않아 걱정과 두려움을 느끼기 때문이다. 장애인에 대해 비록 잘 모른다 하더라도 주저하지 말라. 장애인들은 대부분 특별한 방법으로 대접받길 원하지 않고, 일반인과 똑같이 대접받길 원한다. 장애인 소비자에게 서비스를 제공하기 위해다음과 같은 전략을 이용할 수 있다.

• 준비하고 지식을 가져라.
• 선심 쓰는 체 하지 말라.
• 장애인을 일반인과 똑같이 대접하라.
• 그 사람의 장애에 대해 초점을 두지 말고 그 사람 자신에 초점을 맞추어라.
• 도움을 제공하라. 그러나 묻지도 않고 무조건 돕지는 말라.
• 공손하게 하라.

## 3) 노인 소비자

나이가 든다는 깃이 소비사의 가치를 떨어뜨리는 것은 아니다. 사실 많은 노인 소비자들이 건강한 정신과 신체로 계속 일하고 젊었을 때보다 더 활동적으로 시간을 보내고 있다. 과거 그 어느 때보다도 평균수명이 늘어남에 따라 노인 인구의 비율이 높아질 뿐 아니라 베이비붐 인구(1946~1964년에 태어난 사람)가 나이 듦에 따라 더 많은 노인들이 생길 것이다. 또 이들은 가처분소득도 높고, 저축의 필요성이 낮아 소비성향도 높다. 이렇게 규모가 큰 노인 집단과 상호작용을 할 때는 다음 전략을 고려하라.

• **공손하라**　　모든 소비자가 다 그렇지만 노인 소비자에게도 공손하지 않으면 화나게 하거나 노하게 할 위험이 있다. 노인 소비자가 거만하거나 존경할만 하지 않다 하더라도 전문가다운 의식을 잃지 말라.

• **인내하라**　　다른 소비자에게 하는 것처럼 질문할 시간을 허용하라. 또 노인 소비자 자신이 결정을 내릴 때까지 기다려라. 젊은 사람보다는 시간이 더 걸릴 것이다.

• **질문에 답하라**　　정보를 제공하면 노인 소비자가 결정을 내리는 데 도움이 된다. 묻는 말에 친절하게 반복해서 잘 답하라.

• **선심 쓰는 체 하지 마라**　　여러분이 나이 든 소비자를 무시하는 태도로 대하든지 또는 응대해 주는 것이 봐주는 것처럼 느끼게 해서는 안 된다.

• **호칭을 조심하라**　　오늘날 우리 문화는 젊음을 더 가치 있게 보기 때문에 나이 들게 보이는 것을 누구나 싫어한다. 따라서 나이 든 소비자에게 선뜻 할머니/할아버지라는 호칭으로 부르는 것은 무례하고 화가 나게 할 수도 있다. 특히 어린이를 동반한 나이 든 소비자에게 짐작만으로 할머니/할아버지라는 용어를 사용하는 것은 부적절하다.

• **편견을 버려라**　　노인에 따라 신체능력이나 정신능력에 개인차가 크다. 따라서 노인이라고 해서 무조건 어떠하리라고 선입견을 갖는 것은 곤란하다. 다른 소비자보다 더 기다리게 한다든지 하면 화가 날 것이다.

### 4) 미성년 소비자

어렸을 때 여러분이 원하고 필요로 하는 것을 어른들이 이해하거나 신경 써 주지 않는다고 느꼈던 것을 기억하는가? 미성년 소비자들은 아마 이와 같은 것을 느낄 것이며, 여러분은 그들을 어떻게 다루어야 할지를 기억할 수 있을 것이다. 이때 잘 대해 주지 못하면 미성년 소비자는 어른이 되었을 때 다른 곳과 거래를 하게 될 것이다.

전문가적 이미지를 보여 주면서 긍정적인 서비스를 제공하기 위한 시간을 마련하라. 여러분보다 어린 사람들에게 깔보는 태도로 이야기하거나 무례하게 대하지 않도록 해야 한다. 그들도 소비자이고 그들의 부모 또한 소비자라는 것을 잊지 말고, 노인 소비자에게 하는 것과 똑같이 정중히 대하고, 깔보는 태도로 이야기하거나 비하하는 언어를 사용하지 않도록 한다(예: '꼬마야', '아가야', '애야'). 미성년 소비자를 다룰 때 또 하나 기억해야 할 점은 이들이 노인 소비자처럼 의사소통이 세련되지 않고 해박한 상품지식을 가지고 있지 않다는 것이다. 혼동을 피하고 의사소통을 효과적으로 하기 위해 그들의 연령집단에 맞는 적당한 단어를 사용하고 기술적인 면을 설명하거나 알려 주어라.

## 2. 까다로운 소비자에 대한 상담기술

대부분의 소비자들은 여러분이 긍정적이며, 유쾌하게, 그리고 전문적으로 대한다면 그들도 협조적으로 대한다. 그러나 사람들은 자기 나름의 인생관, 태도, 개인적인 습관 또는 배경을 가지고 있어 때로는 대응을 하기 어려운 소비자를 만나게 된다. 상품에 대해 불만을 느낀 어떤 소비자는 상담자에게 막무가내로 화를 내기도 한다. 까다로운 소비자를 대할 때는 침착하고 전문적으로 대하는 것이 요구된다. 다음은 흔히 접하게 되는 까다로운 소비자유형과 그들을 대하는 전략들이다(이승신 외, 1998: 219-245).

### 1) 수다스러운 소비자

어떤 사람들은 여러분을 부르거나 여러분에게 친밀하게 접근해 올 것이다. 그래서 사적인 경험, 가족, 친구, 학교 교육, 교양, 다른 소비자의 서비스 상황, 또는 날씨와 같은 관련이 없는 문제를 논의하느라고 엄청난 시간을 소비할 경우 다음의 방법들이 도움이 될 것이다.

여러분은 이들에게 애정을 가져야 하며 친절하게 대해야 한다. 그러나 초점은 맞추어 집중시켜야 한다. 그들의 용건을 해결하고 요구를 결정하기 위해 구체적인 개방형 질문을 하여라. 일단 요구사항이 결정되면 폐쇄형 질문으로 바꾸어 소비자의 참여기회를 줄인다. 만약 이들에게 많은 시간을 소비할 경우, 다른 소비자에게 소홀해지게 된다는 것을 기억하라.

## 2) 우유부단한 소비자

여러분은 의사결정을 하지 않았거나, 할 수 없는 어떤 이유를 가진 소비자들을 만날 수도 있다. 그들은 왔다갔다 하며 망설이느라고 시간을 보낸다. 이와 같이 망설이는 경우는 특별한 날을 위한 선물을 고를 때처럼 실제로 그들이 무엇을 원하거나 필요로 하는지를 알지 못하기 때문이다. 또 잘못된 선택을 할까봐 크게 염려하는 소비자들을 만나게 될 때도 있다. 이 경우에는 모든 의사소통기술을 다 사용할 필요가 있다. 그렇지 않으면 아주 많은 시간이 소요될 것이다. 우유부단한 소비자들은 효과적인 업무를 방해할 수 있다. 바겐세일을 찾아다니고, 약속시간까지 기다리는 시간을 보내기 위해, 피로를 풀기 위해, 단순히 외로워서, 또는 사람들과 어울리고자 '단지 구경만 하는' 사람들이라는 것을 알아야 할 것이다. 우유부단한 소비자를 다룰 때 다음의 전략을 사용해 보라.

• **인내심을 가져라**　　그들이 방해만 하는 사람들이라 하더라도 그들은 고객이라는 사실을 기억하라.

• **개방형의 질문을 하라**　　가능한 정보를 많이 얻도록 하라.

• **주의 깊게 들어라**　　정서, 관심사, 흥미를 알아내는 데 실마리가 되는 언어적·비언어적 메시지에 주의를 기울여라.

• **다른 선택사항들을 제안하라**　　소비자의 불만을 풀어 주고 의사결정을 강화시킬 다른 대안들을 설명하라. 예를 들어 '○○씨, 만약 당신이 택한 색상이 벽지와 어울리지 않는다고 생각되시면 30일 후에 반환하셔도 됩니다.'

• **의사결정 과정을 안내하라**　　단호하면서도 공격적이지 않게 아이디어를 제공함으로써 소비자가 의사결정을 내리는 데 도움을 줄 수 있다. 하지만 여러분은 그들을 도울 뿐이며 의사결정을 직접 내리는 것은 아니라는 것에 주의하라. 만약 소비자에게 여러분이 선호하는 쪽으로 주장한다면 나중에 불만족하거나 상품을 반환하게 될지도 모른다. 그렇게 되면 여러분이나 다른 직원이 이 불만족스러운 소비자를 다루어야만 한다.

### 3) 무례하거나 경솔한 소비자

어떤 사람들은 주의를 끌거나 화를 내기 위해 예외적인 행동을 하는 것처럼 보인다. 반면 외견상으로는 지나치게 자신만만하고 자기만족을 하는 것으로도 보인다. 그러나 내면적으로는 불안정하고 방어적이다. 무례한 소비자를 다루기 위해 다음의 전략을 사용해 본다.

•**유쾌해질 때까지 공정성을 유지하라**　　소비자와 맞대응하는 자세로 대하거나 다른 소비자들이 무례한 소비자의 행동을 구경하도록 하지 말라. 다른 사람의 구경거리가 된다면 소비자는 더욱 화가 나게 될 것이다.

•**침착함을 유지하고 전문적으로 하라**　　침착하게 행동하고 전문적으로 대하면 문제를 해결할 수는 있을 것이다.

### 4) 요구사항이 많거나 오만한 소비자

사람은 여러 가지 이유로 요구를 하게 된다. 오만한 행동도 인간의 일부분이다. 이는 과거의 소비자 서비스에 대한 반응일 수 있다. 지나치게 요구사항이 많은 소비자는 만약 과거의 관리에 대한 문제점을 느꼈다면 계속 관리를 요구하거나 그렇게 할 필요를 느낄 것이다. 이와 같은 사람들은 불안정한 소비자로 볼 수 있다.

지나치게 요구가 많은 소비자를 효과적으로 조절하는 전략들은 다음과 같다.

•**전문적이 되어라**　　여러분의 목소리를 높이거나 대꾸하기보다는 소비자상담전문가답게 차분하게 대하면서 냉정함을 잃지 마라.

•**존중하며 대하라**　　이것은 소비자의 모든 요구를 들어 주어야만 한다는 것을 의미하는 것은 아니다. 그들의 요구에 응하는 동안 안정되고 공정하게 대하라. 여러분이 할 수 있는 것이 무엇인지를 이야기하라. 부정적이거나 불가능하다는 것에 초점을 맞추어서는 안 된다. 어떤 것이 가능하고, 어떻게 해줄 수 있는지를 말하라.

### 5) 불만족한 소비자

때때로 불만족하거나 불행한 소비자들과 만나게 될 수도 있다. 아마도 이들 소비자는 과거에 여러분의 동료나 경쟁자에게 부당하게 대접을 받아왔을 것이다. 비록 개인적으로 과거에 그런 경험을 하지 않았더라도, 여러분을 '회사'를 대표하거나 마치 최상의 서비스를 하는 직원과 같이 간주할 것이다. 불공평할지 모르지만 이런 소비자들을 만족시킬 수 있도록 노력해야만 한다. 그렇게 하기 위해 다음의 전략들이 필요하다.

• **잘 들어라**　　적극적으로 들어주는 시간을 가져라. 사람들은 화가 났을 때 자신의 생각을 알아주기를 원한다.

• **긍정적인 태도를 유지하라**　　비록 에너지를 소모시키더라도 여러분의 친구, 경쟁자, 동료, 제품이나 서비스에 대한 혹평 또는 불만을 나타내는 분위기에 말려들어서는 안 된다. 이것은 소비자를 더 화나게 하는 것이다. 만약, 미소 지으며 긍정적인 이야기로 대화를 접근해 간다면 효과적인 결정을 유도하게 것이다.

• **배려를 해 주어라**　　불만의 원인을 발견하는 데 있어서 애정을 가지고 대하며 소비자와 감정이입이 될 수 있도록 노력하라. 그러면 정확하고 신속하게 서비스를 할 수 있다.

• **개방형 질문을 하라**　　구체적인 개방형 질문을 함으로써 서비스에 필요한 정보를 얻을 수 있다. 예를 들어, 'ㅇㅇ 씨, 서비스 계약에서 무엇을 기대하시는지 정확히 설명해 주실 수 있습니까?' 라고 하면 바른 정보를 얻을 수 있게 된다. 오해와 곤란한 상황이 더욱 증가되는 것을 막기 위하여 정확한 메시지를 받도록 노력해야 한다. 우리는 메시지를 잘못 해석하고 나서 메시지의 의미를 이해했다고 느끼는 경우가 많다. 예를 들어 'ㅇㅇ 씨, 제가 만일 정확하게 들었다면, 이 테이블을 배달해 줄 것을 판매원에게 말했으나 운전사가 거절하였습니다. 제가 들은 내용이 맞습니까?

• **적합한 행동을 취하라**　　타당한 정보를 수집한 후에 의사결정을 하고 그것을 분석하라. 소비자의 요구를 만족시키기 위해 필요한 일을 소비자와 함께 하라. 소비자에게 원하는 것을 직접 물어보고 어떻게 했으면 좋겠는지를 의논하는 것도 좋은 방법이 될 수 있다.

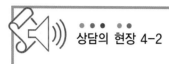

상담의 현장 4-2

## 음식점의 서비스 실패원인과 복구형태에 따른 소비자만족

음식점에서 서비스 실패가 일어나는 사례를 조사하여 아래 제시된 표에서와 같이 유형을 분류하고 어떤 형태의 복구행동을 했을 때 소비자만족도가 높은지 확인한 결과, '정중한 사과' 또는 '유형의 보상+정중한 사과' 형태가 만족도가 가장 높은 유형이었다. 즉, 유형의 보상 없이도 정중한 사과만으로도 서비스복구가 어느 정도 이루어질 수 있을 정도로 정중한 사과가 서비스복구에 중요함을 알 수 있다.

| 서비스 실패원인 | | 복구형태 | |
|---|---|---|---|
| 음식내용 | 제품결함<br>재고부족<br>주문과 다른 음식 | 유형적 복구 | 부가음식 무료<br>주문한 음식 무료<br>할인/쿠폰<br>다른 음식/동일 음식으로 대체 |
| 서비스과정 | 지연/불가능한 서비스<br>위생문제<br>불공정한 대우<br>좌석배치<br>무례한 종업원<br>잘못된 계산<br>전달되지 않은 주문 | 무형적 복구 | **정중한 사과**<br>형식적인 사과 |
| | | 유형+무형적 복구 | **유형+정중한 사과**<br>유형+형식적인 사과 |

자료 : 윤성욱 · 황경미, 2004

## 6) 화난 소비자

화가 난 사람들을 다룰 때는 감정적인 면 때문에 더 주의를 많이 기울여야 한다. 화난 소비자를 효과적으로 대하기 위해서는 화가 난 이유를 알아내어야 한다.

소비자는 왜 화를 내는가? 고객의 사전기대나 의도와 종업원(회사, 주인)의 목적이나 행동이 서로 다르기 때문에 고객은 불만을 갖게 되고 그 정도가 심하면 화를 내는 것이다(손광수, 1997: 211 212). 예를 들어 생각해 보자. 우리가 항상 이용하는 은행, 식당, 서점, 커피숍, 병원, 택시 등 서비스업종에서 우리는 어떤 대접을 받고 있는가? 돈이 되는 것은 재빨리 주문을 받고 재빨리 가져오지만 돈이 되지 않는 것은 달팽이 속도로 서비스를 제공한다. 카페에 가서 냅킨이나 물을 좀 달라고 해 보라. 딸기주스나 커피보다 늦게 나오기가 일쑤다.

화난 소비자를 대할 때 다음과 같은 전략을 사용해 보라.

• **화난 소비자의 감정 상태를 인정하라**　격노한 소비자를 부정하려고 해서는 안 되며 그렇게 할 수도 없다. 그렇게 부정하게 되면 심한 언행이 오가고 싸우게 된다. '뭐 별로 화낼 필요는 없는 일이군요.'라는 말 대신에 '화가 나셨군요. 도와드리려면 상황을 잘 알아야 하는데 설명 좀 해주시겠습니까?'라고 시도할 수 있다. 이러한 접근 법으로 그들의 감정 상태를 알아내어 적극적으로 도와줌으로써 문제를 해결하는 데 소비자들의 참여를 유도한다.

• **안심시켜라**　화가 난 이유를 이해할 뿐만 아니라 소비자를 안심시키는 단어를 사용하라. 문제를 해결할 수 있게 될 것이다.

• **객관성을 유지하라**　문제에 말려들게 되면 문제를 해결할 수 없게 된다. 심지어 소비자가 목소리를 높이거나 모욕적인 언행을 사용한다 할지라도 침착하게 행동하 라. 화가 난 소비자는 여러분에게가 아니라 여러분의 회사와 제품, 서비스에 대해 화 를 내는 것임을 기억하라. 만약 소비자가 흥분을 가라앉히지 못할 경우에는 여러분이 도움을 주고 싶지만 소비자가 계속 흥분하여 아무런 정보를 주지 못하게 되면 도와주 고 싶어도 도울 수가 없다는 것을 차분히 설명해 주어야 한다. 가능하다면 스케줄을 옮겨 관리자와 연결시켜 줄 수도 있다.

• **원인을 규명하라**　질문을 종합하고 들은 것을 피드백하고 데이터를 분석하여 근 본적인 원인을 규명하도록 한다. 소비자는 단순한 오해를 하고 있을 수도 있다. 이런 경우에는 약간의 설명만으로도 문제를 해결할 수 있다.

• **귀 기울여 들어라**　사람들이 화가 나 있을 때는 이야기를 끝까지 들어주어 화를 발산하는 기회를 주는 것이 필요하다. 소비자가 이야기할 때 "에, 그러나…"라는 식으 로 끼어들지 마라. 이것은 단지 소비자를 더욱 더 화나게 할 뿐이다.

• **불만을 줄여라**　다음과 같은 일들은 긴장을 유발하므로 피하는 것이 좋다. 예를 들어, 만약 소비자가 이미 몇 번에 걸쳐 여러 명의 담당자와 통화해 왔는데 다시 다른 전화담당자로 바꾼다거나, 다른 소비자를 상대하느라고 전화를 중단하거나 전화하는 소비자와 상관없는 다른 업무를 보느라고 전화내용에 집중하지 않거나 다른 소비자

를 상대하느라고 전화를 오래 대기시켜 놓는 경우이다.

• **해결책을 협의하라**      소비자들로부터 문제해결방법에 관한 아이디어를 구한다. 만약 소비자의 의견이 현실적이고 실현 가능하다면 그대로 그것을 이행하도록 한다. 그러나 그 의견이 가능한 것이 아니라면 다른 대안을 협상해 본다.

• **긍정적인 태도를 가져라**      소비자에게 불가능한 것보다는 가능한 것이 무엇인지를 말한다. 만약 '우리 회사의 방침으로는 환불을 해 줄 수 없습니다.'라고 말한다면 아마도 소비자는 화를 낼 것이다. 대신에 '도시 내의 12개 점포에서 이용할 수 있는 상품권을 발급해 줄 수 있습니다.'라고 말하는 것이 좋다. 소비자를 대하기 전에 회사의 방침은 어떤 것인지 여러분이 할 수 있는 의사결정의 권한 수준은 어느 정도인지 관리자와 점검해 둔다.

• **지속적으로 소비자를 점검하라**      회사의 체계가 계획적으로 수행될 것이라고 가

---

**상담의 현장 4-3**

## 감정노동 스트레스

고객접점부서에서 일하는 사람들은 자신의 감정을 억압하고 통제하여 항상 친절하고 미소 띤 좋은 서비스를 제공하도록 요구받는다. 그러나 고객들이 제기하는 불만이나 원칙을 벗어난 지나친 요구에 대해 자신의 감정을 억압하고 친절하려고 노력할 때, 서비스제공자는 외적으로 표현하는 감정과 내적인 실제 감정이 일치하지 않게 된다. 이러한 괴리가 오래 지속되고 여기서 느끼는 스트레스를 적절히 관리하지 못하면 정서적으로 우울감이 생길 수 있다. 실제 서비스직 노동자의 우울수준 연구에 따르면 일반 노동자에 비해 우울수준이 높았다.

무한서비스시대에 들어서면서 고객서비스부서의 이러한 감정노동의 강도가 높아지고 있다. 직원들의 서비스 수준이 계속 모니터되고 있는 경우에 이를 감시받고 있다고 느끼면 스트레스 수준은 더 높아지게 된다.

따라서 고객접점부서의 서비스제공자가 외부의 강요에 의해 어쩔 수 없이 기식적으로 친절을 베푸는 것이 아니라 업무에 대한 만족과 행복감에서 저절로 우러나오는 서비스가 될 수 있도록 환경을 조성해야 한다. 감정을 순화하여 즐거운 감정을 유지할 수 있도록 돕는 제도가 필요하다. 즉 외부고객만족을 이루기 위해서는 내부고객만족이 선행되어야 한다는 원리가 역시 적용된다.

정해서는 안 된다. 만약 일이 잘못된다면 소비자는 여러분의 이름을 거론하며 관리자에게 상황을 알릴 것이다. 또는 소비자는 불평하기보다는 경쟁회사로 갈 수도 있다. 두 가지 중 어느 것도 실패한 것이다. 일단 해결책이 정해지면 문제가 모두 잘 되었는지 점검하는 시간을 갖도록 한다. 소비자들의 가치를 중시하고 소비자의 만족과 미래를 위해 전화를 하거나 편지를 쓰도록 한다. 또는 여러분이 직접 상품을 운송하거나 주문배달하여 확실한 신용을 만들 필요가 있다.

## 3. 문제행동을 하는 소비자에 대한 상담기술

소비자의 권리의식이 높아짐에 따라 일부 소비자의 경우 기업에 정당한 주장과 요구를 하는 것이 아니라 소비자의 책임과 의무를 다하지 않으면서 권리의식만 앞세워 과도한 보상을 요구하거나 무례한 행동을 하는 등 문제행동을 보이고 있다. 특히 블랙컨슈머(Black Consumer)로 불리는 악성 소비자는 피해보상을 받기 위해 거짓말을 하고, 과도한 금전적 보상을 요구하여 사회적 문제를 일으키기도 한다.

소비자의 문제행동이란 소비자가 불만을 표출하는 과정에서 비양심성, 불법성, 기만과 같은 비윤리적인 상거래 행동과 억지, 공격, 무례함 등과 같이 지나치게 감정을 표출하는 행동 모두를 포함하여 상거래상 권리를 남용하는 반면 소비자책임을 다하지 못하는 행동이다(서주희·송인숙, 2006). 이러한 소비자의 문제행동은 기업의 서비스 비용을 증가시키고, 그 비용은 결국 소비자에게 전가된다. 또한 사업자와 소비자의 신뢰관계를 약화시켜 소비자의 문제행동을 경험한 기업이 비슷한 유형의 정당한 소비자불만을 문제행동으로 잘못 인식함으로써 선량한 소비자가 피해를 입게 될 수도 있다(백병성·박현주, 2009). 따라서 소비자의 문제행동을 이해하고 이에 효과적으로 대처하는 것이 필요하다. 여기에서는 문제행동을 하는 소비자의 실태와 유형, 그에 대응하는 상담기술에 대하여 살펴보겠다.

### 1) 문제행동 소비자 실태

소비자의 부당한 요구에도 기업은 이미지 관리를 위해 이를 수용하고 내부에서 처리를 하는 과정에서 많은 어려움을 겪고 있다. 지난 2008년 대한상공회의소에서 300

개 기업을 대상으로 '우리 기업의 소비자 관련 애로실태와 개선과제'를 조사한 결과에 따르면 국내기업의 87.1%가 소비자의 부당한 요구 때문에 어려움을 겪은 것으로 나타났다. 이는 2007년 조사 결과인 61.1%에 비해 26%가 증가하였다. 부당한 요구의 유형은 과도한 보상요구(53.7%), 규정에 없는 환불·교체요구(32.4%), 보증기간 지난 후 무상수리요구(13.9%) 순으로 나타났다. 이러한 악성 클레임을 해결하는 과정에서 겪는 애로사항으로는 인터넷·언론유포 위협(68.9%)이 가장 많았고, 그 다음으로는 폭언(46.8%), 고소·고발위협(21.8%) 순이었다(뉴시스, 2008. 03. 05).

많은 소비자들이 이용하는 금융서비스에서도 소비자의 문제행동이 최근 다양하게 나타나고 있는데, 여신금융협회에서 2011년 악성 민원을 제기하는 블랙컨슈머로 인한 신용카드사의 피해사례를 유형별로 조사해 발표하였다. 여신금융협회가 집계한 피해 사례로는 '신용카드사의 단순한 과실을 이유로 반복적인 민원제기와 보상을 요구하는 경우', '채무감면을 목적으로 한 억지주장', '보상을 위해 억지주장이나 소란을 피우는 경우', '여성상담사에 대한 비인격적인 언행과 장시간 통화 유도' 등이 있다(한국경제, 2011. 07. 29). 특히 식품의 경우 제조에서 최종 소비까지 다양한 환경에 노출되어 이 과정에서 제조자, 판매자, 소비자의 부주의 등으로 이물질이 혼입되는 경우가 많아 이를 악용하는 소비자들이 늘고 있다. 식품의약품안전청에 접수된 2010년 상반기 식품 이물질 신고 건수는 총 4,217건으로 2009년 상반기에 비해 5배 증가하였다. 이 중 이물질이 들어간 원인이 파악된 사례는 총 3,289건으로 제조단계에서 이물질이 들어간 경우가 775건, 유통 단계가 307건, 소비단계가 305건으로 나타났고, 소비자의 오인이나 허위신고도 18.8%에 달해 2008년보다 10% 가량 증가하였다(매경이코노미경제, 2011.01.21).

이처럼 악성 민원을 제기하는 소비자의 문제행동 수가 점차 증가하고 여러 업종에서 다양하게 확산되고 있는데 이러한 소비자의 문제행동의 원인은 소비자 측면, 사업자 측면, 정부 측면, 사회적 요인 등 크게 네 가지로 나누어 볼 수 있다(백병성·박현주, 2009).

첫째, 소비자 측면에서 소비자의 높은 기대수준, 왜곡된 소비자 권리의식, 소비자의 지식부족, 개인성향 등, 둘째, 사업사 측면에서 사업사의 과상광고 및 부정확한 정보, 제품이나 서비스의 부실, 소비자의 문제행동에 대한 기업의 미숙한 대응 등, 셋째, 정부 측면에서 정책 및 법·규정 미비, 소비자교육 부족, 넷째, 사회적 요인으로 TV

소비자고발 프로그램 등 매스미디어의 영향, 인터넷의 활성화에 따른 소비자 간 정보 공유 증대, 경제상황 악화, 사회에 대한 불신감 팽배, 소비자권익을 중시하는 사회적 분위기 등이 소비자 문제행동을 유발하는 원인으로 지적되고 있다.

## 2) 소비자의 문제행동 양태와 요구내용

소비자의 문제행동을 이해하기 위해서는 소비자가 외부적으로 표출하는 문제행동 양태와, 소비자들이 주장하는 요구내용을 구분하여 파악하는 것이 필요하다. 자칫 소비자가 표출하는 문제행동에 휩쓸려 감정적으로 대처할 경우 소비자의 정당한 요구 내용을 놓치게 될 수도 있기 때문이다. 소비자들이 사업자에게 불만을 표출하는 과정에서 어떠한 문제행동을 하는지 그리고 요구내용은 무엇인지 구분하여 구체적으로 살펴보면 다음과 같다(서주희 · 송인숙, 2006; 송인숙 · 양덕순, 2008; 백병성 · 박현주, 2009).

### ■█ 문제행동 양태

• **상담업무 방해**　자신의 주장을 관철시키기 위해 상담실의 기물을 파손하거나 제품(휴대폰 등)을 집어던지는 등 소란을 피운다. 또한 홈페이지에 민원을 반복적으로 올리거나 장시간 전화를 계속해 다른 업무를 방해하고, 지속적으로 자료를 요구하거나 무조건 담당자를 찾는다.

• **무례한 언행**　상담업무 담당자와 대화를 거부하며 반말, 욕설, 폭언을 하거나 인신공격을 하고, 여성 담당자에게 음담패설을 하는 등 비인격적인 대우를 한다. 또는 이유없이 개인적인 문제를 토로하며 상담기관에 분풀이를 한다.

• **다양한 대응 위협 행동**　자신의 주장이 받아들여지지 않을 경우 그 내용을 담은 플랭카드를 거리에 게시하거나 인터넷 또는 언론에 공개하겠다고 위협을 한다. 최근 TV 소비자 고발 프로그램이 인기를 끌면서 언론사 지인을 언급하며 TV 프로그램에 알리겠다고 협박한다.

• **비양심적 행동**　보상을 받는 데 불리한 소비자 자신의 과실은 감추고, 상담업무 담당자나 A/S기사의 작은 실수에 대한 책임을 크게 묻는다. 또한 상담업무 담당자의 응대가 불쾌하다고 교환 · 환불을 요구한다.

## 문제요구 내용

• **억지주장**　억지주장은 규정이나 법규를 무시하면서 자신이 원하는 것만 요구하며, 규정에 따라 처리했음에도 불구하고 또 다른 민원을 제기한다. 또한 불만족이나 피해의 원인과 관계없이 무조건 보상을 요구하거나, 직원의 불친절 또는 안내 착오 등 사소한 업무과실을 문제 삼아 보상을 요구한다.

• **과도한 요구**　공식 사과요청, 인사조치 요구, 정신적 피해보상 등을 포함하여 과다한 금전적 보상을 요구한다. 또한 막연한 기회비용이나 교통비, 전화비 등 부대비용에 대한 보상을 요구하기도 하고, 리콜 대상이 아닌데도 무조건 리콜 요구, 민사적 배상 외에 사업자에 대한 처벌이나 제재를 요구한다.

전자제품 PL 상담센터에 접수된 소비자 상담사례를 분석한 연구(송인숙·양덕순, 2008)에 의하면 국내 가전제품 사용 소비자의 문제 요구내용은 확대 손해배상 요구, 교환·환불관련 요구, 무상수리관련 요구, 기타 과도한 추가적 요구로 구분할 수 있었다. 이와 관련된 자세한 내용은 〈표 4-3〉과 같다.

**표 4-3**　가전제품 사용소비자의 불만대응행동에서 나타나는 문제요구내용의 예

| 구 분 | 문제요구내용 |
|---|---|
| 확대 손해배상 요구 | • 휴대폰 고장으로 인해 전화번호가 삭제되어 영업 손실을 본 경우 이에 대한 손해배상을 요구한다.<br>• 냉장고 고장으로 누수가 되어 발생된 바닥재 손상에 대한 보상을 요구한다.<br>• 냉장고의 고장으로 음식물이 상한 경우 음식물 값의 보상을 요구한다.<br>• 구입한 지 3년이 지난 에어컨이 설치불량으로 누수되어 벽지가 망가진 경우 에어컨 교환 및 벽지보상을 요구한다.<br>• 에어컨 설치 후 작동되지 않아 접수하였으나 수리가 늦어져 펜션 운영을 하지 못하여 발생한 영업 손실에 대한 배상을 요구한다.<br>• 구입한지 1년 미만인 컴퓨터 고장으로 인해 발생된 데이터 손실에 대해 보상을 요구한다. |
| 교환·환불 관련 요구 | • 구입한 지 4개월 된 TV가(중요한 부품이) 고장 난 경우 제품교환을 요구한다.<br>• 구입한 지 2년 이상 된 PDP TV(구입가 천만 원)의 화면불량으로 인한 수리비가 120만원이 청구된 경우 무상수리를 요구한다.<br>• 구입한 지 2개월 된 드럼세탁기가 누수가 되는 고장이 발생한 경우 신제품으로 교환을 요구한다.<br>• 수리 가능한 제품을 신제품 교환·환불을 요구한다.<br>• 가전제품 하자발생으로 인해 받은 정신적 피해보상을 요구한다. |

(계속)

| 구 분 | 문제요구내용 |
|---|---|
| 무상수리관련 요구 | • 무상수리를 받을 수 있는 품질보증기간이 지난 제품에 대하여 무상수리를 요구한다.<br>• 피해보상규정에 제시된 기준 이상으로 보상을 요구한다.<br>• 구입한 지 4년이 지난 냉장고가 자연적으로 고장이 발생했을 경우 무상수리를 요구한다.<br>• 구입한 지 2년 된 세탁기가 정상사용 중 중요부품 고장으로 수리비용 12만5천원이 청구된 경우 무상수리를 요구한다.<br>• 구입 후 10년이 지난 에어컨의 고장으로 인한 수리비 37만 원이 청구된 경우 무상수리를 요구한다. |
| 기타 과도한 추가적 요구 | • 고의적으로 특정 전자 회사의 여러 가전제품만 구입하여 사용하면서 반복하여 불만을 제기한다.<br>• 매우 불쾌한 경험을 한 기업에 대해 고의적으로 구매와 환불을 반복(3회 이상)한다.<br>• 제품의 하자로 스트레스를 받아 쓰러졌다고 병원비 보상을 요구한다.<br>• 구입한 지 20년 된 전축 고장으로 수리를 맡긴 후 분실된 경우 추억이 담긴 제품에 대한 책임을 물어 제품구입가의 20배를 요구한다.<br>• 구입 후 10년 된 선풍기의 모터가 고장 나 수리를 의뢰하였으나 수리할 수 없는 경우에도 계속 수리를 요구하거나 신제품으로 바꿔달라고 한다. |

자료 : 송인숙 · 양덕순, 2008

### 3) 소비자의 문제행동 대응전략

소비자는 상품이나 서비스를 사용하는 과정에서 불만이 발생한 경우 일차적으로 사업자와 직접적인 상호교섭에 의한 해결을 시도한다. 이때 사업자가 초기대응에 실패하여 소비자의 불만에 따른 적절한 반응을 보이지 않거나 무성의한 경우, 적은 물질로 해결하려고 하는 경우, 원인의 파악 보다는 책임을 회피하려는 경우, 소비자의 피해에 대한 보상요구를 과잉보상요구로 오해하는 경우 소비자의 불만이 증폭되어 부정적 감정을 분출하게 된다(조희란, 2008). 더 나아가 소비자의 불만이 악화되어 해결하기 어려운 악성클레임으로 발전하거나, 선의의 소비자가 과도한 보상을 받아내기 위해 의도적으로 문제행동을 하는 악의의 소비자로 변화할 수도 있다. 따라서 초기에 소비자의 불만행동에 적절히 대응해야 한다. 앞에 살펴본 소비자의 문제행동이 나타났을 경우 다음과 같은 전략이 도움이 된다.

• **상담의 기본원칙을 지켜라**　　피해보상을 요구하는 소비자 모두가 기업이나 상담자를 곤란에 빠뜨리는 악의의 소비자는 아니다. 소비자들의 피해보상 액수가 커지고,

횟수가 많아지기 때문에 선량한 의도를 가지고 있는 소비자들까지도 악의적인 소비자로 오해하는 경우가 발생하여 초기 대응에 실패하기도 한다. 소비자의 소리를 끝까지 듣고 소비자의 기분을 인정하고, 사과하고, 원인을 설명하고, 요구사항이 무엇인지 파악하여 개선을 약속해야 한다. 그리고 어떤 보상을 원하는지 소비자에게 먼저 물어보고 보상 내용을 정한다는 기본적인 상담원칙을 지켜야 한다.

• **소비자의 행동양태와 요구사항의 내용을 구분하라**　　앞에서 살펴본 바와 같이 소비자의 문제행동은 행동양태와 요구내용으로 구분할 수 있다. 문제행동을 보이는 소비자는 무례한 언행이나 상담업무를 방행하는 행위를 통해 자신의 요구사항을 관철하려는 경향을 보이는데, 이러한 소비자의 행동에 감정적으로 대처할 경우 직원의 실수에 대하여 꼬투리를 잡는 비양심적인 행동으로까지 확대될 수 있다. 따라서 소비자의 외부로 표출되는 문제행동 양태에 집중하기 보다는 소비자가 원하는 요구사항이 무엇인가에 집중하여 이성적으로 대처하는 것이 필요하다.

• **해결방침을 정하여 일관성있게 대응하라**　　문제행동을 보이는 소비자들은 자신의 요구를 달성하기 위하여 인터넷 또는 언론에 고발하겠다고 협박을 하며 신속한 처리를 요청하기도 한다. 이때 이를 피하고 싶은 심정으로 그 때마다 다르게 처리를 한다면 악의적인 소비자의 불합리한 요구까지도 들어줄 수도 있다. 따라서 모든 예상되는 고객불만에 대하여 각 사항별로 어떻게 해결할 것인지 소비자관련법과 규정 등을 참고하여 '해결방침'을 정하고 이에 따라 원칙적으로 처리해야 한다.

• **제3기관에 지원요청 또는 법적대응을 고려하라**　　소비자가 집요하게 불합리한 요구를 하여 해결이 안 될 경우 한국소비자원 또는 지방소비생활센터 등 전문성을 갖춘 제3기관에 지원요청을 하여 중재를 통한 합의를 도출하도록 한다. 만약 합의가 이루어지지 않을 경우에는 법적대응을 신중히 고려해 볼 필요가 있다. 또한 소비자의 문제행동 중 협박, 위협, 업무장해의 경우에는 상대방의 협박성 전화내용 녹음이나, 이메일 등의 증거를 확보한 후 협박죄, 공갈죄로 고소할 수 있다. 그리고 상습적인 교환, 환불의 경우 민법의 일반 원칙에 따라 거래 자유의 원칙(거래 상대방 선택의 자유)이 직용되므로 샂은 교환, 반품을 하는 소비자에 대하여 판매를 거절할 수도 있다.

지금까지 소비자의 문제행동에 대하여 알아보았다. 소비자의 문제행동에 대한 기준을 설정하여 선의의 소비자를 악의의 소비자로 오인하는 실수를 하지 않도록 소비자의 입장에서 먼저 고려해 보아야 하겠고, 상습적이고 고의적인 악성 소비자의 경우 이들의 정보를 공유하고 합리적으로 대처하여 동일사례가 발생하는 것을 예방하는 것이 필요하다. 이상에서 설명한 내용을 그림으로 정리해 보면 〈그림 4-1〉과 같다.

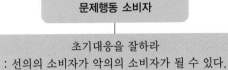

| 문제행동 소비자 |
| --- |

초기대응을 잘하라
: 선의의 소비자가 악의의 소비자가 될 수 있다.

| 선의의 소비자 | 악의의 소비자 |
| --- | --- |
| • 상담의 기본원칙을 지켜라.<br>• 소비자를 개인적으로 알아주고 존중하라.<br>• 개인마다 감정적인 분노를 표시하는 방법이 다름을 인정하라.<br>• 소비자의 행동양태와 요구내용을 구분하고 요구 내용에 집중하라.<br>• 소비자의 문제해결을 통한 고객유지의 기회를 포착하라. | • 일관성 있게 대응하라.<br>• 부당이득을 제공하지 말라.<br>• 상징적 보상을 주어 고객의 품위를 유지시켜라.<br>• 전담인력을 양성하라.<br>• 업계 공동대응을 고려하라.<br>• 한국소비자원 또는 분쟁해결기관에 의뢰하라. |

그림 4-1 문제행동을 하는 소비자에 대한 대응전략

 연구문제

1. 아래 책에서는 사람들의 성격유형을 분류하고 각각의 유형을 파악할 수 있는 언어적·음성적·시각적 단서와 같은 행동특성, 그리고 이에 적절히 대응하는 방식에 대해 자세히 설명하고 있다. 책 속의 진단지를 사용하여 자신의 성격유형을 파악하고 자신과 다른 성격유형의 동료들과 서로의 특성에 대해 확인해 보라.
   • 자료 : 토니 알렉산드라·마이클 오코너·제니스 반다이크(2003). 설득을 위한 대화의 기술(최경희·정봉원, 역). 한국경제신문.

2. 소비자상담 담당자를 찾아 다음 사항을 인터뷰하고 그 내용을 서로 공유해 보자.
   • 상담을 하기 어려운 소비자유형에는 어떤 사례가 있었는가?
   • 이에 대응하기 위해 어떤 상담전략을 사용하였는가?

3. 각종 인터넷게시판에 올라와 있는 소비자의 불만이나 화난 소비자 글을 찾아보고 이에 어떻게 답글을 올리는 것이 바람직할지 문안을 작성해 보자.

 참고문헌

기업소비자전문가협회(2009). 기업소비자정보, 112.
뉴시스(2008. 03. 05). 국내기업, 고객의 억지요구도 수용(www.newsis.com)
데이비드커시·메릴린 베이츠 저, (2006). 성격을 읽는 심리학(정혜경, 역) 행복한 마음.
매경이코노미경제(2011. 01. 21). 블랙컨슈머는 누구?. news.mk.co.kr
백병성·박현주(2009). 소비자불평행동과정에서 나타나는 소비자의 문제행동에 관한 탐색적 연구. 소비자문제연구, 36, 1-24.
삼성전자 글로벌마케팅연구소(1999). 고객만족경영 현장실습자료집.
서주희·송인숙(2006). 공적 불만대응행동에서 나타나는 소비자의 문제행동. 소비자정책교육연구, 2(2), 65-84.
손광수(1997). 알기 쉬운 CS 하기 쉬운 CS. 21세기북스.
송인숙·양덕순(2008), 가전제품에 대한 불만대응행동에서 나타나는 소비자의 문제행동 연구. 소비문화연구, 11(2), 175-195.

윤상근(1995). 고객 감동을 창조하는 매장서비스. 한국능률협회.

윤성욱·황경미(2004). 서비스복구형태가 고객관계에 미치는 영향. 소비자학연구, 15(1), 135-158.

이유재(1997). 울고 웃는 고객이야기. 연암사.

조희란(2008). 식품에 대한 불만대응과정에서 나타나는 소비자의 문제행동에 대한 연구. 석사학위 논문. 가톨릭대학교.

토니 알렉산드라·마이클 오코너·제니스 반다이크(2003). 설득을 위한 대화의 기술(최경희·정봉원, 역). 한국경제신문.

한국경제(2011. 07. 29). 과다보상요구·욕설······. 카드사 '블랙컨슈머' 확 늘었다. www.hankyung.com

홍성태(2005). 대한민국 여성소비자. 세종서적.

Waddell, F. E.(1999). 고객관리를 위한 재무상담(김경자 외, 역). 시그마프레스.

Matthew Mckay 외(1999). 효과적인 의사소통을 위한 기술(임철일·최정임, 역). 커뮤니케이션북스.

Robert W. Lucas(1998). 고객서비스 어떻게 할 것인가(이승신 외, 역). 도서출판 석정.

상담할 내용은 당사자에게서 직접 듣고 경위를 분명히 하며 상담요청자가 어떠한 해결을 희망하는가 또는 상담기관으로서 무엇을 해야만 하는가를 검토할 필요가 있다. 이때 주로 상담카드의 항목에 설정되어 있는 기록 내용을 기재하기 위해 필요한 것을 듣는다. 단 긴급을 요하는 것, 새로운 상품이나 교묘한 수법, 특히 내용이 복잡한 것 등에 있어서는 상담의 내용에서 더 자세히 들어야 한다.

상담접수 시 상담요청자로부터 듣는 이야기는 필요한 정보를 얻고 그 후 어떻게 해결할 것인가의 방침을 결정한다. 상담접수 때는 상담요청자만으로는 확실한 정보가 얻어지지 않는 경우도 있다. 그러나 처리에 필요한 기본적인 사항은 반드시 들어 놓는 일이 중요하다. 예를 들면, 상품의 기능 고장과 위해·위험 등의 경우는 상품기능 및 형식, 브랜드 등을 카탈로그를 통해 조사하는 일이 필요하다. 또한 악질 상법 등의 취급에 관한 경우에는 세일즈맨이나 대표자의 이름 등을 자세하게 들어 사업자를 파악하도록 한다.

한국소비자원에서는 제기되는 모든 소비자상담은 일단 소비자상담과를 경유하도록 되어 있으며 일단 상담의 특성을 파악하고 분류한다. 또한 소비자상담접수를 받으면 담당자는 맨 먼저 다음 두 가지 사항을 정확, 신속하게 파악해야 한다.

첫째, 소비자상담 요청자가 소비자기본법상 소비자의 범위에 포함되는지의 여부와 피해구제 청구인이 될 수 있는지의 여부

둘째, 소비자의 상담내용이 한국소비자원의 업무 범위에 포함되는지 여부 등 두 가지 사항을 검토한 다음 문의하여 건의와 피해구제로 대별하여 접수한다.


## 2. 상담카드의 작성과 물품예치

상담접수에 대해서는 상담카드를 작성하여야 한다. 이 카드는 상담의 내용, 처리사항 등 해당 상담에 관한 모든 기록이다. 팸플릿, 계약서, 불만상품의 사진 등에 관한 자료도 첨부된다. 상담기관별로 차이는 있지만 상담카드의 기본적인 항목은 같다.

상담카드를 이용하여 상담의 분류를 행하는데, 분류는 상품별 분류와 내용별 분류가 있다. 이때 카드기입이 완료되면 컴퓨터에 입력된다. 처리결과가 기입되지 않은 것은 나중에 처리가 종료된 시점에서 입력된다. 그 후 상담처리가 종료될 때까지의 과

정은 그 해당 카드에 담당자가 기재하며 해당 상담에 직접 관계되는 자료 등은 이 상담카드에 첨부하고 있다.

처리과정 및 처리종료된 카드는 상담요청자 등의 프라이버시이므로 엄중하게 보관·관리된다. 상담카드 작성 시, 특히 전화·방문접수는 상담요청자의 신청사항 등을 먼저 메모하고 후에 카드를 작성하는 것이 일반적이다. 되도록 많은 메모를 남겨 후에 재정리할 때 참고가 되도록 한다. 상담내용과 직접적 관계가 없는 내용도 후에 상황분석을 하는 데 큰 도움이 되는 경우가 많이 있다.

소비자상담 접수카드는 해당 사건의 처리에만 필요한 것이 아니라 소비자정보로서 소비자관련 각종 조사와 검사를 위한 자료로서, 또는 소비자상담에 관한 역사적 기록물로서 매우 중요한 의미를 가지므로 주의 깊게 살펴보면 다음과 같다.

① 청구인의 인적사항, 물품·용역명, 상담내용 및 기타 필요한 사항을 기록하며, 특히 피청구인의 연락처(사업자명, 주소, 전화번호)를 반드시 기입한다.
② 품목에 따라서는 그 품목에서만 반드시 기재해야 할 사항이 있으므로 이를 미리 파악해 두었다가 빠뜨리지 않도록 해야 한다(예 : 자동차의 운행기간, 주행거리,

**● ● ● ● ● ● ● ●**
**상담의 포인트 5-1**

### 소비자상담 처리순서

①접 수: 상담원이 받는다. 접수는 직접 기입하는 것보다는 메모를 먼저 하는 것이 효과적이다. 문서, 편지고발은 담당을 고정시켜 받는다.
②카드기입: 접수자가 요점만을 정확히 정리한다.
③분류대장: 카드내용을 체크한 후 담당자를 결정한다. 담당은 한 사람보다 두 사람이 좋다.
④지 시: 처리의 방향을 정해 준다.
⑤테스트: 실험을 필요로 하는 것이 있는지를 검토한 후 실험을 의뢰한다.
⑥처 리: 조사, 검토, 회신은 지시자의 방향결정에 따라 담당자가 각자에게 상세히 알린다.
⑦처리확인: 되돌아오는 것, 미결 등에 대해 각별히 유의한다.
⑧정리보관: 통계는 1일 통계, 주말 통계, 월말 통계, 분류 통계, 미결, 기결의 통계, 건의시정 등 분류별로 상세히 정리한다. 캐비넷 정리는 누가 찾아도 알 수 있도록 일목요연하게 정리하여야 한다.

차량번호, 차주 성명 등).

③ 상담내용 기록 시 특히 유의할 사항은 이것저것 장황하게 기록하지 말고 6하원칙에 따라 중요한 내용만을 간단명료하게 정리한다.

④ 숫자(전화번호, 날짜, 금액 등)나 중요한 사항 또는 불분명한 점에 대해서는 청구인에게 재차 확인한 다음 기록하여야 한다.

⑤ 관련 물품을 예치할 때는 예치 당시의 청구인의 설명과 물품의 상태, 물품 가짓수 등이 일치하는지 반드시 확인해 보아야 한다. 물품예치 시에는 청구인에게 예치인용 물품예치증을 필히 발급해주고 예치물품과 접수카드에도 각각 물품예치증을 첨부하여야 한다.

## 3. 소비자상담의 처리

### 1) 소비생활관련 정보 제공

소비자가 현명하고 올바른 선택을 하기 위해서는 정확하고도 충분한 정보가 주어져야 한다.

소비자상담 담당자는 소비자의 합리적인 선택을 돕기 위해 공정한 시험검사결과와 거래조건 및 계약관련 사항, 간단한 사용방법과 주의사항, 구입요령, 시장정보 등 가능한 충분한 자료를 수집, 준비하여야 한다. 그 사례를 보면 중고가구 구입처, 어느 회사의 냉장고가 좋은가, 할부금 연체시의 적정 이자율 등의 상담을 들 수 있다.

### 2) 불만 · 피해에 대한 구제방안 제시

우선 1차적으로 사업자의 소비자피해보상기구를 이용하도록 하고, 2차적으로 한국소비자원이나 유관단체를 이용하도록 한다.

보상기준의 측면에서는, 우선 소비자피해보상규정을 참조하되 필요한 경우 각종 법규, 조례, 거래약관, 처리사례 등을 참고하여 피해구제방안을 설명힌다. 그 사례로는 구입한 식품에 이물질이 들어 있는 경우 어떻게 해야 하나, 구입한 지 5일도 안된 냉장고가 작동이 안되는 경우 어떻게 보상받나 등의 상담은 소비자피해보상규정이나 관련법규, 약관 등을 설명해 주며 구제방안을 제시하여 준다.

### 3) 시험 및 검사의뢰 안내

물품의 성능, 성분, 함량, 안전성 등에 대해서만 알아보고자 하는 경우에는 먼저 시험검사부에 해당 물품이 시험이나 검사가 가능한 물품인지를 확인해 보아야 한다. 그리고 시험(또는 검사)를 받기 위해서 필요한 절차에 대해 간략히 설명한 후 시험·검사부에 안내한다. 예를 들어 정수기 품질, 시판생수의 안전성 검사, 콩나물의 성장촉진제 사용여부 등의 상담은 시험검사부에 시험·검사를 의뢰하도록 한다.

### 4) 건의나 제안의 처리

소비자로부터 제기되는 갖가지 시정요구나 개선, 건의사항을 면밀히 검토, 분석하여 홍보, 제도개선, 행정지도, 단속 등에 활용되도록 조치를 취한다. 예를 들어, 예식장 이용 서비스관련 부당행위를 시정하거나 가격표시관련 제도정비 등의 건의는 충분히 받아들이고 있다.

## 4. 피해구제 처리

소비자상담과에 접수된 피해구제청구 건은 처리담당과의 업무분장에 따라 분류, 이관하여 각 담당과에서 처리하도록 되어 있으며, 피해구제청구 건은 그 처리결과에 따라서 다음과 같이 분류한다.

- 수리 : 품질보증기간 동안 정상적인 사용상태에서 발생한 제품의 고장을 수리하기 위해 소요되는 비용은 사업자가 부담한다. 그러나 소비자의 취급부주의로 발생한 고장은 유상수리를 하는 것이 원칙이다.
- 교환 : 동일제품, 동종의 유사제품으로 교환한다.
- 환불 : 영수증에 기재된 제품이나 서비스 가격을 기준으로 환불하며, 구입가격에 다툼이 있는 경우 당해 통상거래가격으로 환급한다.
- 배상 : 고의, 과실 등의 사유가 있는 가해자의 경우 손해배상을 한다.
- 취하 : 소비자가 피해구제 중지를 요청한 경우, 피해구제 포기, 청구인 스스로 자력구제할 의사가 있으므로 한국소비자원에서 처리를 원하지 않을 경우에 해당된다.

- 중지 : 소비자기본법 제39조 3항에 의거 한국소비자원에서의 처리가 부적합하다고 판단된 경우 피해구제가 중지된다.
- 처리불능 : 청구인 또는 피청구인의 소재파악불능(현장조사 또는 1회의 전보 발송), 당사자 쌍방의 귀책사유 규명이 불분명하여 전문가의 지문결과 사업자의 귀책사유라고 판단하기가 곤란한 경우(반드시 자문결과 기록유지) 처리가 불가능하다.
- 조정요청 : 사업자의 귀책사유 또는 개연성이 일부 인정되는 경우가 해당된다.


## 5. 소비자에 의한 문제처리

### 1) 소비자 스스로 해결할 수 있는 문제의 처리

소비자는 지불한 가격에 상응한 상품과 용역의 품질을 기대할 권리가 있다. 만일 상품이나 용역 사용으로 인한 피해를 당하였을 경우 문제 해결을 위해 취할 수 있는 몇 가지 조치사항이 있다.

**첫째**, 문제를 규명하라. 해당기업에 피해구제를 요청하기 전에 문제를 분명히 규명하고 당사자가 원하는 것은 환불인가, 수리인가, 아니면 교환인가 밝혀둔다.

**둘째**, 증거자료를 정리하라. 대금지불영수증, 수리기록, 품질보증서, 계약서 등 피해구제와 관련한 목록을 작성한다.

**셋째**, 구입장소로 돌아가라. 상품을 판매했거나 용역을 제공한 사람을 만나 조용하고 정확하게 피해내용을 설명하고 요구사항을 설명한다.

### 2) 불만편지 작성

이상과 같은 조치사항을 취한 후 해결이 안 될 경우에는 해당기업이나 소비자보호기관, 행정기관, 또는 관련단체에 편지를 쓴다.

불만편지를 작성하는 방법은 특별한 양식은 없으나 다음 사항을 명기하여 작성하도록 한다.

① 어디에 편지를 쓸 것인가?

판매자나 제조회사에 담당자가 문제를 해결하지 못할 경우 소비자는 불만의 해결을 위해 해당기업이나 관련기관에 편지를 보낼 필요가 있다.

② 무엇을 편지에 쓸 것인가?

소비자의 이름, 주소, 집 또는 사무실 전화번호 등을 기입한다. 편지는 간결하게 요점만 쓰되 구매일자, 구매장소, 구매물품의 모델번호 등 구매사실에 관한 사항을 상세히 기술한다. 용역에 대한 불만의 경우에는 해당인의 이름을 기입한다.

③ 문제와 관련된 모든 서류들의 복사본을 첨부한다.

단 원본을 보내서는 안 된다는 점에 주의한다.

④ 편지에 분노, 경멸 또는 협박 등의 내용을 담지 않는 것이 좋다.

⑤ 편지는 읽기 쉽게 되도록 타이핑해서 보내도록 하고 해당기업과 주고받은 편지는 복사해서 보관해 둔다.

---

(주　제)

(회 사 명)

(회사주소)

친애하는 _____ 씨

지난 11월 9일에 본인은 _____ 장소에서 _____ 모델의 _____ 물건을 구입(수리)했습니다.

불행히도 귀사의 제품은 _____ 이유로 만족할 만한 것이 못되었습니다.

따라서 문제의 해결을 위해 귀사에서 _____ 한 조치를 해 주실 것을 부탁드립니다.

제가 지니고 있는 각종 서류의 복사본을 동봉해 드립니다.

당신의 회신과 문제에 대한 해결을 부탁드립니다.

아래의 주소나 전화로 연락주시기 바랍니다.

(이　름)

(전화번호)

(주　소)

그림 5-1 불만편지의 견본(1)

# COMPLAINT LETTER

Your address
Your city, state, and zip code
Today's date

Name of person(if known)
Job title
Company name
Street address
City, state, and zip code

*Dear Mr. or Ms. last name(or Dear Reader):*

I am writing to tell you of my dissatisfaction with (name of product and its serial number or the service performed), which was purchased (tell where and when). The exact problem is that the product(tell the reasons for the complaint, that it no longer functions, is wrong for the task or whatever).

What I have already done to try and resolve the problem is (tell the story of what occurred as well as the actions and statements of particular salespersons or managers).

I order to resolve this problem, I think that you should (state what specific action or actions you believe the seller should take on your behalf).

I all fairness, your company should (give the refund, exchange the product, or whatever) for the following reasons (Give two or more reasons whenever possible).

Enclosed are photocopies of (sales receipt, invoice, previous letters, whatever) that support my request for action. Please note (in one specific document) that (focus the reader's attention on a particular item you want them to be sure and see because it supports your position).

I look forward to receiving your reply providing a speedy resolution to this problem, and I will allow three weeks before referring it to the appropriate government consumer protection agency. Please write to me at the above address or contact me by telephone(give both home and work number if it would otherwise be difficult to locate you during daytime hours).

*Sincerely,*
Your name
Enclosure (include copies of appropriate documents)

그림 5-2  불만편지의 견본(2)

자료 : E.T. German, 1995

# 6. 소비자상담 사례

다음은 실제로 소비자단체에서 상담한 사례로 구체적인 상담사례를 살펴 본 것이다.

## 1) 민간소비자단체 전화상담의 예

| 일련번호 | 90 | 소비자 고발 접수 처리부 | | | | 분류코드 | |
|---|---|---|---|---|---|---|---|
| 접 수 | 방 법 | ①.전화 2.서신 3.방문 4.이동고발 5.fax 6.컴퓨터 | | 현 물 | 1. 유 2. 무 | 일 시 | 2006.1.19 |
| 고발자 | 성 명 | 김○○ | 성 별 | 1.남 ②.여 3.기관 | 연 령 | | 53세 |
| | 직 업 | 1.주부 2.직장인 3.학생 4.자영업 5.전문직 9.기타 | | | | | |
| | 주 소 | 경남 김해시 지내동 000-0 번지 | | | 전 화 | | 051) 325-0000 |
| 물 품 | 상품명 | 휴대폰 | 모델·형식 | | 제조자 | | |
| | 원산지 | 1.한국 2.일본3.미국 4.중국 5.대만 6.EU 7.동남아 8.기타 | 구 입 장 소 | 1.백화점 2.수퍼 3.전문점 4.재래시장 5.할인전문점 6.회원제판매 ⑨.기타 | 판 매 방 법 | 1.일반 2.방문 3.전화권유 4다단계 5.전자상거래 6.기타 | |
| | 사 용 기 간 | 1.청약철회기간이내 2.청약철회기간이후 3.품질보증기간이내 4.품질보증기간이후 | | 구입일 2005. 10. 25. | 사 고 발 생 | | |
| | 가 격 | 17,300원x2년 | 지 급 방 법 | 1.현금일시불 2.카드일시불 ③.현금할부 4.카드할부 5.기타할부 9.기타 | 불입액 | | 17,300원x2년 |
| 피고발자 | 상 호 | 전북지사 ○○텔레콤 | 담당자 | 윤○○팀장 | 전 화 | | 063) 836-0000 |
| | 주 소 | | | | FAX | | |
| 청구이유 | A.안전위생 B.품질기능 ⓒ.가격요금 D.표시광고 E.계량 F.법령기준 G.판매방법 H.계약해제 I.상담정보 J.포장용기 K.서비스L.건의Z.기타 | | | | | | |
| 상담내용 | 제 목 | 핸드폰 기계비 청구건 | | | | | |
| | 2005년 10월 김○○씨에게 ○○텔레콤 전북지사에 있는 윤○○씨로부터 핸드폰 구입할 것을 권유 받음. | | | | | | |
| | 권유당시 기계비는 무료이며, 통화료만 내면 된다고 하여 구매의사를 밝혔고 핸드폰은 10월 말에 도착함. | | | | | | |
| | 청구서가 나왔을때에는 기계비가 청구되어 있었고 2개월 분을 냈음. | | | | | | |
| | 소비자는 기계비를 내는 것을 원하지 않음 | | | | | | |
| | * 담당자와 통화 : 소비자가 담당자와 통화한 후 재통화 하기로함. | | | | | | |
| 처리과정 | 0.중재 1.시험검사의뢰 2.세탁심의 3.내용증명발송 ④.상담 5.실태조사 6.자문 7.관련기관협조의뢰 8.법률구조 9.기타 | | | | | | |
| 처리결과 | A.수리·보수B.교환C.환불D.계약이행E.계약해제·취소F.배상G.상담·정보제공H.불법·부당행위시정I.취소·중지J.처리불능Z.기타 | | | | | | |
| 접수자 | 김○○ | 처리자 | 허○○ | 처리일 | 2006.1. 19. | 대표사례 여부 | 전산입력 |

**그림 5-3** 소비자고발 접수처리부

자료 : 김해YMCA 시민중계실 소비자상담자료, 2006

## 2) 민간소비자단체 컴퓨터자료 입력화면의 예

다음의 양식은 소비자상담 시 전산으로 입력하는 양식을 보여주고 있다. 이 양식은 전국적으로 공통으로 사용되고 있는 양식으로 소비자단체 및 지역을 입력한 후 상담 내용을 입력하게 되어 있다.

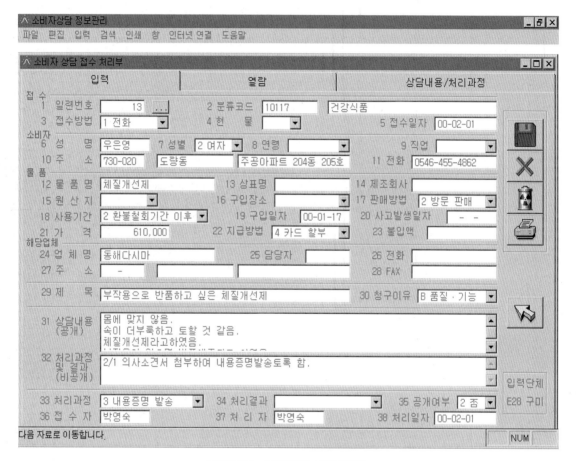

**그림 5-4  소비자상담 컴퓨터화면**

자료 : 한국부인회 구미지회 소비자상담자료, 2000

### 3) 기업체 소비자상담 프로세스

다음은 (주)웅진코웨이에서 소비자상담을 처리하는 과정을 실제 전산화면으로 보여준 것이다.

#### ▣ 소비자상담 및 처리 프로세스

소비자상담의 접수는 정부기관, 시민단체, 언론기관, 홈페이지, 본사, 코디, 쉬즈웰(CRM 관리사이트) 등 다양한 채널이 있다. 이러한 채널은 콜센터를 통해 접수가 되어 지국이나 지점에서 처리되거나 민원파트에서 최종처리를 한다. 처리가 끝난 부분에 대해서는 제품에 대한 부분은 연구소로 서비스에 대한 부분은 관련부서로 피드백되어 자료로 활용된다.

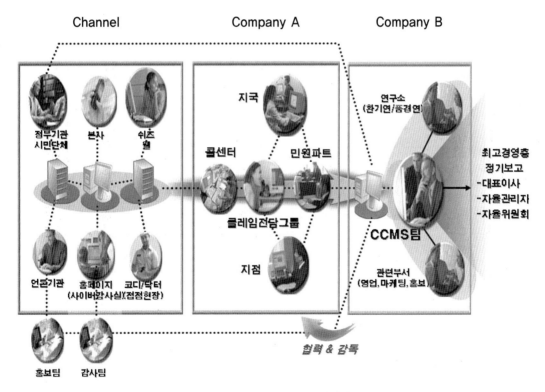

그림 5-5  소비자상담 처리과정

자료 : (주)웅진코웨이 CCMS팀 내부자료, 2007

## 클레임처리를 위한 전산조회화면

콜센터로 전화가 오면 CTI(Computer and Telephony Integration: 컴퓨터전화통합) 프로그램을 통해서 고객의 이력이 관리된다.

다음 화면은 고객의 클레임을 입력, 조회, 처리하는 프로그램이다.

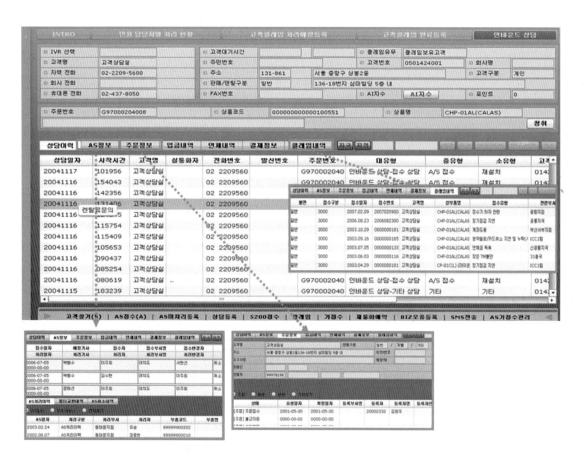

**그림 5-6  CTI 프로그램**

자료 : (주)웅진코웨이 CCMS팀 내부자료, 2007

■: 클레임처리과정 및 완료 입력화면

고객이력 및 클레임내용       클레임처리과정 입력창       클레임완료내용 입력창

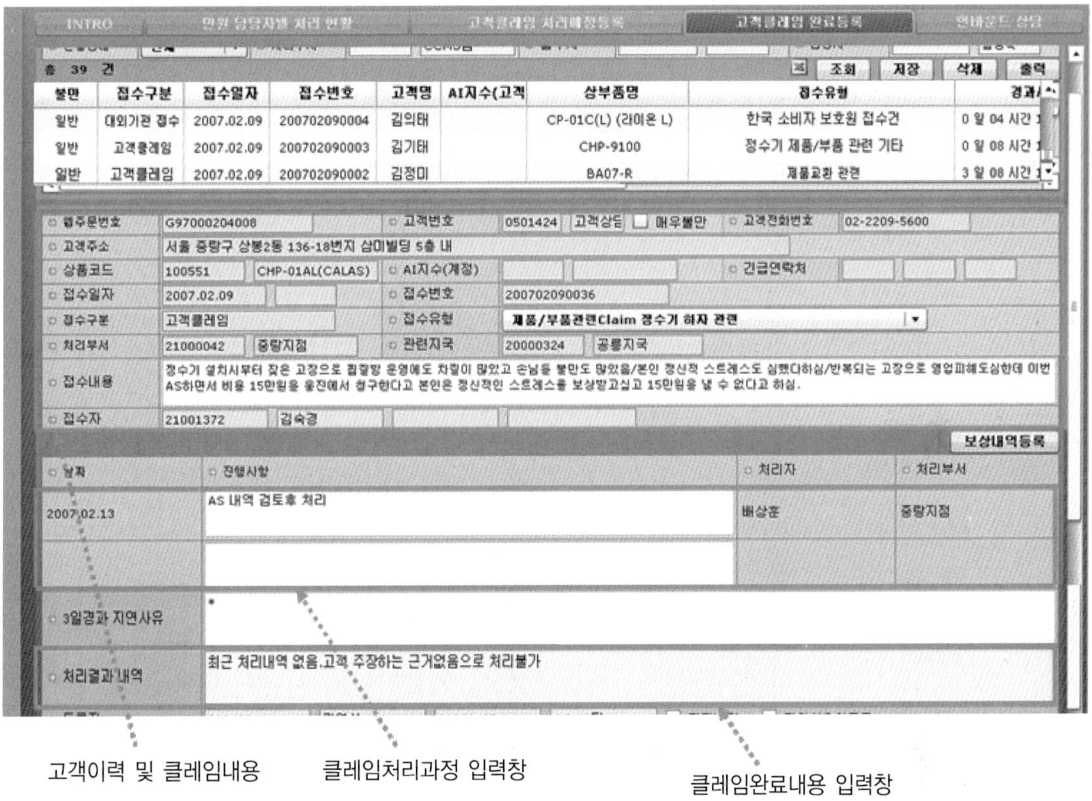

그림 5-7 클레임처리과정 및 완료 입력화면

자료 : (주)웅진코웨이 CCMS팀 내부자료, 2007

# 방문 및 문서상담

## 1. 매체 및 기관별 상담현황

### 1) 매체별 상담현황

한국소비자원에서 2009년도에 접수된 소비자상담건수를 접수방법별로 살펴보면

소비자상담은 총 324,230건이고 그중에서 전화상담접수가 가장 많았으나(55.1%) 해가 갈수록 그 비중이 줄어들고 있다. 그 다음은 인터넷상담접수로 115,357건(35.6%)으로 나타났고, 인터넷 상담 점유율은 2007년도까지 계속적인 증가추세를 보여 2007년도에는 인터넷 상담 점유율(46.1%)이 전화 상담 점유율(42.9%)보다 높은 것으로 나타났지만 2008년도와 2009년도에는 감소한 것으로 나타났다. 전체적으로 전화접수는 줄어드는 추세이고, FAX접수 14,091건(4.4%), 서신접수 11,723건(3.6%), 방문 및 기타 접수 4,362(1.3%)는 해가 지남에 따라 조금씩 줄어들고 있으며 인터넷접수는 2000년도 13.0%에 비해 2009년도 35.6%로 2.7배 이상이 늘어난 것으로 나타났다. 또한 ARS를 이용한 자동 상담은 2009년 중 218,312건으로 나타났다(〈표5-1〉 참조).

**표 5-1** 한국소비자원 상담접수방법 연도별 추이

단위 : 건수(%)

| 구 분 | 2000년 | 2001년 | 2002년 | 2003년 | 2004년 | 2005년 | 2006년 | 2007년 | 2008년 | 2009년 |
|---|---|---|---|---|---|---|---|---|---|---|
| 전 화 | 268,500 (79.7) | 264,648 (74.4) | 201,120 (64.6) | 205,073 (63.7) | 154,145 (56.5) | 168,838 (57.3) | 159,671 (51.6) | 113,251 (42.9) | 137,685 (49.5) | 179,697 (55.1) |
| 인터넷 | 43,691 (13.0) | 63,027 (17.7) | 76,710 (24.6) | 82,680 (25.7) | 85,657 (31.4) | 91,831 (31.2) | 119,139 (38.5) | 121,707 (46.1) | 113,276 (40.7) | 115,357 (35.6) |
| FAX | 14,341 (4.3) | 16,614 (4.7) | 18,381 (5.9) | 19,067 (5.9) | 18,063 (6.6) | 19,811 (6.7) | 16,995 (5.5) | 13,664 (5.2) | 12,418 (4.5) | 14,091 (4.4) |
| 서 신 | 5,334 (1.6) | 5,934 (1.7) | 7,936 (2.6) | 8,215 (2.6) | 8,036 (2.9) | 7,605 (2.6) | 7,624 (2.4) | 8,828 (3.4) | 9,390 (3.4) | 11,723 (3.6) |
| 방문· 기타 | 5,089 (1.5) | 5,527 (1.5) | 7,089 (2.3) | 6,899 (2.1) | 7,041 (2.6) | 6,489 (2.2) | 6,116 (2.0) | 6,365 (2.4) | 5,414 (1.9) | 4,362 (1.3) |
| 소 계 | 337,026 (100.0) | 355,750 (100.0) | 311,236 (100.0) | 321,934 (100.0) | 272,942 (100.0) | 294,574 (100.0) | 309,545 (100.0) | 263,815 (100.0) | 278,183 (100.0) | 324,230 (100.0) |
| ARS 자동상담 * | | 58,506 | 133,757 | 116,001 | 172,879 | 166,898 | 165,401 | 194,126 | 229,416 | 218,312 |
| 계 | 337,026 (100.0) | 414,256 | 444,993 | 437,935 | 445,821 | 461,472 | 474,946 | 457,941 | 507,599 | 542,542 |

*ARS 자동상담은 2001. 05. 16부터 시작됨    자료 : 한국소비자원, 소비자피해구제 연보 및 사례집 헤딩년도

## 2) 기관별 상담현황

한국소비자원, 지방자치단체, 소비자단체의 상담건수 현황은 〈표 5-2〉에 제시되어 있다. 2008년도에는 소비자단체에서 반 이상의 소비자상담을 담당하고 있었으며 한국소비자원에서 1/3 이상, 지방자치단체에서 8% 내외의 소비자상담을 접수하고 있었다.

**표 5-2** 기관별 연도별 상담건수

| 상담기관 | 년도 | 2006년 | 2007년 | 2008년 |
|---|---|---|---|---|
| 소비자원 | 전화상담 | 159,671 | 113,251 | 137,685 |
| | 기타상담 | 149,874 | 150,564 | 140,497 |
| | 계 | 309,545(39.3%) | 263,815(34.9%) | 278,182(35.3%) |
| 지방자치단체 | | 62,928(8.0%) | 66,163(8.8%) | 66,213(8.4%) |
| 소비자단체 | | 414,379(52.7%) | 425,241(56.3%) | 443,042(56.3%) |
| 계 | | 786,852(100.0%) | 755,219(100.0%) | 787,437(100.0%) |

자료 : 공정거래위원회 보도자료, 2009. 12. 30

## 2. 방문상담

### 1) 방문상담의 특성

방문상담은 전화로 상담하기에는 상담내용이 길거나 문제가 심각하다고 판단되는 소비자가 먼저 전화로 접수하고 방문하는 경우도 있고, 상담기관에 직접 방문하여 상담을 하는 경우도 있다. 전화상담에 비해서 소비자가 상담사를 직접 대면하기 때문에 많은 문제를 상담하기에 용이하다. 따라서 상담의사가 명확한 경우가 많고 비교적 상황을 알기가 쉬운 편이다. 방문한 소비자의 경우에는 다른 방법의 상담보다 상담원이 즉시 문제를 해결해 주기 위해 노력하므로 시간적으로 단축되고 소비자에게 상세하게 사건의 경위를 전달받을 수 있는 장점이 있다. 또한 불만상품이나 계약서 등 관계 자료를 가지고 오므로 대부분의 상황 파악이 가능한 경우에는 직접 합의 주선처리를 시작하는 일도 가능하다. 하지만 방문상담을 하는 경우는 다른 상담에 비해 문제가 복잡한 경우가 많다. 또한 다수가 오는 경우 각기 주장이 다르고 상담시간이 많이 걸리기도 한다. 소비자가 먼 거리를 방문하는데 시간, 노력, 경비 등의 지출이 많아지기도 한다. 따라서 방문한 소비자의 문제가 그 즉시 해결될 수 없는 것이라면 해결방법을 먼저 알려주고 다시 전화로 상담하는 경우도 있으며 소비자의 문제가 상담원에게 잘 기억되므로 차후 전화상담시 신속히 응대할 수 있다.

### 2) 방문상담의 방법과 기술

① 인적사항은 반드시 기록한다. 접수창구에 기록된 초기 상담의 내용이 가장 중요한 이유 중의 하나로 소비자의 인적사항이 정확하지 않아 중재가 어렵거나 상담이 되지 않는 경우가 발생하므로 첫 회 상담 시 소비자의 내용파악에 앞서 소비자의 인적사항을 접수하며 외부로 유출되지 않는다는 것을 알리고 정확한 인적사항을 접수해야 한다.

② 소비자에게 내용을 전달받은 후 부족한 부분은 자세히 질문하여 육하원칙에 의해 기록한다. 소비자들은 자신의 답답한 심정과 사건의 경위를 엇갈려서 말하는 경우가 많으므로 상담접수 시 꼭 필요한 내용을 질문하여 누구나 알아볼 수 있게 잘 정리한다.

③ 내용이 접수되면 관련법규를 파악하여 쉽게 전달하고 소비자에게 해결방법을 제시한다. 소비자상담 시 가장 많이 사용되는 방법이 내용증명으로 잘못된 계약을 수정한다든지 해약을 요청할 경우 내용증명을 발송하게 되는데, 대부분의 소비자가 서면으로 의사를 전달하는 것을 모르고 있어 문제가 지연되고 해결이 어려운 경우가 많다.

④ 방문상담을 요청하는 경우 대강의 내용을 파악한 후 꼭 방문상담해야 하는지의 여부를 알려 주고 방문시간과 지참해야 할 서류에 대해 알려 준다. 방문상담의 경우 대부분 세탁물 사고이며 직접 세탁물을 보고 심의를 해야 하므로 방문을 요청한다. 또, 물품을 해약할 때 손상되었는지 여부를 확인하기 위해 소비자가 물품을 들고 직접 방문하여 상담사들이 증거자료로 사진을 찍거나 육안으로 확인하여 반품조치한다.

⑤ 소비자상담 내용에 대해 부정확한 답변은 하지 않는다. 상담자가 정확한 법규나 정보를 알지 못하는 상황에서 전달된 내용들은 소비자에게 혼돈과 불확실한 기대감을 갖게 하므로 특히 주의해야 한다.

**상담의 포인트 5-2**

## 상담원의 자세

소비자상담 시 상담원의 자세는 신속, 세련, 친절, 성실, 전문의 5S(Speed, Smart, smile, Sincereity, Study)를 갖추어야 하고, 다음과 같은 자세로 상담에 임해야 한다.

① 상대방에게 수월하게 말이 나오도록 유도한다.
② 말을 중간에서 자르거나 무성의하게 듣지 말고 참을성 있게 듣는다.
③ 전체 내용의 줄거리와 문제점을 파악한다.
④ 겸허하게 상대방의 의견을 듣는다.
⑤ 과학적으로 알기 쉽게 상대에게 설명한다.
⑥ 즉각적인 대답은 경솔을 범하기 쉽다. 시간적 여유를 갖는 것이 방법이다.
⑦ 예의바른 사람의 인상을 받도록 한다.
⑧ 의심받을 만한 말투를 쓰지 않는다.
⑨ 요령 있게 말을 하도록 이끌어 나간다.
⑩ 무뚝뚝하게 우울한 인상을 주지 않고 명랑하고 밝은 인상을 준다.
⑪ 말은 짤막짤막하게 잘라서 한다.

## 3. 문서상담

### 1) 문서상담의 특성

문서상담은 상담내용이 전화로 상담하기에는 내용이 길거나 직접 방문하지 못할 경우, 또는 증명서류가 많을 경우 상담요청자가 일방적으로 자신이 쓰고 싶은 사항을 기록하여 보내는 것이다. 피해내용을 요령 있게 자세히 기록하고 자료 등이 첨부되어 있는 것도 있지만, 전화상담에 비해 상품명이나 사업자명이 쓰여져 있지 않을 뿐만 아니라 상담요청자의 연락처조차 쓰여지지 않은 경우도 있다. 문서상담의 대부분은 전화나 서신으로 추가질문하여 다시 사정을 들으면서 상담내용을 파악하는 경우가 많다. 상담처리 기간이 오래 걸리게 되면 서신이나 전화로 진전상황을 통보해 주는 것이 좋다.

문서상담의 장점은, 첫째 소비자문제의 내용을 간단명료하게 요약정리해서 접수시킬 수 있다. 둘째, 접수된 소비자문제의 내용을 분류하여 보존하기에 편리하다. 셋째,

상담사가 소비자문제의 내용을 이해하기 쉽다. 넷째, 상담사가 문제해결에 관한 대체 안을 기존자료에서 찾아내기 쉽다. 다섯째, 문제해결방법을 요약, 정리, 근거를 제시하여 정확하게 회신할 수 있다. 단점으로는, 첫째 전화, 팩스, 이메일 등에 비해 상담 접수시간이 길어진다. 둘째, 때로는 상담자에게 정확하게 전달되지 않고 분실되는 경우가 있다. 셋째, 상담사가 개인적으로 바쁜 경우 문제 분석, 해결대안 작성을 지연시킬 수 있다(천경희 외, 2003).

### 2) 문서상담방법과 기술

① 모든 우편물의 도착날짜를 확인하도록 한다.

② 범주별로 우편물을 분류하도록 한다.

③ 편지를 분류하기 위해 면밀히 문의하고, 적당한 로고를 붙이도록 한다.

④ 꼭 취급되어야 할 중요 문제를 표시하도록 한다.

⑤ 가능하다면 즉시 정보를 찾아보고 적절한 조치를 취하도록 한다.

⑥ 취해진 활동과 그 내용에 관해 고객에게 알리며, 가능하다면 고객이 문의한 정보를 제공하도록 한다. 전화나 편지를 통해 개별적으로 통지하도록 한다.


## 전화상담


## 1. 전화상담의 특성

전화상담이란 상대의 얼굴이 보이지 않는 상황에서 상담요청자를 파악하여 상담 내용을 듣는 것이다. 상담요청자가 반드시 요령 있게 상담내용을 설명하지 못할 수도 있고, 계약서나 상품 등의 자료를 갖고 있지 않은 경우도 있을 수 있다. 또한 전화에 의한 상담의 경우에는 '잠깐 물어보는' 정도의 인식으로 거는 경우도 있다. 특히 방문 상담의 경우보다 상황파악이 잘 안되므로 이에 대비한 상품, 서비스에 대한 전반적인 지식을 갖추어야 한다.

전화상담의 장점은, 첫째 소비자문제가 발생하면 언제, 어디서나 즉시 상담할 수 있다. 둘째, 문제해결방법을 신속하게 얻을 수 있다. 셋째, 문제해결방법에 불만족할 때 또는 소비자피해보상이 어려울 때는 다른 전문상담기관을 즉시 알선 받을 수 있고 시간절약과 신속해결의 효과가 있다. 그러나 단점으로 의사소통의 잘못으로 소비자문제가 잘못 전달될 수 있다.

또한 현대의 기업은 운영과 내부 및 외부고객과의 상담을 위하여 전화에 크게 의존하고 있다. 효과적인 전화사용은 고용시간 및 노력을 절감시켜 효율적이게 하며 비용을 감소시킨다. 기업의 고객상담실은 소비자업무 부서, 고객관련 부서, 또는 고객서비스 부서가 주종을 이루고 있다. 이 부서는 오랫동안 상점의 상거래에서 발생한 불만을 처리해 주는 일이 주 업무였다. 그러나 오늘날 고객상담실은 불만처리에 제한이 된 것이 아니라, 수많은 작업 가운데 단지 한 부분이고, 회사의 마케팅 노력에 대해 적극 지원을 하고 있다. 예를 들면 고객상담실은 고객의 상품주문에 대하여 고객에게 알려줄 뿐만 아니라 애프터 서비스문제, 배달문제, 크레디트 지불문제, 하자상품의 보수문제에 관하여도 문의를 받으면 즉시 알려준다.

기업에서의 전화상담의 장점은 구체적으로 다음과 같다.

① 고객과 접촉하기 위한 편리한 수단이다.
② 판매, 정보 교환, 돈의 수집, 고객만족조사 그리고 불평처리 등은 전화의 여러 가지 가능성 중의 일부이다.
③ 고객과의 접촉능력은 사실상 세상 어디나 가능하다.
④ 소비자 접촉, 세일 또는 서비스의 경제적인 방법이다.
⑤ 상담의 효과적인 수단이다. 당신이나 고객은 편지를 쓰거나 응답을 받는 등의 늦춰짐 없이 상호작용할 수 있다.


## 2. 전화상담의 방법과 기술

전화는 보이지 않는 두 사람 간의 대화매체이므로 무엇보다도 친절하고 성실하게 응답하겠다는 마음가짐이 필요하다. 소비자문제로 상담을 의뢰하는 대부분의 청구인은 감정적이고 비논리적으로 자기의 주장을 요구할 수 있기 때문에 상담원은 상대방의 입장을 이해하면서 신중하고 공정한 자세정립이 요구된다.

**표 5-3** 전화상담시 기본응대 요령

## 1. 전화 받는 법

| 순 서 | 행동 요령 |
|---|---|
| ① 수화기를 든다. | • 벨이 두 번 울리면 받는다.<br>• 자세를 바르게 고친다.<br>• 메모를 준비한다. |
| ② 인사말, 부서,<br>성명을 말한다. | • 전화를 받으면 즉시 상냥하게<br>"감사합니다. △△부서 ○○○입니다."라고 말한다.<br>• 상대방을 확인한 후 인사를 한다.<br>(인사는 시간, 장소, 상황에 따라) |
| ③ 용건을 듣는다. | • 요점을 메모하면서 듣는다.<br>• 응답을 하면서 끝까지 듣는다. |
| ④ 의문점을 질문하고 요점을<br>복창한다. | • 5W1H(6하원칙)에서 빠진 것이 없는지 확인한다.<br>• 무엇을, 어느 정도, 언제까지, 어떻게 하는 것인가를<br>정확하게 파악한다.<br>• 숫자, 시간, 장소 등은 반드시 복창한다. |
| ⑤ 끝맺음의 인사를 하고 끊는다. | • 이야기에 내용에 어울리는 인사말을 한다.<br>• 상대방이 끊는 것을 확인하고 수화기를 놓는다. |

## 2. 전화 거는 법

| 순 서 | 행동 요령 |
|---|---|
| ① 준비를 하고, 다이얼을 돌린다. | • 전화내용과 순서를 정리한다.<br>(5W1H → 무엇을, 어떻게, …)<br>• 필요한 자료가 있으면 준비한다.<br>• 번호를 확인하고 정확하게 건다.<br>• 자세를 바르게 한다. |
| ② 인사를 나눈다. | • 상대방을 확인한 후 소속과 성명을 말한다.<br>• 인사는 시간, 장소, 상황에 따라 한다. |
| ③ 용건을 말한다. | • 순서대로 요점을 정확히 말한다.<br>• 일방적이 되지 않도록 한다. |
| ④ 용건이 전해졌는지 확인한다. | • 필요하면 요점을 반복하거나 복창을 요구한다. |
| ⑤ 끝맺음의 인사를 하고 끊는다. | • 이야기에 내용에 어울리는 인사말을 한다.<br>• 상대방이 끊은 다음에 끊는다. |

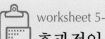

worksheet 5-1

# 효과적인 전화상담을 위한 체크 리스트

학번 :　　　　　　　　　이름 :　　　　　　　　　제출일 :

기업체 소비자상담실에 전화를 걸어 다음 사항에 대해 체크해 보자.

전화를 응답하기 전에 울린 전화벨 수는? _____
상담원은 어떤 인사를 사용했나(좋은 아침, 오후 등)? _____

| | 예 | 아니요 |
|---|---|---|
| 상담원은 _____ 를 말했나? | | |
| 　　이름 | _____ | _____ |
| 　　회사 이름 | _____ | _____ |
| 　　부서 이름 | _____ | _____ |
| 상담원은 도움을 제안했나? | _____ | _____ |
| 상담원은 능동적으로 들었나? | _____ | _____ |
| 상담원은 종종 상대방의 이름을 사용했나? | _____ | _____ |
| 상담원은 좋은 대화기술을 이용했나? | _____ | _____ |
| 　　분명히 말했나? | _____ | _____ |
| 　　미소 지었나? | _____ | _____ |
| 　　말의 속도를 조정했나? | _____ | _____ |
| 　　종종 멈추었나? | _____ | _____ |
| 　　말의 볼륨을 조정했나? | _____ | _____ |
| 　　주의를 산만하게 하는 것을 제거했나? | _____ | _____ |
| 　　올바른 문법을 사용했나? | _____ | _____ |
| 　　소리의 다양성을 이용했나? | _____ | _____ |
| 　　대화톤에서 이야기 했나? | _____ | _____ |
| 상담원은 준비되었나? | _____ | _____ |
| 상담원은 전화를 효과적으로 사용하기 위해 전화기 사용이 적절한가? | _____ | _____ |
| 　　올바르게 전달했는가? | _____ | _____ |
| 　　불필요하게 붙잡고 있는 것을 피했나? | _____ | _____ |
| 　　효과적으로 메시지를 취했나? | _____ | _____ |
| 상담원은 소비자의 요구, 불평, 질문을 효과적으로 다루었나? | _____ | _____ |
| 상담원은 소비자가 전화를 먼저 끊도록 허용했나? | _____ | _____ |

자료 : Lucas R. W., 1996

① 항상 친절하게 봉사하겠다는 자세와 상대방의 입장을 이해하는 침착한 마음을 갖고 상담에 임한다.

② 상담 중에는 말을 도중에 끊거나 자의적으로 단정하지 말고 성실하게 듣는 자세를 갖는다.

③ 소비자가 이해하기 어려운 전문용어보다는 평이한 용어를 사용한다.

④ 사정에 의해 통화를 잠시 중단할 경우에는 소비자가 오래 기다리지 않도록 하며, 불가피하게 시간이 걸릴 때에는 상대방에게 전화를 주겠다고 약속하고 일단 전화를 끊는 것이 좋다.

⑤ 피해구제와 관련되는 사항은 제품교환, 환불 등 구체적인 처리방안을 약속하지 않는 것이 좋다.

⑥ 전화는 반드시 청구인이 수화기를 놓은 것을 확인한 후 끊는다.

⑦ 상담카드는 6하원칙에 의거하여 정확하게 기입한다.

전화를 받고 전화를 거는 기본응대 방법은 〈표 5-3〉에 제시되어 있다.


## 3. 기업에서 전화상담의 방법

### 1) 상대방이 누군지 모르게 되는 전화 바꾸기

전화를 돌릴 때 피해야 하는 것이 '상대방이 누군지 모르게 되는 전화 바꾸기'다. 이때 전화 건 사람에게 전화기를 들고 기다리도록 하고, "저는 ＿＿＿부서의 ＿＿＿입니다. 저는 ＿＿＿씨(고객 이름)와 전화를 하고 있습니다. 전화를 받으시겠습니까?"라고 다른 직원에게 알려 주도록 한다. 잘못 처리하면 서로 잘 알지 못하는 두 사람 간의 마찰로 전화가 끝날 수 있다. 만약 고객이 이미 기분이 안 좋다면, 고객을 잃거나 고객을 화나게 하는 것이다.

만약 여러분이 누군가를 기다리게 한다면, 그 사람에게 20~30초 정도마다 다시 통화해서 여러분이 그를 잊지 않고 있음을 확인시켜야 한다. 이 방법은 전화시스템에서 음악이 없거나 기다리는 동안 고객이 들을 정보를 제공하고 있지 않다면 더욱 효과적이다.

일반적으로 고객서비스의 규칙은 예상되는 대기시간을 적절하게 알리고 60~120초 이상을 기다리지 않게 하는 것이 좋다. 그렇지 않으면 고객을 화나게 할 가능성이 높다. 기다리는 시간이 점점 길어지면 이쪽에서 전화를 하도록 하겠다며 메시지를 받도록 한다. 그리고 기다려 주어서 고맙다는 말을 해야 한다.

## 2) 전화 대기시간

많은 전화시스템들이 다른 사람과 이야기하는 동안 발신음을 들을 수 있도록 되어 있다. 발신음은 다른 전화가 왔음을 나타낸다. 발신음을 듣는 동안 두 가지의 옵션을 가질 수 있다. ① 현재 통화 중인 사람에게 잠시 기다려 주기를 부탁하는 방법, ② 나중에 걸려 온 전화를 무시하는 방법이다. 만약 음성시스템이 있다면 나중의 전화에 메시지를 남길 수 있는 기회를 준다.

다음은 이 두 가지 옵션의 단점이다.

- 두 번째 전화를 받음으로써 현재의 통화자를 화나게 할 수도 있을 뿐만 아니라 전화를 끊게 하는 원인이 될 수도 있다.
- 두 번째 전화를 무시함으로써 전화 건 사람을 화나게 할 수도 있으며, 조사에 의하면 고객들은 여러 번 전화걸기를 시도해 보다가 전화걸기를 잊어버리거나 다른 곳에 전화를 하는 경향이 있다고 한다. 고객들은 너무 바빠서 자신들이 제대로 된 서비스를 받을 수 없을 것이라고 느낀다고 한다.

"안녕하세요. _____ [회사와 부서명]의 _____ [여러분의 이름]입니다. 지금은 전화를 받을 수 없습니다. 성함과 전화번호와 용건을 남겨 주신다면 가능한 한 빨리 전화드리겠습니다. 전화해 주셔서 감사합니다."

만약 여러분이 다시 전화로 응답해 줄 수 있는 때를 알고 있다면, 전화를 건 사람에게 말해 주는 것이 좋다. 또한 0번을 누르게 한 후 다른 사람이 응답할 수 있도록 음성메시지 바로 뒤에 조치를 취할 수도 있다. 그렇게 하면 전화를 긴 사람이 선택하기 전에 긴 메시지를 들을 필요가 없다.

그림 5-8 음성메시지의 예

그러면 어떻게 이러한 문제를 해결할 것인가?

여러분이 통화하고 있는 고객에 대하여 여러분의 직관에 의해 판단하여 그 고객이 어떻게 반응할 것인가를 생각하고 그에 따라 행동하라. 그러나 예를 들어 여러 전화가 걸려올 때에 관한 회사의 규칙이 정해져 있다면 이런 결정을 할 필요는 없다.

### 3) 음성메시지와 자동응답기

비록 음성메시지가 전화를 받을 수 없는 상황에서도 전화를 걸어 온 사람에게 인사를 하고 메시지를 전달할 수는 있지만, 많은 사람들이 자동응답기나 음성메시지를 다루는 데 어려움을 느낀다.

• **걸려온 전화의 관리**　　음성메시지를 효과적으로 이용하기 위해서는 먼저 그 시스템의 기능을 이해해야 한다. 기술적인 전문가에게 이야기를 듣거나, 기계를 살 때 함께 주는 설명서를 잘 확인해 본다.

이 시스템의 가장 큰 장점은 부재중임을 알릴 수가 있으며, 전화를 건 사람이 메모를 남길 수 있고, 언제 전화를 받을 수 있을지를 알 수가 있다. 이런 시스템들의 장점을 최대한 이용할 수 있는 한 가지 방법으로는 여러분의 부재중 메시지와 전화를 건 사람의 메시지를 남길 수 있도록 하며, 여러분이 언제 전화응답을 할 수 있을지를 알려 줄 수 있도록 관리하는 것이다. 만약 여러분의 시스템에 조작자가 입·출력할 수 있는 부가장치가 있다면 이 사실을 여러분이 녹음한 메시지에 일찍부터 밝혀 주어 전화를 건 사람이 필요 없는 정보를 듣지 않도록 할 수도 있다(이승신 외 편역, 1998).

음성메시지의 효과적인 사용의 두 번째 방법은 가능한 한 빨리 전화를 받고 응답해 주는 것이다. 일반적으로 24시간 혹은 다음날까지 응답전화를 하는 것이 원칙이다. 그렇게 함으로써 고객에게 긍정적인 이미지를 줄 수가 있다.

• **음성메시지에 대한 회신 전화**　　많은 사람들은 갑자기 음성메시지나 자동응답기를 대했을 때 조리 있게 말하기가 어렵다. 성공적으로 전화를 하기 위해서는 전화를 걸기 전에 사전계획이 필요하다.

여러분이 고객에게나 자동응답기에 말하기 전에 약 30초 정도 미리 마음 속으로 상대방에게 전달할 내용을 점검해 본다. 예를 들면, 사람과 통화하게 되면 "저는 _____[회사명]의 _____[이름과 성]입니다. 일 때문에 전화 회신하는 것입니다. 계십니까?" 또한 말하고자 하는 요점을 메모해 놓으면 중요한 내용을 잊어버리지 않을 수 있다.

만약 여러분이 자동응답기와 통화하게 된다면 "저는 _____[회사명]의 _____[이름과 성]인데, 일 때문에 전화 회신하는 것입니다. 제 전화번호는 _____[응답 받을 전화번호]이니 연락을 주시기 바랍니다. 저는 _____시부터 _____시까지 전화를 받을 수 있습니다." 만약 내용을 받거나 주기를 원한다면, 다음과 같이 덧붙일 수 있다. "제가 전화 드린 이유는 …." 이렇게 함으로써 전화를 건 사람은 필요한 정보나 메시지를 제공받을 수 있다. 이것은 또한 '폰택(phone tag: 상대방의 부재로 연락을 취할 수 없는 상태)' 을 방지할 수 있는 방법이기도 하다.

• 메시지 받기　　만약 여러분이 불완전하거나 이해할 수 없도록 만들어진 전화메시지를 받아 본 경험이 있다면, 이런 메시지 받기 연습이 왜 필요한지 알 수 있을 것이다. 메시지 받기에는 최소한 다음과 같은 내용이 포함되어야 한다.

### 상담의 포인트 5-3

## 불만상담방법

① 고객의 말에 관심을 기울여 듣도록 한다.
② 따뜻하고 친절하게 대하도록 한다. 당신의 말이 당신 개인의 것이 아니고 기업 전체의 이미지를 대표한다는 사실을 기억하여야 한다.
③ 문제의 본질을 정확하게 파악하기 위한 질문을 계속하여야 한다. 고객에게서 모든 정보를 얻어내기 위해 열린 형식의 질문법을 사용하는 것이 좋다.
④ 필기를 하여야 한다. 필수적인 모든 정보를 얻어내서 기록해 두도록 한다.
⑤ 고객에게만 집중하며, 방해가 되는 어떠한 전화도 받지 않아야 한다.
⑥ 문제해결방법에 대해서 고객과 논의하도록 한다. 고객이 원하는 바를 우선 물어보고, 만약 고객을 만족시킬 수 있는 다른 대안이 있다면 고객에게 그것을 제안하고, 만약 없으면 고객이 받아들일 수 있는 의견을 제시하는 것이 좋다.
⑦ 고객과의 상담동안에 문제해결을 위해 모든 노력을 기울이도록 한다.
⑧ 만약 상담중에 문제를 해결할 수 없으면 다음의 약속을 정하도록 한다.
⑨ 만약 해결책을 찾지 못했다 해두 약속한 시간에 전화를 하도록 한다.
⑩ 고객이 불만을 해결하고 전화를 걸어준 뒤 확인서를 작성하도록 한다.

- 이름(정확한 철자를 알 수 있도록)
- 회사명
- 전화번호(지역번호 포함)
- 용건
- 다시 전화할 시간

덧붙여 전화를 한 날짜와 시간, 그리고 여러분의 이름을 남긴다면 부재중의 전화에 대한 혼란을 방지할 수 있어서 도움이 된다. "여보세요, 이 전화는 _____[이름]의 전화입니다. 저는 _____입니다. 어떻게 도와드릴까요?"라는 메시지로 혼란이 방지된다.

또한 계속 받는 사람을 고려하여 메시지 문장을 고쳐 두어야 한다. 가끔 선의로 한 말도 고객에게는 부정적으로 들릴 수 있다.

- **일반적인 충고**　　개인적인 정보를 언급하지 마라(아프다거나, 병원에 있다거나 하는 내용). 자기 자신이나 회사를 경시하는 언어를 사용하지 마라(할 수 없다거나, 내가 생각하기에는 _____ 등) 대신에 간단명료하게 "담당자가 전화를 받을 수 없으니 용건을 말씀해 주십시오"라거나, 또는 "제가 도와드리게 되어서 기쁩니다"라고 말하는 것이 좋다.

메시지를 받은 후에는 전화를 끊기 전에 전화해 주셔서 감사하다는 인사말을 해야 한다. 만약 24시간 안에 응답전화를 해 줄 수 없다는 것을 알게 되었을 때에는 고객에게 이 사실을 알려야 한다.

# 콜센터 상담

## 1. 콜센터의 개념 및 역할

### 1) 콜센터의 개념

최근 CRM의 고객서비스를 접점으로 콜센터의 전략적 중요성이 부각되면서 콜센터의 성공적 구축과 효율적인 운영에 대한 관심이 높아지고 있다. 콜센터는 서비스,

텔레마케팅, 기술지원 등을 목적으로 상담사들이 소비자에게 전화를 하거나 고객의 전화를 받는 조직 또는 그러한 업무를 수행하는 장소를 말하며 기업과 고객 간에 정보통신수단을 통한 커뮤니케이션적인 접촉이 이루어지는 곳이다. 따라서 콜센터는 소비자와 전화고객상담사를 연결매개로 하되 텔레마케팅 기능과 커뮤니케이션이 결합되어 다양한 고객접점 채널과 체계화된 시스템, 고객응대업무 프로세스를 접목하여 전문적인 상담을 해주는 소비자접촉지향적인 조직의 집합체라고 볼 수 있다(김영덕, 2004). 콜센터는 상품이나 서비스에 고객의 질문 및 요구를 해결해 주고, 고객에게 필요한 정보서비스를 제공해 주는 곳으로 고객센터, 고객만족센터, CRM센터, 전화고객상담센터, 상담센터, 서비스센터 등 다양한 이름으로 불리고 있다(정기주, 2002). 소비자들은 콜센터를 통하여 기본적인 서비스에서부터 각종 부가적인 서비스에 대한 커뮤니케이션을 하고, 문제를 해결하며, 새로운 상품에 가입하기도 한다.

콜센터는 전화가 생기면서 존재하기 시작한 것으로 볼 수 있다. 과거의 콜센터는 전화 중심의 콜센터인 전화응답센터로 볼 수 있다. 콜센터는 전화를 통한 고객과의 연결이 우선이었고, 콜센터 상담사의 상담방법이나 목소리 등이 콜센터의 서비스 수준을 좌우했다. 또한 전화를 통한 판매개념이 강하여 콜센터 역할이 제품의 판매위주였으며 영업사원의 인건비나 유통망의 구축비용을 절감하는 방법으로 받아들여졌다. 특히 콜센터 운영은 광고나 홍보 등을 통해 널리 알려지는 기업의 콜센터번호를 통해 고객이 전화를 함으로써 이루어지는 소극적인 방법이었고, 전화 당시의 거래를 중시하는 것이었다. 그러나 오늘날의 콜센터는 단순히 비용 절감을 위한 수동적인 전화상담에서 벗어나 기업의 경쟁력을 강화시키는 마케팅 수단으로 받아들여지고 있다. 오늘날의 콜센터에서는 접촉(contact)을 통해 고객과의 관계를 형성하고 강화하며, 목소리를 포함해 이미지나 동영상을 통해 정보를 제공하는 멀티미디어 개념으로 발전해 나가고 있으며, 콜센터를 운영하기 위해 필요한 각종 설비가 통합화되고 있다. 이제 기업들은 콜센터를 경쟁력을 강화할 수 있는 전략적 수단으로 인식하고 이를 통해 이익극대화를 추구하는 기회창출 경영을 지향하고 있는 것이다(최승호, 1996). 따라서 콜센터가 과거에는 주로 재화 및 서비스 판매 및 판매된 상품이나 서비스에 대한 A/S나 불만사항을 접수하던 수동적이고 보조적인 수단이었으나 오늘날 콜센터는 고객을 관리하고 자사 수익을 올릴 수 있도록 유도하는 마케팅 일선창구로서 역할이 변화함에 따라 그 중요성이 급격히 증대되고 있다고 할 수 있다(송현수, 2003). 콜센터는 소비자와 가장 가깝게 위치하고 있는 기업의 서비스 창구로서, 여기서 근무하는 전화고객상담사의 역할에 따라 소비자의 만족과 불만족이 결정될 수 있고, 이것이 고정고객 유치 및 이탈과 직접적인 관계가 있기 때문에 기업에서 소비자를 관리함에 있어 매우 중요한 역할을 담당하고 있다고 할 수 있다(김지선, 2007)

■ LGT 부산고객센터 훈련체계

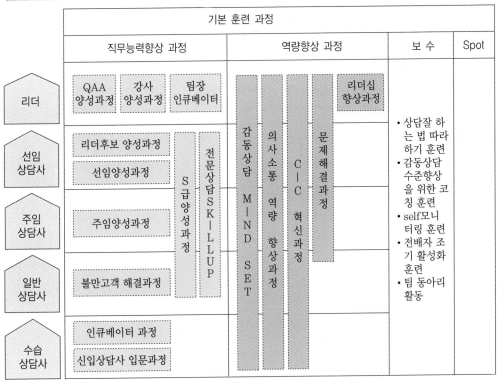

그림 5-9  콜센터 상담사 훈련체계

자료 : LGT 부산고객센터 내부자료, 2007

## 2) 콜센터의 업무유형

전화고객상담사의 업무를 유형별로 살펴보면 인바운드 업무, 아웃바운드 업무, 블랜딩 업무로 나눌 수 있다(황태철, 2004). 인바운드 업무는 크게 주문·문의·안내에 대한 응대상담, 불만·클레임 응대상담의 두 가지로 나눌 수 있다. 인바운드 업무는 소비자에게 걸려온 콜을 처리하는 것으로 업무흐름, 매뉴얼, 스크립트 등이 정형화되어 있기 때문에 짧은 기간 동안 업무교육 및 프로그램 교육을 받은 후에 일정 기간 동안 일하게 되면 숙달도가 높아진다. 아웃바운드 업무는 상담원이 소비자에게 직접 전화를 걸어서 업무를 수행하는 것으로, 예를 들면 이동통신회사의 통화품질, 해지, 연체 수납, 고충고객 상담 등으로 인바운드에 비해 업무가 정형화되어 있지 않기 때문에 상담원 능력이 중요하다. 블랜딩 업무는 인바운드 업무와 아웃바운드 업무를 동시에 처리하는 것으로 인바운드 콜이 많을 때는 인바운드 콜을 처리하고 적을 때는 아웃바운드 업무를 한다. 블랜딩의 장점은 콜센터의 생산성을 극대화시킨다는 데 있다.

콜센터는 기업에서 고객의 기대와 욕구를 충족시키는 데 결정적인 역할을 할 수 있고, 고객과 커뮤니케이션을 할 수 있는 한 방법이다. 각 지방자치단체에서 도시형 산업이며 친환경적인 산업으로 여성인력의 고용창출효과가 큰 콜센터를 유치하려는데 반해, 소비자학을 전공하고 전화상담사로서 취업을 희망하는 여대생은 상대적으로 높지 않은 현실이다. 그러나 앞으로 산·학·관의 협력체계를 구축하고, 고용조건 및 근무환경을 개선시킨다면 소비자학 전공자로서의 취업전망은 매우 밝을 것이다.

다음 〈그림 5-9〉는 LGT 부산고객센터의 콜센터 상담사들의 훈련체계이다. 수습상담사가 훈련과정을 거쳐 일반상담사, 주임상담사, 선임상담사, 리더가 되는 과정을 보여주고 있다.

## 2. 국내 콜센터 현황

한국의 콜센터산업은 영국, 미국, 호주 등 성숙된 시장에 비해 상대적으로 짧은 역사를 가지고 있다. 우리나라의 텔레마케팅은 1990년대 초 한국통신의 080서비스의 실시와 함께 본격적으로 도입된 이후 급속한 성장을 이루고 있다. 전국 콜센터로 등록된 기업체는 2004년 현재 총 5,132개 업체이다. 이 중 서울이 29.8%로 가장 많았고, 다음으로 경기도 16.1%, 부산 8.1%순으로 나타나 콜센터가 수도권으로 집중되어 있는 것을 알 수 있는데 다른 지역으로의 분산이 필요하다(대전광역시, 2005 재인용). 그러나 지역별로 콜센터를 두고 운영하는 기업이 43%로 나타나 콜센터 구축이 점차 지역으로 확장되고 있음을 알 수 있다(http://www.callcenter.or.kr). 콜센터의 중요성이 커지면서 지방에 콜센터가 증가하고 있는 추세이며, 지역에서도 고용창출 등의 경제효과를 위해서 콜센터 유치에 적극적으로 나서고 있는 실정이다.

한국콜센터산업정보연구소의 2003~2004년 콜센터 실태조사에 따르면 업종별 콜센터의 분포는 도·소매업이 48.8%로 가장 많았으며 금융 12.6%, 정보통신 10%, 운수교통 9.1%, 일반기업 6.3%, 공공기관 1.7% 순으로 나타났다(대전광역시, 2005 재인용). 이 중 풀타임 상담사를 가장 많이 보유하고 있는 업종은 '은행, 보험, 증권, 카드' 업종으로서 다른 산업에 비해 금융권에서 가장 많은 상담사를 보유하고 있었다. 콜센터에 근무하는 전체 상담원 수는 2002년 25만 명에서 2007년에는 40만 명(연성장률 12%)이 될 것으로 예상된다. 또한, 다수의 콜센터는 인하우스 콜센터로 운영되고 있지만 아웃소싱 콜센터가 전체의 20%를 차지하고 있는데, 콜센터산업이 해마다 증가하고 있어서 아웃소싱에 대한 수요도 증가할 것으로 보인다. 콜센터에서 처리하는 콜의 유형은 93%가 인바운드 콜이며 나머지 7%는 아웃바운드 콜인 것으로 나타났다. 상담사들이 수행하는 인바운드의 주요 업무는 불만상담(19%), 서비스문의 응대(18%), 제품 및 상품상담(17%) 등의 순으로 나타났고 그 외에도 단순 전화교환, 금융거래처리, 주문접수 및 배송안내, 인바운드 세일 등이 있었다. 상담원 1인당 채용비용은 평균 142만 원으로 나타났는데 이는 우수한 인재를 찾기 위해 발생하는 비용일 수도 있으나 높은 이직률 등으로 인한 비용일 수도 있다(http://www.callcenter.or.kr).

## 3. 콜센터 전화상담사의 자질과 상담기술

### 1) 전화상담사의 자질

전화상담은 전화상에서 마치 대면하는 것처럼 특유의 부드럽고 고운 음색으로 마케팅 목적을 간단명확하게 전달해야 한다. 따라서 남성보다는 여성이 선호되며 소극적인 성격보다는 적극적인 사고방식을 가진 사람이 능력을 발휘하는 것이 일반적이며 다음과 같은 자질이 필요하다(송현수, 1999: 62-68).

• **정확한 발음과 구술능력**　　전화를 이용하여 다양한 성격과 욕구를 가진 고객과 커뮤니케이션을 해야 하므로 간결하면서 정확한 표현으로 신뢰감을 주어야 한다. 또한 표정이나 태도, 분위기 같은 비언어적 커뮤니케이션 요소가 완전히 빠진 상태이므로 적절한 음성응대화법을 구사하여 상담, 질의·응답, 상품소개 및 주문접수, 고충처리 등을 해야 하고 적극성도 지녀야 한다.

• **훌륭한 청취력과 이해력**　　상대방에게 의사를 전달하는 것도 중요하지만 입장을 바꾸어 상대방의 의사를 정확하게 파악하는 청취력과 이해력도 중요하다. 커뮤니케이션은 1대 1 쌍방간 의사를 교환하는 행위이므로 청취력이 곧 잘 말할 수 있는 능력과 직결된다.

• **품성**　　느낌이 좋은 고상한 말씨와 경어를 사용하며, 친밀감이나 따스함이 느껴질 수 있는 목소리와 말투를 사용해야 하고 상대방의 거절전화에도 끈기있게 대처하는 능력과 유머를 자연스럽게 사용하는 능력도 필요하다.

• **조직적응력**　　상담원은 조직 내에서 근무하므로 조직적응력도 중요한 자질이 된다. 따라서 책임감, 협조심, 정신적·육체적 스트레스 해소, 독립심 등에 대해서도 소홀할 수 없다. 최근에는 스트레스와 신체의 긴장상태를 해소하는 능력에 대한 중요성도 커지고 있는데, 이는 고객을 설득시키지 못했을 때, 불쾌한 감정을 가진 고객에게 비난을 받았을 때, 자신의 실적이 저조하였을 때 등을 적극적으로 극복할 수 있어야 하기 때문이다.

• **적당한 경쟁심**　　콜센터 상담원은 아웃바운드 상담의 경우 개인의 능력이나 실적에 따라 평가 및 보수·급여가 달라진다. 따라서 남보다 더 나은 실적을 내기 위해서는 적당한 경쟁심을 지니는 것이 바람직하다. 만약 자신보다 실적이 뛰어난 상담사가 있다면 그 이유는 무엇인지를 분석하여 자신의 단점을 보완하는 것도 경쟁에서 뒤지지 않는 좋은 방안이다. 특히 자신의 취약점을 발견했을 때는 매니저나 슈퍼바이저와의 상담을 통해 보완하는 것이 좋다.

• **제품 서비스 상식**　　아웃바운드 전화상담은 고객을 설득시킬 수 있는 제품·서비스 상식에 따라 좌우된다. 따라서 제품에 대한 충분한 지식을 가지고 있어야 히며, 고객이 자신의 설득력에 매료될 수 있어야 한다. 회사에서 발행하는 제품 카탈로그와 사후 서비스를 활용할 수 있는 가이드, 사내 전화번호표 및 임직원 명단 등을 수집하

여 고객이 상세한 설명을 필요로 할 때 활용한다면 막힘없이 응대할 수 있다.

• **경제 시사상식**　　　전화상담원은 단순히 전화를 걸어 앵무새처럼 똑같은 말을 반복하는 사람이 아니다. 고객들에게 여러분이 소개하고자 하는 상품이나 서비스를 제대로 소개하려면 관련 제품이나 재질의 특성은 물론 그에 따른 다양한 마케팅 지식, 경제·경영상식, 정보 등에 관하여 상당 수준에 통달해 있어야 한다. 예를 들어 아파트 신규분양에 대한 안내상담을 한다고 하면 분양자격 조건, 중도금 입금·대출방법, 금리 및 이자 계산, 관련서류, 연체 시 불이익 등 관련 내용들이 상당히 복잡한 경우가 많다. 이럴 때는 사전에 업무흐름을 충분히 이해한 다음에 적절한 상담을 해야 한다. 이처럼 각종 상식을 넓히고자 할 경우에는 각종 경제 관련 신문이나 전문잡지를 탐독하고 업무나 상품과 관련된 내용을 숙지하는 등 노력을 게을리 해서는 안 된다.

## 2) 콜센터 전화상담 기술

• **전화의 기본매너**　　　고객과 대화할 때 고객과 텔레마케터와의 사이에는 지켜야 할 기본 매너가 있다. 그 중에서도 인사는 고객만족과 직접 연결되는 서비스의 시작으로 미소와 인사말로 이루어지는데, 이때 미소는 긍정적 사고를 갖게 한다. 회사와 고객과의 첫 대면이 전화라는 매체를 통해 이루어지므로, 기업을 대표하는 역할과 고객과의 대화창구의 역할을 직접 담당하게 되는 텔레마케터는 고객관리전문가로서의 매너를 습득해야 한다. 업무의 특성상 시각적 요인이 배제된 상태에서 전화를 통해 음성으로만 의사전달이 되어 고객의 시간을 방해할 수도 있으므로 특히 전화예절에 유의하도록 한다. 또한 의사결정의 정확도가 직접 대화할 때보다 떨어지기 때문에 전화상담의 대응화법을 터득해서 신속·정확하고 친절하게 응대해야 한다.

• **전화예절 원칙**　　　전화 이전에 미소가 우선이다. 인사가 고객서비스의 시작이라면 미소는 인사를 할 때 선결되어야 할 심성의 표현이다. 미소는 긍정적인 사고방식을 가지는 행동의 표출인 만큼 상담사의 몸에 자연적으로 배어 있어야 한다.

• **자신감을 가져라**　　　자신감은 긍정적이고 적극적인 사고에서 나오는 것으로 자신감이 넘치는 목소리는 상대방에게 신뢰를 심어줄 뿐만 아니라 호감을 안겨 준다. 회사의 대표자라는 책임의식과 주인의식을 가지고 고객에게 감사하는 마음으로 접근한다.

• **전화대화의 테크닉을 길러라**　　　대화는 인격과 성품의 표출이다. 상대방이 여러분

과의 전화접촉에서 만족을 얻는다면 비록 만난 적이 없다 하더라도 당신의 이미지는 상승하게 된다. 물론 음성만으로 상대방을 이해시키고 설득시키는 일은 대면하는 경우보다 훨씬 어렵다. 그러므로 전화예절이나 테크닉을 숙지하고 실천하도록 한다.

• **전화는 즉시 받는다**　　업무와 직책을 불문하고 걸려온 전화를 받지 않고 내버려 두어서는 절대 안 된다. 전화교환원의 경우는 전화를 신속하게 연결하고, 연결이 안 되는 경우나 늦어지는 경우에는 상대방에게 상황을 알려 주어야 한다.

• **신원을 확실하게 밝힌다**　　전화를 받는 사람은 부서명과 이름을 명확히 밝혀야 한다. 교환원은 회사 이름을 말하고 비서는 부서명과 이름을 말하며, 임원은 자기 이름을 말하는 식으로 한다.

• **따뜻하고 친밀감을 느낄 수 있도록 말한다**　　전화를 걸어온 상대방은 오로지 목소리를 통해서만 그 회사에 대한 이미지를 갖게 되므로 명랑하고 따뜻한 목소리로 대응한다.

• **매너와 에티켓을 지킨다**　　매너를 지킴으로써 상대방에게 거부감을 주거나 불쾌감을 초래하지 않도록 한다. 그리고 반드시 경어를 사용한다.

• **간결하고 알아듣기 쉽게 말한다**　　비즈니스 관계에서 간결하고 쉽게 말하는 것도 좋은 화술이다. 지나치게 자기 위주의 주관적 판단이나 고객이 따라오기를 바라는 식의 말은 상대방에게 거부감을 줄 수 있다.

• **목소리의 높낮이를 잘 조절하고, 억양에도 신경을 쓴다**　　목소리가 지나치게 높으면 날카로운 인상을 주거나 불쾌감을 줄 수도 있다. 반대로 지나치게 낮으면 의사전달이 잘 안되므로 적당한 억양으로 말한다.

• **자리를 함부로 비우지 않는다**　　부득이하게 자리를 비워야 한다면 대신 전화를 받아줄 사람에게 돌아올 시간이나 연락방법 등을 알려 주어야 한다. 교환원이 통화연결을 해야 할 사람을 찾지 못한다면 전화를 건 고객에게 큰 실례가 된다.

• **상대방의 이야기를 경청한다**　　일방적으로 자신의 말만 건네지 말고, 상대방의 이야기를 잘 듣고 요구사항이 무엇인지를 파악하여 인간관계 유지와 비즈니스, 마케팅에 활용하는 것이 중요하다.

• **항상 메모한다**　　상대방이 말하는 것을 받아 쓸 수 있도록 종이와 연필을 항상 준

비한다. 만약 컴퓨터화면처리로 자동화되어 있다면 CRT(컴퓨터화면)에 등록하여 고객 히스토리를 관리할 수 있도록 한다.

• **고객을 응답 없이 내버려 두지 않는다**    고객이 응답 없는 전화를 계속 들고 있게 하거나 기다리는 동안 끊어지게 해서는 안 된다. 자리를 떠나 있어야 한다면 전화를 대신 받아줄 사람에게 돌아올 시간이나 연락방법 등을 알려 주어야 한다. 고객의 입장에서는 교환원이 찾는 사람이 있는 곳도 모르고 결국 찾아내지도 못하는 것처럼 화나

**상담의 포인트 5-4**

## 전화상담 시 다듬어야 할 표현

| 피해야 할 표현 | 사용해야 할 표현 |
|---|---|
| 통화 중입니다 | 지금 상담중이신데…, 메모를 남겨 주시겠습니까? |
| 누구세요? | 실례지만, 누구신지 여쭤 봐도 되겠습니까? |
| 여보세요, 안녕하세요? | 당장 이제… |
| 무엇 때문에 | 무엇을 도와드릴까요? |
| 여보세요? 여보세요? | △입니다. 잘 안 들리는데요. 다시 전화 주시겠습니까? |
| 부재중입니다 | 사무실에 안 계시는데, 메시지를 전해 드릴까요? |
| 모르겠습니다 | 알아 보겠습니다 |
| 조용히 하세요 | 조용히 해주셨으면 좋겠습니다 |
| 문제이군요 | 그렇군요. 문제지요 |
| 오전 내내 | 오전 11시에… |
| 확실치 않습니다 | 확인해 보겠습니다 |
| 내 잘못이 아닙니다 | 즉시 확인해 보겠습니다 |
| 할 수 없습니다~ | 이렇게 해보시지요 |
| 경우에 따라서 | 노력해 보겠습니다 |
| 아마도 유용할 것입니다 | 특히 선생님께서 아주 유용합니다. 왜냐하면… |
| 무척 바쁠 거예요 | 개인적으로 바쁩니다 |
| 관심이 없으세요 | 확실히 관심을 갖게 되실 것입니다 |
| ~을 하셔야 합니다 | ~ 해주셨으면 좋겠습니다 |

자료 : 송현수, 1999

게 하는 것은 없다. 만약 고객이 기다려야 한다면 교환원이 적어도 1분마다 통화중임을 알려야 하며, 2분 이상일 때에는 다시 걸어주기를 요구해야 한다.

• **통화의 마무리가 중요하다**　　통화를 마칠 때에는 '시간을 내주셔서 감사합니다', '들어주셔서 감사합니다', '안녕히 계십시오' 등의 인사말을 반드시 한다. 그렇지 않으면 상대방이 매우 의아해 할 수 있다.

• **감정을 관리하라**　　고객의 성격과 행동은 천차만별이다. 이같이 다양한 성격의 고객을 응대하면서도 이성을 잃지 않고 끝까지 자기감정을 절제하면서 평온과 온화함을 유지할 수 있는 능력이 필요하다(송현수, 1999).

# 👤 1372 소비자상담센터(http://www.ccn.go.kr/)

## 1. 소비자상담센터란?

소비자상담센터는 전국 어디서나 단일 대표전화 1372로 소비자가 전화를 걸면 신속한 전화연결로 상담 편의성을 높이고 모범상담 답변과 상담정보 관리를 통해 질 높은 상담서비스 및 정보를 제공함으로써 상담효율성과 소비자 만족도를 높이기 위한 서비스로 2010년 1월 서비스를 시작하였다. 별도의 상담센터를 구축하지 않고 소비자단체, 한국소비자원, 16개 광역자치단체 소속의 상담원을 자동으로 연결할 수 있는 시스템을 구축하여 상담을 실시하며 각 기관의 유기적인 협력을 통해 민관협력체제로 한 차원 높은 소비자 정책 수행이 가능하도록 하였다.

## 2. 소비자상담센터의 특징

### 1) 신속한 소비자상담

- 전국 단일 소비자 상담을 위한 전국 대표번호 채택(1372)
- 전화와 인터넷을 이용한 24시간 상담접수 서비스
- 소비자상담 포털을 통한 다양한 소비자정보 제공

**1372** 정부와 소비자단체가 함께하는 소비자를 위한 행복한 번호 1372 소비자상담센터

**1** 전국 어디서나 하나의 번호로 연결 됩니다.

**3** 세명이 만족합니다.
소비자, 상담원, 기업이 만족합니다.

**7** 일곱가지가 편리 합니다.

첫째, 전국 어디서나 하나의 번호로 신속한 상담서비스가
이루어집니다.
둘째, 준비된 모범상담 사례로 고품질 상담서비스가 이루
어집니다.
셋째, 인터넷을 통해 24시간 상담신청이 가능합니다.
넷째, 소비자가 직접 해보는 자동상담서비스로 스스로 문제
해결을 할 수 있습니다.
다섯째, 축적된 상담정보를 통해 소비자 피해를 예방하고
소비환경이 개선 됩니다.
여섯째, 선진화된 상담시스템과 프로세스로 소비자 상담이
편리해 집니다.
일곱째, 소비자상담기관, 기업체, 소비자가 자율적으로 참여
하는 개방형 서비스 입니다.

**2** 두가지만 기억하세요
소비자를 위한 행복한 번호 1372
소비자를 위한 행복한 주소 WWW.CCN.GO.KR

**2010년 1월 전국 어디서나
1372 소비자상담센터가 함께 합니다.**

그림 5-10 1372 소비자상담센터

## 2) 고품질 상담서비스

- 모범상담 DB제공으로 고품질 상담자료 제공
- 사업자와의 신속한 연결을 통해 상담 및 피해구제 서비스 개선
- 정기적인 상담원 교육 및 만족도평가로 서비스 수준 향상

## 3) 상담원과 사업자의 상담업무 처리 편의성 증대

- 전국 모든 상담원이 공통사용하는 상담응대 업무처리시스템의 제공
- 상담기관별 분산관리되던 소비자정보의 통합관리
- 전화와 인터넷 상담이력 관리를 통한 상담처리 편의성 증대
- 상담원, 상담기관, 사업자의 원활한 상담업무지원

## 3. 소비자상담센터의 기능 및 업무절차

소비자상담센터의 주요기능은 다음과 같다.

- **지능적 전화 연결 시스템** 전국 단일의 대표번호를 통해 소비자가 원하는 상담기관으로 혹은 상담 가능한 인근지역 상담원에게 전화를 신속히 연결

- **상담 응대용 업무 프로그램** 전국 모든 상담원이 상담 내용을 입력하고, 축적된 상담정보를 함께 공유하는 상담업무 프로그램

- **피해내용 입력 및 피해구제 접수** 상담단계에서 해결되지 않는 사건해결을 위해 상담원이 피해내용을 입력하고, 피해구제로 접수하는 프로그램

- **모범상담사례 및 판례 DB** 모범상담 및 판례 DB는 소비자상담 시 발생할 수 있는 상담사례를 물품 및 서비스별로 체계화하여 질의/답변 형식으로 저장

- **소비자상담 포탈** 소비자, 상담원, 자율처리 사업자 계층별 맞춤 서비스로 소비생활 관련 뉴스, 상담정보, 통계등 다양한 정보를 제공

- **인터넷상담/자동상담** 소비사는 소비생활과 관련하여 궁금한 사항을 모범상담사례검색과 자동상담으로 유사 상담사례를 찾아볼 수 있음

자동상담은 소비자 개인과 가장 유사한 상황을 순차적으로 선택할 수 있도록 제공하여 상황에 적합한 답변을 제공하는 프로그램

- **자율상담처리**    접수된 소비자상담 건 중 사업자와 연계를 통해 사업자가 자율적인 소비자 불만처리가 가능하도록 제공되는 프로그램

- **통계시스템**    소비자상담, 소비자 피해구제, 소비자 분쟁조정에서 생성되는 상담정보를 품목, 처리결과, 판매유형, 접수방법, 지역 등 지정하는 조건에 따라 통계조회가 가능한 시스템

## 3. 업무절차 및 참여기관

### 1) 소비자상담센터 업무절차도

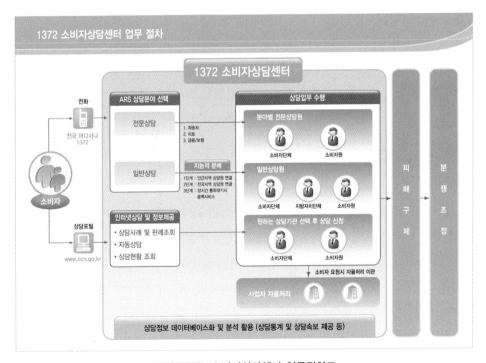

그림 5-11 소비자상담센터 업무절차도

## 2) 소비자상담센터 참여기관

소비자상담센터 참여기관은 한국소비자단체협의회 소속 10개 소비자단체, 한국소비자원, 16개 광역시도 지방자치단체 등이다.

그림 5-12  소비자상담센터 참여기관

## 4. 상담 현황

2010년도 1372 소비자상담센터를 통한 상담건수는 총 732,560건이었으며 이중 전화를 통한 상담이 89%로 제일 많았고, 인터넷을 활용한 상담은 6%, 나머지는 팩스나 우편, 방문상담으로 나타났다. 또한 상담전화 응답률은 83%로서 2009년 소비자원 상담센터의 응답률 38%에 비해 개선된 것으로 나타났다.  현재 236명의 상담원(소비자단체 190명, 소비자원 30명, 광역지자체 16명)이 신속한 상담서비스를 제공하고 있다(공정위원회 보도자료, 2011. 02. 21).

2010년도 1372를 통해 접수된 상담의 구체적인 현황은 다음〈표 5-4〉와 같다. 전화상담 접수가 88% 이상으로 대부분을 차지하고 있었고 전화상담 중에서 소비자단체에서 80% 가까이 접수를 받고 있는 것을 알 수 있었다(〈표 5-5〉 참조).

**표 5-4** 2010년 접수방법별 상담현황

(단위 : 건, %)

| 시기 | 구분 | 전화 | 인터넷 | 팩스 | 방문 | 서신 | 계 |
|---|---|---|---|---|---|---|---|
| 2010년 1/4분기 | 상담건수 | 142,031 | 9,608 | 3,530 | 2,495 | 2,267 | 159,931 |
| | 점유율 | 88.8 | 6.0 | 2.2 | 1.6 | 1.4 | 100.0 |
| 2010년 2/4분기 | 상담건수 | 147,324 | 9,656 | 3,729 | 2,629 | 2,683 | 166,021 |
| | 점유율 | 88.7 | 5.8 | 2.3 | 1.6 | 1.6 | 100.0 |
| 2010년 3/4분기 | 상담건수 | 166,644 | 13,138 | 3,519 | 2,371 | 3,083 | 188,755 |
| | 점유율 | 88.3 | 7.0 | 1.9 | 1.3 | 1.6 | 100.0 |

자료 : 공정거래위원회 보도자료(2010. 06. 16, 09. 09, 12. 08)

**표 5-5** 참여기관별 전화상담 접수현황

(단위 : 건, %)

| 시기 | 구분 | 소비자단체 | 한국소비자원 | 지방자치단체 | 계 |
|---|---|---|---|---|---|
| 2010년 1/4분기 | 상담건수 | 103,919건 | 30,877건 | 7,235건 | 142,031건 |
| | 점유율 | 73.2% | 21.7% | 5.1% | 100% |
| 2010년 2/4분기 | 상담건수 | 112,792건 | 27,245건 | 7,287건 | 147,324건 |
| | 점유율 | 76.5% | 18.5% | 5.0% | 100% |
| 2010년 3/4분기 | 상담건수 | 132,083건 | 25,890건 | 8,671건 | 166,644건 |
| | 점유율 | 79.2% | 15.6% | 5.2% | 100% |

자료 : 공정거래위원회 보도자료(2010. 06. 16, 09. 09, 12. 08)

연구문제

1. 소비자단체, 행정기관, 기업체에서 소비자상담을 접수하여 처리하는 사례를 살펴
   보고 각 기관별로 유사점이나 차이점이 있는지 분석해 보자(학생들 개인별로 현장
   실습을 한 경험과 경험이 없는 학생의 경우 기관별 단기실습을 통해 소비자상담의
   처리방법을 실습할 수 있다).

김영덕(2004). 콜센터 당면과제 및 전략적 방향-항공사 콜센터를 중심으로. 석사학위논문.한국항공대
　　학교

김지선(2007). 전화고객상담사의 고객지향성과 관련변수에 대한 연구. 석사학위논문. 인제대학교

김해YMCA 시민중계실(2006). 소비자상담자료.

대전광역시(2005). 여성 경제활동욕구 조사연구: 텔레마케터 직종을 중심으로. 여성정책위원회 연구
　　보고서.

송현수(1999). 최고의 텔레마케터가 되는 길. 새로운제안.

송현수(2003). 텔레마케팅관리. 새로운제안.

LGT 부산고객센터(2007). 상담사 훈련체계.

정기주(2002). 한국고객센터의 경영 효율화 방안에 관한 연구. 경영저널, 3(1), 1-32.

(주)웅진코웨이CCMS팀(2007). 소비자상담자료.

천경희 · 홍향숙 · 양덕순 · 양희 편저(2003). 소비자전문상담사. 시그마프레스.

최승호(1996). 텔레카메팅의 최전선 콜센터. 한국통신경영과 기술, 89, 30-38.

한국부인회 구미지회(2000). 소비자상담자료.

한국소비자원(2006). 소비자 피해구제 연보 및 사례집(각년도).

황태철(2004). 콜센터 시스템. 신광문화사.

E.T. Garman(1995). *Consumer Economic Issues in America*. DAME publicationsinc.

R.W. Lucas(1996), 이승신 외 편역(1998). 고객서비스 어떻게 할 것인가. 석정.


## 참고 사이트

공정거래위원회 보도자료(2009. 12. 30)

공정거래위원회 보도자료(2010. 06. 16, 09. 09, 12. 08)

공정거래위원회 보도자료(2011. 02. 21)

http://www.callcenter.or.kr

http://www.ccn.go.kr

## 소셜 컨텍센터로 진화하는 콜센터, 그 비결은?

미국 캘리포니아 주 샌프란시스코 시에 거주하는 제이 나드(Jay Nath) 씨는 길거리에 방치된 낡은 냉장고를 발견하고 이를 스마트폰으로 사진 찍어 트위터에 올린 후 샌프란시스코의 트위터 콜센터(@SF311)에 이를 알렸다. 나드 씨가 신고한 이후 15분 후 길거리의 냉장고는 철거되었다.

샌프란시스코 시는 2009년부터 기존의 콜센터(직통번호 311)와 함께 트위터 콜센터(@SF311)를 운영하고 있었다. 이 채널은 시정부의 주요 민원 업무를 처리하기 위한 것으로, 생활 민원서비스, 경제회복 관련 각종 재무 서비스, 복지 서비스, 범죄 및 사회안전서비스 등을 위한 새로운 채널로 이용되었다. 이를 통해 샌프란시스코 시의 콜센터 대신 SNS를 활용해 도로 청소 및 보수, 쓰레기 수거, 담벼락 낙서 제거, 누수 수도관 신고 등 다양한 민원 접수와 처리 상황을 실시간 통지한다.

이처럼 샌프란시스코의 사례는 소셜 미디어가 기존 콜센터(컨텍센터)의 역할을 대체해 가고 있음을 보여 준다. 지금까지 콜센터는 고객들이 자신의 의견을 기업에 전달하는 가장 중요한 창구였다. 전화, 이메일, 채팅, 비디오 컨퍼런싱 등을 통해 고객들은 불만사항이나 문의점을 기업에 전달했다. 하지만 이제 고객들은 전화, 이메일, 채팅, 비디오 컨퍼런싱 등 기존의 채널 이외에 소셜 미디어를 통해 기업과 소통하길 원한다.

소셜 컨텍센터를 도입한다고 해도 기존의 콜센터를 없앨 수는 없다. 트위터나 페이스북이 아무리 발전해도 기업 상담원으로부터 즉각적인 답을 듣길 원하는 고객은 수화기를 들 것이기 때문이다. 이에 대해 콜센터 솔루션 전문업체 관계자는 "소셜 미디어는 기존 컨텍센터의 또 다른 채널일 뿐"이라면서 "기존의 상담자원을 재교육해 소셜 미디어에도 응대할 수 있도록 해야 한다."라고 강조했다.

자료 : 디지털데일리, 2010. 10. 9.

정보통신기술의 발달로 인터넷의 사용이 일상생활에서 보편화되고 인터넷과 모바일, SNS 등을 통하여 물품과 다양한 콘텐츠를 구매하는 전자상거래가 확산되고 있다. 전자상거래의 급증과 소셜 쇼핑 등의 새로운 전자상거래의 출현, 온·오프라인상의 소비자피해의 확대, 소비자주권의 향상은 소비자상담채널의 변화에도 영향을 주고 있다. 전자상거래업체, 기업, 정부와 행정기관, 소비자단체 등의 인터넷을 통한 상담이 증가하고 있으며, 앞으로는 대면상담이나 전화상담보다 더 증가할 것이라는 예측을 가능하게 해 주고 있다. 본 장에서는 인터넷상담의 현황과 배경, 특징, 인터넷 소비자상담기관, 인터넷상담의 문제점과 개선방안에 대하여 살펴보고자 한다.

# 6장
# 인터넷 소비자상담

학습목표
1. 인터넷 소비자상담의 특징과 유형에 대하여 이해한다.
2. 인터넷 소비자상담의 기법을 이해하고 적용할 수 있다.
3. 인터넷 소비자상담 사이트를 평가기준에 근거해 비교 · 평가할 수 있다.
4. 인터넷 소비자상담기관의 운영현황, 문제점과 개선책을 파악한다.

Keyword  인터넷 소비자상담, 인터넷 소비자상담기관, 상담사이트 평가요소, 인터넷상담기법, 온라인 소비자불만

## 인터넷 소비자상담의 현황과 배경

### 1. 인터넷상담의 현황

최근 들어 정부의 각 부처 및 행정기관, 기업체, 소비자단체들이 잇달아 홈페이지를 개설하고 개편하면서 기존의 방문상담, 전화상담과 병행하여 인터넷상담을 강화하고 있다.

기업의 경우에도 인터넷 정보통신이 발달하면서 2000년 이후 기업홈페이지 개설이 증가하였으며, 전자상거래업체들이 증가하면서 홈페이지에 고객센터를 같이 운영하며, 최근에는 폭주하는 소비자상담을 해결하고, 고객의 소리를 듣기 위한 창구로 인터넷상담을 적극 활용하고 있는 추세이다.

한국소비자원에 2009년 한해 동안에 접수된 소비자상담을 접수방법별로 살펴보면 전화접수가 55.1%로 가장 많았으며, 그 다음은 인터넷 접수가 35.6%로 나타났다. 인터넷상담 비율은 2007년에는 전화상담을 제치고 1위를 나타내었으며, 한국소비자원

에서 인터넷상담이 시작된 1999년의 3.1%에 비하면 무려 11배 정도의 증가 추세를 나타내고 있다(한국소비자원, 1999; 2007; 2008; 2009).

이러한 인터넷상담은 중요한 소비자상담채널로 부상하고 있는데, 기업이 고객과 상담하기 위한 채널이 전화에서 웹과 이메일 등 인터넷 서비스로 급격히 전환될 것이라는 예측이 잇따르고 있다. 미국 시장조사기관인 가트너(Gartner)는 2000년도에 발생한 150억 건의 상담 건수 중 85%를 차지한 전화상담이 2005년 300억 건의 상담 건수 중 45%에 그친 반면, 2000년 10% 이하였던 웹과 이메일이 2005년에는 각각 25%와 20%를 차지하여 상담채널이 전화에서 e-서비스로 이동할 것이라고 예측했다(〈그림 6-1〉 참조). 이러한 시장변화에 따라 2003년 닷컴회사 위주로 생겨나기 시작한 국내 e-서비스 시장은 2004년 금융기관 및 통신회사로 확대되었으며 최근에는 공공·교육·기타업종으로 확산되면서 전화상담의 대체상담 채널로 자리를 잡아가고 있다(아이뉴스24, 2005. 8. 26).

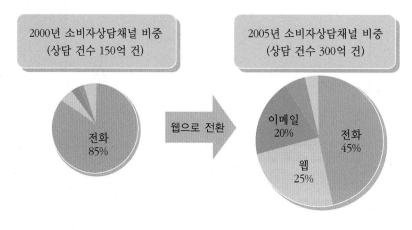

그림 6-1 인터넷상담의 증가

자료 : 아이뉴스24, 2005. 8. 26(www.inew24.com)

## 2. 인터넷 소비자상담의 증가 배경

### 1) 전자상거래 소비자불만과 피해의 증가

인터넷 이용의 확산과 정보통신기술의 발달로 인하여 인터넷을 통한 전자상거래가 활성화되고 있다. 인터넷 전문쇼핑몰이 증가하고 있으며, 기업은 기존의 오프라인의 유통채널뿐만 아니라 인터넷을 통한 신유통채널로서 인터넷쇼핑몰을 구축하여 경영하고 있다.

인터넷을 통한 상품 및 디지털콘텐츠 거래는 2001년 이래 연평균 30%대로 꾸준한 고성장세를 보이고 있다. 2009년 연간 사이버쇼핑 거래액은 20조 6,410억 원으로 전년 대비 13.7%가 증가하였고, B2C 사이버 쇼핑 규모는 약 12조 430억 원으로 전체 사이버쇼핑 거래액의 58.4%를 점유하였다(원혜일, 2010).

B2C 전자상거래 규모의 급성장 추세에 따라 관련 소비자상담 및 피해구제는 크게 증가하고 있다. 한국소비자원의 총 소비자상담 건수 중에서 전자상거래관련 비중이 8.5%, 총 피해구제 건수 중에서는 차지하는 비중은 14.5%로서 피해구제 실적은 전년 대비 95% 증가하였다. 전자상거래 소비자피해의 업태별 분포는 인터넷쇼핑몰 거래(87.4%), 디지털콘텐츠 거래(6.9%), 통신 및 금융서비스 거래(5.7%) 순이었다. 주요 소비자상담 내용은 청약철회권 행사방법(52.5%)이며, 피해구제 유형도 통신판매사업자의 물품 미인도·인도 지연(35.6%), 청약철회 거절(19.2%) 등 계약의 이행여부에 집중되었다(나광식, 2006).

박해용(2000)은 인터넷쇼핑몰의 고객의 소리, 게시판 등을 분석하여 소비자상담 내용을 전자상거래 프로세스에 따라 5개 부문으로 구분하고 각 부문별 소비자의 불만 사례를 세분화 하였는데 인터넷쇼핑몰을 통해 전자상거래를 하는 일련의 과정과 발생하는 불만의 형태들을 살펴보면 다음 〈표 6-1〉과 같다.

이러한 전자상거래 소비자불만은 전화상담 등의 오프라인 상담을 통하여 해결할 수 있으나, 구매한 인터넷 쇼핑몰 사이트나 인터넷 상담기관에서 해결된다면 더욱 효율적일 것이다. 실제로 이러한 온라인 거래는 오프라인 거래에 비해 온라인에서 불만을 제기하는 경우가 더욱 높다(이병주, 2005).

따라서 전자상거래와 피해의 증가는 인터넷업체뿐만 아니라 기업, 소비자보호단체의 인터넷상담의 확대를 요구하는 배경이 되고 있다. 예를 들어, 전자상거래에 대한

**표 6-1** 인터넷쇼핑몰 이용소비자의 불만유형 및 내용

| 구 분 | 주요 내용 |
|---|---|
| 정보탐색 | 쇼핑몰 이용방법, 쇼핑몰 접속상태와 속도, 고객등록방법 문의 및 등록오류, 상품검색기능, 속도 및 결과의 신뢰성, 쇼핑몰 평가의견 제시, 쇼핑몰 내용 오류 및 기타문의 |
| 상품 | 상품구색, 상품가격, 상품불량(색상, 사이즈 포함), 상품정보문의, 무재고 |
| 구매과정 | 주문처리과정 애로 및 오류, 결제방법 및 송금확인, 대금청구 오류(영수증 포함) |
| 상품배송 | 배송지연, 반품회수 지연, 상품배송상태 불량, 오배송, 배송비 불만, 배송예정일시 문의, 배송서비스 불만 |
| 고객관리 및 A/S | 고객행사 문의, 불만, 포인트적립제도 문의, 고객자격 취소, 상품교환, 구매취소, 소비자불만 처리태도, 고객과의 약속불이행, 개인정보 변경, 기타문의 및 칭찬 |

피해를 인터넷상에서 구제하기 위해 서울특별시 전자상거래센터나 전자거래분쟁조정위원회는 인터넷을 통해 분쟁을 해결하고 있다. 인터넷을 통한 물품거래가 급성장하면서 피해건수와 규모도 점점 늘어나고 있어서 한국소비자원의 사이버소비자센터는 인터넷모니터링과 소비자들로부터 실시간 제보를 받아 문제가 있다고 판단되는 사이트에 대해서는 홈페이지에 게재하여 피해확산을 막는 활동을 하고 있다.

### 2) 기업의 온라인 소비자불만확산 사전대처

최근 인터넷을 통해 기업의 제품, 서비스에 대한 소비자들의 불만표출, 정보공유와 공동대응 사이트가 증가하는 추세이다. 온라인상의 소비자불만은 소비자의 불만제기 및 피해구제 청구가 온라인을 통해 이루어지는 경우를 말한다. 이러한 온라인 불만제기는 사업자 홈페이지를 통한 불만제기, 포털사이트, 안티사이트 등의 인터넷사이트를 통한 불만제기, 소비자보호기관의 인터넷 홈페이지를 통한 문제제기 등이다(이병주, 2005).

온라인상의 소비자불만 표출 중, 특히 다양한 반기업 홈페이지(안티사이트)나 안티카페 등의 온라인 커뮤니티가 활성화되면서 집단적인 목소리로 증폭되고 있다. 불만을 가진 소비자들은 인터넷을 통해 공론화시키고 지지자를 모아 집단적으로 항의하

는 방법으로 기업으로부터 사후처리 및 보상을 요구한다. 온라인 소비자불만 제기는 오프라인에 비해 불만제기가 용이하고, 동일한 불만 보유자의 손쉬운 규합 및 빠른 파급속도, 기업담당자의 수준을 능가하는 전문가 소비자의 출현 등을 특징으로 한다.

이러한 온라인상 소비자불만 토로가 나타나는 이유는 오프라인의 불만이 받아들여지지 않은 경우, 홈페이지에 항의하여 받아들여진다 하더라도 처리가 지연되는 경우, 해당기업이 소비자불만에 대한 내용을 삭제하는 경우 등이다. 이러한 온라인상 불만 소비자에 대한 기업의 대응방안으로 기업은 소비자불만을 수용할 수 있는 중개적인 장소를 자사의 홈페이지에 마련하고 문제발생시 초기대응이 문제해결의 열쇠이므로 고객의 불만에 적극적이고 신속한 대응이 필요하다(김태영, 2005).

온라인 소비자불만이 인터넷을 통해 실시간 불특정 다수에게 여론화되고 과거와 비교할 수 없을 정도의 빠른 속도로 확산되고 있기 때문에 기업들도 그만큼 소비자대응에 신경을 써야 하는 상황이 되었다. 정보의 이동속도가 빠른 디지털시대에는 소비자의 불만처리가 늦어지면 바로 판매에 영향을 줄 수 있고, 기업의 성장 핵심요건인 신뢰를 잃게 되어 기업의 존속자체를 위태롭게 만들 수도 있다. 따라서 대부분의 기업들은 소비자와의 관계구축을 위해 온라인상에 회사 공식사이트는 물론 브랜드 웹사이트를 운영하면서 게시판과 e-mail을 통해 소비자문의나 질문에 응대하고 있다. 기업은 실시간 대응가능한 위기관리 조직을 구축해야 하며 무엇보다 중요한 것은 성의 있고 신속한 대응이다. 온라인 소비자불만은 불특정 다수에게 빠른 속도로 확산될 수 있으므로 장기적으로 전문적, 객관적인 커뮤니케이션 관리에 각별히 관심을 기울여야 한다(김영자, 2005).

최근 소비자불만관리시스템(CCMS: Consumer Complaint Management System)이 도입되면서 기업은 사전내부통제시스템을 가동해 근본적인 문제를 자율적으로 해결하여 소비자불만에 대한 사전예방과 함께 신속한 처리를 해야 할 필요성이 커지고 있다. 인터넷은 최신의 고객정보 및 시장정보를 획득할 수 있는 창구가 되므로 기업조직을 고객을 향해 항상 열려 있도록 고객커뮤니티를 활성화하고 기업의 불만창구센서로서 활용해야 할 것이다. 소비자의 의견을 사전에 반영하고 피해에 즉각적으로 대처하는 차원에서 인터넷상담 창구의 확충과 활용이 필요할 것이다.

인터넷상에서 소비자들이 불만이나 피해를 서로 공개하면서 각종 소비자정보를 쉽게 주고받으며, 상품의 질을 개선하도록 요구하는 활동은 기업의 소비자지향적 경영을 촉진시키고 있다. 기업들은 인터넷 사이트를 통해 판매제품에 대한 제품사용 후기나 불편사항을 올려주면 고객에게 혜택을 주는 방법 등을 통해서 개선책을 찾으려고 부단한 노력을 한다. 이는 잘못되고 있는 것에 대한 개선을 통해 경쟁력을 강화하고 보다 효과적인 운영을 하기 위한 자구책으로 볼 수 있다. 하지만 다수의 기업들이 자체 사이트 자유게시판의 익명성을 보장하지 않거나 아예 개설조차 하지 않는 상황은 소비자들의 다양한 의견개진과 기업감시 역할을 안티사이트에게 내어주고 있음을 인식하여야 할 것이다. 기업들은 인터넷상의 소비자파워를 인식하고 온라인상의 불만 정보를 모니터링하고 고객의 의견을 사전에 최대한 반영함으로써 안티사이트의 출현을 방지하고, 상담에 있어 오프라인뿐만 아니라 온라인 창구를 열어 실시간으로 다양한 채널을 통해 계속 소비자와 대화를 해야 할 필요성이 있다. 실제로 일부 기업들은 인터넷사이트를 통해 실시간 고객의 소리를 듣고 24시간 내 문제를 해결하도록 하거나 '고객불만 사전예고제'를 실시하여 소비자의 작은 불만 하나가 회사 전체를 위기로 몰고 갈 수 있다는 인식으로 고객대응시스템 자체를 변화시키고 있다.

**• • • • • •** 상담의 포인트 6-1

# e-mail과 온라인의 특성

① 무제한성: 공간, 국제적인 경계, 시간, 나이, 성별, 대상 등의 제한이 없다.
② 신속성: 정보가 빠르게 전달된다(통제 밖의 영역).
③ 상호성: 답글(reply), 사전페이지 검색 등이 가능하여 원활하게 쌍방향 커뮤니케이션이 진행될 수 있다.
④ 익명성: 루머와 정보를 전달함에 있어 존재를 감출 수 있다.
⑤ 표현성: 정보에 대한 조회수가 높아질수록 기하급수적으로 확대되어 의견을 같이하는 새로운 집단을 형성할 수 있다.
⑥ 영향력: 정보의 복제가 쉬워 정보가 불특정 다수를 대상으로 넓게 확산될 수 있다.

자료 : 기업소비자정보, 2005. 7 · 8월호, p.14

### 3) 상담창구의 다원화·효율화 필요성

소비자들의 주권인식이 향상되고, 소비자불만과 피해가 지속적으로 증가함에 따라 소비자보호기관과 기업의 소비자상담 창구의 다원화와 효율화의 필요성이 더욱 커지고 있다. 소비자불만과 피해가 증가하는 상황에서 대부분의 기업들이 고객센터를 운영하거나 전화상담을 하고 있지만 폭주하는 상담요청에 비하여 상담인력이 부족하여 소비자들의 다양한 욕구와 기대수준을 맞추지는 못하고 있는 실정이다. 따라서, 이러한 필요성과 정보통신기술의 발달에 힘입어 인터넷상의 소비자상담은 최근 중요한 상담방법으로 자리잡아가고 있다.

인터넷상담은 기업측면에서는 비용절감으로 상담의 효율화를 가져올 수 있다. 미국의 전문조사기관인 가트너(Gatner)에 따르면 다양한 상담채널 중에서 비용대비 효율성이 가장 높은 매체로 FAQ(frequently asked question)가 뽑혔으며, 그 뒤로 이메일, 채팅, 전화, 방문 순으로 나타났다(〈그림 6-2〉 참조). 이메일과 웹의 e-서비스 시장의 급성장은 기업 입장에서는 전화상담에 비해 저비용으로 고효율의 고객만족을 얻을 수 있으며, 소비자측면에서는 상담전화가 통화중이거나 대기하는 불편을 제거하고 불만사항의 근거를 남겨 고객만족을 극대화할 수 있기 때문이다(아이뉴스24, 2005. 8. 26).

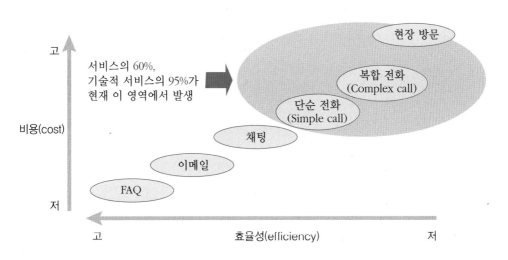

**그림 6-2** 비용과 효율성 측면에서 본 상담채널의 위치

자료 : 아이뉴스24, 2005. 8. 26(www.inews24.com)

최근 행정기관, 지방 소비생활센터들이 홈페이지를 잇달아 개설함으로써 인터넷상담을 실시하고 있다. 따라서 소비자들의 선택가능성과 접근성이 강화되고 전문적이고 현장성 있는 상담과 피해구제가 가능해질 전망이다. 또한 2010년부터 공정거래위원회의 '1372' 통합상담센터의 인터넷상담도 실시됨으로써 한국소비자원으로 피해상담이 편중되는 현상도 해소될 것으로 기대된다.

소비자상담의 인터넷접수는 상담업무를 더욱 빠르고 효율적으로 처리하는 데 한몫을 하고 있는데, 한국소비자원에서 2002년부터 시행하고 있는 인터넷상담 자율처리시스템은 상담에 대한 빠른 처리로 소비자만족도가 높은 것으로 나타났다. 이 시스템은 소비자상담이 계속 증가함에 따라 상담지연에 따른 소비자의 불만해소 및 사업자의 능동적인 소비자문제 해결을 위해 상담이 많은 분야 중 상담 건수가 많이 접수되는 사업체를 인터넷상담 자율처리사업자로 선정하여 소비넷을 통해 접수되는 상담을 직접 처리하도록 하고 처리결과를 회신하도록 하는 제도이다. 이러한 인터넷상담은 사전예방시스템의 기능도 하고 있다. 정부기관뿐 아니라 소비자단체들도 최근 들어 각종 안전사고와 소비자피해를 줄이기 위해 홈페이지에 '소비자경보'를 발령하는 인터넷 홈페이지를 적극 활용하고 있다.

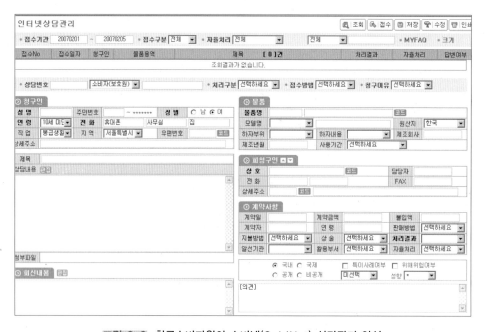

**그림 6-3** 한국소비자원의 소비넷(SobiNet) 상담관리 양식

# 인터넷상담의 개념 및 특성

## 1. 인터넷상담의 개념

인터넷상담은 컴퓨터와 정보통신기술이 결합하여 컴퓨터를 매개로 이루어지는 상담으로서 상담실이라는 물리적인 공간이 아니라 인터넷이라는 가상공간에서 이루어지는 상담을 말한다. 상담자와 소비자가 실제로 만나서 상담이 이루어지는 것이 아니라 컴퓨터를 통하여 의사소통을 하게 된다. 게시판이나 채팅, 메일 등을 통하여 질문과 답변이 이루어지게 된다. 인터넷상담은 또 다른 명칭으로는 온라인상담, 사이버상담, 넷(net)상담, 웹(web)상담, 원격상담 등이 사용되고 있다.

인터넷 소비자상담은 온라인 구매뿐만 아니라 오프라인 구매를 통하여 일어난 소비자문제를 인터넷을 통하여 소비자문의, 소비자불만제기 및 피해청구가 이루어지는 경우를 말한다. 소비자는 사업자 홈페이지, 포털사이트, 안티사이트 등의 인터넷을 통해 불만을 제기하거나, 소비자보호기관의 인터넷 홈페이지를 통해 문제를 제기하고 있다.

## 2. 인터넷상담의 특성

인터넷상담이 대면상담이나 전화상담과 다른 점은 상담의 목적에 있는 것에 아니라 상담의 목적을 달성하는 과정에서의 여러 가지 요인들에서의 차이이다. 그 차이는 상담시간과 공간, 상담자료, 익명성 정도, 상담구조화, 비밀보장, 상담자의 행동, 다뤄질 수 있는 문제의 특성 등이 있다(임은미, 2006). 이러한 인터넷상담의 특성은 다음과 같다(임은미, 2006; 이형득, 1994; 김병석 외, 1998; 장진경, 2002).

• 편리성    상담자와 소비자가 통신이 가능한 하드웨어를 갖추고 있는 상태라면 인터넷상담은 편리한 상담수단이 된다. 소비자는 대면상담이나 전화상담이 가지고 있는 상담에 있어 시간적 · 공간적인 물리적 제약을 극복할 수 있다. 소비자가 답변을 받을 수 있는 인터넷상담실의 운영시간은 대체로 정해져 있지만, 인터넷상담이 실시

간으로 이루어지는 채팅상담을 제외하면 소비자는 어느 시간대에나 인터넷상담실을 방문하여 사이트에 올려놓은 상담사례(FAQ)나 소비자문제 해결에 도움을 받을 수 있는 정보를 이용할 수 있으며, 게시판이나 Q&A에 질문을 올릴 수 있다.

- **경제성**　　소비자가 상담실을 직접 방문하지 않아도 되기 때문에 오고 가는 시간과 경비를 절약하게 해주며, 신체적인 소모를 줄여준다. 상담사는 인터넷상담 내용을 그대로 DB화 시킬 수 있기 때문에 자료를 정리, 보관하는 데 걸리는 시간과 비용이 따로 들지 않는다.

- **익명성**　　인터넷상담에서는 소비자의 익명성을 유지할 수 있다. 소비자는 상담 시 이름이나 자신에 대한 개인정보들을 공개하지 않을 수 있기 때문에 인터넷상담은 상담자와 직접 대면하기를 꺼리는 소극적이고 예민한 소비자에게 개방적이고 솔직한 상담을 할 수 있다. 그러나 소비자들이 대면상담에 비해 장난으로 상담을 받으려고 하고 책임의식이나 윤리의식 없이 행동할 수도 있다. 이러한 익명성의 문제를 극복하기 위해 홈페이지에서 회원가입을 한 후 인터넷상담을 이용하도록 하는 사이트도 있다.

- **상호작용성**　　인터넷이라는 쌍방향적 정보전달매체의 상호작용성의 특성으로 기존의 의사소통과정에서 발생되는 불필요한 메시지 교환과 이로 인한 시간과 노력의 절약을 가능케 한다. 또한 인터넷상담이라는 상호작용적 의사소통체계에서는 내담자들이 수동적이고 반작용적 행동에서 탈피하여 보다 적극적으로 문제해결에 능동적으로 참여할 수 있도록 유도한다.

- **문자기반의 의사소통**　　오프라인상담에서 상담자들은 내담자의 언어적 대화뿐만 아니라 제스처나 표정으로 전달되는 비언어적 대화를 통해 상담에 중요한 단서들을 이끌어 낸다. 그러나 인터넷상담에서는 상담자의 감정, 사고, 행동이 문자를 통해 상담자에게 전달되고, 내담자에게 보내는 상담자의 배려, 경청, 이해, 설명 등의 메시지가 문자를 통해 전달된다. 문자중심의 의사소통은 전달하려는 내용이 간단하거나 명확한 경우에 매우 효과적이지만 전달하려는 내용이 모호하거나 애매하고 다양한 내용을 담고 있을 때는 표현과 이해에 제한을 받는다. 그러나, 내담자는 상담할 내용을 문자로 정리하는 동안 내담자 스스로 문제의 핵심을 재검토할 수 있는 기회를 갖게 되고 내담자가 극한 감정보다는 이성적으로 상담에 임할 수 있도록 도와주는 장점을 지닌다.

- **단기상담의 특징**　　인터넷상담은 내담자가 요구하는 제한적 시간 내에 상담의 목

표를 구체적으로 설정하여 해결하는 데 초점을 맞춘다. 이는 바쁜 현대인에게 그 어느 특성보다도 매력적인 것으로 인터넷상담을 활성화시킬 수 있는 중요한 요인으로 작용한다.

# 인터넷상담의 형태와 기법

인터넷상담은 실시간 상담과 비실시간 상담으로 나누어 볼 수 있다. 실시간 상담이란 소비자가 상담을 원하는 상황에서 바로 상담자와 대화를 통해 상담이 이루어지는 것을 의미한다. 이러한 방법으로는 채팅상담이 있다. 반면 비실시간 상담을 원하는 때 바로 상담자와 즉시적으로 상담이 이루어지는 것은 아니지만 메일이나 게시판을 통해 상담내용을 올린 후 자신의 상담에 대해 답신을 받아보는 것이다. 또한 인터넷 홈페이지에 상담자료를 올려놓고 자신의 문제상황에 관련된 자료를 찾아 도움을 받는 DB상담도 있다.

## 1. 인터넷상담의 형태

### 1) 채팅상담

채팅은 통신망으로 연결된 컴퓨터에서 문자메시지를 교환하면서 상호간에 대화를 하는 것을 말한다. 상담이 실시간으로 진행되며 상담자와 내담자가 동시에 접속하고 있는 점은 면대면 상담의 시간개념과 같다. 채팅상담은 상담자와 직접 대화가 가능하며 다른 인터넷상담 형태보다 즉시적이고 상호적이라는 점에서 소비자에게 흥미를 줄 수 있는 상담방법이라고 할 수 있다.

### 2) 이메일상담

이메일상담은 이메일을 통해 소비자가 자신의 고민사항을 상담자에게 전달함으로써 상담이 이루어진다. 다른 사람에게 상담내용이 공개되는 것을 꺼리는 소비자가 비

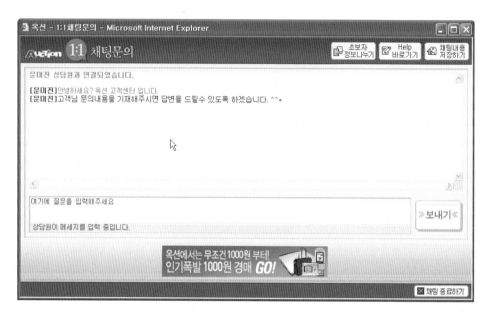

**그림 6-4** 옥션의 1:1 채팅상담

밀이 보장되는 상황에서 이용할 수 있는 상담형식이다. 상담자와 소비자의 일대일 관계에서 소비자가 자신의 상담내용을 충분히 설명할 수 있으며 한 회로 끝나는 것이 아니라 몇 회에 걸쳐서 상담이 이루어질 수도 있다. 이메일상담은 편지를 주고받는다는 면에서 서신상담과 유사하지만 전달속도가 빠르고 편리하다는 점에 있어서 보다 이용이 편리하다.

### 3) 게시판상담

묻고 싶은 사항이나 불만 등을 게시판에 올리면 상담원이 직접 게시판에 리플을 달아 상담하거나 내용의 경중을 따져 개인적으로 연락을 하거나 이메일 등을 이용하여 상담을 해주는 형식으로 되어있다. 전체적으로 회사, 제품, 사이트 및 기타 모든 궁금한 사항에 대해서 상담을 해주는 형식이다. 요즈음은 공개게시판과 비밀게시판이 나누어져 있기도 한데, 비밀게시판의 경우 제목은 사용자 모두 볼 수 있지만 내용은 글쓴이와 운영자만이 볼 수 있다. 게시판상담은 내담자가 답변을 요청하는 글을 올리면 상담자가 대답을 해준다는 면에서 형식은 이메일상담과 같지만 공개게시판의 내용은 다른 사람들이 볼 수 있다는 점에서 다르다. 여러 사람이 함께 볼 수 있기 때문에 많은 사람의 피드백을 받을 수 있다는 장점이 있으며, 게시판상담은 상담실 운영시간에 구애받지 않기 때문에 많은 소비자들이 이용하고 있다.

### 4) 데이터베이스(DB)를 이용한 상담

데이터베이스를 이용한 상담이란 소비자문제를 해결하기 위해 기존의 소비자상담 자료를 정리, 유형화하여 서버에 저장하고 주로 FAQ를 통해 소비자가 스스로 관련 정보나 사례를 찾아서 문제를 해결하도록 도와주는 상담방법이다. 문자나 영상자료 등 상담자료 정보를 상담운영진이 작성·저장해 놓고 소비자 스스로 관련정보나 사례를 찾아서 문제를 해결하도록 도와주는 상담방법이다. 많은 소비자들이 동시에 시간적·공간적 제약을 받지 않고 사용할 수 있으며, 상담자가 근무하지 않는 시간에도 소비자가 자신에게 도움이 되는 정보나 상담자료를 찾아서 해결할 수 있는 장점이 있다.

### 5) 자동화된 응대시스템을 이용한 상담

소비자의 요구사항을 실시간으로 대응할 수 있는 온라인 상담시스템을 도입하는 기업들이 늘고 있다. 온라인 상담시스템은 고객문의에 별도의 상담자가 일일이 답변을 해야 하는 게시판과는 달리 자동으로 답변할 수 있는 환경을 제공한다. 이에 따라 답변 전송시간이 줄어들 뿐만 아니라 고객성향을 미리 파악할 수 있어 고객맞춤형 대응이 가능하다는 장점이 있다. 자동화된 응대시스템은 소비자 스스로 답을 찾게 만들어 문의응대 노력을 적절한 수준으로 유지하고 e-mail 문의 처리를 효율화하여 고객응대 비용을 낮추고 있다. 제품이나 서비스에 관한 소비자의 질문을 유형화해 DB로 만든 뒤 소비자의 질문에 효과적으로 대응하는 시스템이다. 이 시스템은 반복되는 일반적인 소비자의 질문에 대해 자동화된 답변을 e-mail 형태로 즉각 제공하기 때문에 기업측면에서는 비용이 줄고 소비자입장에서는 빠른 시간에 즉각적인 답변을 얻을 수 있는 장점이 있다. 최근 보험, 초고속 인터넷, 증권, 음악사이트 등 인터넷을 기반으로 한 기업들이 이 시스템을 도입하고 있다. 앞의 〈그림 6-5〉는 상담솔루션 시스템 흐름도의 한 예이다.

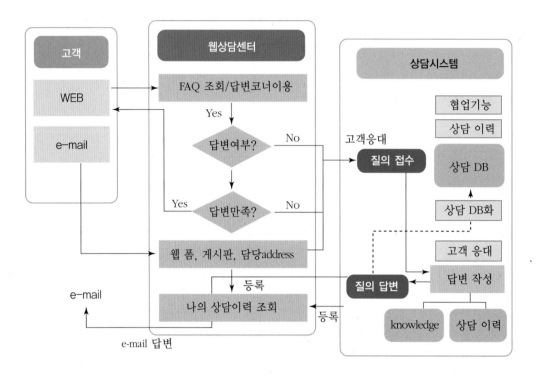

**그림 6-5** 자동상담시스템

자료 : www.i-papyrus.com

## 2. 인터넷상담의 기법

인터넷상담의 기법을 의사소통측면과 사이트운영측면으로 나누어 살펴보고자 한다. 의사소통측면은 인터넷상담 방법별 의사소통기법을 중심으로 살펴보고, 운영측면은 소비자상담 사이트의 평가요소가 운영지침이 될 수 있으므로 소비자상담 사이트의 평가요소를 중심으로 살펴보고자 한다.

### 1) 의사소통기법

인터넷상담은 단순한 소비자문의부터 심각한 소비자피해에 이르기까지 다양한 내용의 상담문의에 대하여 문자기반으로 답을 하여야 한다. 무엇보다 중요한 것은 전문적인 지식을 가지고 상세하고 성의 있는 답변을 하고 이후 심화된 상담이 필요하다면

2차 상담에 대하여 안내해 주어야 할 것이다.

인터넷상담에서의 의사소통기법을 이메일상담, 채팅상담과 게시판상담으로 나누어 살펴보면 다음과 같다(임은미, 2006; 이영선·박정민·최한나, 2001; 임은미·이영선·김지은, 2000).

### ■ 이메일상담

• **가식적이지 않은 성실한 표현**　　이메일상담에서는 상담메일의 첫 부분에서는 소비자에 대한 환영의 마음을 표현하고 성의 있게 상담글을 읽어보았으며, 정성껏 상담답신을 쓰고 있다는 마음을 표현해야 한다. 대면상담과 특히 다른 차이점은 이메일상담에서는 상담자의 얼굴이나 첫인상, 복장 등으로 소비자의 호감을 살 수 없다는 점이다. 메일내용으로 상담자의 성의 있는 마음을 표현할 수 있기 때문에 가식적이지 않은 성실한 표현으로서 내담자를 환영하고 염려하는 마음을 보여줘야 한다.

• **소비자에게 관심 기울이기**　　상담자는 소비자의 문제에 관심을 기울이고 주의를 집중해야 한다. 그러나 이메일상담에서는 상담자의 마음을 보여주기 어렵기 때문에 소비자의 메일내용을 충분히 읽고 심사숙고하여 답신을 쓰는 기본적인 자세가 필요하다.

• **잘듣기**　　인터넷상담에서는 소비자의 문제를 문자로 접하면서 문제에 대한 집중과 정리가 더 잘 될 수 있다. 이러한 장점을 살려서 소비자에게 상담자가 자신의 문제에 대해 잘 들어주고 있음을 효과적으로 전달해야 한다.

• **공감적으로 이해하기**　　이메일상담에서도 소비자의 핵심감정을 짚어내어 정확하고 적절한 공감반응을 해야 한다. 적절하지 못하게 사용된 공감반응은 내담자의 반감을 일으키고 상담자가 형식적으로 답변하고 있다는 오해를 불러일으킬 수 있다.

• **상담내용의 비밀보장**　　상담자의 메일내용은 비밀이 보장된다는 사실에 대하여 안내를 해준다. 그러나 부득이한 경우, 예를 들어 외부로부터 해킹을 받는다든지 시스템의 문제로 의도치 않은 사고를 통해 정보가 유출될 수 있는 가능성 또한 알려 주어야 한다. 이메일상담에서는 일상적으로 단회의 답신을 통해 상담을 종결하므로 소비자에게 추후상담에 대해 알려 줄 필요가 있다.

## ■: 채팅상담

• **즉시적인 상담자의 반응**　채팅상담은 상담이 운영되는 시간이라면 언제든지 내담자가 원할 때 즉각적으로 이용할 수 있는 장점이 있다. 따라서 상담을 하고 싶을 때 바로 상담실에 들어와 채팅을 통한 실시간 상담을 받을 수 있다는 점에서 대면상담과 유사한 환경이라고 할 수 있다. 채팅상담에서는 소비자가 들어오는 즉시 바로 상담자가 반응을 해줌으로써 상담 채팅방에 상담자가 대기하고 있음을 신속히 전해야 한다. 소비자가 들어와서 인사를 하는데도 아무런 글이 올라오지 않는다면 소비자는 채팅상담방이 개설되어 있어도 상담자가 없다고 생각하게 되고 상담관계에 중요한 신뢰감을 가질 수 없다. 상담자는 "안녕하세요? 채팅상담실입니다.", "반갑습니다…" 등으로 글을 올릴 수 있다.

• **경청이나 공감반응**　채팅상담의 특징을 활용하여 경청이나 공감반응 등을 나타내어야 한다. 채팅상담에서는 내담자와 상담자의 상호작용은 가능하나 그러한 상호작용이 문자로만 이루어진다는 제한점이 있다. 따라서 문자를 효과적으로 이용함으로써 소비자의 문제에 관심을 보이고 또한 이해하고 있음을 나타내야 한다. 소비자의 불만호소 문제에 대해 관심을 기울이고 있다는 것을 상대에게 알려주기 위해서는 소비자의 글이 올라오는 틈틈이 상담자가 반응을 해 주는 것이 필요하다. 또한 공감은 내담자의 문제에 대해 상담자가 제대로 이해하고 있음을 표현하는 중요한 반응이다. 소비자가 올리는 글을 통해 문자로는 표현되지 않는 숨은 정서를 알아보고 그것을 적절히 표현해 주어야 한다. 상담자는 문자반응을 통해 적절한 시기에 적극적인 개입이 이루어져야 한다. 채팅상담은 문제를 해결하려는 뚜렷한 목적보다는 채팅이라는 의사소통매체를 통해 자신의 문제를 상담자와 이야기하기 위한 경우도 많다. 따라서 문제해결에 관심을 두기보다 자신을 이야기를 털어놓기 위해 방문하는 소비자에 대해서도 익숙해지는 것이 필요하다.

## ■: 게시판상담

인터넷 게시판상담은 단회상담에 적합한 상담계획이 필요하며 문제의 심각성 정도에 따라 대면상담을 의뢰하기 위한 초기접수상담의 역할을 한다.

인터넷 게시판(Q&A) 답변시에는 다음과 같은 점을 고려해야 한다.

① 상담유형별 등록된 내용을 확인한다.

② 소비자가 원하는 답변을 정확히 요지를 파악하여 내용을 구성하고 의미가 분명히 전달되도록 한다.

③ 컴퓨터 화면상에서 읽기 좋도록 답변시 포맷 구성을 염두에 둔다.

④ 적절한 여백을 둔다. 한 줄에 너무 많은 글자를 쓰지 않도록 하며, 소비자가 이해하기 쉽도록 주제별로 구획을 구분한다. 알기 쉬운 구어체를 사용하며, 문장을 짧게 구성한다.

⑤ 인터넷에 자주 접촉하여 상담문의가 올라와 있는지 확인한다. 게시판상담은 이용하기 쉽고 응답하기 쉬운 특성을 가지고 있으나 상담내용과 응답시간 등이 모두 공개되기 때문에 상담사이트의 이미지에 큰 영향을 미친다.

⑥ 게시된 내용은 신속하게 답변이 될 수 있도록 한다. 모든 인터넷상담내용이 신속한 응답을 중요한 요건으로 하겠지만 상담사이트의 이미지 관리를 위해서라도 특히 게시판상담에 대한 신속한 응답이 중요하다.

⑦ 답변의 구성은 바로 내용을 적기보다는 도입부분에, 예를 들면 "안녕하세요. 인터넷상담실입니다." 등의 간단한 인사말이나 안내 멘트로 친근함을 표시한다.

⑧ 고객불편사항 문의시의 답변은 "그렇군요, 불편이 많겠네요.", "많이 속상하겠어요." 등의 공감적 표현이나 완곡한 표현을 사용하여 고객의 기분을 최대한 배려한다.

⑨ 고객이 급한 답변을 원할 경우, 우선적으로 회원정보에 안내된 개인연락처로 연락을 취하는 것도 좋은 방법이다.

⑩ 정중한 표현으로 마무리한다. "○○님에게 답변이 도움되었기를 바랍니다.", "즐거운 하루되세요. 감사합니다." 등의 끝인사를 개발하여 사용하는 것이 필요하다.

## 2) 인터넷상담 사이트의 평가요소

인터넷 고객상담업무 평가시스템이나 인터넷상담 서비스 평가를 위해 사용한 척도들은 인터넷상담실을 운영하는 데 있어서 운영지침으로 사용될 수 있다. 몇몇 연구들(김경자, 2000; 박명희 등, 2001; 박상미·송인숙, 2001; 허경옥, 2003a; 김기옥 등 2001)에서 사용한 인터넷상담의 평가요소들을 중심으로 살펴보면 다음과 같다(〈표 6-2〉 참조).

김경자(2000)는 전자상거래 쇼핑몰사이트의 고객상담에 대해 조사하였는데 조사 대상 인터넷쇼핑몰 중 절반 정도만이 고객상담실 내 회사와의 접촉을 위한 e-mail 주소를 제공하고 있었으며, 주문취소나 교환, 환불, A/S 등 구매후 관리를 위한 시스템도 절반 정보만이 갖추고 있는 것으로 나타났다. 이 연구에서 불평신고양식, 불평내용공개, 불평처리시간 예고 등과 관련한 불평처리 방식에 대한 준비가 미흡함을 지적하면서 인터넷상의 고객상담실은 편하게 상담할 수 있는 장이 되어야 하며, 상담의 내용을 공개하고, 불평처리방법이 쉽게 이해할 수 있고 이용하기 편리하여야 한다고 주장하였다.

박명희 등(2001)은 기업의 고객상담업무 평가시스템을 개발하였는데 그 중 인터넷고객상담의 운영지침을 제시하였다. 지침사항을 보면 고객을 위한 Q&A코너가 있는가, 고객상담코너(또는 Q&A코너)를 찾기가 쉬운가, 누구나 고객상담코너를 이용할 수 있는가, 고객상담 전담자가 있는가, 있다면 이름과 연락처를 밝히는가, 고객을 위한 FAQ가 있는가, FAQ 내용을 충분히 자주 갱신하는가, 고객의 상담에 신속하게(예: 24시간 이내) 답하는가 등이다. 김기옥 등(2001)의 연구에서는 소비자상담 사이트의 평가기준으로 소비자에게 얼마나 많은 정보를 주고 있는가?(정보량), 정확한 근거에 의해 상담이 이루어지고 있는가?(정확성), 상담원의 지식이 얼마나 효과적으로 소비자에게 전달되는가?(의사소통성), 문제를 일으킨 판매자에게 소비자 또는 상담자가 직접적인 행동을 취하여 문제가 재발생되지 않도록 하고 있는가?(조정성), 이러한 문제가 개선되도록 직접적 또는 간접적으로 정책에 건의 또는 반영될 수 있도록 노력하는가?(정책반영)로 보았다.

박상미 · 송인숙(2002)의 연구에서는 인터넷쇼핑몰의 고객불만처리 서비스품질을 구성하는 하위영역을 불만처리의 신속성, 공감성, 정보제공성, 불만처리의 접근성으로 보았다. 소비자들은 불만처리가 신속하게 되고 답변의 내용이 이해할 수 있는 공감성을 중시하고 있는 것으로 나타났다. 인터넷쇼핑몰의 불만처리 만족도에 영향을 주는 가장 큰 요인은 '불만처리 신속성' 요인이었다. 인터넷쇼핑몰은 고객불만처리를 함에 있어서 신속하게 불만이 처리될 수 있도록 답변속도와 시간, 약속의 정확성에 우선적으로 신경을 써야 한다. 또한 불만을 처리함에 있어서 고객이 자신을 입장을 고려해 준다는 공감성을 얻도록 만들고, 고객이 불만을 처리하기 전에 얻을 수 있는 정보들을 적절히 제공하는 노력도 필요하다.

표 6-2    인터넷상담사이트의 평가기준(운영지침)

| 연구자 | 인터넷상담 평가대상 | 평가기준(운영지침) |
|---|---|---|
| 김경재(2000) | 전자상거래 쇼핑몰사이트 고객불평처리시스템 | • 고객상담기본정보 명시여부<br>• 접근성 및 처리방식<br>• 불평처리기준 |
| 박명희 등(2001) | 기업의 인터넷 고객상담 운영지침 | • 인터넷으로 고객상담을 받는가(Q&A)<br>• 고객상담코너를 찾기가 쉬운가<br>• 누구나 고객상담코너를 이용할 수 있는가<br>• 고객상담 전담자가 있는가, 있다면 이름과 연락처를 밝히는가<br>• 고객을 위한 FAQ가 있는가<br>• FAQ 내용을 충분히 자주 갱신하는가<br>• 고객의 상담에 신속하게(예: 24시간 이내) 답하는가와 방법 명시 여부 |
| 김기옥 등(2001) | 민간소비자상담 사이트 | • 정보량<br>• 정확성<br>• 의사소통성<br>• 조정성<br>• 정책반영 |
| 박상미 · 송인숙 (2002) | 인터넷쇼핑몰 | • 불만처리의 신속성<br>• 불만처리의 공감성<br>• 불만처리의 정보제공성<br>• 불만처리의 접근성 |
| 허경옥(2003a) | 불만처리서비스 소비자상담사이트 | • 소비자상담사이트의 객관적인 평가요소: 상담내용의 신뢰성, 전문성, 상담의 신속함, 상담의 전문성<br>• 상담운영: 내용공개 여부, 자료구축 여부, 상담사 이름 공개 여부, 상담 예상기간 고지 여부 |

허경옥(2003a)은 소비자상담 사이트의 객관적인 평가요소로 상담내용의 신뢰성, 전문성, 상담의 신속함, 상담의 전문성을 들었고, 상담 사이트의 운영현황 파악으로는 상담 사이트가 소비자조사, 소비자교육, 불매운동, 소비자정보 제공의 활동을 수행하는지 여부, 광고게재 여부, 1주일 상담 건수를 들었다. 상담운영에 대해서는 내용공개 여부, 자료구축 여부, 상담사 이름 공개여부, 상담 예상기간 고지 여부에 대한 것으로 평가하였다. 인터넷 소비자상담을 이용하는 소비자들의 만족도에 영향을 미치는 변수는 상담의 객관성, 신뢰성이었고 상담답변 소요시간이 짧을수록, 객관성 수준이 높

을수록, 상담사이트에 대한 신뢰성이 높을수록 인터넷상담에 대한 만족수준이 높아지는 것으로 나타났다.

소비자상담업무는 지금까지는 주로 전화상담이 주된 것이었기 때문에 전화상담에 대한 운영지침의 기준은 잘 확립되어 있는 편이지만 점차 증가하고 있는 인터넷상담의 경우 그 필요성은 인식하지만 아직 적극적으로 대응하지는 못하고 있는 편이다. 앞으로 인터넷을 활용한 소비자상담에 필요한 자원을 준비하고 응답시간이나 불평내용의 응답에 대한 구체적인 운영지침을 마련해야 할 것이다.

● ● ● ● ● ● ●
**상담의 포인트 6-2**

## e-서비스 향상을 위한 7가지 방안

1. ETDBW(Easy-To-Do-Business-With) 사고를 실천하라: 자사사이트에 대한 평가실시
   → 사이트의 ETDBW(고객이 거래하는 데 있어서 접근하기 쉬운 환경을 제공하는 것)를 실시할 것
   → 고객서비스 담당자들의 권력이양 정도 테스트
2. 차별화를 위한 사이트를 구축하라: 사이트를 직접 경험해 볼 것
3. e-서비스의 경험을 개인화하라: 사이트에서 '나'를 위해 제공되는 것이 있는가?
   → 유명한 사이트에서 새로운 것을 배울 것
   → e-mail 시스템을 평가할 것
4. End to End 서비스를 전달하라: 처음부터 끝까지 확실한 서비스를 제공하고 있는가?
   → 주문에서 배달까지 모든 구매과정을 모니터할 것
   → 일상적인 질문에 대한 답을 찾을 것
5. 인간적인 접촉을 장려하라: 직원과의 다양한 채널을 통한 접촉을 제공할 것
6. 실추된 서비스를 회복하라: 고객불만 해결을 자랑거리로 삼을 것
   → 거래가 끊긴 고객들을 확인할 것
   → 전문가들을 비밀리에 조사할 것
7. 고객유지전략을 세워라: 수익성이 높은 고객들을 세심하게 관리하고 유지할 것
   → 왜 우리 사이트에서 계속 구매하는지 관찰할 것

자료 : Ron Zemke · Thomas K. Connellan, 2000

# 𑁋 인터넷 소비자상담기관

최근에는 대부분의 소비자상담기관들이 대면상담이나 전화상담과 함께 인터넷상담을 병행하고 있다. 인터넷 소비자상담은 한국소비자원, 지방자치단체의 소비생활센터, 민간소비자단체, 기업 등의 여러 주체들에 의해 적극적으로 이루어지고 있다. 이들의 인터넷상담이 어떻게 이루어지고 있는가를 상담메뉴 구성과 사용절차를 중심으로 홈페이지 화면과 함께 살펴보기로 하자.

## 1. '1372' 소비자상담센터의 인터넷상담(www.ccn.go.kr)

공정거래위원회가 2010년 1월부터 소비자단체, 한국소비자원, 지방자치단체를 통합해서 운영하는 '1372' 소비자상담센터의 인터넷상담은 소비자상담분야, 신청방법, 범위 및 절차를 안내하며 소비자분쟁해결의 기준이 되는 품목별 분쟁해결기준의 정보를 제공한다. 소비생활과 관련하여 궁금한 사항은 인터넷상담을 신청하기 전에 '모범상담 사례찾기'와 '스스로 답변찾기'의 DB에서의 검색을 통해 자신의 경우와 유사한 상담사례가 있는지 여부를 검색을 통해 확인이 가능하도록 되어 있다(〈그림 6-6〉 참조). 전화상담과 마찬가지로 인터넷으로 접수된 상담건에 대해서는 전문상담원이 관련법규 및 소비자분쟁해결기준에 의해 정보제공이나 관련기관 안내 등의 상담을 해 주며 상담과정에서 피해구제가 필요한 사항은 소비자원의 피해구제 담당부서로 이관하여 소비자와 사업자 양당사자에게 합의권고하는 과정으로 피해구제가 이루어진다. 소비자가 상담 이후 피해구제를 원할 경우 관련서류 작성후에 소비자원에 피해구제 의뢰를 신청할 수 있다. 인터넷상담포털에 참여하고 있는 기관의 홈페이지 주소는 〈표 6-3〉과 같으며 '1372' 소비자상담센터에서 참여기관의 홈페이지로 연결될 수 있다.

공정거래위원회 소비자홈페이지, 한국소비자원, 지방소비생활센터, 참여소비자단체의 홈페이지에서는 자체적으로도 상담과 관련된 다양한 피해구제사례나 품목별 소비자정보사례 등을 제공하고 있으며 화면에서 '1372' 소비자상담센터 포털(www.ccn.go.kr)로 연결되도록 하여 상담을 제공하거나 기관에 따라 참여기관의 홈페이지상에서 상담을 받을 수 있도록 하고 있다(〈그림 6-7〉, 〈그림 6-8〉, 〈그림 6-9〉

참조).

인터넷상담을 하기 위해서는 I-PIN이나 공인인증서를 이용해 상담포털 회원으로 가입한 후 참여 소비자단체와 한국소비자원 중 소비자가 원하는 상담기관을 선택해 상담을 신청하면 해당기관에서 답변을 입력하게 된다. 답변이 완료되면 소비자에게 문자메시지와 이메일을 통해 안내해 주기 때문에 상담포털에서 답변을 확인할 수 있으며 상담 이후 한국소비자원의 피해구제와 분쟁조정 진행상황을 확인할 수 있다.

그림 6-6 '1372' 소비자상담센터 '인터넷상담안내' 화면

표 6-3 '1372' 소비자상담센터의 인터넷상담 참여기관 홈페이지 주소

□ 한국소비자원 (www.kca.go.kr)
□ 소비자단체
녹색소비자연대(www.gcn.or.kr)
대한주부클럽연합회(www.jubuclub.or.kr)
소비자시민모임(www.cacpk.org)
전국주부교실중앙회(www.nchc.or.kr)
한국부인회(www.womankorea.or.kr)
한국소비생활연구원(www.sobo112.or.kr)
한국소비자교육원(www.consuedu.com)
한국소비자연맹(www.cuk.or.kr)

한국YMCA전국연맹(www.ymcakorea.org)

한국YWCA연합회(www.ywca.or.kr)

**ㅁ16개 광역시도 지방자치단체**

강원도 소비생활센터(www.consumer.gwd.go.kr)

광주광역시소비생활센터(www.sobija.gjcity.net)

경기북부소비자보호정보센터(www.north.gg.go.kr/jsp/kor/consumer/index.jsp)

경기도소비자정보센터(www.goodconsumer.net)

경상북도소비자보호센터(www.consumer.gb.go.kr)

경상남도소비생활센터(www.sobi.gsnd.net/default.jsp)

서울시소비생활센터(www.global-economy.seoul.go.kr/life/life01.html)

울산광역시소비자센터(www.consumer.ulsan.go.kr)

인천광역시소비생활센터(www.consumer.incheon.go.kr)

전라남도소비생활센터(www.sobi.jeonnam.go.kr)

전라북도소비생활센터(www.sobi.jeonbuk.go.kr)

대구광역시소비생활센터(www.sobi.daegu.go.kr)

대전광역시소비생활센터(www.sobi.daejeon.go.kr)

부산광역시소비생활센터(www.consumer.busan.go.kr)

충청남도소비자보호센터(www.chungnam.net/content/sobo)

충청북도소비생활센터(www.sobi.cb21.net)

제주특별자치도소비생활센터(www.sobi.jeju.go.kr)

자료 : 공정거래위원회 소비자상담센터(www.ccn.go.kr)

그림 6-7 한국소비자원 사이트의 '1372' 소비자상담센터 소개

그림 6-8  한국소비자연맹 사이트의 '소비자상담' 화면

그림 6-9  경기도 소비자정보센터 사이트의 '상담실' 화면

## 2. 분쟁조정위원회

인터넷상담을 하는 분쟁조정위원회는 〈표 6-4〉와 같다. 전자상거래 분쟁조정위원회의 경우 2004년 5월부터 사이버조정센터(www.ecmc.or.kr)에서 온라인 자동상담시스템을 운영하고 있다. 온라인 자동상담시스템은 분쟁이 발생했을 경우 분쟁 당사자가 직접 사이버조정센터에 접속하여 상담을 받는 시스템으로 반복적으로 발생하는 전자거래분쟁을 온라인에서 신속하고 효과적으로 해결할 수 있는 방법이다. 이러한 자동상담시스템의 구축은 전자거래의 증가에 따라 관련 분쟁 및 상담 건수가 지속적으로 증가하고 있는 추세에 따라 법률전문가의 법률지식 및 노하우를 상담유형별 모범답변으로 재구성해 이용자에게 제공할 필요성의 증가 때문이다(산업자원부 보도자료, 2004). 상담을 원하는 소비자는 사이버조정센터에 접속, 해당 분쟁항목을 클릭한 뒤 주어진 질문에 연속적으로 대답하는 형식으로 상담결과를 얻을 수 있다. 또 검색어 입력을 통한 검색이 가능하며, 상담결과에 만족하지 못할 경우 2차적으로 전문가상담을 요청할 수도 있다. 이밖에 상담받은 내용을 다른 사람이나 분쟁 상대방에게 메일로

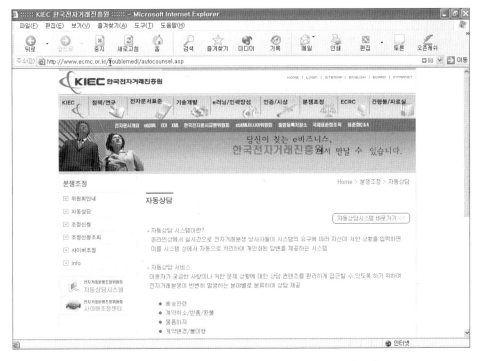

그림 6-10 한국전자거래진흥원 사이트의 '온라인상담' 화면

**그림 6-11** 자율분쟁조정위원회 사이트의 '온라인상담' 화면

발송할 수 있는 기능도 갖추고 있다. 분쟁조정이 확정된 소비자의 경우에는 사이버조정센터를 통해 온라인 채팅을 통해 분쟁조정을 하게 된다.

문화관광부 산하 저작권심의조정위원회(www.cleancopyright.or.kr)에서도 인터넷을 통해 문제를 실시간으로 해결할 수 있는 온라인 저작권 자동상담서비스를 하고 있다. 이 상담서비스는 본인의 상담내용을 다룬 유형별 질문을 받으며, 이중 DB가 제시하는 가장 근접한 답변을 선택하는 과정을 반복하여 문제의 해결책을 찾을 수 있다.

한국소비자단체협의회 내에 설치된 자율분쟁조정위원회는 거래의 특성상 소비자 피해 발생빈도가 높은 방문판매, 전화권유판매, 다단계판매, 전자상거래 등 특수거래 분야에서의 효율적인 분쟁해결을 위해 만들어진 민간기구이다. 2003년 말 설립된 자율분쟁조정위원회는 2005년 12월 인터넷 홈페이지를 개설하여 인터넷상담을 하고 있다.

| 표 6-4 | 분쟁조정위원회의 홈페이지주소 | |
|---|---|---|
| 기 관 | 인터넷 주소 | 소속기관 |
| 소비자분쟁조정위원회 | www.kca.go.kr | 한국소비자원 |
| 자율분쟁조정위원회 | www.amco.or.kr | 한국소비자단체협의회 |
| 금융분쟁조정위원회 | www.fss.or.kr | 금융감독원 |
| 전자거래분쟁조정위원회 | www.ecmc.or.kr | 전자거래진흥원 |
| 개인정보분쟁조정위원회 | www.kopico.or.kr | 한국정보보호진흥원 |
| 통신위원회 | www.kcc.go.kr | 정보통신부 |
| 환경분쟁조정위원회 | www.me.go.kr | 환경부 |
| 언론중재위원회 | www.pac.or.kr | 언론중재위원회 |
| 저작권심의조정위원회 | www.copyright.or.kr | 문화관광부 |

## 3. 기업체

기업홈페이지는 기업에 대한 홍보와 제품에 대한 소개, 정보를 제공하는 수단으로 활용하고 있으며, 소비자상담 창구로도 활용하고 있다.

최근에는 기업들은 소비자불만처리 창구를 다양화하면서 인터넷은 소비자불만접수의 중요한 창구가 되고 있다. 기업의 경우 인터넷상담은 상담의 실시간 모니터링이 가능하며 온라인상에서 이루어지는 소비자와의 상담내용을 마케팅자료로 활용할 수 있어 고객서비스 차원뿐만 아니라 마케팅의 차원에서도 장점이 있다. 온라인 전자상거래업체뿐만 아니라 오프라인으로 운영되는 대부분의 일반기업체들도 기업 홈페이지를 통해 기업홍보, 제품자체의 정보나 사용법 등의 정보를 제공하거나 소비자의 문의나 불만처리 채널로 널리 활용하고 있다.

더구나 전자상거래업체의 경우는 소비자의 구매장소가 사이버상의 홈페이지이기 때문에 주문, 배송, 결제 등의 문의를 하거나 인터넷상점을 둘러보면서 정보를 찾아보거나 상품관련정보를 게시판을 통해 질문하는 것은 신속한 처리를 위해 필수 불가결하다고 할 수 있다. 여기에서는 일반기업체와 전자상거래업체로 구별하여 살펴보기로 한다.

## 1) 일반기업체 홈페이지

인터넷 사용이 증가하면서 많은 오프라인 기업들이 2000년대 이후 인터넷상에 홈페이지를 개설하고 있다. 최근에는 대부분의 기업들이 인터넷에 홈페이지를 가지고 있으며, 회사의 사업현황을 알려주는 사이트, 브랜드사이트 등으로 분리하여 운영되는 경우도 있다. 기업홈페이지에서는 제품과 사용법에 관한 다양한 정보를 담고 있으며, 불만사항이나 피해사항뿐만 아니라 제품에 대하여 궁금한 사항들을 질문할 수 있도록 홈페이지 내에 고객센터를 운영하고 있다.

상담메뉴는 제품에 관한 정보나 사용법, 불편상담으로 이루어져 있고 제품상담은 FAQ를 통해 많이 하는 질문을 검색해서 소비자가 필요한 정보를 찾을 수 있도록 하였다. 불편상담부분은 먼저 FAQ를 확인하고 회원에 가입하여 불편사항을 입력하도록 되어 있으며, 답변은 비공개로 되어 있다. 게시판(Q&A), 사용후기, 아이디어 제안, 클레임, 자유게시판 등으로 다양하게 구성되어 있는 경우와 단순하게 게시판으로 구성되어 있는 경우가 있다. 불만에 대한 게시판은 대부분 비공개로 되어 있어 일반 소비자들이 내용들을 볼 수 없도록 되어 있는 경우가 많다.

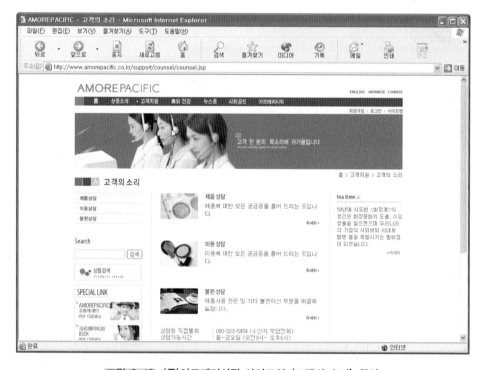

그림 6-12 (주)아모레퍼시픽 사이트의 '고객의 소리' 화면

## 2) 전자상거래업체

인터넷쇼핑몰에서의 소비자불만은 소비자가 인터넷쇼핑몰에 접속한 이후부터 상품검색, 지불방법 및 과정, 배달에 이르기까지 다양한 곳에서 불만이 생길 수 있다. 특히 상품을 직접 보고 구매하는 것이 아니기 때문에 주로 배달 받은 상품에 대한 불만이 많으며, 이러한 불만의 해결은 대부분 환불이나 교환 등의 방법으로 이루어진다(박해용, 2000). 인터넷쇼핑몰은 주로 소비자불만이 많이 접수되는 배송, 결제, 반품/교환 등에 관한 질문은 DB화 하여 FAQ를 운영하고 있다.

인터넷쇼핑몰의 불만처리 서비스는 '고객센터', '고객의 소리' 등의 명칭으로 인터넷상담방법은 주로 게시판(Q&A), FAQ, 전자우편(문의메일) 등을 통해 이루어지며, 전화상담을 위한 전화번호도 제시하고 있다. 다음은 옥션의 고객센터 인터넷 화면이다.

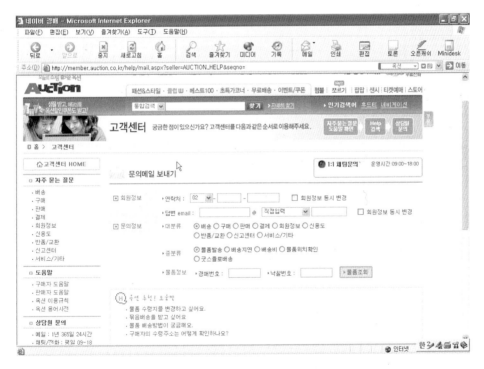

**그림 6-13** 옥션 사이트의 '고객센터' 화면

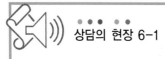

● ● ● ● ● ●
상담의 현장 6-1

## 포레스터 리서치의 온라인 소매업 서비스 품질차원

포레스터 리서치는 온라인 기업의 가치를 평가하기 위해 다양한 차원을 개발하였다. 크게 온라인 소매업과 금융업을 대상으로 평가를 하고 있는데 서비스품질에 대한 평가 역시 포함되어 있다. 소매업은 항공, 컴퓨터, 옷, 책 등 업종을 세분화하여 평가를 하고 있다.

평가차원은 크게 비용, 고객서비스, 배달, 콘텐츠, 거래, 사용편리성으로 나누어진다. 이 중 서비스 품질에 적용할 수 있는 것은 비용을 제외한 나머지 차원이다. 고객서비스는 사이트의 이메일과 콜센터의 응답과 수준을 평가한다. 배달은 소매업자의 배달능력, 배달의 적시성, 반품의 편리성과 비용 등을 포함하는 차원이다. 콘텐츠는 상세한 제품설명, 제공되는 제품의 다양성 등을 의미한다. 거래는 체크아웃의 속도, 지불수단의 다양성, 주문실행시 에러 비율 등의 성과를 측정하고 마지막으로 사용편리성은 링크의 정확성, 원하는 정보에 도달하기까지 클릭수, 전반적인 시각적 매력을 포함한 사이트 사용의 편리성을 의미한다. 포레스터 리서치는 위의 차원에 따라 온라인 소매쇼핑몰을 대상으로 서비스품질을 측정하고 그 순위를 발표하고 있다.

자료 : LG주간경제, 2002. 8. 30

## 3) PL상담센터

PL상담센터는 PL법(제조물책임법)이 2002년 7월부터 시행되면서 PL과 관련된 기업과 소비자 간 분쟁을 원활하게 해결하기 위해 기업들이 주체가 되어 설립된 기관으로 현재 전자제품, 자동차, 생활용품 등 14개 분야가 있으며 피해상담, 피해보상, 분쟁조정 등의 업무를 인터넷상담을 통해서도 하고 있다(〈표 6-5〉 참조).

〈그림 6-14〉는 자동차 PL상담센터의 상담신청 화면이다. 상담과정은 비공개를 원칙으로 하며, 인터넷으로 상담하기 위해서는 다음과 같은 상담신청을 클릭하여 입력화면에 관련 내용을 입력해야 한다.

| 표 6-5 | 인터넷 PL상담센터의 홈페이지 주소 |
|---|---|

전자제품 PL상담센터(www.eplc.or.kr)

자동차 PL상담센터(www.aplc.or.kr)

생활용품 PL상담센터(www.kemti.org)

가스기기 PL상담센터(www.koreagas.or.kr)

화학제품 PL상담센터(www.kscia.or.kr)

중전기기 PL상담센터(www.hdmfb2b.co.kr)

전기제품 PL상담센터(www.esak.or.kr)

의약품 PL상담센터(www.kpma.or.kr)

화장품 PL상담센터(www.kcia.or.kr)

식품 PL상담센터(www.kfia.or.kr)

중소기업체 제조물책임 분쟁조정위원회(www.kfsb.or.kr/pl)

의료기기 PL상담센터(www.kmdia.or.kr)

그림 6-14  전자제품 PL상담센터 사이트의 초기화면

## ◢ 상담신청 | 상담서비스

▣ 상담접수번호는 myPL 및 상담현황에서 처리상황을 확인 하는데 사용 되오니 잘 기억하여 주시기 바랍니다.

▣ 우리센터의 상담, 알선등 모든 과정은 비공개를 원칙으로 합니다.

▣ 상담과 관련없는 내용은 운영자의 권한에 의해 삭제합니다.

*표시된 항목은 필수 입력 사항

| ▣ 상담제목 * | |
|---|---|
| ▣ 성 명 * | ▣ 성 별 남○ 여○ ▣ 연령대 --선택-- ▼ |
| ▣ 주 소 | |
| ▣ 전화번호 * | □-□-□ ▣ 이메일 |
| ▣ 차 량 명 | ▣ 차 량 등록번호 (예:서울00가0000) |
| ▣ 제조사명 | -- 선택 -- ▼ ▣ 구입일 □년 □월 □일 |
| ▣ 주행거리 | Km ▣ 사고발생일 □년 □월 □일 |
| ▣ 발생내용 * | |
| ▣ 요청내용 * | |
| ▣ 파일첨부 | 찾아보기... * 불만이나 피해와 관련된 사진이나 자료를 첨부해주십시요! (10Mb 이하) |
| ▣ 공개여부 | 공개○ 비공개◉ |

다시작성 ⊠    접 수 ⊠

**그림 6-15** 자동차 PL상담센터의 인터넷상담 신청화면

# 인터넷상담 실습

학번 :                  이름 :                  제출일 :

소비자보호기관의 인터넷상담 게시판에 다음과 같은 상담의뢰가 들어왔다면, 여러분은 어떻게 답변을 하겠는가? 다음 상담사례에 대하여 의사소통기법과 근거규정에 의거해 답변을 써보시오.

**〈상담사례 1〉 영화상영전 개인사정으로 취소한 티켓 환급기준**

저는 친구와 함께 영화를 관람하기 위해 극장에 방문하여 티켓 2매를 신용카드로 예매했습니다. 영화상영 당일날 같이 가기로 한 친구의 급한 사정으로 영화를 관람할 수 없게 되어 영화상영 5시간 전에 유선상으로 환급을 요구하자 적어도 상영 6시간 전에 취소해야지만 환급이 가능하다고 하면서 환급을 거절합니다. 친구의 사정으로 관람이 불가능하고, 저 혼자서 관람할 수도 없어서 환급을 받고 싶은데 정말 환급이 안 되는 것인가요?

**〈상담사례 2〉 인터넷쇼핑몰의 허위 · 과장 표시광고에 속아 물품구입**

인터넷쇼핑몰에서 순모 100% 코트로 표시되어 있어 구입하였으나 배달된 코트를 확인하니 합성섬유가 포함된 코트였습니다. 쇼핑몰에서는 구입후 20일이 경과되었다고 반품을 거절하고 있습니다. 어떻게 처리해야 하나요?

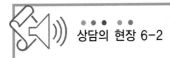

## 손안의 고객센터, 'M고객센터'

요금청구지 주소를 바꾸거나 요금제를 변경하고 싶은데 ARS(자동응답서비스)가 통화 중이라면? 대리점을 방문하자니 시간이 없고, 사이버상담센터는 있지만 PC 켜고 인터넷에 접속해야 하자니 귀찮고….

시간 들고 번거로운 게 딱 질색이라면 휴대폰의 모바일 고객센터가 제격. 원하는 시간에 편리하게 이용할 수 있는 것도 강점이다.

SK텔레콤(www.sktelecom.com)은 최근 시간과 장소를 가리지 않고 고객이 자신의 휴대폰으로 직접 사용요금 조회, 요금제 변경, 각종 부가서비스 신청 등을 할 수 있는 무선인터넷서비스(WAP) 'M고객센터'를 새롭게 오픈했다. 'M고객센터'는 VM(다운로드형 콘텐츠)을 미리 다운받아 사용해야 하는 기존방식과 달리 무선인터넷에 직접 접속해 사용할 수 있는 게 특징. 고객이 원할 때 언제 어디서나 서비스를 이용할 수 있다는 점 외에 어제까지 사용한 요금, 무료통화조회 등을 실시간으로 알 수 있어 자신의 이동전화요금을 저렴하게 유지할 수 있다는 장점도 있다. 이곳에선 ▲요금조회, 무료통화조회, 어제까지 사용한 요금, 통화내역 등 요금/통화서비스는 물론 ▲각종 부가서비스 신청 및 변경 ▲요금제 신청 및 변경 ▲멤버십 포인트 조회 및 사용 내역 조회 ▲청구지 주소 변경 등을 이용할 수 있다.

'M고객센터' 회원에 가입하면 매월 이스테이션(www.e-Station.com)을 통해 문자메시지 100건을 무료로 사용할 수 있는 혜택도 주어진다. 이용방법은 **010, **011, **017 → 네이트 버튼을 통해 접속하면 된다. 사용에 따른 별도의 정보이용료나 데이터통화료는 없다. 다만 개인정보보호를 위해 이스테이션 회원에게만 제공되는 통화내역조회와 같은 일부 서비스는 제한된다. 이럴 경우 가까운 대리점 또는 지점을 방문해 이용신청서를 작성하면 된다. 한편 SK텔레콤은 지난해 8월 VM방식의 M고객센터를 오픈하기도 했다. 이 역시 이용자 수가 250만 명에 달할 정도로 인기다. 모바일 고객센터에 대한 반응이 좋다는 뜻이다. 이외에도 SK텔레콤은 일반고객센터(1599-0011), 사이버상담센터(www.e-Station.co.kr)도 운영 중이다. VM방식 모바일 고객센터에 이어 이번 무선인터넷 방식으로 이용이 더욱 편리해진 M고객센터를 선보임으로써 고객들은 원하는 대로 여러 형태의 고객센터를 이용할 수 있다.

자료 : 아이뉴스24, 2006. 10. 27

# 인터넷상담의 문제점과 미래방향

## 1. 인터넷상담의 문제점

인터넷 소비자상담이 적극적으로 활용되고 있는 추세이나 효율적인 상담을 위해서는 여러 문제들이 개선되어야 할 것이다. 인터넷 민간단체상담, 인터넷쇼핑몰의 고객불만처리 서비스에 대한 실증연구들(김기옥 등, 2001; 박상미·송인숙, 2002; 허경옥, 2003a, 2003b)을 참고하여 인터넷 소비자상담의 문제점들을 살펴보면 다음과 같다.

첫째, 개인정보나 상담내용의 공개문제이다. 실증연구에서 상담내용의 공개에 대한 소비자들의 의견은 달랐는데, 상담내용이 공개됨으로써 유사한 내용의 피해를 예방할 수 있는 것이 장점으로 지적되었으나, 소비자 개인의 상담내용이 누설되는 것에 대해 불쾌해 하는 소비자도 있었다. 따라서, 상담내용의 공개여부에 대해 상담요청 소비자의 의견을 미리 조사하여 원하는 경우에 공개하는 것도 좋은 방법이 될 수 있다고 하겠다.

둘째, 상담사이트의 구성체계나 상담내용의 관리문제이다. 상담사이트 구성체계, 상담내용에 대한 체계적인 관리에 대한 지적이 많았다. 글을 올린 후 몇 시간만 지나도 올려진 상담글이 너무 많아 자신의 글을 찾는데 많은 시간을 허비해야 한다는 지적도 제기되었다. 따라서 상품품목별 분류나 체계, 개인 e-mail에 직접 보내주는 방법 등의 모색이 필요하다. 또한, 소비자입장에서는 어떻게 불만내용을 써야 할지 난감한 경우도 있으므로 표준화된 상담양식이 필요하며 법적 용어에 대한 충분한 설명 및 관련법의 첨부도 필요하다. 한편, 협동상담시스템을 활용하는 것도 필요하다는 의견도 제시되었다. 유사한 내용의 피해나 소비자문제에 대해 여러 소비자들이 서로 정보교류, 해결방안 토의한 후 이들 협동상담팀에 대해 전문상담사가 최종적으로 상담을 해주는 형태의 상담도 좋은 대안이 될 수 있다.

셋째, 상담서비스의 품질문제이다. 소비자들은 상담요청 후 답변이 없는 경우 가장 불만을 느낀다. 뿐만 아니라 성의 없는 답변, 필요한 경우 전화하라면서 전화번호만 남기는 경우, 피해신고 전화번호만 알려주는 것, 구체적이지 못한 답변 등이 문제점으로 지적되었다. 상담사들의 적극적인 상담이 필요하며 답변이 충분치 못한 경우 관련

기관에 대한 자세한 정보를 알려주거나 사이트를 링크시켜 주는 서비스가 필요함을 알 수 있다. 한편, 소비자들은 상담요청 후 답변을 기다리는 것에 대한 불만이 높았다. 따라서 신속한 답변, 상담요청 접수에 대한 사전확인 서비스제공, 상담에 대한 소비자 만족 여부 등을 확인하는 절차가 필요하며, 불만족스러운 경우 2·3차의 계속적인 상담서비스가 필요하다고 하겠다. 상담실이 있으나 운영을 하지 않는 경우, 상담메뉴는 있으나 클릭하면 연결이 안된다든지, 링크된 사이트가 없는 경우 등도 불만의 주요요인이었다. 급증하는 인터넷상담 수요자들로 인해 신속하게 상담을 받지 못할 우려가 있다. 이미 인터넷상담의 편리성 및 효율성으로 인해 인터넷상담요청은 급증하고 있으나 신속하게 상담해 줄 기관 및 인력이 부족하여 상담이 이루어지는 빈도가 낮고 답변까지 기다리는 시간이 긴 문제가 제기되고 있다.

넷째, 인터넷상담 인력의 부족문제를 들 수 있다. 인터넷상의 소비자상담은 피해구제나 불만해결은 물론 소비자주권확보의 계기가 되므로 소비자들의 이용이 급증하고 있다. 그러나 최근 상담을 요청하는 소비자들은 쇄도하고 있으나 이를 소화해낼 수 있는 공급은 한정적이며 상담의 신속성이나 질적 향상에 걸림돌이 되고 있다. 따라서 소비자상담의 양적 확대 및 질적 확대가 필요하다.

다섯째, 인터넷상담의 소외계층문제이다. 정보화가 급속하게 진전되고 있음에도 아직도 정보화로부터 소외된 계층은 인터넷 소비자상담을 받을 기회를 갖지 못한다. 경제적 소외계층과 컴퓨터 및 정보화교육을 받지 못한 소비자들은 인터넷을 통해 상담받을 기회를 갖지 못하며, 또한 각종 상담정보의 사각지대에 있게 되는 단점이 있다.

여섯째, 인터넷상담의 지나친 기술의존 문제이다. 고객상담의 주체는 여전히 사람이며 그 업무를 담당함에 있어 지나치게 기계나 컴퓨터시스템에 의존하는 경우 소비자들에게 또 다른 스트레스를 유발시킬 수 있다. 예를 들어, FAQ나 자동화된 인터넷상담시스템에 소비자가 원하는 상담내용이 없을 경우 인터넷상담원과 상담하거나 전화로 연결되기가 매우 어렵다면 문제가 있다고 볼 수 있다.

## 2. 앞으로의 방향

인터넷 소비자상담이 효과적으로 수행되기 위해서는 인터넷상담의 문제점을 보완하고 인터넷상담의 장점을 살리는 지속적인 노력이 필요하다.(김기옥 등, 2001; 박상미·송인숙, 2002; 장진경, 2002; 허경옥 2003a, 2003b; 기업소비자정보, 2005).

인터넷 소비자상담의 앞으로의 발전방향을 살펴보면 다음과 같다.

첫째, 웹사이트의 기술적 문제를 최소화하여야 할 것이다. 인터넷상담이라는 특수성을 고려해 볼 때 소비자에게 양질의 서비스를 제공하기 위해서는 웹사이트 접속장애 등의 기술적인 오류를 최소화하는 노력이 필요하다. 또한 화면구성체계를 소비자들이 손쉽게 이용할 수 있도록 웹접근성과 편리성을 고려하여 구성하여야 할 것이다.

둘째, 인터넷상담을 위한 전문인력의 확충이 필요하다. 인터넷상의 편리성 및 효율성 등으로 상담 수요자는 급격히 늘고 있으나 인터넷 상담기관은 매우 부족한 실정이다. 또한 효율적이고 전문적인 상담을 수행하기 위해 전문적 지식 및 자질을 갖춘 전문상담사가 절대 부족한 상황이다. 따라서 인터넷상담을 효과적으로 수행하기 위해서는 전문적 지식과 자질을 갖춘 전문상담인력의 양성 및 확충이 필요하다.

셋째, 인터넷상담의 확충과 소비자상담사이트에 대한 적극적 홍보가 필요하다. 인터넷 상담기관이 많이 증가하고 있으나 전자상거래의 피해 등이 증가하는 추세에 비추어볼 때 아직 인터넷상담이 부족한 실정이다. 따라서 아직 인터넷상담 서비스를 제공하지 않는 소비자단체나 관련기관들, 기업의 인터넷 상담서비스 제공 참여와 확충이 필요하다. 아직도 많은 소비자들이 불만이나 피해가 발생한 경우 어떻게 해결해야 할지 잘 모르거나, 더 이상의 유사한 소비자문제가 발생하지 않도록 하는 방법에 대해 잘 모르는 소비자들이 많다고 본다. 또한 지역별 소비생활센터 등의 온라인 피해구제 제도가 시행되었으나 실제 상담 건수는 부진한 것으로 나타나 온라인상담 활성화가 필요하다. 따라서, 정보화시대에 소비자들이 어떻게 소비자상담 사이트를 효과적으로 활용할 수 있는지 등에 대한 충분한 홍보가 필요하다.

넷째, 특화된 전문상담 분야가 필요하다. 대부분의 인터넷 상담기관이 오프라인 상담기관과 마찬가지로 활동내용상 차별화와 전문화가 되지 않고 있다. 온라인과 오프라인 상담을 병행할 경우 각 부문의 장점을 잘 활용해야 할 것이다. 인터넷상담실의 중요한 역할은 상담을 통한 정보의 교환이므로 인터넷 상담유형의 특성을 살리고, 인터넷에서 더 효율적인 상담부문은 온라인화하고, 오프라인에서만 제공할 수 있는 고부가 업무는 지속해야 할 것이다. 또한 온라인상의 소비자단체 및 상담기관의 전문성과 효율성을 높이기 위해 각 기관마다 특정분야에 대한 전문상담을 수행하여야 한다. 분업과 전문화를 통해 인적자원 부족 및 폭증하는 상담수요문제를 완화하여야 한다.

전문적인 정보제공 및 전문상담을 수행하기 위해서는 인터넷상의 여러 기관들 간의 유기적 협조도 필요할 것이다.

다섯째, 인터넷상담관련 자료구축 및 정보의 체계화 필요하다. 중복된 상담내용 및 피해사례에 대한 자료를 구축하여 소비자가 축적된 정보나 자료를 쉽게 검색할 수 있도록 하여 유사한 내용의 상담 및 피해고발에 대한 답변을 계속적으로 해야 하는 노력과 비용을 감소시켜야 한다.

여섯째, 구매전 인터넷상담의 활성화 필요하다. 대부분의 상담이 구매후 피해구제에 초점을 두고 있는데 구매전 소비자상담이 활성화되어 구매후의 피해를 예방하는 것이 중요하다. 오프라인 상담과는 달리 온라인, 즉 인터넷상담은 구매전 정보제공 등에 효과적으로 활용할 수 있다.  따라서 인터넷상담의 경우 구매전 다양한 인터넷상담을 보다 활성화시켜 소비자문제 및 피해를 사전에 예방하도록 하는 형태의 상담으로 확대되어야 한다.

일곱째, 인터넷에서의 소비자의 이상적 역할정립이 필요하다. 시장에 대한 견제와 감시자의 역할, 상대방의 의견존중과 명예의 보호, 제품정보와 소비자권리에 대한 학습, 제품에 대한 결함발견 시 정보의 공유 및 건전한 비판의 역할을 해야 할 것이다.

여덟째, 인터넷 소비자상담에 대한 사회적 지원, 정부차원의 정책적 지원이 필요하다고 본다. 예를 들면, 인터넷상담 사이트 중 공익성이 인정되는 사이트는 사단법인이나 봉사단체로 선정하여 재정적 지원을 해주는 방법, 소비자들의 기부문화 형성을 도와주는 정부차원의 노력, 기부에 대한 세금면제 등 다양한 정부 또는 사회적 차원의 지원이 필요하다.

마지막으로, 상담서비스의 품질과 상담원의 자질 향상이 필요하다. 소비자상담의 질을 평가할 수 있는 정교한 도구가 구축되어 양적으로 증가하는 소비자관련 사이트에서 양질의 소비자상담이 이루어질 수 있도록 해야 할 것이다. 여러 연구에 의하면 소비자상담 서비스에 대한 소비자들의 불만이 많으므로 소비자상담기관이 소비자입장에 서서 적극적으로 상담을 실시하려는 자세가 중요하다. 소비자상담 사이트의 질적 향상을 위해서는 상담사이트 인증제도와 같은 검증절차를 모색해볼 필요가 있으며, 소비자상담 사이트를 운영하는 상담원의 자질향상이 요구된다. 인터넷 소비자상담을 위해 필요한 기술과 능력에 대한 상담원의 교육이 필요하며, 인터넷상담은 앞으로 더욱 활성화될 상담방법이므로 인터넷 소비자상담기법에 대한 지속적인 연구와 인터넷상담 매뉴얼 개발이 필요할 것이다.

**상담의 현장 6-3**

## '소셜 고객상담센터' 새로운 마케팅 채널로 부상
## – 메시지 성향 분석과 적극적인 고객 응대가 인기 비결

소셜 미디어(social media)를 활용한 고객상담센터가 새로운 마케팅 채널로 떠오르고 있다. 소셜 CMR솔루션으로 불리우는 이들 고객상담센터는 트위터나 페이스북 등 소셜 미디어를 통해 표출된 소비자나 기업의 제품, 서비스, 의견들을 자동으로 모니터링하여 보다 적극적으로 응대하는 것이 특징이다. 이에 힘입어 최근 다수 기업들이 소셜 CRM 솔루션을 도입하거나 소셜 고객상담센터 설립을 검토 중인 것으로 알려지고 있다.

알카텔루슨트, 어바이어코리아는 자체 개발한 소셜 CRM 솔루션을 중심으로 국내 대기업 및 공공기관에 소셜 고객상담센터를 구축 중이고 한국마이크로소프트는 고객과의 새로운 소통 채널 확보 및 고객만족 서비스 강화를 위해 고객지원 공식 트위터를 오픈했다.

소셜 미디어를 활용한 고객상담센터가 주목받는 이유는 지금까지와는 메시지 성향 분석을 통한 차별화된 마케팅과 적극적인 고객 응대 방식을 취하고 있기 때문이다. 트위터나 페이스북 등 주요 SNS의 경우 지금까지는 기업 홍보에 주로 활용되어 왔지만 소셜 고객상담센터들은 일방적인 메시지 전달방식에서 탈피, 고객들의 요구를 직접 반영하는 것은 물론 적절하게 피드백까지 전달하고 있다. 특히 소셜 CRM 솔루션은 자동화된 프로세스로 메시지의 성향을 분석, 기업에 대해 부정적 견해를 보이는 의견이 도출되면 즉각적으로 대응할 수 있고 통화가 몰리는 상황에는 고객 상담의 일부를 트위터 상담으로 전환시켜 병목을 해소할 수 있다는 장점이 있다. 업계의 한 관계자는 "현재 소셜 미디어를 활용한 컨텍센터는 초기 시장이고 SNS에 익숙한 20대가 주 고객이 되고 있지만 앞으로 웹을 통한 커뮤니케이션이 증가하면서 새로운 고객 응대 채널로 떠오를 것"이라고 말했다.

자료 : 아이뉴스, 2011. 7. 22

 연구문제

1. 인터넷상담 사이트 평가: 인터넷 소비자상담 사이트를 방문하여 상담실태를 평가해 보고 개선책을 논해 보시오.

   1) 상담사이트의 유형을 정하시오.

   2) 평가기준을 정하고 인터넷상담 사이트 몇 군데를 방문하여 비교평가해 보시오.

   3) 인터넷상담 사이트의 문제점과 개선책에 대하여 논해 보시오.

 참고문헌

기업소비자정보. 2005년 7·8월호.

김경자(2000). 인터넷상의 고객불평처리 시스템. 소비문화학회 추계학술대회 발표자료집, 15-26.

김기옥·유현정·남수정(2001). 민간소비자상담사이트의 상담서비스 평가. 대한가정학회지, 39(7), 1-19.

김병석·이명우·조은경(1998). 사이버 세계와 청소년 상담. 청소년상담문제 연구보고서.

김영자(2005). 온라인 소비자불만과 기업활동. 기업소비자정보, 9·10월호.

김태영(2005). 온라인 분쟁에서 이상적인 기업의 역할. 기업소비자정보, 9·10월호.

나광식(2006). 2005년도 전자상거래 소비자상담 및 피해동향 분석. 한국소비자원.

디지털데일리(2010. 10. 9). 소셜 컨텍센터로 진화하는 콜센터, 그 비결은? (www.ddaily.co.kr)

박명희·이기춘·송인숙·김경자·이진국(2001). 기업 고객상담부서 업무조직과 운영에 대한 평가시스템 개발. 대한가정학회지, 39(5), 1-14.

박상미·송인숙(2002). 인터넷쇼핑몰의 고객 불만처리 서비스에 대한 고객의 평가. 한국가정관리학회지, 20(3), 113-124.

박해용(2000). 소비자불만사례분석을 통한 인터넷쇼핑몰 마케팅전략에 관한 연구. 석사학위논문. 고려대학교.

산업자원부 보도자료(2004). 전자거래분쟁위 '온라인 자동상담시스템' 구축.

아이뉴스24(2005. 8. 26). e서비스, 차세대 상담채널로 급부상(www.inews24.com).

아이뉴스24(2006. 10. 27). 손안의 고객센터 'M 고객센터' (www.inews24.com).

아이뉴스24(2011. 7. 22). '소셜 고객상담센터' 새로운 마케팅 채널로 부상(www.inews24.com).

LG주간경제(2000. 8. 30). 온라인기업 이제는 서비스 품질이다, 32-3.

원혜일(2010). 전자상거래 피해와 소비자보호. 한국소비자원 소비자정책동향, 14.

이병주(2005). 온라인 분쟁에서 이상적인 소비자의 역할. 기업소비자정보, 9·10월호.

이영선 · 박정민 · 최한나(2001). 사이버상담의 기법과 윤리. 한국청소년상담원.

이형득(1994). 전문적상담과 발전과제. 한양대학교 학생생활연구소, 12, 14-17.

임은미(2006). 사이버상담-이론과 실제. 학지사.

임은미 · 이영선 · 김지은(2000). 사이버 진로상담: 이메일상담을 중심으로. 한국청소년상담원.

장진경(2002). 사이버상담 활성화를 위한 탐색연구. 한국가정관리학회지, 20(4), 135-148.

한국소비자원(1999). 1998 소비자피해구제 연보 및 사례집.

한국소비자원(2008). 2007 소비자피해구제 연보 및 사례집.

한국소비자원(2009). 2008 소비자피해구제 연보 및 사례집.

한국소비자원(2010). 2009 소비자피해구제 연보 및 사례집.

허경옥(2003a). 인터넷상의 소비자상담, 소비자정보, 안티 사이트에 대한 소비자만족도 및 사이트 운영 방안에 관한 연구. 대한가정학회지, 41(1), 187-211.

허경옥(2003b). 인터넷 소비자상담에 대한 소비자평가 및 재이용의사. 소비자학연구, 14(3), 23-41.

Ron Zemke, Thomas K. Connellan(2000). *e-Service, AMACOM(American Management Association)*.

## 참고 사이트

'1372' 소비자상담센터 홈페이지(www.ccn.go.kr)

경기도 소비자정보센터 홈페이지(www.goodconsumer.net)

아이파피루스 홈페이지(www.i-papyrus.com)

옥션 홈페이지(www.auction.co.kr).

자동차 PL상담센터 홈페이지(www.aplc.or.kr)

자율분쟁조정위원회 홈페이지(www.amco.or.kr)

(주)아모레퍼시픽 홈페이지(www.amorepacific.co.kr)

한국소비자연맹 홈페이지(www.cuk.or.kr)

한국소비자원 홈페이지(www.kca.go.kr)

한국전자거래진흥원 홈페이지(www.ecmc.or.kr)

# 제 3 부

# 기업의 소비자상담 실무

## 소셜미디어 시대의 고객서비스는 달라져야 한다.

소셜미디어 담당자들의 가장 큰 고충은 팔로우가 늘어날수록 고객 불만창구로 변질된다는 것이다. K사의 경우 80~90%가 고객클레임이라고 고백했다. 고객의 불평에서 배울 것이 있다는 것은 알지만, 매일 그 불만을 접하면서 평정심을 유지하고 고객을 끝없이 사랑한다는 것이 얼마나 어려운 일인지 알아야 한다.

분명한 것은 사람들이 소셜미디어 시대에 접어들면서 사람들이 콜센터나 홈페이지를 통해 접수하던 고객의 목소리(VOC)를 손쉽게 트위터나 페이스북과 같은 소셜미디어를 통해 쏟아 놓는다는 것이다. "고객님, 이곳은 불평불만하는 곳이 아니니 저쪽으로 가세요."라고 말할 수는 없다. 왜냐하면 고객들은 그것이 홍보이건 마케팅이건 서비스팀이건 가리지 않고 자기가 할 말을 해야 직성이 풀리기 때문이다.

사람들은 왜 CS부서에 요청하지 않을가? 홈페이지나 고객 서비스 부서와 같이 전문적인 대응 인력을 갖춘 곳을 두고 왜 트위터나 페이스북으로 몰려오는가? 그들은 한정된 영역의 매뉴얼화된 답변밖에 하지 못한다. 보다 광범위한 제안이나 보다 인간적이고 솔직한 답변을 원하는 사람들을 만족시키기에는 역부족이다.

또 하나의 원인이 VOC가 서비스 불만에 국한되는 것이 아니라 제품에 대한 문의, 기업(제품)에 대한

**Bank of America twitter**

제안까지 너무나 광범위하다는 것이다. 트위터나 페이스북을 운영하는 부서가 한 회사에 1개도 아니고 복수로 운영되는데다 대부분 홍보나 마케팅에서 운영되다 보니 이런 대응을 100% 완벽하게 한다는 것은 불가능하다. 그렇다면 무엇이 해답일까? 옆의 twitter 화면은 Bank of America의 트위터 화면이다. BOA는 고객센터 전용의 트위터를 구축하여 6명의 상담원이 실시간으로 고객문의와 cs를 처리하고 있는 대표적인 기업이다. 트위터 왼쪽 영역에 응답자의 프로필을 게시하고 사람에 따라 이니셜 〈∧KG, ∧SB〉을 붙여 신뢰도를 높이고 있으며 답변의 만족도도 높다. 국내에서는 KT 트위터도 이런 방식을 도입하고 있다.

자료 : http://www.midorisweb.com/

현대의 소비사회에 있어서 고객만족과 고객서비스란 기업 생존과 기업 이윤에 필수적인 요소가 되고 있다. 사실상 기업의 환경은 '과거의 어떤 상품을 적절한 시기에 공급할 수 있는가' 하는 제조자위주의 시장환경에서 '어떠한 수준의 서비스를 고객에게 어떻게 제공하느냐' 하는 소비자중심의 시장환경으로 변화하고 있다. 오늘날 대부분의 기업은 수시로 대차대조표를 들여다보면서 생존전략을 짜고, 기업 생존을 위해 감량경영이나 비용절감을 위해 노력하고 있지만 사실상 적자냐 흑자냐는 고객의 의사결성에 달려있는 셈이다. 본 장에서는 고객만족 개념과 고객서비스의 중요성 그리고 고객관계유지를 통해 기업이 고객가치를 창조하기 위해서 고객상담이 왜 필요하며 고객상담의 자료들을 고객관계유지를 위해 어떻게 활용할 것인가를 다양한 실제사례를 중심으로 학습하기로 한다.

# 7 장
# 고객만족을 위한 소비자 상담

학습목표
1. 고객만족경영의 개념과 고객지향성을 이해한다.
2. 고객만족창조를 위한 고객서비스의 특성을 안다.
3. 고객접점부서로서의 고객상담실의 역할을 파악한다.
4. 고객관계유지의 개념과 기법을 이해하고 이를 고객서비스부서에 적용할 수 있는 능력을 기른다.

Keyword  고객만족, 고객서비스, 고객지향성, 고객관계관리시스템(CRM), 데이터베이스관리

## 고객만족경영과 고객지향성

### 1. 고객만족경영

기업에 있어서 고객만족경영이 왜 필요한 것일가? 기업이 고객만족을 생각하는 소비자위주의 시장환경으로의 변화를 생각하기 시작한 것은 그리 오래된 일은 아니다. 서유럽과 미국의 경우 소비자위주의 시장환경으로 변화한 것은 1960년대 이후의 일이며 한국의 경우는 1990년대 이후 수입개방화가 이뤄지고 다양한 상품과 서비스가 경쟁을 하기 시작한 이후에야 비로소 본격적인 관심을 갖게 되었다고 할 수 있다.

기업의 대량생산 판매시스템이 무너지고 개별화되고 개성화된 주문생산, 주문판매로 확대되어 다품종 소량시대로 전환되면서 기업은 소비자의 다양한 욕구를 충족시키는 고객지향적 사고로 빠르게 변화하고 있다.

기업에서는 이러한 추세에 맞추어 고객만족경영의 일환으로 고객을 위한 소비자상담실을 설치하고 고객에게 편의를 제공하는 서비스를 실시하고 있다. 본 장에서는

기업에서 추구하는 고객만족경영의 이론적 배경을 이해하고 기업에서 실시하는 고객 서비스를 담당하는 기업 소비자상담실의 경영을 중심으로 살펴보기로 한다.

---

**✹ 고객만족경영이 목표로 하는 것**

① 고객의 만족도를 지표화 하는 경영
  기업활동을 고객의 눈으로 평가하고 정량화해 경영의 지표로 삼는 점, 고객만족도측정의 시스템화가 관건이다.
② 고객만족 부서의 제1선이 주체적으로 판단하고 실행하는 경영
  고객과 기업과의 접점을 관리하는 사람이 제1선 사원이다. 이들은 정해진 매뉴얼로 행동을 관리하는 것이 아니라 원칙에 따라 자신들이 스스로 행동할 수 있어야 한다.
③ 관리자와 제1선이 탁월한 커뮤니케이션으로 유지되는 경영
  고객만족경영자는 리더로서 사람의 독창적인 사고방식이나 인간성을 도출하여 그것을 업무에 반영시키도록 부하를 지원하는 역할이다.
④ 경영자 주도의 고객만족경영-문화를 창조하는 경영
  경영자는 지금까지보다도 더욱 현장 가까이 있어야 한다.
⑤ 프로세스를 혁신해 가는 경영
  고객만족도란 사전기대/현실의 관계이다. 사전기대보다 현실이 얼마나 더 높은가에 따라 만족도가 올라간다.

---

### ■ 고객인가, 소비자인가?

기업에서는 소비자를 고객이라고 부른다. 고객과 소비자는 제품이나 서비스를 구매, 소비한다는 관점에서 동일하게 사용되기도 하고 또 다른 의미로 사용되기도 한다.

소비자와 고객은 동질적인 사람이지만 기업의 입장에서 볼 때는 소비자란 잠재적으로 구매가능성이 있는 모든 생활자를 의미하며 거래에서 발생하는 피해를 타 집단에 전가할 수 없는 최종 소비자를 말한다. 즉 협력업체나 대리점, 종업원 등은 제외하는 개념이다.

반면에 고객이란 회사내외에서 자신의 기업 경영활동에 영향을 미치는 모든 사람과 조직을 의미한다. 자신의 기업에 영향을 미치는 사람과 조직을 분류하면 기업내부의 직원(부하, 동료, 상사) 등의 내부고객과 대리점, 협력업체, 자사제품 구매자 등의 외부고객으로 나눌 수 있다.

따라서 소비자서비스보다 고객서비스란 개념이 기업측에서 더 많이 사용하게 되는

데, 기업에서 외부고객이라 함은 자신의 기업의 제품과 서비스를 구매한 경험이 있는 소비자를 의미하는 반면, 소비자라 함은 자사의 제품과 서비스를 구매한 경험이 없는 일반적 차원의 소비자를 포함하고 있게 된다.

### ◼️ 고객서비스란?

고객서비스는 다양하게 정의할 수 있다. 기업조직의 입장에서 볼 때 고객이란 누구인가? 또 고객서비스란 무엇을 하는 것인가? 고객서비스의 목적은 유통기관, 산업체, 제조업체 또는 서비스업체에 따라 다르다. 일반적으로 고객서비스를 정의해 보면 다음과 같다.

"기업조직은 내부고객과 외부고객을 가지고 있으며, 목적은 고객의 욕구를 충족시키는 것이다. 고객은 쉽게 정보를 얻고 제품과 서비스를 쉽게 접할 수 있다. 고객서비스 경영정책은 직원이 고객에게 더 나은 서비스를 하도록 하는 것이다. 경영관리나 시스템은 직원이 고객에게 더 나은 서비스를 하도록 지원하며 이러한 노력의 결과는 계속적으로 재평가되며 고객서비스의 질을 높이도록 하는 것이다."

이러한 고객서비스의 개념은 사실상 새로운 것이 아니다. 과거 조그만 음식점이나 주문상품 제조시대에는 판매자와 고객 간의 직접대면이 이루어지고 이때에도 고객에 대한 서비스가 사업의 중요한 문제가 되곤 했었다. 그러나 대량생산과 대량소비시스템으로의 변화는 이러한 특징들을 없애버렸고 서비스만을 제공하는 사업들이 따로 생기기도 하였다. 그러나 현재에 와서 기업환경은 많이 변화하여 제조업체도 제품만을 생산하는 것이 목적이 아니라 제품을 얼마나 적절하게, 그리고 서비스의 질을 얼마나 높여서 생산하느냐를 생각해야 하는 바야흐로 서비스경제로 접어들게 되었다.

### ◼️ 왜 고객서비스가 필요한가?

현대의 경제구조는 다양한 생산 및 제조기술의 발달로 인해 수없이 많은 상품이 비슷한 품질로 생산되고 있다. 수없이 많은 상품 중에 소비자가 제품의 품질만으로 선별하기는 상당히 어려워지고 있다. 생산제품의 품질이 비슷한 경우 서비스의 차이로 보상될 수 있기 때문에 소비자는 상품을 선택하는 데 있어서 제품이 가지고 있는 내부적 품질에서 차이를 발견할 수 없을 때 부대적 서비스를 통해 제품의 품질을 평가하는 성향이 있다.

따라서 유통·서비스업은 물론, 각종 제조업체에서도 고객서비스부서를 두어 고객의 서비스 제공을 위한 노력을 하고 있다. 과거 생산자중심의 시장환경에서는 소비자를 위한 서비스를 기업이 스스로 하지 않으려는 경향 때문에 소비자보호 차원에서 기업체들로 하여금 소비자보호를 위한 소비자상담실을 의무적으로 설치하도록 법제화하는 규정을 두었으나 최근에 와서는 시장환경이 소비자지향적으로 변화하였으므로 이러한 규정은 철폐되었지만 기업은 여전히 소비자를 위한 고객서비스부서를 두어 자사의 고객관리를 하지 않을 수 없는 것이다.

## ▪▪ 고객만족경영이란?

기업에서의 고객만족경영이란 일차적으로 자사 제품이나 서비스를 구매한 고객 및 대리점, 협력업체들을 만족시킬 수 있도록 서비스를 제공하는 경영을 의미한다. 고객만족경영은 이미 대중적으로 널리 알려져 있어 최근에는 기업뿐만 아니라 공공기관이나 비영리기관에서도 일반화되어 있다.

고객만족경영은 외부의 고객을 만족시킬 수 있는 서비스를 제공하는 것이 일차적인 목표인데, 그러기 위해서는 내부고객인 종업원 및 내부인이 자신의 기업에 대한 만족이 선행되어야 고객만족을 위한 서비스가 제공될 수 있을 것이므로 내부고객의 만족도 높여줄 수 있는 경영이 고객만족경영이 될 것이다. 즉 고객을 기업의 이윤을 내기 위한 수단으로서가 아니라 진정한 경영의 파트너로 생각하고 필요한 때는 경영상의 편리를 희생해서라도 고객에게 만족을 주는 것이다. 이렇게 할 경우 과연 기업이 이윤을 낼 수 있는가에 대한 반론이 있을 수도 있으나 진정한 경영의 발전은 고객을 수단으로서가 아니라 목적으로 생각하는 데 있으며, 단기간의 이익이나 매출은 희생될지라도 장기적으로는 반드시 보상받게 된다는 것을 많은 우수기업들의 고객만족경영 사례가 증명하고 있다.

기업의 지속적인 이윤창출을 위해서는 신규고객을 유치하고 기존 유지고객의 만족수준을 높여 고객애호도를 증가시켜야 하는데, 이는 말은 쉽지만 고객문제를 최우선으로 하려면 경영자의 상당한 결심이 필요하다. 즉 고객만족을 위해서는 의사결정권의 상당부분이 종래의 상위경영진으로부터 하위의 고객접점부서에게로 위임되어야 하기 때문이다.

예를 들면, 소비자가 상품이나 서비스를 구매한 후 만족하기 못해 이에 대한 반품

교환 또는 환불을 요구할 때 이에 대한 결정이 고객접점부서의 직원이 즉시 판단해서 고객만족을 추구할 수 있도록 의사결정 권한이 주어지는 경우와 사소한 결정이라도 상위 또는 상급자의 지시를 받아 결정해야 하는 경우, 후자는 고객의 반응이 만족스럽다고 할 수 없다.

---

 **고객만족경영의 주요 포인트**

① 고객만족을 기업의 최고 경영철학으로 인식하고 고객서비스를 최고의 자산으로 인식
② 기업의 최고경영자가 강력한 리더십을 발휘
③ 고객을 대면하는 부서의 근무자를 중시, 문제해결의 권한 위임을 통해 신속한 보상을 제도화
④ 외부고객뿐만 아니라 직원도 내부고객이라는 새로운 사고를 도입, 내부고객의 만족이 선행되어야 외부고객을 위한 서비스가 만족스럽다는 점을 명확히 함
⑤ 기업의 간부, 핵심리더를 육성하여 새로운 구심력의 고객만족 기업문화 조성
⑥ 소비자만족지수의 개발을 통한 정기적 측정 및 평가와 결과의 활용
⑦ 기업내 직원을 대상으로 고객만족 서비스교육을 실시하여 사고의 전환을 가져오도록 함
⑧ 기업내에 고객만족 전담조직을 설치하여 운영(고객상담센터, 고객만족추진부서, 클로버 설치 운영 및 불만에 대해 직접 책임자가 문제를 해결)

---

**상담의 현장 7-1**

## CS전도사로서 그녀의 행진은 계속된다

제일모직 CS교육센터 김은지(silberji@hanmail.net)

소비자학을 전공한 그녀가 처음 발을 디딘 첫 직장은 (주)○○개발 서비스교육팀이었다. 그녀는 그 첫 직장에서 학교에서 배운 고객만족의 이론을 바탕으로 실무적 고객만족 교육프로그램 교육과정을 개발하는 데 온힘을 쏟았다. 사내 서비스교육의 첨병이 된 그녀와 동료들이 땀을 흘려가며 개발한 고객만족서비스 교육프로그램의 기획, 강의, 고객만족 우수사례집 발간은 대학의 '산학협동서비스 강사과정'의 프로그램으로 채택되어 후배들의 학점이수를 위한 현장프로그램이 되기도 했다.

　　그런 그녀에게 새로운 도전이 시작된 것은 (주)에이블씨엔씨의 미샤 서비스교육팀에서였다.

그녀가 맡은 일은 고객만족 서비스교육프로그램 개발과 강의, 고객서비스 현장클리닉 운영으로 여기서 그녀는 명성을 날리게 되었다.

그녀는 현재 삼성제일모직교육센터에 근무하면서 CS교육기획 및 강의, 고객서비스 현장클리닉 운영, 교육프로그램 개발 등을 맡아 여전히 분주하고 보람 있는 직장생활을 하고 있다. 이처럼 CS교육의 유명강사가 된 동기는 소비자학을 전공하면서 교직을 이수한 후 이 두 가지 전문성을 결합한 진로로서 자신의 적성에 맞는 진로를 발견한 것이다.

그녀는 오늘도 CS전도사로서의 매일을 시작한다. 대한민국의 모든 기업이 CS를 달성하는 그날까지…. 그리하여 소비자와 기업이 함께 웃으며 상생하는 그런 미래사회를 위해 노력하는 그녀의 모습이 정말 아름답다.

## 2. 고객지향에서 더 나아가 고객가치창조로

### 1) 고객지향성의 의미

고객이란 기업측에서 보면 기업이 만들어 공급하는 상품과 서비스를 구매해 주는 손님이다. 즉 기업에 있어서는 기업의 정상적 영업을 유지하게 해주는 존재이다. 고객지향이란 바로 이와 같이 기업이 고객을 대상으로 고객이 추구하는 바를 만족시켜 주는 행위이다.

고객지향이란 '소비자가 추구하는 바'에 충분하게 대응할 수 있는 것으로 소비자가 추구하는 바를 충족하게 할 수 있는 무엇인가를 갖춘 실체로서의 상품이 전제가 되어야 하지만 고객지향이란 단순하게 고객이 추구하는 바를 좇아가는 것이 아니라 진정으로 고객의 뜻과 마음을 헤아려서 이를 바탕으로 상품이나 서비스를 제공하는 체제가 되어야 한다. 또한 고객의 입장을 생각만 하는 것이 아니라 실제로 고객을 위해 구체적인 실천을 함으로써 달성할 수 있는 것이다.

### 2) 내부고객과 외부고객

기업이 과거의 제조자 위주에서 고객지향적 위주의 사업으로 변화하면서 각각의 고객을 귀중한 자산으로 인식하며, 그러한 자산가치를 높이기 위해서 끊임없이 노력하고 있다. 종래에는 고객의 의미를 기업의 외부고객 또는 사외의 고객으로 인식하는 경우가 대다수였다. 그러나 사내의 고객, 특히 서비스기업의 현장종업원들을 대상으로 하는 **내부지향적 마케팅 활동**도 중요하다는 인식이 점차 증가하고 있다. 서비스 기업에서는 다수의 일선종업원들이 고객과 대면하며 서비스의 생산 및 판매활동을 벌이고 있다. 그러므로 서비스기업의 경영자는 자신의 견해 및 기업의 비전을 최종소비자에게 판매하기 이전에 현장에서 일하는 종업원에게 '판매'할 필요가 있는 것이다. 즉 기업은 외부고객에게는 상품을 판매하고 내부고객에게는 내부상품(interanl product)으로서의 업무를 판매한다.

따라서, 기업에게 있는 고객은 '내부고객(internal customer)' 과 '외부고객 (external customer)' 의 두 가지 범주인 것이다. '**내부고객**' 은 다른 사람이나 다른 부서로부터 산출물을 받아서 사용하는 직원들이다. '**외부고객**' 은 '유통경로 중간상' 과 '최종소비자' 등의 두 부류로 나눌 수 있다. 하지만 경로 중간상은 고객만족 프로그램에서 종종 무시되어 왔다. 분명 권한이 소비자 쪽으로 이동하기 때문에, 특히 소비자와 밀접한 관계를 갖는 경로 구성원이 보다 많은 권한을 갖게 되었다. 최종소비자는 통상적인 의미에서의 외부고객이다.

### 3) 고객지향적 사고

내부고객에게도 외부고객이 받는 수준의 존경심과 관심을 갖고 대해야 한다는 것이 내부고객 개념의 중점이다. 어떤 기업이나 사업부에서는 기업 내의 인사이동으로 인해 매출의 상당부분이 증가하기도 한다(고객가치창조). 이러한 내부고객을 만족시키는 일은 중요하다. 기업 내부의 종업원은 최초의 고객 또는 일차적 시장으로 그들에게 서비스 마인드나 고객지향적 사고를 심어 주어야 한다. 만약 종업원이 자사가 제공하는 서비스 품질이나 그들의 역할이 중요하다고 생각하지 않는다면 고객에게 성심성의껏 봉사하려는 마음을 갖지 않을 것이다. 그러므로 기업은 종업원을 고객으로 보고 더 많은 성과를 내도록 만족할 수 있는 업무여건을 조성하는 것이 필요하다.

내부고객이 점차 중요해지고 있는 것은 오늘날 치열한 경쟁으로 인해 기업 내 사람의 중요성이 다시 커졌기 때문이다. 송래 산업화 시대에서 서비스경제로의 이행이 일어나고 있으며, 제조업 사고방식에서 서비스 노하우 중시로 바뀌고 있다. 거의 모든 산업에 걸쳐 서비스가 중요해짐에 따라 이제는 기업의 중요한 강점이 원재료, 생산기술, 제품자체가 아니라 잘 훈련된 서비스지향적 종업원으로 바뀌어 가고 있다. 한 고객에게 서비스를 제공하는 데에는 많은 종업원들이 직·간접적으로 참여하고 있는데 이들의 기술, 고객지향성, 서비스 마인드가 고객이 받는 서비스 품질에 결정적인 역할을 한다.

---

**✿ 고객만족경영을 위한 새로운 아이디어들**

1. 팀제운영 : 팀워크와 조직내 의사소통을 향상
2. TQM : 개인이나 팀이 제품과 서비스 품질에 대한 책임
3. 집단실적급제 : 급여단계의 단순화로 직원유연성 향상
4. 리엔지니어링 : 효율적으로 제품과 서비스를 생산할 수 있도록 업무과정을 재조직
5. 직원/팀의 권한 강화 : 하급자에게 부여된 재량권의 범위를 확대
6. 능력급제 : 직원의 능력향상에 따라 급여를 인상
7. 직원몰입 : 기업운영에 대한 직원들의 참여를 확대
8. 동반자적 경영 : 기업의 이익을 직원의 이익으로 연결시키는 제도 마련
9. 승진기회 제시 : 직원의 발전을 위한 훈련과 개발 프로그램을 제공
10. 다양성 관리 : 다양한 종류의 인종, 장애인, 성별, 연령, 문화 등을 통합할 수 있는 프로그램 개발
11. 실적급제 : 직원이 창출한 부가가치에 비례하여 보너스 급여를 지급
12. 직무충실화 : 직원이 수행할 직무의 폭과 기회를 확대(세계최고의 고객만족경영)

---

### 4) 고객가치창조

고객이란 기업측에서 보면 기업이 만들어 공급하는 상품을 사 주는 손님이며, 자신의 효용을 충족시킬 수 있는 상품을 추구하는 손님을 뜻한다. 따라서 고객이란 기업에 있어서는 기업의 정상적 경영을 유지하게 해주는 존재이다. 고객지향이란 바로 이와 같이 기업이 고객을 대상으로 고객이 추구하는 바를 전제로 고객을 향해 표출하는 행위라고 할 수 있다.

일반적으로 영업이나 판매활동에서 고객지향이라고 하는 것은 기업이 소비자로부터 긍정적 반응이 기대되는 상품을 생산하고 공급하는 것이라는 정도로 이해해 왔다. 그러나 고객지향이란, 달리 표현한다면 '소비자가 추구하는 바'에 충분하게 대응할 수 있는 것이다. 따라서 소비자가 추구하는 바를 충족케 할 수 있는 무엇인가를 갖춘 실체로서의 상품이 전제가 되어야 한다.

고객지향이란 단순하게 고객이 추구하는 바를 좇아가는 것이 아니라 진정으로 고

# 고객만족경영의 실제

학번 :                 이름 :                 제출일 :


1. 자신이 고객만족경영을 추진하고자 하는 회사의 CEO라고 가정하고 고객만족을 위한 서비스헌장을 만들어보자.




2. 고객만족경영을 추진하고자 할 때 예상되는 어려움은 어떤 것들이 있을까? 우선순위별로 3가지만 지적해 보자.




3. CEO로서 고객만족 경영을 위해 관리자에게 요구되는 능력은 어떤 것들이 있어야 하는지 다섯 가지를 순서대로 적어보자.




4. 고객만족 성공사례기업이나 공공기관 또는 NGO 등을 찾아 사례연구를 해보자.

객의 뜻과 마음을 헤아릴 줄 알고 이것을 바탕으로 상품을 제공하는 체제가 되어야 한다. 따라서 생산자와 소비자가 함께 상품이나 서비스를 기획하고 생산하는 프로슈머의 관점에서 고객의 가치를 존중해야 하는 것이다. 즉 고객지향이란 고객의 입장을 생각하는 것만으로는 고객에게 전달되는 진정한 의미에서의 고객지향을 실천할 수 없다. 이념만이 아니라 실제 이것을 구체적으로 실천하고 고객이 원하는 서비스나 상품으로 생산되어 생산자와 소비자가 함께 win-win이 될 수 있도록 함으로써 달성할 수 있는 것이다.

# 고객만족창조를 위한 고객서비스

## 1. 서비스의 특징

### 1) 서비스의 정의와 유형

서비스란 남에게 도움이 되는 일(행위)을 제공해 주는 것이라 할 수 있다. 서비스를 함에 있어 남에게서 바라는 대로 남에게 해주는 것이 진정한 서비스이며, 내가 하고 싶지 않은 것을 남에게 시키지 않는 것이 진정한 서비스의 정신이다. 실제로 서비스란 용어는 다양하게 사용하게 되는데 서비스를 의미에 따라 유형화 해보면 다음 네 가지로 분류할 수 있다.

#### ■ 이타적(정신적) 서비스

자신의 이익을 생각하기에 앞서 먼저 고객, 즉 다른 사람에 대한 공헌을 중시하고 그 결과로써 서비스를 제공한 사람이 이익이나 만족과 같은 보수를 얻을 수 있는 서비스로 이는 모든 일의 기본 정신이 된다.

### ■ 희생적 서비스

어떤 상품을 무상으로 준다든가, 아주 값싸게 판다든가 하는 기업의 희생적 행위에 의한 서비스로 우리나라의 경우 흔히 소비자는 서비스라고 하면 희생적 서비스만을 생각한 나머지 서비스는 공짜라고 생각하는 경향이 있다.

### ■ 업무적 서비스, 용역 · 기능적 서비스

오늘날 중심 과제가 되고 있는 서비스다. 즉 상품과 마찬가지로 대가의 대상이 되고 있는 형태 없는 상품으로서의 서비스다. '서비스 사회가 왔다' 라는 내용에 쓰이고 있는 서비스는 이 대가의 대상이 되는 업무적 서비스를 의미한다. 최근의 산업구조는 생산직보다는 서비스직으로 급격하게 변화하고 있는데 업무적 서비스직이 증가하고 있기 때문이다.

업무적 서비스에도 개인을 위한 서비스(가정일 대행, 아기 돌보기), 특별한 훈련을 필요로 하는 개인을 위한 서비스(직장인 점원, 수리, 보수서비스, 의료, 교육, 행정서비스), 사업소를 대상으로 하는 서비스(법률/회계사무소, 금융기관, 보험회사, 부동산업, 광고업, 각종대행업자), 일반소비자를 대상으로 하는 서비스(항공회사, 여행업자, 호텔, 렌터카, 오락레저산업), 하이테크기업을 대상으로 하는 서비스(컴퓨터 프로그래머, 마케팅 컨설턴트, 리서치 등)로 분류할 수 있다.

### ■ 태도적 서비스

서비스를 제공하는 사람의 태도로 나타나는 서비스, 대가의 대상이 되는 업무적 서비스에 부수되는 또는 보완하는 서비스, 즉 업무적 서비스를 제공할 때의 윤활유와 같은 작용을 한다.

## 2) 서비스의 특성

서비스는 일반 상품과 다른 점이 많다. 즉 서비스는 형태가 없으며 저장이 안된다. 노한 서비스는 한 번밖에 할 수 없으며, 일단 한번 받은 서비스는 원래 상태대로 환원될 수도 없다. 따라서 서비스의 질은 사전에 알 수가 없다.

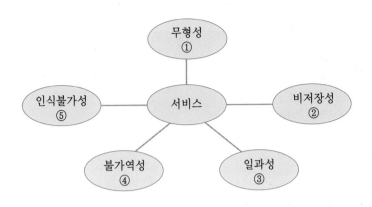

| 특 징 | 내 용 |
|---|---|
| ① 서비스는 형태가 없다. | 서비스는 제품처럼 일정한 장소에 놓아 둘 수 없다. |
| ② 서비스는 저장이 안된다. | 서비스는 생산과 소비가 동시에 일어난다. 예를 들면 우리가 미용실에서 머리를 하는 경우 미용실의 입장에서 보면 이것은 생산이지만 고객의 입장에서 보면 소비인 것이다. |
| ③ 서비스는 한 번밖에 할 수 없다. | 생산과 소비가 동시에 이루어지면서 서비스라는 과정이 종료되므로 복사가 안된다. 레스토랑에서의 서비스 또는 슈퍼마켓 등에서의 서비스, 이들 서비스의 가치는 고객이 매장을 떠나는 것과 동시에 소멸된다. |
| ④ 한번 받은 서비스는 원래 상태로 환원될 수 없다. | 한번 불쾌한 서비스를 받았다고 해도 그것이 잘못되었다고 환원될 수 없다는 것이다.<br>예를 들면 결혼식장에서 불쾌한 서비스를 받았다고 해서 이것을 되돌려 다시 할 수 없다. |
| ⑤ 사전에 서비스의 질을 알 수 없다. | 서비스는 무형이며 저장이 되지 않고 매번 서비스가 복제될 수 없기 때문에 사전에 서비스의 질을 알기 어렵다. |

그림 7-1  서비스의 특성

## 2. 서비스의 품질

### 1) 서비스품질의 평가

고객서비스의 질을 평가하는 데는 다양한 요인이 작용한다. 서비스는 무형성, 비저장성, 일과성 등 고유의 특성을 가지고 있으므로 이의 품질을 평가하는 것은 쉽지 않으나 서비스의 질을 평가하는 일반적 기준을 살펴보면 다음과 같다.

**표 7-1** 고객이 서비스 품질을 평가하는 10가지 차원

| 차 원 | 정 의 | 사 례 |
|---|---|---|
| ① 신뢰성 | 서비스성과의 신뢰성과 일관성 서비스를 수행하고, 약속을 지키는 것 | 계산은 정확히<br>정확한 기록의 유지<br>예정된 시간에 서비스실행 등 |
| ② 반응성 | 종업원의 서비스제공의지/ 준비성, 서비스제공의 적시성 | 거래전표의 즉시우송<br>고객에게 즉시 응답전화<br>신속한 서비스제공(예, 즉시 약속을 정함) |
| ③ 역량 | 서비스 수행에 요구되는 기술과 지식의 보유 | 고객접촉직원의 지식과 기술<br>영업지원직원의 지식과 기술 |
| ④ 접근가능성 | 접촉의 용이성 및 접근 가능성<br>• 쉽게 전화서비스에 접근(전화시 통화중이 아니며 기다리지 않게 함) | 서비스를 받기 위해 기다리는 시간이 길지 않다 (예: 은행)<br>• 서비스 제공의 편리한 시간(예: 직장인을 위한 야간업무)<br>• 서비스 시설의 편리한 위치(예: 백화점이나 할인매장에 은행의 현금서비스기 설치) |
| ⑤ 예의 | 고객을 대하는 직원의 예의, 존경, 배려, 우호 포함(판매원, 상담원 등) | 소비자의 재산 관리에 대한 배려<br>고객대면직원의 깨끗하고 단정한 용모 |
| ⑥ 커뮤니케이션 | 고객이 이해할 수 있는 언어로 서비스 내용을 설명, 즉 기업이 다양한 수준의 고객에 맞는 언어로 의사소통하는 적응능력의 보유, 교육수준이 높은 고객에게는 높은 수준으로, 초보자에게는 알기 쉽게 설명 | 서비스 자체의 설명<br>서비스 적용시 드는 비용 설명<br>서비스와 비용 사이의 상반관계 설명<br>문제처리에 대한 고객 확신 |
| ⑦ 신용도 | 신뢰성, 믿음, 정직 등을 포함. 고객에게 진심으로 관심을 보임. 신용도에 공헌하는 요인은 사례와 같음. | 기업명<br>• 기업의 평판<br>• 고객 대면 직원의 개인적 특성<br>• 고객과의 상호작용시 호의 정도 |
| ⑧ 안전성 | 위험, 위기, 의심으로부터 자유로움 | 육체의 안전<br>재정적인 안전<br>비밀성(회사 기밀에 대해 다룸) |
| ⑨ 고객의 이해 | 고객의 욕구를 이해 | 고객의 특별한 요구조건 인식<br>개인적인 관심<br>단골고객의 파악 |
| ⑩ 유형성 | 서비스에 대한 실체적 증거 | 실체적 시설<br>직원의 외양<br>서비스 제공시 사용된 설비 및 기구<br>서비스의 실체적 제시(신용카드, 은행 거래증서) |

자료 : A. Parasuraman et al., 1985

## 2) 서비스 품질모형

서비스 품질의 결정요인 외에도 서비스의 품질을 판단하는 것은 제공하는 자와 받는 자 사이의 기대와 실제인식의 차이(gap) 때문이라고 지적한 학자들이 있다. 파라수라만, 자이트함, 그리고 베리(1985) 등의 서비스 품질모형 연구에서 제시한 서비스 제공에서 문제를 야기시킬 수 있는 다섯 가지의 주요 문제의 차이를 소개하면 다음과 같다. 이들 차이는 서비스의 애매모호한 본질과 생산자와 고객 간의 서로 다른 지각과 기대 때문에 생긴다고 한다. 각각의 문제 차이가 크면 클수록 서비스 품질은 저하된다. 이 차이를 줄인다면 서비스 품질은 증가할 것이다.

**표 7-2** 서비스품질의 차이가 생기는 원인과 이유 그리고 처방

| 서비스 품질의 차이 분류 | 원인과 진단 | 처 방 |
|---|---|---|
| 이해 차이 | • 고객의 기대에 대한 기업의 인식부족, 고객만족 조사가 충분치 못할 때 발생<br>• 가장 심각한 원인 | • 좋은 질적조사와 양적조사를 해야 함 |
| 과정 차이 | • 고객이 기대하는 바가 운영절차나 시스템에 전달되지 못함<br>• 계획 및 설계의 차이 | • 품질기능개발(Quality Funtion Development:QFD)의 경영기법을 활용<br>• 고객의 소리를 듣고, 그에 대해 기업이 행동할 것을 확산 |
| 행동차이 | • 직원들이 구체적 서비스와 다르게 서비스를 제공하는 것<br>• 실행 갭(implementation gap)<br>• 빈약한 훈련, 빈약한 동기부여, 소외된 종업원이 행동문제의 징후<br>• 인적자원을 다루는 경영자의 무능에서 비롯됨 | • 종업원이 능력을 발휘할 수 있도록 권한을 부여해야 함<br>• 권한 이양은 경영상의 기법이 아니라 기업문화에서 우러난 철학이므로 권한 이양은 기업의 장기적 성공과 반응적 기업이 되기 위한 필수적 특성임 |
| 촉진 차이 | • 실제 제공되는 서비스와 다르게 촉진하는 것<br>• communication gap<br>• 잘못된 촉진캠페인, 과장선전, 그리고 단기적 경영은 경영에 치명적 영향을 줌<br>• 고객의 기대는 유사제품에 대한 고객의 지식과 경험, 동료집단의 구전커뮤니케이션에 의해 영향을 받음 | • 서비스 제공에 대한 고객의 기대를 정확히 만드는 것임<br>• 경쟁사의 서비스 성과능력은 고객에게 준거의 틀과 대안을 제공하므로 기업은 서비스능력과 성과에 관해 정직하고 정확한 커뮤니케이션을 해야 함 |
| 서비스품질 차이 | • 서비스에 대한 고객의 기대와 실제 제공된 서비스에 대한 고객의 인식에 차이가 나는 것임<br>• 이를 실제 갭(reality gap)이라고 함<br>• 위의 4가지 gap이 줄어든다면 제 5의 갭은 자동적으로 생기지 않음 | • 앞의 모든 갭이 줄어든다면 서비스 제공 시스템은 최소수준의 성과로 고객의 기대를 충족시킬 수 있음 |

## 3. 고객접점의 중요성과 고객상담

고객지향의 마케팅 전략을 구사하는 기업에 있어서 고객상담부서는 매우 중요한 부서가 된다. 그 이유는 고객 상담부서야 말로 고객접점의 최전방에 있는 부서이기 때문이다.

### 1) 고객접점

고객접점(moment of truth)이란 고객과 기업 간에 이루어지는 커뮤니케이션의 순간을 말한다. 이 접점은 자신과 아주 가까운 곳에 무수히 존재한다. 고객은 이들 접점을 통해서 기업이 제공하는 상품 또는 서비스가 과연 구입할 만한 가치가 있는지를 검토하게 된다.

고객의 입장에서 커뮤니케이션 접점은 가치판단의 중요한 순간이다. 따라서 이 접점이 잘 이루어지는가 아닌가에 따라 고객의 의사가 결정된다. 이는 기업에만 해당되는 것이 아니라 모든 생활자들이 생활하면서 무수히 경험하는 것이다.

### 2) 고객접점부서로서의 고객상담실의 역할

기업은 고객과의 접점에서 불만족을 주게 되면 고객을 그 단계까지 유치하기 위해 지출한 노력과 비용 모두가 물거품이 되고 마는 엄청난 손실을 가져오게 된다. 뿐만 아니라 그 고객 한 사람을 잃는 것으로 끝나지 않고 불쾌했던 경험을 주변사람에게 전파함으로써, 기업이나 제품이미지를 손상시킨다. 따라서 고객접점부서의 최전방에 배치된 고객상담실의 역할은 기업의 이미지를 대변하고 커뮤니케이션의 결정체 역할을 하는 지점이다.

과거 고객서비스의 핵심요소는 고객불만에 대한 처리였다. 고객의 불만을 잘 처리하면, 고객 유지율을 증가시켜 이윤을 높일 수 있고, 좋지 않은 평판을 미리 막을 수 있고, 소송 등으로 인한 법적 비용을 줄일 수 있고, 해결되지 않은 고객의 불만으로 회사에 불필요한 긴장을 유발할 수 있는 시간을 절약할 수 있으며, 마지막으로 경영진이 유용한 정보를 얻을 수 있기 때문에 그 어떤 고객서비스보다도 중요하다고 할 수 있었다(Williams 저, 송인숙 · 김경자 역, 1999:15).

그러나 최근 들어 고객서비스가 고객불만 처리만은 아니라는 주장들이 대두되고

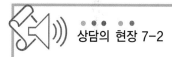
## 기업과 소비자의 다리 역할

(주)이너스 커뮤니티(아줌마 닷컴)의 황상윤 이사(brand@azoomma.com,
aml@wommarketing.net)

황상윤 이사는 소비자학 전공이 아줌마닷컴이라는 사이트를 창립하고 키워
나가는데 매우 중요한 기반이 되었다고 말한다.

컨텐츠를 생산하여 소비자에게 일방적으로 주려고 하지 않고, 그들의
이야기를 먼저 듣고 그들이 스스로 콘텐츠를 생산하고 관계를 형성해나
가도록 기반을 마련하려고 노력하였고, 그러한 마인드와 전략이 100만
명의 주부회원을 가진 대한민국 최고의 기혼여성 사이트를 만들게 했다.

아줌마닷컴은 2000년 인터넷이 활발하게 보급되던 초기 문의 게시판을
비공개로 운영하던 시절에 오픈게시판을 운영하며 유저들과의 대화를 나누었
고, 이를 통하여 더 깊은 소비자들의 욕구와 마음을 알게 되고, 지속적인 발전을 하는 데 큰 도움이 되
었다.

이러한 운영정책과 마인드를 토대로 아줌마닷컴은 기업과 소비자들의 원활한 커뮤니케이션을 도
와 서로 이익이 되도록 하는 일을 하게 하는데 충분했고 이는 Advantage Marketing Lab.(AML)이 존재
하는 배경이다. AML에서는 제품과 서비스의 사전체험과 정량/정성조사 등을 통한 광고 메시지 및 컨
셉트 발굴을 하여 기업과 소비자들의 대화의 다리역할을 하고 있으며, 아줌마닷컴 소비자 모니터센터
의 회원들에게 패널 및 조사자로서의 활동기회를 제공하여 시너지를 내고 있다.

또한 브랜드 커뮤니티 운영을 통해 소비자와 기업의 쌍방향 커뮤니케이션을 돕고 부가가치를 창출
하고 있으며, 국내 최초로 Word of Mouth Marketing 을 사업화하였으며, 해외 WOM마케팅협회에서
도 국내사례 발표를 하는 등 활발한 활동을 선보이고 있다.

이러한 다양한 영역에 대한 시도와 노력으로 새로운 분야를 개척하는데 있어서 소비자지향적 마인
드를 강조한 소비자학 분야의 선두주자임을 자타가 공인하는 결과로 제1회 2006년 KCOP인 상을 수상
하였다.

그녀는 소비자학 전공 후배들에게 강의할 기회가 있으면 언제나 '무슨 일을 할 수 있느냐가 아니라
내가 잘 할 수 있는 일로서 사회가 필요로 하고 이익이 되는 일이 무엇일까를 생각하면 여러분도 어떤
일이든 만들수 있다' 고 하며, 이러한 마인드로 직장에서 업무수행을 하게 되면 그 미래는 남다를 것이
라고 이야기한다. "소비자학 전공자 여러분! 당신들의 미래는 당신의 세상을 바라보는 관심, 노력, 열
정에 달려 있습니다."

있다. 고객서비스는 일반적으로 자사의 제품이나 서비스를 구매한 고객들을 대상으로 구매 이후 발생하는 서비스 요청에 대해 처리해 주는 기능을 의미했지만 최근에는 현재고객이 아닌 모든 잠재고객들까지 포함하여 고객이 요청한 불만이나 클레임 제기, 혹은 제품·서비스에 대한 문의까지 처리해 주는 포괄적인 고객접점업무를 포함한다. 따라서 고객서비스 부서는 고객과의 상호작용이 가장 활발하게 이루어지는 고객접점기능을 하기 때문에 기업의 CRM 전략이 가장 효과적으로 수행될 수 있는 채널로 새롭게 부각되고 있다(김형수, 김형걸, 박찬욱, 2009).

기존 고객서비스와 CRM 중심의 고객서비스의 특징을 정리하면 다음과 같다.

**표 7-3** 기존 고객서비스와 CRM 중심의 고객서비스의 특징

|  | 기존의 고객서비스 방식 | CRM 중심의 고객서비스 |
|---|---|---|
| 고객서비스에 대한 관점 | 돈이 듦, 가급적 줄여야 할 난제로 취급 | 향후 큰 부가가치를 이룸, 중요한 기회로 인식하여 적극적인 대처가 필요함 |
| 고객서비스 부서의 형태 | 기능적 지원부서 | CRM 전략의 핵심부서 |
| 고객지향성의 정의 | 친절하고, 상냥한 태도 | 친절 + $\alpha$ (친절함,개인적 공감대, 문제해결의 의지) |
| 서비스 담당자 | 비정규직, 저학력층 | 정규직, 학력에 무관 |
| 인바운드·아웃바운드구조 | 분업에 의한 업무 효율성강조 | 관리고객을 중심으로 통합(전담 상담원제 운영) |
| 부서의 형태 | 전면적인 아웃소싱 | 내부 조직으로 운영, 부분적인 아웃소싱 |
| 내부 프로세스와의 연계 | 방패막(shield)의 역할, 커뮤니케이션 관리가 주목적이므로 내부 업무와 연계 미흡 | 깔때기(funnel)의 역할, 관련된 각 부서에 효과적으로 연결, 체계적 VOC보고 체계 운영 |
| 업무할당 기준 | 무작위로 일정고객 수 할당 | 상담원에 따라 고정된 관리고객군 할당 |
| 성과평가 기준 | 처리콜 수 /상담콜 수 | 상담고객 만족도/관리고객군에 대한 신규고객 확보율/유지율/강화율 등 |

자료 : 김형수 · 김형걸 · 박찬욱, 2009, p.470

# 고객관계관리시스템

## 1. CRM시스템

### 1) CRM이란 ?

CRM(Customer Relationship Management)이란 고객을 발굴하고, 선정하고, 획득하고, 개발하고, 유지하는 모든 비즈니스 프로세스를 말하는데 기업의 입장에서 신규고객을 획득하고 기존고객을 유지하고 지속적인 커뮤니케이션을 통해 고객의 행동을 이해하고, 영향을 주기 위해 광범위한 접근을 하는 행위를 의미한다.

대부분의 기업에서는 이러한 고객관계유지는 영업, 마케팅, 고객서비스 및 고객지원 등의 영역에서 고객관리와 관련된 비즈니스 프로세스를 자동화 하고 개선시키는데 초점을 두는 솔루션 등을 개발하여 데이터를 축적함으로써 고객관계유지를 해결하고 있다. 따라서 고객관계관리시스템을 CRM이라고 하기도 한다.

**표 7-4** CRM의 발전 단계

| 시 기 | 발전 단계 | 발전 내용 |
|-------|-----------|-----------|
| 19세기 후반 | Direct marketing | 카탈로그 마케팅에서 시작<br>전문사업자 중심<br>무점포 유통망에서 시작<br>단기수익의 극대화가 목적 |
| 1980년대 중반 | Database marketing | 개별기업의 고리 수단<br>관계증진이 주목적<br>DB의 정보인프라로서의 역할: 마케팅믹스 전략수립의 토대로 사용 |
| 1990년대 중반 이후 | CRM | 캠페인 관리, 고객서비스, 영업 등 고객접점관리 영역의 강화<br>솔루션 등 IT의 적극적 도입<br>벤더, 컨설팅업체, SI업체 등의 역할 확대<br>유무선 인터넷 부문으로의 확장 |

## 2) CRM의 목적

이처럼 CRM이 중요해진 이유는 고객분석을 통해 마케팅전략을 효율적으로 할 수 있으며 고객의 성향을 파악하여 차별화된 맞춤서비스 제공을 통해 고객만족을 제고시킴으로써 고객유지율을 증가시킬 수 있다는 점 때문이다. CRM, 즉 캠페인을 통해 고객을 차별화하고 고객등급에 따른 차별화 전략구사를 통해 고객수익성을 향상시킬 수 있으며, 정교한 타케팅에 근거한 캠페인을 실현함으로써 시간 및 비용도 절감하고, 반응률을 높이는 등 고객수익성을 증대시키며 고객 평생가치에 근거한 지속적인 관계를 구축할 수 있다는 점이다.

이처럼 CRM이 중요하게 된 이유는 제품의 품질의 균질화로 인해 기업 간의 경쟁이 심화됨에 따라 신규고객을 창출하기가 어렵고 대중매체의 효율성이 떨어짐에 따라 신규고객 창출비용이 증가하고 또한 고객의 욕구가 다양화하고 개성화 되었기 때문이다. 따라서 기존고객이 상대적으로 중요해지고 개별고객 대상의 전략수립의 필요성이 증대하게 되었다. 또한 정보기술의 발전으로 정보기술을 이용한 고객정보의 수립, 축적, 분석이 가능해짐에 따라 개별고객 대상의 전략을 수립하고 일대일 커뮤니케이션을 통한 전략의 집행 및 피드백을 통해 우수고객을 발굴해 내는데 CRM이 중요한 역할을 하게 되었다.

## 3) CRM의 업무적 특성

- CRM 목적 : 고객 유지율의 제고를 통한 고객 평생가치의 극대화
- CRM 관련비용 : 시스템 구축 등 초기비용 20억, 인건비 포함 연간 운영비 5억
- 투자회수기간 : 5년

최고 경영진이 위와 같은 내용의 CRM 업무에 투자하겠는가? 대부분의 경우 대답은 'No' 이다. 왜냐하면, 첫째 투자에 대한 회수가 불확실하다고 생각하고, 둘째 회수에 대한 확신이 있더라도 5년씩 기다릴 수는 없기 때문이다. 대부분의 경영신 임기가 2~3년이고 또한 반기별·연도별로 평가를 받아야 하는데, 좋은 평가를 받고 임기를 연장하기 위해서는 영업 활성화와 같은 단기적 성과가 더욱 시급하기 때문이다. 따라서 CRM은 단기적으로는 비용만 증가시킬 뿐이라는 인식을 가질 가능성이 높다.

그러나 많은 CRM 전문가들은 CRM은 단기적 수익 관점에서 보면 안 되고 조직의 인프라로, 즉 전산이나 기획부서처럼 필수적 부서이지 투자수익률(ROI: Return On Investment)을 기준으로 존재가치를 논할 부서가 아니라고 주장한다. 그러나 이런 주장이 우리나라에서 현실적으로 설득력을 가지기는 쉽지 않다. 따라서 CRM이 정착하려면 장기적 효과와 함께 단기적 효과도 얻을 수 있어야 한다. 이를 위해 CRM 시스템의 업무적 특성에 대해 살펴보기로 한다.

**표 7-5** 광고와의 비교를 통한 CRM의 업무적 특성

|  | 광 고 | CRM |
|---|---|---|
| 수단 | 세분화 마케팅 실천을 위한 주요 수단 | 고객과의 일대일 마케팅지향 수단 |
| 집행과정 | 회사 내 광고 집행 결정 → 광고대행사 선정 → 조사회사를 통한 브랜드 인지도나 호감도 설문조사 → 광고시안 → 광고주의 결정 | CRM부서는 스스로 실적을 내는 부서가 아니므로, 고객접점부서 소속 직원들이 고객지향적 마인드를 갖지 않으면 매출증대나 서비스 질 제고 등의 성과 불가능 → CRM부서만이 아닌, 고객접점 모든 직원의 노력 필요 |
| | 직원이 수만 명이라도 유능한 광고담당직원 한두 명만 있으면 훌륭한 광고를 만들어낼 수 있음 | |
| 부서관계 | 외부적으로 광고대행사와 협업, 내부적으로 다른 부서와 독립적으로 업무 수행 | 다른 부서 직원들과 협업을 통해서만 그 성과가 나타남 |
| | 육상과 같은 개인 업무 | 축구, 야구와 같은 단체 업무 |

**표 7-6** 세분화 마케팅과의 비교를 통한 CRM의 업무적 특성

| 세분화 마케팅 | CRM 마케팅 |
|---|---|
| • 고객을 집단으로 인식<br>• 전체시장을 세분화하고 이 중 특정시장 선택, 세분시장에 적합한 마케팅 전략을 기획하고 실행<br>• 특정 세분시장에 속해 있는 고객들의 평균적인 욕구가 무엇인가를 중심으로 마케팅 전략 수립, 실행 | 고객을 개인으로 인식 |
| • 사례 : SKT의 TTL서비스는 18~24세 소비자를 대상으로 만들어진 이동통신서비스로, 이 연령대 소비자들이 평균적으로 어떠한 내용의 이동통신서비스를 원하고 있는가를 중심으로 구성 | • 사례 : SKT의 TTL회원고객 중 사용액 많은 고객들을 선별하여 우수고객으로 지정하고 이들과 우편, 전화, 이메일, SMS 등으로 개별적 커뮤니케이션을 유지하면서 여러 혜택을 부여하는 활동과 사용실적이 떨어지는 고객들을 대상으로 다른 이동통신회사로의 이탈 방지를 위한 활동 전개 |

**표 7-7** CS와 CRM의 비교를 통한 CRM의 업무적 특성

| 비교 | CS 관점 | CRM 관점 |
|---|---|---|
| • 서비스에 있어 고객에 따른 '차별화'의 개념<br>• 서비스 질 향상의 의미 | • 없음<br>• 모든 고객들에게 제공되는 서비스의 전반적 수준 향상을 의미 | • 있음<br>• 기여도가 높거나 높을 것으로 예상되는 고객에게 제공되는 서비스의 질 향상을 의미 |

따라서 어느 기업이 우수고객에 대한 서비스 질을 높이면서, 평균적인 서비스 질을 낮추었다면(예: 은행에서 각종 수수료를 대폭 인상하면서, 동시에 VIP고객들에 대한 혜택을 강화했다면), CS 관점에서 서비스 질이 저하된 것이지만 CRM 관점에서는 반드시 그런 것은 아니다.

**표 7-8** 다이렉트 마케팅, 데이터베이스 마케팅과의 비교를 통한 CRM의 업무적 특성

| | 다이렉트 마케팅 | 데이터베이스 마케팅 | CRM |
|---|---|---|---|
| 등 장 | 1880년대 중반(미국) | 1980년대 중반(미국) | 1990년대 초반(미국) |
| 개 념 | 기업과 고객이 물리적 유통망을 거치지 않고 직접 거래관계를 형성하는 마케팅<br>(예: Dell Computer, 카탈로그 마케팅회사(이상 미국), 통신판매회사, 다음 다이렉트 자동차보험(이상 한국)) | 고객정보를 데이터베이스화하고, 이를 바탕으로 고객과의 장기적 관계 구축을 위한 마케팅 전략을 수립·집행하는 활동으로 정보기술이 마케팅의 핵심적 도구로 자리 잡기 시작 | 데이터베이스 마케팅이 활성화되면서 시스템 구축관련 비즈니스가 급속히 성장, 이런 기업들이 탄생시킨 용어로 분석 CRM, 운영 CRM, 협업 CRM으로 구분. 그러나 데이터베이스 마케팅과 차이가 없다고 보는 견해도 다수임 |
| | | | 차세대 마케팅정보시스템: 고객데이터 통합과 고객접점채널의 통합으로, 고객이 어떤 채널을 통해 회사와 접촉하든 고객접촉 이력이 데이터베이스화되고 이것이 전사적으로 공유됨으로써 고객과의 커뮤니케이션에 있어서 명실공히 회사가 통합되는 것 |
| 비 교 | • 단기적 판매 강조<br>• 판매채널 개념 강조<br>• 특정 업종에서 실행 | • 장기적 관점의 경쟁력 강화를 위한 고객관계 구축에 초점<br>• 평생고객가치 강조<br>• 업종 구분없이 도입 | |
| | | 데이터베이스 분석에 치중 | 데이터베이스 분석 및 고객과의 접점 관리 등 실행 분야도 포함 |

## 4) CRM 시스템의 구성

데이터베이스 마케팅이 주로 데이터베이스 분석에 치중되어 있는 반면, CRM은 데이터베이스 분석뿐만 아니라 고객과의 접점관리 등 실행분야도 동시에 포함하고 있는 보다 포괄적인 개념이다. 따라서 CRM은 다음과 같이 분석 CRM, 운영 CRM, 협업 CRM으로 구성되어 있으며 각각의 주요 업무 내용은 다음과 같다.

### ■: 분석 CRM

① 고객 및 비즈니스 분석을 통해 고객응대 전략을 수립하는 과정
② 고객중심의 데이터베이스 구축(DW: Data Warehouse)
③ 고객데이터의 수집(ETL: Extraction, transformation & loading)[1]
④ 고객가치 및 비즈니스 성과 분석(OLAP: On-Line Analytical Processing, 데이터 마이닝)
⑤ 고객응대 전략 및 룰의 수립

### ■: 운영 CRM

① 고객응대 프로세스를 관리하는 과정
② 마케팅 자동화(캠페인 관리)
③ 세일즈 자동화(SFA: Sales Force Automation)[2]
④ 서비스 자동화(contact센터)

### ■: 협업 CRM

① 접촉 채널별로 고객과의 상호작용을 관리하는 과정
② 전화(CTI: Computer Telephony Integration), 지점/파트너, DM(Direct Mail) 등의 전통적 채널

---

1) 다양한 운영계시시스템으로부터 필요한 데이터를 추출하여 변환작업을 거쳐 타겟시스템으로 전송 및 로딩하는 모든 과정을 말한다.
2) 영업사원들의 생산성 향상을 위한 솔루션으로 일정관리, 주문 및 재고 파악, 시장정보 및 고객분석 정보검색 등 다양한 기능을 가지고 있으며, 최근에는 PDA와 같은 단말기를 이용한 SFA가 적극 도입되고 있다. 예를 들어 보험설계사가 모바일 단말기를 통해 고객정보를 검색함으로써 고객의 질문이나 서비스 요청, 보험료 산정 등에 보다 신속하게 대응할 수 있으며 이를 통해 자신의 생산성 향상은 물론 고객에게 제공하는 서비스 질의 향상을 이룰 수 있다.

③ 웹/이메일 채널(eCRM)

④ 모바일 채널(mCRM)

## 2. CRM 업무수행 방법

### 1) CRM 추진방법

CRM 추진방법은 단기 업무와 장기 업무로 나누어 볼 수도 있고, 전면적 도입과 단계적 추진으로 나누어 볼 수도 있다. 단기 업무와 장기 업무는 다음 표와 같이 구분할 수 있다.

그리고 전면적 도입은 회사업무 전반을 대상으로 한꺼번에 CRM을 도입하는 것인데 반해, 단계적 도입은 회사업무 일부만을 대상으로 CRM을 도입하고 그 성과에 따라 타 부문으로 확산시켜 나가는 방법으로, 전면적 도입에 비해 CRM을 통해 수행되어야 하는 업무성격이 분명하므로 성공확률이 높고 비용부담도 적다. 구체적으로 어떤 업무가 단기적인 성과면에서 유리할 것인가는 업종이나 회사의 상황에 따라 매우

**표 7-9** 단기 CRM과 장기 CRM의 구분

| | 단기 CRM | 장기 CRM |
|---|---|---|
| 업무 성격 | 현업 부서의 매출 증대에 바로 기여할 수 있는 업무 | 단기적 매출 증대로 직접 연결되지 않지만, 현업의 전략의 질을 제고시키거나 고객기반/정보기반 등을 튼튼히 하는 데 기여할 수 있는 업무 |
| 업무 내용 | • 고객에게 추가적인 제품 및 서비스 판매 캠페인의 정기적 실행<br>• 현업 업무 대행으로 현업부서의 생산성 향상에 기여<br>• 현업의 문제를 컨설팅을 통해 해결 | • 우수고객 우대 프로그램의 기획, 실행<br>• 고객 및 시장 정보의 원활한 공급<br>• 고객데이터베이스 정비<br>• 고객접점 개선 |
| 사 례 | • 타겟을 통한 이탈방지 프로그램<br>• 로열티 프로그램(거래빈도 향상 프로그램)<br>• 3개월 이상된 카드고객의 상향판매 캠페인<br>• 만기고객 대상 재유치 캠페인 | • VIP 고객 대상 시비스 차별화 프로그램<br>• VIP 프로그램(전용창구, 무이자할부) |
| | • CRM 공감대가 없다면 단기 : 장기 = 80 : 20<br>• CRM 조직이 어느 정도 정착되면 단기 : 장기 = 50 : 50 | |

다양하므로 단기적으로 성과를 가장 뚜렷하게 나타날 수 있는 부문을 우선적으로 선정하는 것이 바람직하다.

### 2) 업종의 특성에 맞는 CRM 전개

CRM 전개에 있어서 중요한 것 중의 하나는 회사의 업종과 실정에 맞는 CRM을 전개하는 것이다. 각 업종별로 필요한 CRM 전략을 소개하면 다음과 같다.

① 은행 : 고객접점 증진방법과 고객접점에서의 고객편의성 증진방법
② 백화점 : 고객접점 채널이 많으므로 고객접점 증진보다는 고객접점에서 어떠한 정보를 얻을 것이고, 어떠한 제안을 할 것이며, 차별화 프로세스를 어떻게 정립

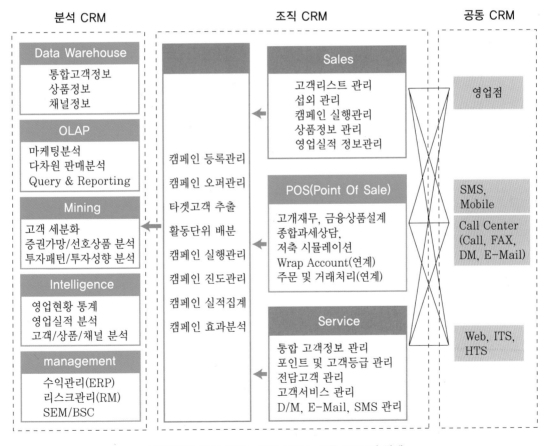

그림 7-2 분석 CRM, 조직 CRM, 공동 CRM의 관계

할 것인가를 고려

③ 카드사 : 상품이 단순하므로 고객에게 다양한 제안을 하기 위해 다양한 상품 개발

④ 제조업 : 제조 프로세스 위주이기 때문에 어떻게 하면 비용효율적인 생산을 할 것인가

## 3) CRM부서 직원의 자질

CRM의 핵심적인 주체는 고객접점 담당직원들이고 더 나아가서는 이들의 지원조직이지만, CRM부서 직원의 역할이 매우 중요하다. 우리나라 CRM이 활성화되지 못한 이유 중 하나는 CRM 전문인력의 부재로, 예를 들면 시스템 구축을 해도 데이터를 분석해서 현업에서 원하는 정보를 가져다 주지 못했다는 것이다. CRM부서 직원에게 필요한 자질은 기능적 자질과 인성적 자질로 나누어 볼 수 있는데 이를 자세히 살펴보면 다음과 같다.

### ■: 기능적 자질

CRM이 기능적으로 잘 수행된다는 것은 CRM에서의 폐쇄고리(closed loop), 즉 고객 데이터베이스의 축적→고객데이터의 분석→전략의 수립→전략의 실행→결과분석 및 피드백 과정이 끊이지 않고 선순환적으로 돌아간다는 것을 뜻한다. 따라서 유능한 CRM 직원이라면 이러한 선순환 과정을 성공적으로 수행할 수 있어야 하며, 구체적으로 요구되는 능력은 다음과 같다.

• **전략수립 능력**      기능적 자질 중 가장 중요한 능력으로 CRM 실행의 방향을 제시하는 것이다. 예를 들면 CRM 전략 중 가장 큰 비율을 차지하는 CRM 캠페인을 기획하는 것이다. 즉 어떤 내용의 캠페인을 언제, 누구에 의해, 어떻게 실행할 것인지 종합적으로 기획하는 것이다.

• **고객 데이터베이스 분석 능력**      무작정 분석하는 것이 아니라, 전략수립을 고려한 분석을 할 수 있어야 한다.

• **전략실행 능력**      CRM 전략의 실행은 CRM 부서에서 자체적으로 하는 경우도 있지만, 다른 부서나 외부업체에 의뢰하는 경우도 많다. 그러나 어떤 외부업체가 어떤 업무에 강점이 있고, 어떤 직원에게 맡기면 일을 성공적으로 수행할 수 있는지는 알아야 한다.

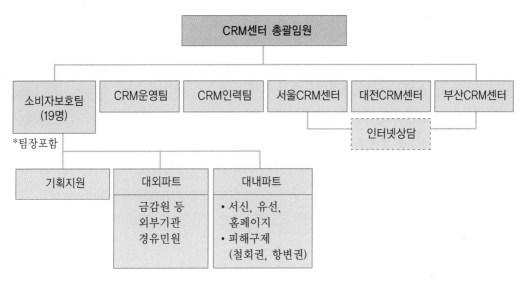

**그림 7-3** 삼성카드 CRM센터 조직도

자료 : 기업소비자정보, 2006. 7 · 8월호

### 인성적 자질

CRM부서 직원들은 다른 부서 직원들과 끊임없이 접촉하면서 업무를 수행해야 한다. 즉, 영업부서와 같은 현업부서와 공동으로 캠페인을 실행해야 하고, 전산부서의 협조를 얻어 시스템도 보완해야 하며, 콜센터와 협의하여 캠페인 실행 일정을 조율해야 한다. 따라서 적극적이고 포용적인 자질이 필요하다.

## 4) CRM 실행주체 및 타부서와의 관계

### 실행주체로서의 고객접점부서

성공적인 CRM의 수행을 위해서는 이를 실행하는 사람이 가장 중요하다. 그러나 우리나라의 CRM 도입 초기에는 CRM 핵심이 CRM시스템 구축이라는 인식으로 전산부서가 핵심부서로 인식되었고, 이는 CRM시스템을 실행부서들로부터 멀어지게 하여 CRM이 활성화되지 못하는 결과를 초래하였다. CRM은 고객과의 접점을 잘 관리함으로써 고객과의 관계를 강화하려는 활동이기 때문에, CRM 실행주체는 고객접점부서들과 이의 지원부서들이다. 그러나 CRM 실행에 있어서의 역할 비중을 구태여 따지자면 콜센터, 영업소 등과 같이 고객접점을 직접 담당하는 부서가 가장 핵심적인 CRM 실행주체라고 할 수 있다.

### CRM부서와 전산부서와의 관계

과거 전산부서의 전유물이었던 CRM 업무가 2000년대에 들어와서 CRM 활동은 시스템 구축을 중심으로 전개되어서는 안 되며, CRM 전략 실행위주로 전개되어야 한다는 생각이 주류를 이루게 되었다. 즉, CRM 전략의 수립과 실행을 담당하는 부서들이 CRM 활동의 주역이 되었다. 따라서 최근에는 전산부서와의 협업 차원을 넘어, CRM 부서에서 직접 시스템전문가를 채용함으로써 전산부서의 CRM 관련업무를 내부화 하는 경우도 등장하였다.

그러나 실질적인 CRM 활동은 고객접점관리 현업을 중심으로 이루어지기 때문에, CRM부서와 전산부서는 잘 협조해서 현업 지원을 충실하게 해야 한다. 그러나 서로에 대한 이해 폭을 넓히려는 노력을 기울이지 않고, 성과배분이 잘 되지 않기 때문에[3] 협조가 잘 이루어지지 않는 경향이 크다.

### CRM부서와 영업부서와의 관계

CRM부서의 존재가치는 고객과의 개별적 커뮤니케이션을 통해 회사의 매출이나 경쟁력 증진에 기여하는 데 있다. 따라서 CRM부서와 영업부서와의 협력은 CRM의 성공적인 수행을 위한 필요조건이며, CRM부서 직원들은 고객접점을 담당하는 현업 업무에 정통할 필요가 있으며, CRM시스템 구축과정에서도 영업부서와 같은 현업부서의 의견이 충분히 반영되어야 한다.

최근 기업 간 경쟁 심화로 기존 영업방식으로 매출을 올리는 것이 어려워지면서 과거와 달리 영업부서에서 CRM부서의 지원을 요청하게 되었다. 그러나 영업부서 직원들이 CRM 활동에 적극 동참하도록 하려면 CRM 활동이 매출증대에 도움이 된다는 것을 명시적으로 보여주는 것이 좋다. 예를 들어 일부 영업조직만을 대상으로 캠페인을 실행하여 성공케이스를 만들고 이를 전 영업소직에 설득하는 것이다.

---

3) 전산부서가 CRM 지원을 아무리 열심히 해도 공적은 고객과 활발하게 교류하는 현업부서나 CRM부서로 돌아간다.

## ■ CRM부서와 마케팅부서와의 관계

광고와 같은 매스마케팅은 시장의 반응을 빨리 이끌어낼 수 있는 반면, CRM은 고객을 조금씩 변화시켜 나가기 때문에 초기시장 형성에는 매스마케팅이 적합하고, 고객들의 데이터가 축적되고 난 후 고객을 개별적으로 공략하기에는 CRM이 유력하다. 이는 CRM과 매스마케팅이 분리가 되는 것이 아니라 서로 보완적인 관계를 갖는다는 것을 의미한다. 그러나 현실에 있어서는 협력관계보다 갈등관계에 놓일 가능성이 많은데, 이는 마케팅 예산을 광고와 개별 고객과의 커뮤니케이션 중 어디에 더 배분할 것인가의 문제로 귀결되기 때문이다.

두 부서 간의 실제 관계를 보면, 마케팅부서는 영업전략이나 판매전략을 수립하고 여기서 도출되는 판매목표치나 타겟팅 등에 대한 정보를 CRM부서와 공유한다. CRM 부서에서는 매출증진을 위한 DB분석, 콜센터 운영방안 수립 및 지역본부에 전달, CRM 캠페인 기획 및 인터넷과 콜센터를 이용한 캠페인 실행 등을 한다.

**상담의 현장 7-3**

### 기업의 고객만족팀에서 소비자상담전문가는 어떤 일을 하게 될까?
로젠택배 사례

실제 기업의 고객지원, 또는 고객만족팀에서는 구체적으로 어떠한 업무를 통해 고객만족을 이루려고 노력하게 되는가? 최근 전자상거래가 활발해지면서 산업비중이 확대되고 있는 택배회사의 경우를 하나 예를 들어 살펴보겠다.

택배회사의 고객지원업무는 기본적으로 수많은 고객의 택배주문접수와 이들 주문을 처리해 배달을 맡아주는 전국 지점망과의 연락 등을 맡는 콜센터 업무의 비중이 크다. 따라서 고객지원팀의 업무에 대한 이해가 부족할 때는 소비자상담전문가가 고객지원팀에 입사하면 콜센터의 업무만을 담당하게 되는 것으로 협소하게 인식할 수 있다. 그러나 실제 고객지원 또는 고객만족업무부서에서는 내·외부 고객 만족조사와 내부고객의 CS교육을 비롯한 많은 일들을 담당하게 된다.

예를 들면 로젠택배는 1999년 설립된 대전물류센터에서 발전하여 2005년 로젠주식회사로 사명을 변경하고 복합운송주선업을 하는 운송업체로서 국제 상업서류 송달업과 함께 ISO9001: 2000인증을 획득한 회사이다. 경영이념은 '고객에 대한 존중'으로 회사의 비전은 '동북아시아를 대표하는 최강 물류전문그룹'을 목표로 하고 있다.

이 회사의 조직도를 보면 기존의 본부가 달랐던 고객지원팀과 사고보상팀을 통합하여, 운영본부라

는 하나의 본부 안에 고객만족팀과 보상심사팀으로 구성하였으며, 이를 통해 업무처리 단계 및 시간을 단축하여 고객만족에 한 걸음 더 나아가고자 하고 있다. 과거 고객지원팀에서 하던 업무영역이 CS교육, 콜센터 운영관리, 지점 평가 및 관리업무였다면, 새로 구성된 고객만족팀의 업무영역은 더욱 확대되어 ① 콜센터 운영 및 관리, ② 지점평가 및 관리 외에, ③ 내?외부 고객 만족도 조사와, ④CS교육(본사직원 및 지점·영업소 교육), ⑤ 고객만족 이벤트 기획 및 운영, ⑥ 고객만족 프로그램 개발 업무 등을 담당하고 있으며, 이 모든 업무는 고객불만 사전예방과 고객만족 창출을 위한 작업으로 서비스품질 개선에 만전을 기하는 CS경영관리의 모범사례를 보여주고 있는 회사이다.

따라서 만일 소비자상담전문가로서 고객만족팀에서 업무를 담당하고자 하는 소비자학 전공자라면 단순히 고객접점부서에서 전화상담을 하는 능력만을 필요로 하는 것이 아니라 콜센터의 운영평가에 기초한 효율적인 운영방안 모색과 실행능력, 전화상담으로 들어오는 각종 고객정보를 활용한 CRM 기획과 실행능력, 내외부 고객만족측정과 활용을 위한 조사분석능력, CS 교육매뉴얼작성과 교육실행능력 등과 같이 다양한 능력을 종합적으로 갖추어야 할 것이다. 이러한 능력이 갖추어져야만 고객만족팀의 일원으로서 고객불만을 사전에 예방하고 서비스품질개선에 만전을 기하여 고객만족 창출을 이끄는 소비자상담 전문가이자 고객서비스 전문가라고 할 수 있을 것이다.

**연구문제**

1. 서비스 혁신을 통해 고객만족을 크게 향상시킨 기업의 사례를 찾아 발표해 보자.

2. 매년 산업(업종)별 국가고객만족지수(NCSI)를 측정하여 발표하고 있다. 이 평가에서 최고평가를 받는 상위 기업들의 사례를 조사해 보자.

**참고문헌**

김영신 · 이희식 · 유두련 · 이은희 · 김상욱(2003). 소비자정보 관리의 이해. 시그마프레스.

김형수 · 김형걸 · 박찬욱(2009). CRM 고객관계관리 전략. 사이텍미디어.

노무라 다카히로 편저(2001), One to One CRM 전략(김애라, 역). 대청.

무라야마 토오루 · 마타니 코오지 · CRM통합팀(2000). CRM 고객관리(권태경 · 양경미, 역). 대청.

박성수(2005). CRM과 짜장면 배달. 시대의창.

박찬욱(2005). 한국적 CRM 실천방안. 시그마인사이트컴.

스탠리브라운(2001). 세계최고기업들의 CRM 전략(프라이스워터하우스쿠퍼스 컨설팅코리아 CRM 그룹, 역). 21세기북스.

이기춘 외(2003). 개정판 소비자상담의 이론과 실무. 학현사.

프레드릭 뉴웰(2000). *CRM.com*(삼성전자 글로벌마케팅연구소, 역). 21세기북스.

Jill Dyche(2000). *The CRM Handbook*(박장호, 역). 야스미디어.

## 참고 사이트

한국생산성본부 국가고객만족도 사이트 www.ncsi.or.kr

한국생산성본부 사이트 www.kpc.or.kr

한국능률협회 www.kma.or.kr

## 【한국의 경영대상】 삼성카드, 고객 요구 공유 …… 담당부서 바로 연결

삼성카드는 한국능률협회컨설팅(KMAC)이 주관하는 한국의 경영대상 고객만족경영대상 부문에서 2년 연속 종합대상을 수상했다.

회사는 2008년 업계 최초로 금융감독원에서 선정하는 소비자보호 우수 금융회사(OCPP)로 뽑혔으며, 작년엔 금융감독원 민원 평가에서 최고 등급인 1등급을 획득하는 등 고객만족(CS) 분야에서 성과를 인정받고 있다. 신용카드 업계 최초로 공정거래위원회 소비자불만자율관리 프로그램(CCMS)을 도입해 고객 불만에 대한 처리 프로세스를 표준화했다. 'CS 위원회'와 'CCMS 위원회'를 통해선 경영 전반에 고객의 소리가 반영되도록 하고 있다.

또 모든 임직원을 대상으로 매년 삼성카드의 상품과 서비스에 대한 지식을 테스트하는 'CS 마스터 제도'를 운영하고 있으며, 월별로 전화와 창구 모니터링 조사도 실시 중이다. 2005년부터는 소비자가 삼성카드의 상품과 서비스를 모니터링하고 개선점을 발굴하는 'CS패널'을 구성했다.

고객들의 요구를 전 직원이 공유하고, 빠르게 대처할 수 있도록 'VOC-대쉬보드' 프로그램도 운영 중이다. 고객이 콜센터나 홈페이지를 통해 불만이나 요청사항을 제기하면 표준화한 상담 유형에 따라 곧바로 담당 부서와 연결하는 시스템이다. 올 4월부터는 임원 VOC 체험 프로그램을 본격적으로 가동해 고객의 요구를 기업경영 전반에 반영하고 있다.

자료 : 한국경제, 2010. 10. 11

고객서비스 부서는 고객만족 경영을 위한 고객접점 제1선이다. 고객서비스 부문은 경영자의 발상 전환과 담당자의 노력에 따라 기업발전에 무궁무진하게 기여할 수 있다. 고객서비스 부문이 기업 발전에 도움이 되게 하기 위해서는 기업 조직에서 고객서비스 부서를 어떤 위치에 두고 어떤 권한을 부여하는가가 중요하며 이는 업종이나 규모에 따라 다를 것이다.

본 장에서는 고객서비스부서 운영을 위해 부서를 기업조직 내에 어떻게 위치시킬 것인가, 그리고 구체적인 고객서비스부서의 조직화 및 관리, 고객서비스 전문인력들의 모임인 OCAP, KCOP 등 관련협회에 대해 살펴보고자 한다.

# 8 장
# 고객서비스 부서의 혁신 체계

**학습목표**
1. 기업조직 내 고객서비스부서의 운영방식과 위치에 따른 분류를 이해한다.
2. 고객서비스부서를 조직하기 위한 구체적인 단계들을 학습한다.
3. 고객서비스부서의 고객관리에 대해 학습한다.
4. 소비자만족 자율관리시스템의 개요, 출범배경, 기대효과, 실행단계, 도입현황 등을 파악한다.
5. 기업소비자전문가협회와 한국소비자업무협회의 목표 및 조직, 주요사업 등을 파악한다.

**Keyword** 고객서비스부서, 고객유지관리, 불만호소 고객관리, CCMS(소비자만족 자율관리시스템), 기업소비자전문가협회(OCAP), 한국소비자업무협회(KCOP)

## 기업조직체계와 고객서비스부서

### 1. 기업조직 내 운영방식에 따른 분류

고객서비스 운영방식에 따라 중심적(또는 중앙집중적) 운영과 비중심적(또는 지역적) 운영으로 분류할 수 있다. 중심적(또는 중앙집중적) 운영방식은 중심적인 고객서비스부서를 두고 이곳에서 전국 각지의 소비자문제들을 접수받아 처리하는 것이다. 미국의 유수한 기업들은 영어 사용국가이면서 인건비가 저렴한 인도 등지에 고객센터를 위치시키기도 하고, 마찬가지로 우리나라 기업 중에는 한국어를 사용하면서 인건비가 저렴한 중국 연변 등에 고객센터를 설치하기도 한다. 이런 체제는 정보통신기술의 발달로 가능하게 되었으며, 고도로 전문화된 관리가 이루어진다. 반면 비중심적 운영방식은 지역 고객에게 친근하게 다가가고, 현장과 밀접하므로 지역을 중심으로 한 기업에 알맞다. 그러나 직원의 훈련 및 전문화, 그리고 업무의 전문화 등에 어려움이 있을 수 있고 관리의 효율성이 떨어지는 경향이 있다. 각 운영방식의 장·단점은 〈표 8-1〉과 같다.

| 표 8-1 | 고객서비스의 중심적(중앙집중적)·비중심적(지역적) 운영의 장·단점 |

| | 장 점 | 단 점 |
|---|---|---|
| 중앙집중적 | • 경제적인 크기로 효율성이 높음<br>• 최첨단 의사소통을 실용화, 컴퓨터화<br>• 경쟁적 상황에 재빠르게 대처<br>• 성과 측정 및 원칙 고수 쉬움<br>• 부서의 전문화<br>• 정책 및 과정 적용에 있어 원칙 고수<br>• 최고 결정권자에게 접근 용이함<br>• 진급 체계가 잘 되어 있음<br>• 대량 생산 체제에 알맞음 | • 효율성을 강조하여 규모를 소형화한 것이나, 오히려 효율성 저하<br>• 자연 재해로 피해보기 쉬움<br>• 특정 지역이나 지역적 욕구에의 대응 어려움<br>• 원칙을 모든 지역이나 시장에 맞출 수 없음<br>• 현장 실무 분야의 경험 미약<br>• 구조적 접근으로 개인의 창의력 발휘 불가<br>• 중요한 실무자와 1대1 접근 기회 제한<br>• 조직이 커서 센스 있는 팀 유지 불가<br>• 다양한 서비스 조직에 부적합 |
| 지역중심적 | • 고객과 가까움<br>• 지역적 조건과 문제에 민감<br>• 현장 관리자와 밀접<br>• 규모가 작고 유연<br>• 감각 있는 팀<br>• 관리층이 적음<br>• 소규모 다품종생산에 적합(단골 제조 운영에 적합)<br>• 지역형 사업 및 기관에 적합 | • 중심적인 지원이 안됨<br>• 모든 지역에 일관된 과정이나 정책 적용 곤란<br>• 서비스품질 측정 또는 원칙 유지 곤란<br>• 최고 결정권자에게 접근 용이하지 않음<br>• 진급 기회 제한<br>• 고객서비스 직원이 종종 다른 업무로 전환<br>• 직원이 적어 직무교육 비용 높음 |

자료 : Warren Blanding, 1991

## 2. 기업조직 내 고객서비스부서의 위치에 따른 분류

### 1) 고객서비스부서는 조직 내 말단조직

〈그림 8-1〉 유형은 고객담당부서를 영업계통에 두고 있다. 이 유형에서는 고객서비스부서의 주 업무는 불만처리이다. 따라서 고객불만처리 기능과 고객유지 기능 중 고객유지 기능이 부족한 상태이다. 이러한 유형은 경영진과의 거리가 멀고, 다른 관련 부서와의 연결도 어렵다. 가장 비효율적인 조직으로 이러한 형태의 고객담당부서가 상당히 많다. 경영자가 고객문제의 중요성을 이해하지 못하여 최소한의 형식적 소비자불만 창구를 설치한 경우가 이러한 조직형태이다.

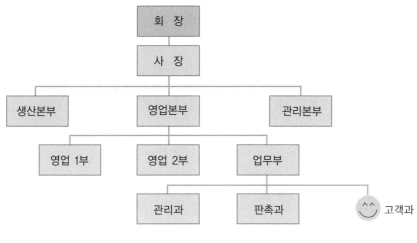

그림 8-1  조직도 I

## 2) 고객서비스부서를 자극요인으로 고려하는 조직

〈그림 8-2〉 유형은 고객부서를 부서라인 조직의 일부로 하여 다른 부서와 나란히 두는 것이다. 이러한 조직의 변형으로 고객부서를 독립시키지는 않고 홍보부서, 관리부서, 총무부서, 또는 마케팅부서에 두는 곳도 꽤 많은데 이런 유형은 최고경영자와의 거리가 단축되고 사내에서의 발언권도 강하다. '고객문제에 관한 정보수집과 피드백'의 원칙이 시행되는데, 이런 원칙이 시행되지 않으면 '자극요인'으로 생각하는 기업이라고 할 수 없다.

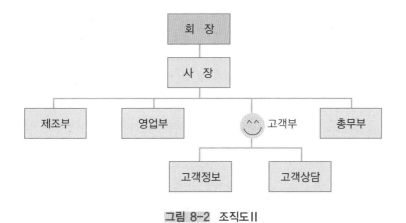

그림 8-2  조직도 II

**그림 8-3** 조직도 II의 예-웅진코웨이(주) CS본부 조직도(2011. 7 현재)

**그림 8-4** 조직도 II의 예-한경희 생활과학 고객만족팀 조직도

자료 : 기업소비자정보, 2009(가을), 112, p.31

### 3) 고객서비스부서가 최고경영자의 스텝

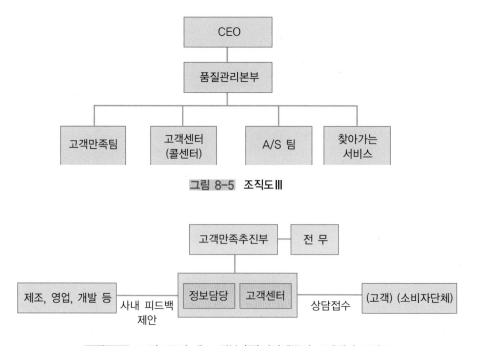

**그림 8-5** 조직도 III

**그림 8-6** 조직도 III의 예 - 일본 (주)기린맥주의 고객센터 조직도

자료 : 기업소비자정보, 2000(여름), 67, p.21

〈그림 8-5〉유형은 고객담당부서를 부서라인 조직 중 하나가 아니라 최고경영자의 스텝으로 보고, 부서라인에서 독립시켜 다른 부서들의 영향을 받지 않는 위치에 두는

### 상담의 현장 8-1

## 아주그룹, 그룹회장이 직접 지휘하는 빅뱅방식의 CRM 구축

아주그룹은 모기업인 아주산업 중심의 B2B 기업에서 관광레저그룹, 오토금융그룹, 물류정보그룹 등 B2C 중심의 기업으로 급속하게 사업을 다각화하면서 고객중심으로 변화하는 시장환경에 능동적으로 대처하고 있다. 아주그룹은 CRM 인프라를 기반으로 고객중심경영을 통한 고객가치창조를 위해 그룹회장이 직접 지휘하는 빅뱅방식의 CRM을 구축하고 있다. 또한 계열사 CEO가 CRM 변화관리를 직접 주도할 만큼 CRM 전략실행과 성과창출을 실현하고 있다.

그룹회장 직속으로 CRM 전략수립 및 기획을 담당하는 CRM 추진 총괄임원과 그 아래 CRM 추진팀이 있으며, 고객중심경영 전략 수립, CRM IT 인프라 고도화 및 업그레이드 기획, CRM 교육운영과 변화관리 기획 등 그룹이 전사적으로 CRM을 추진하고 있다. CRM을 도입한 계열사로는 B2B 업종의 건자재 사업인 아주산업, B2B/B2C 혼합형 아주렌탈, 아주오토렌탈(AVIS), B2C 업종의 호텔서교, 하얏트리젠시 제주, 아주택배, 금융부문의 아주캐피탈 등으로 계열사 공히 CRM을 고객가치 창조를 위한 경영인프라로 운영하고 있다.

아주그룹은 2006년 성공적인 CRM 구축 이후 그룹 전사적으로 고객중심사고 및 프로세스 정착, 고객접점서비스 혁신을 통한 고객만족 극대화, 고객만족경영 체질화 정착이라는 3대 중점 추진과제를 진행해왔다. 구체적으로 보면 단순한 CRM 시스템에서 접수된 불만고객 VOC 관리뿐만 아니라 계열사 홈페이지에서 접수되는 VOC도 CRM 및 Regacy에서 자동으로 수집돼 실시간 관리할 수 있는 프로세스를 구현했다. 또한 각사의 VOC 담당을 정해 그룹 CRM 추진팀에서 각사의 VOC 중 그룹 차원의 접근이 필요한 VOC에 대해서는 신속하고도 정확한 고객 서비스를 제공해오고 있다. 이러한 결과를 통해 계열사 중 많은 기업이 부분적으로 국내의 유수의 상들을 시상했는데 2005고객만족기업수상, 아주캐피탈의 2007년 대한민국 마케팅 대상, 아주산업의 2007년 국가품질상 수상, 아주오토렌딜의 2007년 고객만족경영대상 서비스혁신부문 최우수 기업상 수상 등이 대표적이다.

아주그룹은 SAP의 안정적인 CRM 시스템하에서 그룹 내 시너지를 일으킬 수 있는 다양한 캠페인과 마케팅을 통해서, 단순한 시스템 혹은 IT솔루션에서 한발 더 나아가 통합 CRM으로서의 한국 내에서의 새로운 모델 역할을 하고 있다.

자료 : 한국정보산업연합회 CRM협의회, 2007. 12

것으로 이상에 가까운 유형이다. 고객문제는 경영자가 담당하여야 할 사항이지만 현실적으로 그것이 불가능하므로, 경영자를 대행할 책임과 권한을 가진 책임자를 임명하여 활동하도록 해야 한다. 따라서 고객담당부서의 책임자는 부사장이나 상무 등 적어도 임원 수준으로 임명하고 대폭적으로 권한을 부여하는 것이 바람직하다. 그러나 이런 조직으로 운영하는 회사는 많지 않고, 대개의 경우 부장급을 책임자로 하는 사장부속실 정도의 지위로 하여 고객서비스부서를 사장의 스텝진으로 조직하고 있는 회사들이 많은 편이다.

### 4) 고객서비스부서를 기능에 따라 혼합적으로 운영

〈그림 8-7〉 유형은 고객서비스부서의 기능 중 불만처리의 운영은 지점이나 영업소 등 판매 제1선에 이관하고, 그의 관리 및 지도와 고객유지기능은 경영자의 스텝진인 본사의 고객담당부서가 담당하는 것이다. 이러한 조직은 고객이 극히 세밀한 서비스를 요구하고 전화요금 수신자부담서비스(080) 채택이 일반화된 경우에 적용되는데, 앞으로 계속 증가할 것으로 예상된다.

미국, 일본뿐만 아니라 최근 우리나라에서도 고객서비스부서가 단순히 불만처리만을 하는 부서라는 시각에서 벗어나 고객과의 커뮤니케이션을 확립하는 조직이라고 생각하기 시작하였으며 수신자부담 통화서비스가 일반화되고 있고, 본사의 마케팅 담당직원이 직접 고객서비스를 처리하고, 판매점이나 신제품 소개 등 여러 정보를 고객에게 제공하며, 구입의사 조사, 데이터베이스 작성까지 하고 있다.

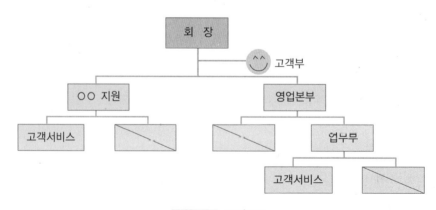

**그림 8-7** 조직도Ⅳ

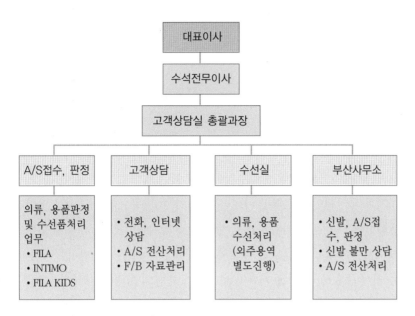

**그림 8-8** 조직도Ⅳ의 예 – 휠라코리아(주) 고객상담실 조직도

자료 : 기업소비자정보, 2000(가을), 69, p.24

## 고객서비스부서의 조직화

고객서비스부서의 조직형태나 규모는 매우 다양하다. 고객서비스부서가 하는 업무가 무엇이며 어떻게 수행해 나가는가는 업종에 따라 혹은 고객서비스 철학을 어떻게 정의하고 있는가에 따라 크게 달라진다. 최근 고객서비스 철학을 구체적으로 성문화해 놓는 기업이 점점 늘어나고 있다. 고객서비스부서의 기반을 형성하고 업무 효율을 높이기 위해 고객서비스부서의 기업 내 역할과 업무에 대한 정의가 필요하다.

### 1. 고객서비스부서의 업무헌장(mission statement) 만들기

고객서비스부서의 목표를 설정하면 이를 문서화하여 조직에 알려야 하는데 그 이유는 다음과 같다.

① 부서의 목표와 방향을 명백하게 제시하고,

② 성취하려는 목표를 분명하고 쉽게 제시하여 직원들이 이해하고 따를 수 있도록 하며,

③ 목표를 논리적이고 의욕적으로 명시해야 경영자 측과 다른 부서 관리자들에 의한 지원을 얻을 수 있다.

부서의 역할을 문서화할 때는 고무적이고 유익한 언어로 쓰는 것이 좋다. 그리고 회사의 정책과 궁극적인 목표뿐만 아니라, 부서가 이런 목표에 어떻게 도달할지 보여주는 내용이어야 하고 이를 가능하게 할 업무를 규정지어야 한다. 내용에 있어 부서의 업무를 지나치게 부풀리지 않도록 유의하며, 경영진과 타부서에 받아들여질 만한 목표를 갖는 것이 중요하다. 이를 기록한 보고서가 승인되면 경영진이나 다른 부서에서 고객서비스를 회사의 전략으로 고려할 중요한 기회가 될 것이며, 고객서비스부서와 직원들에게 부서의 정체성과 위상을 확립하게 되는 계기가 될 것이다.

다음은 고객서비스부서의 기업조직 내 역할과 업무를 정의하는 업무헌장을 만드는 단계이다. 업무헌장은 무엇보다도 최고경영진이 받아들이고 지지할 수 있도록 긍정적인 목표를 정확히 반영해야 한다.

### ■ 최고관리자와 타부서 관리자까지도 고객서비스에 대해 긍정적으로 생각하도록 만든다

최근 고객서비스 분야가 주목받고 있음에도 불구하고 많은 관리자들은 고객서비스 업무를 불만 처리, 반품, 교환, 계좌 관리 등에 관련된 업무 정도로 치부하고 그다지 주목하지 않으며 부정적 업무로 생각한다. 이런 사고방식을 바꾸는 것이야말로 업무헌장을 준비하는 데 있어 가장 중요한 첫 걸음이다.

이를 위해 사내보나 소식지를 최대한 활용하여 고객서비스에 대한 긍정적인 평가를 이끌어낼 수 있다. 예를 들어 듀퐁사나 파커펜사는 회사 내 다양한 부서의 직원들과 주요 관리자들에게 '나는 고객서비스를 이렇게 생각한다'는 주제로 사내지에 실을 글을 써달라고 부탁한다. 이 글은 개인의 이름과 함께 인쇄되므로 부정적으로 쓰지 않게 된다. 따라서 이 글을 보고 고객서비스에 대해 긍정적으로 평가를 내리거나 생각을 바꾸는 사람들이 있을 것이다. 보다 효과적으로 하기 위해서는 글에 사진을 첨부하는 것이 좋다.

### ■ 타부서 관리자들이 중요하게 생각하는 것을 파악한다

고객서비스부서의 업무헌장에 대해 타부서 관리자에게 지지를 얻는 방법은 고객서비스부서가 중요하다고 생각하는 것이 아닌, 타부서 관리자들이 중요하다고 생각하는 것을 넣어야 한다. 따라서 타부서 관리자들이 무엇을 중요하게 여기는지 조사해서 '가장 많이 선택하는 업무'를 넣어 타부서의 지지를 받도록 한다.

### ■ 고객의 욕구를 조사한다

고객조사는 고객서비스 경영의 중요한 부분으로, 고객의 실태를 파악하고 타사 제품보다 자사 제품을 구매하게 하기 위해 고객들이 어디에 초점을 두고 구매하는지 파악해야 한다. 그리고 회사가 경쟁에서 우위를 점할 수 있도록 이를 업무헌장에 넣어 회사와 고객이 같이 발전할 수 있도록 한다.

### ■ 업무헌장 초안을 작성한 후 덧붙일 것과 삭제할 것을 검토한다

고객서비스부서보다는 회사에서 강조하는 내용들을 넣어야 하고, 다른 사람들로부터의 조언을 수용하도록 한다. 업무헌장은 일반적인 내용을 써야 한다. 지나치게 자세할 경우 반대하는 사람이 많을 것이기 때문이다. 또한 업무헌장을 쓰는 목적 중 하나는 고객서비스 정책이나 절차에 대한 부정적인 생각 또는 태도를 변화시키는 것이므로, 타부서에서 받아들일 수 있는 사항을 포함해야 한다.

### ■ 최종 업무헌장을 작성하고 승인을 얻는다

고객서비스 업무목표를 반영한 업무헌장을 작성한 후 최고 경영진과 타부서 관리자들에게 승인을 얻는다. 그리고 이런 목표를 성취하기 위한 구체적인 정책과 절차를 만들어야 한다.

## 2. 고객서비스부서의 역할 설정

앞에서 선정한 고객서비스부서의 목표와 운영방식, 그리고 조직의 위치에 따라 고객서비스부서의 책임과 역할이 설정될 수 있다. 일반적으로 고객서비스부서는 다양한 역할을 담당하고 있는데, 이를 간략히 정리하면 다음과 같다.

## 1) 정보 수집 및 여과기 역할

- 고객들로부터 다양한 목소리 청취: 상품의 문제점 및 결함에 관한 정보, 제품의 개선 및 신제품을 위한 제안 등
- 다른 경쟁기업의 정보
- 자료를 수집하고 해석하여 기업이 어떻게 해야 하는지의 정보 제공

## 2) 완충 역할

- 고객 수요나 문제점, 특별한 요구 등 예측 불가능한 요소들이 기업 및 생산에 미치는 영향을 완충

**표 8-2** 고객상담실의 주요 업무내용

| | 주요기능 | 주요 업무 내용 |
|---|---|---|
| IN BOUND | 고객불만 대응 | • 고객불만 수렴, 조치, 결과 확인<br>• 고객상담 정보의 종합 분석 및 정보화<br>• 관련부서 피드백을 통한 재발방지 활동<br>• 재발방지 활동에 대한 시장효과 파악 및 2차 피드백 |
| | 사내 소비자지향 홍보 | • 소비문화/소비패턴 연구를 통한, 소비자중심 경영의 방향 제시<br>• 소비자 관련 법규, 소비자 동향 및 변화 등에 관한 전 사원 대상 교육/홍보 실시<br>• 소비자 관련 책자 제작 및 사례집 발간 |
| | 교육 | • 고객접점 직원 대상, 소비자 동향 및 업무처리 지침 교육<br>• 소비자 대응 실패사례 교육을 통한 재발 방지 활동 추구<br>• 전 신입사원 대상, 고객응대 전화기술 및 예절 교육 |
| OUT DOUND | Happy Call | • 거래 후 모든 고객에게 전화를 통한 감사의 마음 전달 및 불편사항, 주문사항 등 접수/조치<br>• 조치 결과에 대한 정보 분석 및 관련부서 피드백을 통한 재발방지 추구<br>• 조치 고객에 대한 사후 확인 전화를 통해 고객감동 유도 |
| | 고객 동향 조사 | • 각종 고객 동향 정보 입수를 위해 자사 고객 상대 설문조사 실시<br>• 설문조사 결과에 대한 종합 분석 및 과제 도출/목표 설정<br>• 기업경영에의 반영을 위한 회의체 운영 및 효과 분석 |
| | CS Marketing | • 자사 고객과의 유기적 관계의 지속적 유지를 위해 사용중인 고객에 각종 서비스 및 정보 제공<br>• 자사 고객의 향후 미래 재구매 의향 조사 및 결과 분석<br>• 고객의 구매 패턴 변화 분석 등을 통한 미래 예측기능의 활성화 |

### 3) 교육자 및 전달자의 역할

- 고객과 기업을 교육하고 기술적 정보를 고객에게 이해 가능한 형태로 바꿈
- 제품과 서비스로부터의 이익을 극대화하는 방법을 고객에게 알림
- 기업에 고객의 필요와 요구, 시장 상황 등을 알려주는 역할

### 4) 문제 해결자의 역할

- 고객의 문제해결을 위해 기업 내·외적으로 알아보고 해결하도록 노력
- 문제는 해당 고객에게는 중요하므로, 이의 해결을 위해 고객서비스부서가 많은 노력

### 5) 조정자의 역할

- 고객의 요구를 충족시키기 위해 다른 부서들의 협조를 요구, 다른 부서들과 고객 간의 의견이 일치하지 않을 때 조정하는 역할
- 주문 또는 고객의 요구를 각 부서에서 책임감을 가지고 조치하고 있는지 확인
- 기업 내에 장애요인이 있는가 확인, 있다면 이를 해결하여 기업이 지속적으로 잘 유지될 수 있도록 조정
- 고객과의 접촉 시 환영받기보다는 어려운 일이 많으며, 기업 내에서는 고객 입장 을 대변하는 조정의 위치에 서기 때문에 더욱 어려움이 많음

## 3. 업무담당자의 채용과 관리

21세기를 맞이하여 기업 간 경쟁이 더욱 심해지면서 고객에 대한 서비스 기능이 매우 강조되고 있으며, 고객의 요구와 의견을 효율적으로 처리하고 효과적으로 대응할 수 있는 고객상담실의 역할이 더욱 강조되고 있다. 특히 최근 몇 년 전부터는 통신업체, 금융권, 백화점, 통신판매업체를 중심으로 고객상담 기능을 강화하고 있으며 언론사, 공공기관 등에서도 고객상담센터를 구축하여 운영하고 있다.

그러나 고객상담 전개에 있어서 성공 여부에 결정적인 영향을 미치는 것이 바로 전문상담인력의 확보와 활용이다. 상담원은 고도로 숙련된 전문가여야 하기 때문에 소

비자상담 분야의 전문 지식과 기술을 갖춘 인력을 채용하여 전문성 높은 인력으로 운영하는 것이 바람직하다(김태영a, 2002). 특히 2003년부터 소비자전문상담사의 국가자격 시험제도가 시행되고 있고, 또 대학의 소비자관련학과에서 전공 교과 및 실습을 마친 졸업생들이 배출되고 있으므로[4] 이들을 채용하는 것도 좋은 방법이 될 것이다.

## 1) 업무담당자의 채용

### ▪ 채용기준

인바운드와 아웃바운드, 고가 또는 저가상품 고객에 따라 상담원에게 요구되는 능력에 차이가 있다. 인바운드는 상담원의 인내심과 문제해결 능력, 서비스 마인드, 감정조절 능력, 정확성, 성실성 등이 요구된다. 아웃바운드는 상담원의 적극성, 의지력, 끈기, 설득력, 목표지향성, 상품 전문지식, 정보 전달능력, Cross/Up-selling 기회포착 능력 등이 요구된다.

상품별로 볼 때 고가 상품은 전문적 상품지식과 적극성이 있어야 하며 저가 상품은 순발력이 뛰어나고 구매체결 능력과 설득력이 요구된다.

### ▪ 임금기준

임금은 업종과 업무 성격에 따라 다소 차이가 있다. 대개 기본급과 성과급으로 구분되어 있는데 회사에 따라 약간의 인센티브가 추가되기도 하며 경영실적, 포상금(개인별, 팀별) 등이 더 주어지기도 한다. 보통 인바운드 상담원에게는 기본급 비중이 높고 성과급 비중이 낮은 반면, 아웃바운드 상담원에게는 성과급 비중이 높고 기본급 비중이 낮은 것이 일반적이다.

### ▪ 근무시간

상담원의 근무시간은 점차 다양화하는 추세인데, 가장 일반적인 근무시간은 하루 8시간 근무이고, 휴일은 당직근무제가 보통이다. 그러나 최근에는 통신회사, 홈쇼핑회사, 백화점, 통신판매회사 등이 늘어나면서 365일 24시간 고객을 응대해야 하는 대

---

4) 한국소비자업무협회(KCOP: www.kcop.net)는 대학에서 소비자관련 교과목과 현장실습을 이수한 졸업생들에게 '소비자업무전문가'와 '소비자재무설계사', '소비트렌드 전문가' 자격인증을 발급하고 있다.

형 콜센터의 경우 하루 8시간씩 3교대 근무로 진행되기도 한다.

## 2) 업무담당자의 관리

신규고객 유치보다 기존 고객유지가 비용면에서 더 효과적이듯, 신규직원 채용보다 기존직원을 잘 유지하는 것이 비용면에서 더 효과적이다. 따라서 상담원들이 이직을 하지 않도록 관리하는 것이 중요한데, 상담원들이 이직을 많이 할 경우 빈자리로 인한 손실이 발생되고 지적재산 손실과 남은 직원의 사기 저하 및 스트레스 가중 등의 문제점이 발생하며, 회사는 이직이 많은 회사가 되기 쉽다.

그리고 신규채용 비용증가로 채용과 관련된 시간적·금전적 손실과 함께 광고비용, 인터뷰 비용, 교육훈련 비용 등이 증가된다. 뿐만 아니라 고객관계에 있어서도 신규 고객상담원의 미숙으로 인한 생산성 저하와 고객응대 질 저하, 기존고객과 신규상담원 관계를 재구축해야 하는 점 등이 있다.

이직률을 낮추려면 먼저 상담직에 대한 비전 제시 및 동기 부여가 필요한데, 업무별 또는 팀별 팀워크를 강화하고 상담업무의 중요성을 부각시켜야 한다.

둘째로는 상담원들과의 커뮤니케이션이 중요하다. 즉, 상담원들과 상담센터 운영에 대한 문제점을 공유하고 개선 방안을 마련하며, 상담원의 애로사항 및 건의사항을 경청하고 콜 처리에 대한 정보를 서로 공유해야 한다. 이외에 상담원에게 도움이 되는 글과 격려의 글 게시, 성공적인 콜을 칭찬하는 공개적인 기회를 갖고, 고객으로부터 상담원에 대한 칭찬이 있을 경우 이를 공개하고 회사 에티켓, 고객문제, 커뮤니케이션 기술 등에 대해 지속적으로 교육한다.

셋째로는 보상시스템으로, 공정한 보상시스템 운영과 경쟁사 대비 경쟁력 있는 급여 수준 유지가 필요하며, 인센티브 프로그램 시행으로 금전적 인센티브, 상품, 선물, 직원표창, 이벤트, 친목모임, 여행, 회식, 특별휴가, 음식제공 등이 있다.

넷째로는 직업적 성장기회 부여로, 지속적인 교육이 중요한데 체계적인 전문가 양성 방안과 실용성 있는 신입상담원 교육, 기술 향상 교육, 소프트웨어 교육, 스트레스 관리, 시간관리 교육, 실제 고객서비스 체험 등이 있다(김태영a, 2002).

표 8-3 고객서비스부서 직원의 배치와 업무 내용

| 직위 | 담당 업무 |
|---|---|
| 고객서비스 부서장<br>(Customer Service Director) | • 고객서비스부서의 운영 및 관리<br>• 인사관리, 협력/분업의 전략과 임무를 수행하도록 고객서비스 관리자에게 목표와 자원 할당, 정책의 방향과 방법 제공<br>• 기업 내 타부서와 애호 고객을 연결하는 가교 역할<br>• 예산 편성, 채용, 업무기준 편성 |
| 고객서비스 관리자<br>(Customer Service Manager) | • 직원 훈련, 수행과정 모니터 및 개선방안 제시<br>• 관리자는 운영부분과 교육부분으로 나누어 배치<br>• 고객서비스 매뉴얼 작성 및 업데이트, 고객 파일 관리<br>• 주문과정에서의 영수증, 청구서 작성, 반품, 조정, 제품과 주문 상태에 책임과 승인의 권한이 있음 |
| 고객서비스 副관리자<br>혹은 슈퍼바이저<br>(Assistant Manager or Supervisor of Customer Service) | • 부서 규모가 클 경우 클레임 해결, 교육, 080전화 책임 업무<br>• 하나 이상의 지역 고객 서비스의 책임 업무로, 예를 들면 클레임과 제한된 금액의 반품, 품질보증 관리 등<br>• 고객 조사, 고객서비스 매뉴얼 준비, 고객 방문 등의 업무 |
| 고객서비스<br>담당자 혹은 전문가<br>(Customer Service Representative or Specialist) | • 가장 많은 인원 배치, 고객문제 해결 및 사무 업무와 고객 트렌드 추적<br>• 고객의 요구, 불평, 제품정보 문의, 반품 등을 접수하고 해결<br>• 고객관련 상황에 대한 넓은 지식, 회사 제품과 컴퓨터 프로그램에 대한 전문적, 기술적 지식 필요<br>• 고객에게 정보 제공과 조언자 역할 |
| 기 타<br>(Others) | • 교육담당자, 컴퓨터 운영자, 텔레마케터, 주문접수원, 사무직<br>• 고정된 서류업무, 서기와 유사 업무 수행 |

자료 : Warren Blanding, 1991

## 3) 업무담당자의 배치와 업무 내용

대부분의 고객서비스부서들은 한 명의 관리자, 몇 명의 슈퍼바이저, 그리고 상위담당자나 팀 리더(부서의 크기에 따라), 직원을 두고 있다. 체계가 클 경우는 고객서비스부서와 고객지원부서로 나누어 운영하며, 각각의 관리자를 두고 부사장에게 보고하는 형태로 되어 있다. 이처럼 고객서비스부서 조직은 사업의 성질, 기본 고객의 크기, 서비스에 필요한 기술 수준에 따라 다양하다. 〈표 8-3〉는 고객서비스부서 직원들의 배치와 업무내용을 제시해 놓은 것이다. 고객서비스부서의 규모가 작을 경우는 이중 일부 직위만을 두게 될 것이다.

## 4) 설비 시스템

### ■: 시스템 도입의 필요성

고객서비스부서는 보다 확대된 기능과 전문성을 요구하며, 전화뿐만 아니라 다양한 매체와 발전된 정보기술을 통해 다양한 의사소통을 하는 정보센터로 변화하고 있다. 또한 고객서비스 직원들은 상당한 압박과 스트레스를 받기 때문에 생산 효율성과 근무의욕을 높일 수 있는 물리적인 환경 조건을 만들어 주어야 한다. 따라서 고객서비스부서의 생산성을 높이기 위해서 최첨단 설비와 인간공학적인 공간 설계는 필수적이라 할 수 있다.

특히 고객상담센터는 경영정보의 보고이자 고객정보통합시스템의 인프라이다. 과거에는 고객상담센터가 주로 고객상담이나 고객서비스 차원에서 접근되었으나, 이제는 고객만족도 조사, 상품 안내 및 통신판매, 신규고객 확보 등의 아웃바운드 등을 포괄한 적극적인 고객상담 전문체제로 바뀌고 있다. 고객상담센터의 시스템 도입은 고객 전화의 증가에 따른 상담원에의 전화 분배의 필요성, 매출 증가에 따른 고객상담 및 고객불만 전화의 증가와 고객관리 업무 증가 등으로 매우 필요하다(김태영B, 2002).

특히 CTI(Computer Telephony Integration)를 기반으로 한 고객상담센터 구축은 고객응대 업무 개선뿐만 아니라 생산성 향상에 절대적인 영향을 미치고 데이터베이스 마케팅을 지원하는데, 구체적으로는 고객 데이터의 효율적 관리와 효과적 세분화, 마케팅 활동 및 고객상담 운영에 대한 분석, 마케팅 의사결정 지원 등을 한다. 그리고 영업조직과의 연계도 가능하게 하는데 구체적으로는 마케팅 기획, 고객만족, 인적판매, 영업점 등과의 정보 교류를 가능하게 한다.

### ■: 시스템 설계

시스템 설계를 하기 위해서는 인바운드 회선과 아웃바운드 회선을 설계하고, 상담원들의 업무 그룹을 분류하며, 정확한 전화 분석과 상담원의 능력 등을 분석해야 한다. 또한 대기고객 인원, 안내멘트 방법, 전화기의 디지털 방식과 아날로그 방식의 고려, head형과 ear형의 헤드셋 타입 등을 고려해야 한다.

작업공간인 부스(booth)에 대해서는 배치, 공간, 책상, 의자 등과 PC 본체 및 모니터 타입 등을 결정해야 한다. 각 개인별로 낮은 파티션을 하여 개인의 프라이버시를

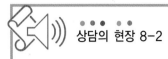

## SK텔레콤, 영상으로 상담하는 'T영상고객센터'

SK텔레콤의 `T영상고객센터`가 6월 16일 영국의 권위 있는 통신·IT 전문지 GTB의 `고객서비스 혁신 부문상`을 수상했다. 세계 최초로 시작한 `T영상고객센터`가 혁신성과 고객 가치 증진 측면에서 인정받은 것이다.

통신기술의 진보에 따라 고객센터도 진화하고 있다. 초기의 고객센터는 고객이 상담원과 직접 통화하는 형태였다. 이후 자동응답시스템(Automatic response system, ARS)이 도입되면서 단순한 문의는 ARS를 통해 해결하고 복잡한 문의는 상담원과 직접 통화를 하며 해결할 수 있게 되었다. 인터넷이 보편화되면서부터는 온라인 사이트가 일종의 고객센터 기능을 하며 고객문의의 상당부분을 해결하기도 했다. 최근에는 휴대전화의 무선인터넷 사용이 일반화되면서 휴대전화 무선인터넷으로 접속하는 모바일 고객센터도 인기를 끌고 있다.

'T영상고객센터'는 기존의 음성상담에 영상기능을 추가해 음성으로 상담 받는 동안 상담내용을 동일하게 휴대전화 화면으로도 확인할 수 있는 신개념 고객센터이다. 영상으로도 상담내용을 확인할 수 있어 상담내용에 대한 고객의 이해도를 획기적으로 높일 수 있을 뿐 아니라, 특히 음성상담에 익숙하지 않은 노인이나 어린이에도 유용하다. 예컨대 고객이 고객센터에 전화해 자신의 사용요금을 조회할 경우 요금내역이 자동응답시스템(ARS)으로 설명되는 동안 휴대전화 화면을 통해 영상으로도 사용요금을 한눈에 확인할 수 있는 것이다. 뿐만 아니라 고객이 상담원과 직접 통화를 할 경우에도 상담원은 고객의 이해를 돕기 위해 상담에 필요한 설명자료나 문자메시지를 고객의 휴대전화 화면으로 전송하는 것이 가능하다.

2월 한 달간 5만 건에 그쳤던 이용자는 서비스 확대 3개월 만인 지난 5월말 누계 이용 건수가 150만을 넘어설 정도로 인기를 끌고 있다. 월평균 500만 건에 달하는 일반고객센터 상담의 10% 수준이다. 또 'T영상고객센터'를 통해 음성과 영상으로 동시 상담을 진행하면서 1건당 평균 150초가 소요되던 고객 상담 시간은 135초로 줄었다.

박영규 고객중심경영실장은 "앞으로도 T영상고객센터와 같이 고객 경험에 의해 고객이 원하는 서비스를 개발함으로써 고객경험관리(CEM)을 통한 고객만족도를 극대화할 것"이라고 말했다.

자료 : 이데일리, 2009. 06. 17

지켜주면서도 다른 구성원과 차단되지 않도록 하며, 팀별로 책상 배치를 하고 피로를 덜어줄 수 있는 인체공학적으로 설계된 배치, 업무흐름에 따른 배치, 소음을 흡수할 수 있는 건축자재 사용, 적정한 밝기의 조명 등을 고려해야 한다.

시스템 중 CTI(Computer Telephony Integration) 설치는 운영개선 측면에서 고객 응대시간과 네트워크 사용시간의 절약, 고객응대요원의 생산성 증대, 적절한 고객응대요원에게 전화 즉시 연결, 각종 전화관련 장비 작동 상황의 즉시 파악 등의 이점이 있다. 그리고 고객대응 마케팅 혁신 측면으로는 신 정보기술의 이점, 고객응대 방식의 혁신, 고객편의 증대 혁신 등의 이점이 있다. CTI는 라이센스, 업그레이드, 교환기와의 호환성 등이 고려되어야 하며, 과금장치(CDR: Call Detail Recordable System)는 시간 · 일 · 월 · 년 통화자료를 상담원 및 그룹별로 관리할 수 있어야 하고 real time 및 historical 조회, 고객상담센터의 상황에 따른 상담원 배치를 할 수 있어야 하는데 특히 전화를 분석하여 상담원 배치를 할 수 있어야 한다.

그리고 VMS(Voice Mail System)는 전담 상담원에게 음성사서함을 관리하도록 하는 즉응체제가 필요하다. UMS(Unified Messaging System)은 팩스, VMS, e-mail 자료를 통합 관리할 수 있고, 녹음장비는 국선 · 내선 · 감청이 모든 상담원 또는 특정 상담원에 대하여 녹음할 수 있도록 해야 하며 모든 콜 또는 특정 콜에 대하여도 가능하도록 해야 한다. 그리고 발신자 전화번호 표시기능(Caller-ID)도 매우 중요하다.

전광판은 현재 들어온 총 전화수, 대기 전화수, 평균 대기시간 등을 전체 상담원에게 보여주며, 혹은 상담원 개인 컴퓨터에 표시되도록 하는 방법도 있다. 이외에 無정전기 UPS(Uninterruptible Power Supply), 정류기, 항온 · 항습기도 필요하며, 고객상담센터 구축시 건물의 전기용량 및 구조, 건물 통신 접지시설 여부, 건물 및 인접 전화국의 전화설비 · 용량 · 확장성, 건물 평당 기기 설치 가능 무게, 건물 내에 자가발전 설비 등도 고려되어야 한다(김태영b, 2002).

# 고객서비스부서의 관리

## 1. 고객유지관리

### 1) 단골고객 만들기

단골고객 프로그램은 자주 구매하는 고객에게 보상을 제공하고 재구매에 대한 인센티브를 제공하는 것이다. 이 프로그램은 그 자체만으로 진실하고 지속적인 고객애호도를 만들지는 못하지만, 다른 고객애호도 향상 프로그램과 함께 수익창출 도구로 작용하게 된다. 고객 또한 단골이 됨으로써 이익을 얻는다. 즉 반복적인 구매를 통해 더 좋은 서비스, 효율적인 구매방법, 그리고 기타의 혜택을 얻게 된다. 그러나 단골고객을 파악해내는 양식을 가지고 있지 않은 기업이 많은데, 이 경우 어떤 특별대우도 해 줄 수가 없다. 이는 고객으로 하여금 상표보다 가격을 더 따지게 만들어 고객애호도가 형성되기 어렵다.

### 2) 데이터베이스 만들기

최근의 커다란 시장환경 변화 중의 하나는 소비자의 기호가 점점 더 다양해지고 개성화되고 있는 것이다. 과거에는 계층, 직업, 연령 등에 따라 소비패턴이 유사하게 나타났으나, 이제는 동일 집단에 속하더라도 각 개인의 라이프스타일에 따라 소비행동이나 제품에 대한 선호도가 달라진다. 따라서 개인의 성명, 주소, 연령은 물론 연간수입 및 라이프스타일을 알아내 구매 욕구를 파악하고, 이 욕구를 충족시키는 상품과 서비스를 제공하고 이에 적합한 메시지를 전달하는 '개인별 마케팅' 시대를 맞이하게 되었다.

데이터베이스 마케팅이란 고객 개개인에 대한 정보를 데이터베이스에 저장하고 이를 기반으로 차별화된 마케팅을 하는 것으로, 고객에게 직접 메시지를 전달하는 다이렉트 마케팅의 일환이다. 과거에 기업들은 고객을 구분할 테크닉이 부족해서 모든 고객이 산더미같은 우편광고를 받고, 고객들은 이것들을 쓰레기통에 그대로 넣어 버리곤 했다. 평균고객을 대상으로 하던 마케팅이 이제는 개별고객에 대한 마케팅으로 바뀌고 있다. 데이터베이스에 정보를 저장하고 12개 또는 20개의 특성을 가진 어떤 개인을 선택함으로써, 기업은 개별화된 우편물을 보낼 수 있게 되었다. 이것은 고객의 주의를 끌기가 쉽고, 이들은 좋아하는 음식이나 책에 대한 정보에 고마움을 표시하기도 한다.

### 3) 고객과의 관계 쌓기

단골고객 프로그램과 데이터베이스 마케팅 노력은 고객만족을 보다 포괄적으로 다루는 관계마케팅에 기여한다. 관계마케팅은 단골구매에 의해 형성된 우호감과 데이터베이스 마케팅에서 제공된 정보가 있어야만 가능한 것이다. 단골고객은 제품과 서비스에 대한 애호도가 없어 다른 판촉프로그램을 따라 주저없이 달아나 버린다. 이는 단골고객 프로그램이 고객의 문제를 해결하거나 그들의 요구나 욕망을 충족시키지는 못하기 때문이다.

반면 관계마케팅은 단순한 판촉이나 단기적인 보상을 넘어 개별고객과의 개인적인 관계가 유지되도록 하는 것이다. 라 퀸타 호텔(La Quinta Hotel)에서는 관계마케팅을 '고객을 친밀하게 잘 알고 그들과의 관계를 위해 정보를 사용하는 것'으로 정의한다. 이들은 고객이 도착하면 친구처럼 반기고, 다음에 이 조우를 실속 있게 만들어 관계를 확장시키는 기초로 만든다. 회원의 구매습관(방 선택, 선호시설 등)뿐만 아니라 배우자의 이름과 취미 등이 데이터베이스에 기록된다. 이 정보는 특별회원을 위한 프로그램을 만드는 데 다시 사용된다.

관계마케팅의 핵심은 고객과의 관계를 잘 만들어 놓고 이를 위해 고객정보를 잘 활용함으로써 고객을 계속 유지, 확대할 수 있다는 것이다. 자동차 판매왕이나 보험 판매여왕이 된 사람들은 모두가 기존 고객과의 관계를 잘 관리하여 장기적 유대관계를 쌓고, 그 다음부터는 기존 고객들이 새로운 고객들을 계속 소개해주어 성공하게 됐다는 것을 알 수 있다.

구체적으로 관계마케팅은 과거의 판매자와 구매자의 이기고 지는(win-lose) 관계에서, 함께 승리하는(win-win) 또는 동반자(partnership) 관계로 전환하자는 발상에서 비롯된 것이다. 따라서 판매자는 자신에 대한 고객의 의존도를 높임으로써 상호의존관계를 형성할 수 있으며, 그 결과 구매자의 입장에서는 구매를 변경할 때 드는 비용, 즉 전환비용(switching cost)이 커짐으로써 평생고객이 되는 것이다.

## 2. 불만호소 고객관리

고객의 불만을 잘 다루는 것은 고객서비스의 핵심요소이다. 공공부문이든 사적부문이든 고객의 불평을 잘 처리하면 경제적 이익을 증가시킬 수 있다. 불만호소 고객에 대한 관리가 실패하는 이유는 다양하다. 그러나 성공적인 불만처리 시스템은 공통적으로 몇 가지 요소를 가지고 있는데 그 내용은 다음과 같다.

### 1) 접근이 용이할 것

대부분의 고객은 불평을 제기해 골치 아프게 되기를 원하지 않는다. 불평처리부서가 잘 운영되길 원한다면 먼저 접근이 용이해야 한다.

#### ■: 고객불평처리 절차에 대한 홍보

모든 고객불평처리 절차는 홍보가 잘 되어야 한다. 불평처리 채널이 마련되어 있다는 것을 포스터나 안내표지, 광고 팜플렛 등을 통해 잘 알려야 하며, 눈에 잘 뜨이는 곳에 두어야 한다. 기업이 고객불평처리 절차를 상품을 판촉할 때처럼 열광적으로 홍보하기를 주저하는 것은 당연하다. 그러나 훌륭한 고객불평처리 절차는 기업의 좋은 PR이 될 수 있으므로 적극적으로 알려야 하며, 이는 회사가 이 문제를 중요하게 생각하고 고객불평을 환영한다는 것을 직원들에게 보여줄 수 있는 좋은 기회이다.

#### ■: 일선직원의 헌신

고객불평처리 담당직원이 따로 있더라도 다른 모든 직원들도 그 과정을 이해하고 고객불평을 처리할 책임을 가져야 한다. 즉, 서비스를 제공하는 모든 직원은 불평을 받은 즉시 빨리 처리해야 하며, 스스로 처리할 수 없다면 어느 곳에 불평을 제기해야 할지 적극적으로 알려주어야 한다. '나하고 관계없는 일이다. 아래층 사무실에 가서 말해봐라' 식의 대응은 아주 나쁘다.

#### ■: 불평접수처의 물리적 접근 용이성

고객불평처리 사무실은 가기 쉬운 곳, 그리고 눈에 띄기 쉬운 곳에 위치해야 하며, 이용시간이 길어야 한다. 즉, 근무시간을 다른 부서의 근무시간보다 연장하여 다른 부서의 근무시간 중에 발생한 불평사항을 접수해야 한다. 이렇게 할 수 없으면 근무 외

시간에는 녹음전화라도 설치해야 한다. 이는 공공부문에서도 마찬가지이다.

## 2) 이용하기 쉬울 것

대부분의 사람들은 그 복잡성과 비용 때문에 법에 호소하는 것을 끔찍하게 여긴다. 불평처리시스템을 설계할 때도 법처럼 완벽하나 이용이 어려운 것보다는 불완전하지만 폭넓게 이용될 수 있는 것이 바람직하다. 또한 사람들은 여러 단계로 된 불평처리 절차를 좋아하지 않는다. 가장 좋은 불평처리 절차는 보통 3단계로 구성된다.

### ▘ 비공식적 단계

이 단계에서는 불평이 말로 제기될 것이다. 이 시점의 목표는 사과와 손해배상으로 가능한 한 빨리 부드럽게 고객불평을 처리하는 것이다.

### ▘ 공식적인 단계

보다 중요한 문제는 좀 더 공식적으로 다루어질 필요가 있다. 이 단계에서는 불평을 제기하는 고객이 문서로 적은 내용에 동의하여야 하고, 사실에 대한 조사를 해야 한다. 상급직원(예를 들면, 지점장이나 부서장)도 개입하려고 할 것이며, 이 경우 좀 더 실질적이고 적절한 보상을 할 수 있다. 고객에게는 결정된 내용과 이유를 서면으로 전달해야 한다.

### ▘ 최후 호소단계

고객은 최종적으로 문제발생부서로부터 독립된 부서나 기관에 호소할 수 있어야 한다.

## 3) 처리가 신속할 것

신속함은 고객불평처리에서 아주 중요한 요소다. 고객은 불평처리를 오래 끌수록 더 짜증을 내는 반면, 빨리 처리할수록 만족한다. 고객불평처리부서에서 직접 불평을 접수하지 않았다면 빨리 접수 사실을 고객에게 알려야 한다. 그리고 응답을 언제 듣게 될지, 만일 소식이 없을 때 누구에게 연락해야 할지를 알려주어야 한다. 해결이 늦어질 경우에는 현재 해결 중이라는 것과 왜 늦어지는지, 언제 해결될지를 중간에 알려주는 것이 바람직하다. 해결 시기는 현실적으로 실현 가능한 기간이어야 하고, 기업이 아니라 고객이 합당하다고 생각하는 기간이어야 하며 일단 정하여 알려주었으면 꼭 지켜야 한다. 고객은 자신이 처음 문제를 제기한 시점부터(심지어는 사건이 발생한 시점부터) 계산해서 불평처리 시간을 생각한다는 점을 잊지 말아야 한다.

### 4) 공정성의 유지

#### ■▪ 의사결정을 내리는 사람이 공정하게 보여야 한다

일부 기관들이 자신들의 규칙을 마치 법조문인양 제시하는 것은 바람직하지 않다. 정말로 고객의 불평행동을 고무하려고 한다면 개방적인 접근방식이 바람직하다. 예를 들면 '구매확인' 대신 '영수증 제시'를 주장하는 시스템은 장애가 된다. 어떤 관리자라도 조금만 주의해서 보면 자신의 상점에서 구입한 제품인지를 쉽게 알 수 있지 않은가!

#### ■▪ 고객불평시스템이 공정성을 확보할 체계를 갖추어야 한다

일반적으로 기관들은 고객과 처음 접촉한 직원 외의 다른 직원이 고객의 불평을 재검토할 수도 있도록 청원단계를 둔다. 이때 아주 독립적으로 보이는 다른 부서에서 일을 처리해도 대부분의 사람들에게 기관 내부에서 고객 불평을 재검토하는 것은 결코 독립적으로 보이지 않는다. 특히 큰 금전적인 문제가 개입되었을 때는 더욱 그렇다. 이런 경우에 사람들은 독립적인 검토를 한다고 믿는 다른 대안, 즉 법정을 택하게 될 것이다. 어떤 기업들은 독립적인 옴부즈맨 체계를 두기도 한다.

### 5) 고객의 비밀유지

고객이 해당서비스에 의존적이거나(특히 다른 공급자가 없는 공공부문의 경우 그렇다) 지속적인 관계가 이어지는 경우에는 불평을 제기하는 것이 좋지 않은 결과를 가져올 수 있다는 걱정을 하게 된다. 예를 들어, 학교에 대해 불평을 제기하면 그 학교에 다닐 아이들에게 문제가 있을 수 있다고 생각한다. 그러나 고객으로부터 의견 듣기를 원한다면 불평행동을 해도 문제가 없을 것이라는 점을 확신시켜야 한다. 또한 불평의 내용 때문에 고객이 비밀유지를 원하기도 한다. 돈이나 개인의 신상 등에 관한 문제의 경우는 다른 사람이 함께 듣게 되는 곳보다는 개별 사무실에서 불평을 제기하도록 해야 한다.

## 6) 고객불평에 대한 효과적 반응양식

사람들은 보통 피해보상에 먼저 관심이 있는 것이 아니다. 그보다는 자신들의 불평에 대해 무언가 조치를 취하였다는 것을 알기 원한다. 적어도 사과를 받고 같은 일이 다시 일어나지 않을 거라는 보장을 받고 싶어 한다. 따라서 고객불평처리를 마무리할 때는 불평이 어떻게 처리되었으며 왜 그런 결론에 도달하였는지 알려주는 편지를 보내야 한다. 이와 함께 고객의 불평을 계기로 회사에 어떠한 변화가 이루어졌는지 설명해 주면 더욱 좋다.

그렇지만 사과를 하고 앞으로 더 잘 하겠다는 약속만으로는 부족하다. 피해보상도 이루어져야 한다. 피해보상에 대해서는 다양한 관점이 있다. 물건에 결함이 있으면 두 배로 보상해 주는 경우도 있다. 반대로 보상액을 제한해야 한다는 주장은 큰 보상이 남용의 결과를 가져올 수 있다는 생각에 근거한 것이다. 보상에 대해 좀 더 관대하게 접근하는 것이 좋다는 주장에는 몇 가지 이유가 있다. 이에 대해 알아보기로 한다.

- 불평이 법적 소송으로 이어질 경우 비용이 더 들고 언론보도 등 대중의 비우호적인 관심을 끌기 쉽다.
- 피해보상은 실제 그렇게 비용이 많이 들지 않는다.
- 중요한 문제에 대해서는 관대하게 보상해야 한다.
- 관대하게 보상하면 긍정적인 기업 홍보가 된다.
- 무엇이 적절한 보상인지는 개별 상황에 따라 다르다. 예를 들어 총액이 적을 때 현금보상은 부적절하다.
- 고객에게 어떤 보상을 원하는지 물어보는 것이 좋을 때가 많다. 그리고 고객이 원하는 것보다 약간 더 제공하는 것이 좋다.

## 7) 고객불평정보의 활용

고객불평처리 절차는 기업의 전체 경영과정과 통합되어 있으므로 불만족한 고객으로부터 얻은 모든 정보를 의사결정 시 참고로 사용해야 한다. 기업은 항상 고객불평으로부터 배우려는 노력을 해야 한다. 불평처리부서 직원들은 자기 부서에서 파악한 문제의 핵심을 정기적으로 알려야 한다. 다른 직원들은 불평처리부서 직원을 피하려는 대상으로 생각해서는 안 된다. 피드백을 제공하는 공식적 제도가 없더라도, 불평처리 결과를 여러 사람이 돌려보는 것만으로도 상당한 도움이 된다.

# 소비자중심경영(CCM : Consumer Centered Management)[5]

## 1. CCM 개요

소비자중심경영, 즉 CCM은 기업이 수행하는 모든 활동을 소비자 관점에서 소비자 중심으로 구성하고, 관련 경영활동을 지속적으로 개선하고 있는지를 평가하여 인증하는 제도이다. CCM 인증제도는 기업 및 기관의 소비자 지향적 경영문화 확산과 소비자 권익 증진 노력을 통한 경쟁력 강화 및 소비자 후생증대에 기여함을 목적으로 한다.

그림 8-9  CCM 개요

---

5) 이하의 내용은 CCM 운영기관인 한국소비자원 홈페이지에서 발췌한 것임.

## 2. CCM 기대효과

### ■ 소비자 측면의 기대효과

상품 및 서비스 선택기준이 되는 정보를 제공받고, 인증기업과 소비자문제 발생 시 CCM 운영체계에 따라 신속하고 합리적인 해결이 가능하다.

### ■ 기업 측면의 기대효과

CEO와 임직원의 소비자권익에 대한 인식을 제고하고, 상품과 서비스 수준을 소비자 관점으로 끊임없이 개선함으로써 대내외 경쟁력을 강화할 수 있다. 특히 CCM 인증 취득 기업에게는 다음과 같은 인센티브를 부여한다.

① 공정거래위원회에 신고된 소비자피해사건에 대해 자율처리 권한 부여 : 공정거래위원회에 신고되는 표시광고법, 방문판매법 및 전자상거래소비자보호법 위반사건 중 개별 소비자피해사건에 대해 인증기업에 우선 통보하여 당사자의 자율처리를 유도하고, 소비자가 결과를 수락하는 경우 공정위의 별도 조사 및 심사절차를 면제한다.

② 법 위반 제재수준 경감 : 인증기업이 표시광고법 등 공정거래위원회가 운영하는 소비자 관련 법령의 위반으로 공표명령을 받은 경우 제재수준을 경감한다(근거규정 : 공정거래위원회로부터 시정명령을 받은 사실의 공표에 관한 운영지침).

또한 인증기업이 표시광고법 등 공정거래위원회가 운영하는 소비자 관련 법령의 위반으로 과징금을 받은 경우, 해당 과징금 고시에서 규정하는 범위 내에서 과징금을 경감한다(근거규정 표시광고위반행위에 대한 과징금 부과기준, 전자상거래소비자보호법 위반사업 자에 대한 과징금 부과기준 등).

③ 우수기업 포상 : 인증기업 및 소속된 개인에 대하여 포상한다.

④ 인증마크 사용권한 부여 : 인증기업은 인증마크를 사업장에 게시하거나 홍보물, 광고 등에 사용 가능하다.

■■ 공공 측면의 기대효과

사후 분쟁해결 및 행정조치로 인한 사회적 비용을 절감하고, 소비자 중심의 선순환 시장을 조성함으로써 기업-소비자 상생문화 확산에 기여한다.


## 3. CCM 연혁

**표 8-4** CCM 연혁

| 연 도 | 내 용 |
|---|---|
| 2005 | • 공정거래위원회에 '소비자피해 자율관리위원회' 조직<br>• 소비자불만 자율관리 프로그램(Consumer Complaints Management System, 약칭 CCMS)' 공표/공정거래위원회('05. 09. 27) |
| 2006 | • 'CCMS 평가인증 기준 및 운영방안에 관한 연구' 연구용역/공정거래위원회 |
| 2007 | • CCMS 평가 운영규정, 평가절차규칙, 평가기준 제정/공정거래위원회('07. 04. 11)<br>• 제1차 CCMS 평가실시 |
| 2009 | • 제1차 CCMS 재평가 실시<br>• 5대 홈쇼핑 협력업체 CCMS 합동선포식 |
| 2010 | • '소비자만족 자율관리 프로그램'으로 한글 명칭 변경('10.07.15)<br>• 롯데백화점 협력업체 CCMS 합동도입 선포식 |
| 2011 | • 한국소비자원으로 CCMS 운영기관 이관('11. 01. 01)<br>• 이베이옥션 · 지마켓 협력업체 합동선포식<br>• '소비자중심경영(Consumer Centered Management, 약칭 CCM)'으로 명칭 및 인증마크, 운영기준, 평가기준 등 개선/공정거래위원회('11. 09. 01)<br>• CCM 업무표장 및 저작권 등록<br>• 여행사업자 CCM 합동도입 선포식 |
| 2012 | • 전북지역 기업 CCM 합동도입 협약식<br>• 경북지역 기업 CCM 합동도입 협약식<br>• CCM 인증제도 운영규정 개정 ('12. 09. 19)<br>• 중소기업진흥공단과의 업무협약 체결 |
| 2013 | • 의무교육기관 지정<br>• 대한상공회의소와의 업무협약 체결<br>• CCM 인증 우수 중소기업 상품 전시회<br>• CCM 인증 식품기업 소비자중심경영 실천 협약<br>• CCM 인증제도 평가기준 개정 ('13. 10. 30) |

# 4. CCM 운영

## 1) 운영절차

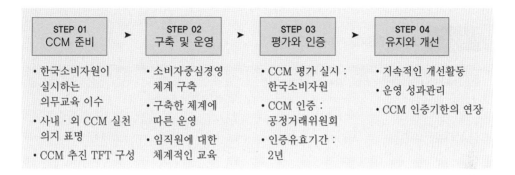

| STEP 01 CCM 준비 | STEP 02 구축 및 운영 | STEP 03 평가와 인증 | STEP 04 유지와 개선 |
|---|---|---|---|
| • 한국소비자원이 실시하는 의무교육 이수<br>• 사내 · 외 CCM 실천 의지 표명<br>• CCM 추진 TFT 구성 | • 소비자중심경영 체계 구축<br>• 구축한 체계에 따른 운영<br>• 임직원에 대한 체계적인 교육 | • CCM 평가 실시 : 한국소비자원<br>• CCM 인증 : 공정거래위원회<br>• 인증유효기간 : 2년 | • 지속적인 개선활동<br>• 운영 성과관리<br>• CCM 인증기한의 연장 |

## 2) 평 가

### ▪ 평가대상

- 신규평가 : 한국소비자원이 실시하는 CCM 의무교육을 평가신청 전 1년 이내에 총 10시간 이상 이수한 기업(기관)은 신규평가를 신청할 수 있다.
- 재 평 가 : 인증을 받은 후, 인증기한을 연장하고자 하는 기업(기관)이나 업종변경 또는 법인(사업장)의 합병, 사업양도, 경영여건이 변경된 기업(기관)은 재평가를 신청해야 한다. 인증기간은 2년이고, 인증기한 만료 전 재평가 신청을 해야 한다.

### ▪ 평가신청 절차

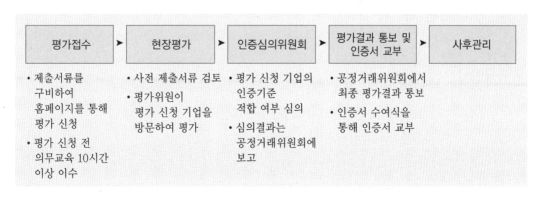

| 평가접수 | 현장평가 | 인증심의위원회 | 평가결과 통보 및 인증서 교부 | 사후관리 |
|---|---|---|---|---|
| • 제출서류를 구비하여 홈페이지를 통해 평가 신청<br>• 평가 신청 전 의무교육 10시간 이상 이수 | • 사전 제출서류 검토<br>• 평가위원이 평가 신청 기업을 방문하여 평가 | • 평가 신청 기업의 인증기준 적합 여부 심의<br>• 심의결과는 공정거래위원회에 보고 | • 공정거래위원회에서 최종 평가결과 통보<br>• 인증서 수여식을 통해 인증서 교부 | |

## ■ 평가기준

CCM 평가기준은 4개 대분류, 9개 중분류, 14개 소분류, 49개 평가지표로 구성되어 있다.

**표 8-5** CCM 인증제도 평가기준

| 대분류 | 중분류 | 소분류 |
|---|---|---|
| 1. 리더십 | 1.1. 최고경영자의 리더십 | 1.1.1. 최고경영자의 리더십 |
| | | 1.1.2. 최고고객책임자의 권한과 책임 |
| | 1.2. CCM 전략 | 1.2.1. 소비자중심경영 전략 개발·실행 |
| | | 1.2.2. 소비자중심경영의 전사적 공유 |
| 2. CCM 체계 | 2.1. 조직관리 | 2.1.1. 소비자중심경영 관련 조직 |
| | 2.2. 자원관리 | 2.2.1. 소비자중심경영 관련 자원 |
| | 2.3. 교육관리 | 2.3.1. 소비자중심경영 관련 교육 |
| 3. CCM 운영 | 3.1. 소비자정보제공 | 3.1.1. 소비자정보제공 |
| | 3.2. VOC 운영 | 3.2.1. VOC 체계 및 활용 |
| | 3.3. 소비자불만관리 | 3.3.1. 소비자불만 사전예방 |
| | | 3.3.2. 소비자불만 사후관리 |
| 4. 성과관리 | 4.1. CCM 성과관리 | 4.1.1. 소비자중심경영의 성과목표 |
| | | 4.1.2. 소비자중심경영의 소비자 효용 |
| | | 4.1.3. 소비자중심경영 평가결과 환류 |

## 3) 인 증

### ■ 인증기준

인증기업으로 선정되기 위해서는 다음의 조건을 충족해야 한다.

- CCM 인증제도 운영규정 제3조(인증대상)의 규정을 충족할 것
- 평가점수 산출방법에 의한 총점이 800점 이상일 것
- 평가기준의 대분류 항목별 배점의 80% 이상의 점수를 득할 것
- 법 위반 평가점수가 200점 미만일 것

## ■: 인증마크

CCM(Consumer Centered Management/소비자중심경영) 인증마크는 소비자(consumer)와 기업(company)이 단단하게 얽힌 모습으로 서로를 이해하고 신뢰하며 하나가 되어가는 과정을 형상화하였다.

왼쪽 동그라미의 주황색은 서로를 이해하고 만족하는 소비자중심경영의 감성적인 부분을 상징하고, 오른쪽 동그라미의 파란색과 회색 글자는 서로를 신뢰하고 신속하고 명확하게 처리되는 소비자중심경영의 이성적인 부분을 상징한다.

소비자중심경영
공정거래위원회 | 한국소비자원

그림 8-10 CCM 인증마크

## 5. CCM 관련 교육

한국소비자원에서는 CCM 인증기업 및 관심있는 기업을 대상으로 정기교육, 의무교육, 제도 설명회, 평가 설명회 등 다양한 CCM 관련 교육을 실시하고 있다.

### 1) CCM 인증기업 정기교육

CCM 인증기업의 CCM제도 운영능력 유지, 촉진 및 개선을 통해 기업의 소비자문제 해결 역량 강화를 위한 교육으로, 인증기업은 연 1회 이상 이수해야 한다.

(근거 - CCM 인증제도 운영규정 제24조 제3항 : 운영기관은 인증기업의 모범적인 『소비자중심경영』을 위하여 정기교육을 실시하여야 하며, 인증기업은 신규평가를 받은 다음 해부터 연 1회 이상 반드시 정기교육에 참여하여야 한다. 운영기관은 인증기업이 정기교육에 참여하지 않을 경우 재평가 시 점수를 감점할 수 있다.)

### 2) CCM 신규평가 의무교육

CCM 신규평가를 신청하려는 기업이 반드시 받아야 하는 의무교육으로, CCM 관심기업의 인증제도에 대한 이해도를 제고하고, 기업이 스스로 조직과 프로세스 등을 점검하고 개선하여 CCM 체계 구축 및 평가준비를 할 수 있도록 지원함을 목적으로 한다. 교육과목은 CCM 인증제도 개요, 평가기준 해설, 인증기업 사례, 평가제출 서류의 작성 등으로 구성되며, 상·하반기 각 1회씩 진행된다.

(근거 - CCM 인증제도 운영규정 제15조 제2항 : 신규평가의 경우 CCM 인증제도 안내, 구축, 평가 등 공정거래위원회가 지정하는 CCM 관련 교육을 평가신청 전 1년 이내에 총 10시간 이상 이수하여야 한다.)

### 3) CCM 인증제도 설명회

CCM 인증제도에 대한 개괄적인 내용을 안내하는 교육으로, CCM에 관심 있는 모든 기업이 참여 가능하다. 교육시간은 약 2시간이며, 연 1~2회 실시한다.

### 4) CCM 평가설명회

CCM 평가를 준비하는 기업을 대상으로 CCM 평가일정, 평가제출서류 안내, 현장평가 안내 등에 대한 내용을 안내한다. 교육시간은 약 2시간이며, 평가접수 1~2개월 전에 실시한다.

## 6. CCM 도입현황

CCM의 인증기관은 공정거래위원회이고 운영기관은 한국소비자원이다. 2005년 9월에 공표된 소비자불만 자율관리 프로그램의 최초 평가는 2007년에 실시되었으며, 2011년부터는 CCM으로 명칭이 변경되어 평가가 실시되었다. 2014년 7월 1일 현재 총 130개 사(대기업 84개 사, 중소기업 46개 사)가 인증을 취득하였다.

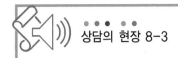

# 삼성생명의 VOC(Voice of Customer) 운영체계

삼성생명은 고객의 불만을 신속히 해결하고 고객섬김경영을 적극적으로 실천하기 위해 1994년 4월에 독자적 VOC시스템인 '굿모닝 VOC'를 도입하여 운영해오고 있다.

굿모닝 VOC의 도입 이전에는 모든 민원은 수작업으로 처리되고, 민원부서를 중심으로 대응하고 있었으며 VOC에 대한 관심도도 낮았다. 고객불만통합관리시스템의 부재로 처리기일이 지연되고 그에 따른 고객의 불만이 가중되어 고객이탈도 증가하였다. 또한 정보공유도 원활하게 이루어지지 않았으며 현장의 고객응대력 향상을 위한 지원체제도 미흡하였다. 이에 고객불만의 신속한 해결을 위한 대응 체계를 구축하고, VOC를 경영정보화하여 업무효율성을 제고하고 고객만족도를 증가시키고자 VOC시스템을 개발하였다.

굿모닝 VOC의 도입 이후, 전 임직원이 불만을 접수하고, 상담·처리·관리하는 것이 가능해졌으며 다양한 판례와 처리지침 등의 제공으로 고객응대력이 향상되었다. 또한 고객의 요구를 정확하게 전달하는 것이 가능하게 되었으며 접수자 및 처리자의 실명을 기재함으로써 신속하고 책임감 있는 처리로 고객의 만족도를 향상시키고 있다.

그리고 별도의 분석시스템을 운영하여 부서별, 유형별, 원인별 통계를 제공하고 문제영역을 조기 발견한 후 개선하고 있다. 개선이 필요한 VOC 유형에 대해서는 책임부서의 개선 노력을 향상시키고, 문제점 파악과 해결을 위해 책임개선제를 도입하고 있다. 또한 VOC를 분석하여 제도, 시스템, 판매 과정상의 여러 문제점을 사전에 파악하고, 고객불만의 대형화와 대외화를 예방하기 위해 알람(alarm)을 울리는 조기경보체제도 구축하고 있다.

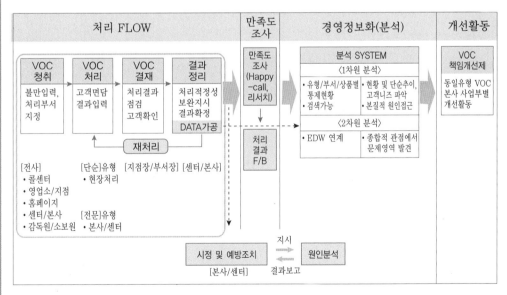

**그림 8-11** VOC 운영체계(process)

자료 : 기업소비자정보, 2006. 7 · 8월호

# 한국소비자업무협회(KCOP)와 기업소비자전문가 협회(OCAP)

## 1. 한국소비자업무협회
### (KCOP: Korean Association of Consumer Professional)

### 1) KCOP의 목표

한국소비자학회는 1997년 이래 대학에서 소비자관련 교과목과 현장실습을 이수한 졸업생들에게 '소비자업무전문가'와 '소비자재무설계사' 자격인증을 발급해 왔으며, 이를 확대하여 2003년부터는 국가자격인 '소비자전문상담사' 1·2급 제도가 시행되어 인력이 배출되기 시작하였다. 이렇게 배출된 전문 인력의 수가 전국적으로 확대되면서 정보의 공유, 교류확대 등 네트워크의 중요성과 필요성이 증대되었다.

따라서 한국소비자업무협회(KCOP: Korean Association of Consumer Professionals)는 소비자업무 관련전문가, 관련자격증 소지자, 그리고 이에 관심 있는 예비전문가들을 위하여 전국적인 네트워크를 이루고, 이를 활용하여 관련인의 전문화를 꾀하고 상호 이익과 권익목적을 구현하며 소비자업무 발전에 기여하기 위해 2005년 5월에 설립되었다.

### 2) KCOP의 연혁

KCOP의 주요 연혁은 다음과 같다.

#### ■ 소비자업무전문가 자격인증 발급

1996년 제1기 소비자상담사 운영위원회[6]가 발족되어 제1차 소비자상담전문가 양성을 위한 워크숍을 개최하였으며 제1회 '소비자상담사' 자격인증이 발급되었나. 1997년 11월 자격인증제도 활성화를 위한 워크숍이 개최되었으며, 매년 1~2회씩 자

---

[6] 운영위원은 서울대 이기춘 교수, 동국대 박명희 교수, 건국대 이승신 교수, 가톨릭대 송인숙 교수, 인하대 이은희 교수, 인제대 제미경 교수 등이다.

격인증이 발급되어 2011년 9월 현재 30회 자격인증이 발급될 예정이다. 국가자격 '소비자전문상담사' 제도가 시행되고, 자격인증 수여요건인 교과목 및 현장실습 내용이 소비자상담 이외에 소비자업무 전반을 포괄하고 있어 2003년부터 자격인증의 명칭을 '소비자업무전문가'로 바꾸었다. 한편 2011년 제

그림 8-12 KCOP 홈페이지

3기 '소비자상담사 운영위원회'가 발족되었다.[7]

### ■ 소비자재무설계사 자격인증 발급

1998년 제1회 '소비자재무설계사' 자격인증이 발급되었으며, 2012년 2월 현재 16회 자격인증이 발급될 예정이다.

### ■ 소비트렌드 전문가 자격인증 발급

소비자의 행동과 심리 및 소비자 시장환경에 대한 분석을 바탕으로 현재의 소비트렌드를 분석하며, 미래의 소비트렌드를 예측할 수 있는 전문가 양성을 목표로 2012년 2월 제1회 '소비트렌드 전문가' 자격인증이 발급될 예정이다.

### ■ 국가자격 '소비자전문상담사' 시행

1999년 12월 국가자격 '소비자전문상담사' 자격증 개발을 위한 직업능력개발원 이정표 박사와의 연석회의 후, 이에 대한 연구보고서가 작성되었다. 이를 토대로 정부 내 여러 단계를 거쳐 2003년 처음으로 국가자격 '소비자전문상담사' 시험이 한국산업인력공단 주관으로(주관부처: 공정거래위원회) 시행되었고, 매년 1회의 시험이 치루어져 2010년에 8회 시험을 치른 바 있다.

---

7) 운영위원은 인하대 이은희 교수, 인제대 제미경 교수, 건국대 김시월 교수, 인천대 성영애 교수, 성신여대 허경옥 교수, 상명대 서인주 교수 등이다.

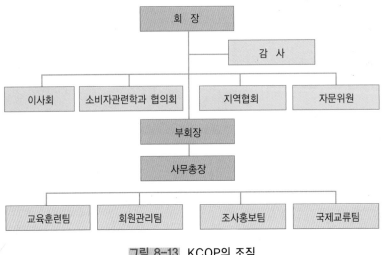

그림 8-13 KCOP의 조직

### ██ 한국소비자업무협회 창립

2004년 협회 창립준비위원회가 구성되었고, 2005년 5월 '한국소비자업무협회' 가 창립되었으며,[8] 2006년 공정거래위원회 산하의 사단법인으로 등록되었다.

### 3) KCOP의 조직

KCOP의 조직은 회장과 부회장 5인, 사무총장을 두고 있으며, 이사회, 소비자관련학과협의회, 지역협회, 자문위원 등을 두고 있다. 소비자관련학과협의회에는 전국의 33개 소비자관련학과가 가입되어 있으며, 지역협회는 서울, 인천/경기, 대전/충남북, 광주/전남북, 대구/경북, 부산/울산/경남, 제주 등 7개 협회를 두고 있다. 지역협회는 전국적인 네트워크를 위한 것으로 각 지역의 특성을 살려 지역의 단체, 기업, 소비생활센터와 유대관계를 갖고 소비자관련 업무의 전문성을 확보하고자 하는 것이다. 또한 각 지역은 회원 간의 유대, 지역협회 간의 유대, 중앙협회와의 연대를 가져 전체 네트워크 활성화에 기여하며 소비자업무 전문화에 일익을 담당하는 역할을 한다. 한편 사무국에는 교육훈련팀, 회원관리팀, 조사홍보팀, 국제교류팀을 두고 있다.

---

8) 제1대 회장은 가톨릭대 송인숙 교수, 제2대 회장은 경성대 김영숙 교수, 제3대 회장은 건국대 김시월 교수, 제4대 회장은 인제대 제미경 교수, 제5대 회장은 상명대 양세정 교수, 제6대 회장은 안동대 김정희 교수, 제7대 회장은 인하대 이은희 교수이다.

# 고객상담부서의 운영

학번 :               이름 :               제출일 :

1. 자신이 고객상담부서의 슈퍼바이저로 계약을 하고 입사한 회사에 고객상담부서를 신설하는 프로젝트를 맡았다고 생각하자. 고객상담부서를 탄생시키기 위해 경영자에게 제출할 보고서의 목차와 내용을 간단하게 작성하시오.

   ■ 제목

   ■ 목표

   ■ 조직

   ■ 필요설비

   ■ 예산

   ■ 기대효과

2. 가상 회사의 규모와 업종을 설정하여 그 회사의 고객상담실을 만들기 위해 필요한 인원과 설비를 구상해 보시오.

   ■ 회사의 규모와 업종

   ■ 필요한 인원

   ■ 필요한 설비

3. 가상의 회사를 설정하여 고객서비스부서의 업무헌장을 만들어 보자.

절

취

선

## 4) 주요사업

KCOP의 주요사업 내용은 다음과 같다.

### ■ 권익옹호사업

소비자전문가의 권익을 옹호하기 위해 다음과 같은 활동을 한다.

① 소비자전문가의 권익증진과 진출분야 확대를 위한 공청회 개최
② 소비자전문가의 취업확대를 위한 방안 모색
③ 적절한 기관 및 단체에 적합한 소비자전문가의 공급
④ 현장의 업무에서 빚어지는 소비자상담사의 고충상담 등

### ■ 회원관리사업

협회 가입을 위한 자격을 심사하여 회원증을 교부하고, 소비자상담사 및 소비자업무전문가, 소비자재무설계사 자격제도의 향상을 위한 연구를 수행한다.

① 회원증/회원카드 발급
② 소비자전문상담사 자격제도 연구(소비자전문상담사 1 · 2급 국가시험 대비)
③ 소비자업무전문가 자격인증제도 연구
④ 소비자재무설계사 자격인증제도 연구 등

### ■ 교육훈련사업

소비자전문가관련 자격증 획득과 직무능력 향상을 위한 교육의 기회를 제공하고, 소비자업무관련 기관에서 현장실습의 경험을 제공한다.

① 소비자전문가관련 자격증 획득을 위한 교육훈련 제공
② 소비자전문가들의 직무능력 향상을 위한 보수교육 실시
③ 소비자업무 관련기관에의 현장실습 연계 및 지원 등

### ■ 취업정보 수집 및 제공사업

소비자전문가의 취업을 위해 정보를 공유하고 요청이 있을 경우 회원을 알선해 준다.

① 취업정보 공유

② 구인/구직 정보 제공

③ 취업알선 등

### ■ 조사홍보사업

소비자전문가 지원시스템 구축을 위한 사업을 수행하며, 소비자상담 및 소비자문제 등의 분야에 대한 지속적인 연구를 실시하고 이를 홍보, 출판함으로써 소비자전문가의 전문성을 향상시킨다.

### ■ 국제교류사업

국제교류를 통하여 소비자업무와 관련된 최근의 국제 동향을 파악하고 적용할 수 있는 기회와 정보를 제공한다.

① 외국 관련기관 방문 및 연수

② 소비자관련 최근 동향 파악, 정보 분석 및 제공 등

## 2. 기업소비자전문가협회
### (OCAP: The Organization of Consumer Affairs Professionals)

OCAP은 기업의 소비자보호 및 고객만족 활동을 체계적이고 전문적으로 실천하기 위해 기업의 소비자업무 관장 책임자들이 1984년에 자발적으로 조직한 단체이다. 특히 기업에 제기되는 소비자문제에 공동으로 대처하고 그 대응방안을 모색하는 것을 주요 활동이념으로 하고 있으며, 이러한 취지를 인정받아 1990년 재정경제부로부터 공식 사단법인 인가를 받아 활동하고 있다. 또한 OCAP과 같은 기업소비자전문가 조직은 SOCAP, ACAP 등의 명칭으로 전 세계적으로 조직되어 있다.

### 1) OCAP의 목표

OCAP은 소비자관련 정보제공 및 회원사 간 업무교류의 활성화를 주도하여 회원사에 유익한 가치를 제공하며, 기업과 소비자단체, 행정기관 간의 상호협력과 이해증진을 통해 기업의 소비자문제에 효율적으로 대응하여 회원사의 권익보호에 앞장서고,

**그림 8-14** OCAP 홈페이지

기업의 고객지향적인 문화를 창출하는 것을 목표로 한다. 구체적으로는 ① 올바른 소비자문화 창달을 위해 기업의 입장과 의견을 수렴, 정부에 개진한다. ② 소비자보호업무에 대한 기업의 능동적인 대처를 위해 전문가를 양성한다. ③ 소비자문제에 대한 각종 제도나 시책, 외국의 선진사례를 조사, 연구한다.

OCAP의 목표를 정부, 소비자, 산학협동, 언론별로 나누어 살펴보면 다음 〈표 8-6〉와 같다.

## 2) OCAP의 조직

OCAP의 조직은 회장과 사무국, 9개 분야 이사를 포함한 이사회와 이사장, 9개 분과위원회, 그리고 전문위원회와 감사 등으로 구성되어 있다. 특히 분과위원회는 공산품, 금융, 농림식품, 보건식품, 서비스, 유통, 패션, 제약, 화학 등 9개 분야이다.

## 3) 주요 사업

OCAP의 주요 사업을 구체적으로 살펴보면 다음과 같으며, 또한 회원 윤리헌장을 통해서 각 회원사가 OCAP 회원으로 갖추어야 할 태도 및 역할을 파악할 수 있다.

### ■■ 정부 및 소비자단체와의 업무 교류

정부 및 지방자치단체 등 행정기관에서 수립하는 각종 소비자관련 정책에 기업의

297

| 표 8-6 | 각 주체에 대한 OCAP의 활동 목표 | | |
|---|---|---|---|
| 정부 | • 정부 유관부처와의 협조체제 강화로 합리적 소비자정책 입안 일조<br>• 대 소비자정책 입안/집행 시 기업측 입장 반영 | • 한국소비자원 및 소비자단체와의 협조체제를 통해 올바른 소비자 문화와 환경 조성<br>• 소비자들의 요구 수렴, 기업의 소비자중심 경영활동 유도 | 소비자 |
| 산학협동 | • 소비자 관련학과 학생들의 전문화교육 심화<br>• 소비자 관련전문가 육성 및 교류 등으로 산학협동체제 강화 | • 기업들의 소비자주권시대에 부응하는 노력과 정책 홍보<br>• 소비자를 위한 각종 기업정보와 캠페인 실시, 소비자 친화적 도구로서의 기반 확립 | 언론 |

대표로 기업의 입장과 의견을 취합, 개진함으로써 균형 있는 소비자보호정책의 입안에 참여한다.

① 각종 소비자관련 법률 제정 및 개정 시 공청회 참석, 업계 의견 종합 및 의견 개진
② 각종 소비자 현안에 대한 업무 및 정보 교류를 통해 기업의 소비자보호 활동에 대한 효율성 제고

■ 조사 연구 및 정보제공 사업

소비자분야의 각종 실태조사는 물론 연구자료와 최신정보 등을 수집, 분석하여 제공함으로써 기업의 소비자보호활동 선진화에 기여한다.

① 각종 소비자 현안 및 동향에 관한 정보 제공
② 회원사 시설 견학 및 이업종 교류회
③ 정기회의 및 고객만족 특강 등의 회원교류를 통한 실시간 정보제공
④ 분과위원회 운영 및 분과별 사례발표를 통한 전문 분야의 심층정보 제공

■ 교육사업

각 기업의 소비자문제 책임자, 실무자 등을 대상으로 각종 세미나, 교육연수, 강연, 사례발표 등을 실시하여 소비자문제 분야의 전문가 양성에 기여한다.

① 소비자문제와 관련한 각종 세미나, 연수, 강연
② 고객상담 실무자 교육 연수

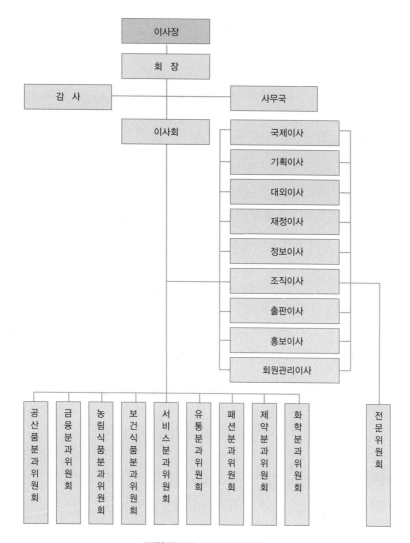

**그림 8-15** OCAP 조직도

③ 고객상담 관리자 교육 연수

④ 고객만족 특강

⑤ 대학생 고객상담 현장실습

⑥ 소비자전문상담사 자격증 교육

### ■■■ 국제교류사업

해외선진 CAP 조직 및 소비자단체 등과의 정보교류를 통하여 회원사의 경쟁력 제
고를 도모하고, 소비자보호 업무를 관장하고 있는 책임자, 실무자의 전문적 자질을 고
양시킨다.

① WORLD CAP 교류회

② 미국의 SOCAP 및 일본의 ACAP 조직과의 교류회

③ 해외 우수기업 고객만족 벤치마킹 연수

④ 해외 우수기업과의 소비자관련 정보교류

### ■ 홍보 출판사업

소비자관련 자료 및 소비자문제 사례집 등의 출판 사업, 기업소비자정보 간행물 발간, 정규 팩스통신 등을 통해 회원사들에게 신속, 정확하고 다양한 정보를 제공하고, OCAP의 대외활동을 적극적으로 홍보한다.

① 간행물「기업소비자정보」발행

② 고객만족 사례집, 소비자관련 자료집 출판

### ■ CS(Customer Satisfaction) 컨설팅 사업 및 CS경영 홍보사업

회원사를 비롯하여 비회원사, 중소기업에 이르는 각 기업들의 고객만족경영을 돕고, 안으로는 소비자상담실의 위상을 제고하기 위한 다양한 활동을 전개한다.

① CS 컨설팅 사업: 중소기업의 소비자보호부문 육성을 위한 지원사업

② 소비자보호의 날 정부 포상 시 기업 측 포상자 추천기관

③ 정보전시회

### ■ CCMS 사업

공정거래위원회와 소비자피해 자율관리위원회는 기업의 소비자만족 자율관리프로그램을 지원하고 확산하기 위해 협회 내에 자율관리 실천사무국을 설치하였다.

① 실행지침서 작성 및 자료제작

② CCMS 운영 컨설팅

③ CCMS 운영전반 점검 및 진단

④ CCMS 교육실시 및 지원

## 4) 세계 네트워크

기업의 소비자전문가 그룹인 CAP(Consumer Affairs Professional in Business)은 전 세계적 네트워크를 형성하고 있는데 미국에는 SOCAP(Society of CAP) International, 일본에는 ACAP(Association of CAP), 호주에는 SOCAP Australia, 아프리카에는 SOCAP South Africa, 유럽에는 SOCAP Europe, 캐나다에는 SOCAP Canada, 남미에는 SECANP, 우리나라에는 OCAP이 활동하고 있다.[9]

이 중 미국의 SOCAP과 일본의 ACAP에 대해 간단히 살펴보면 다음과 같다.

### 🔲 미국의 SOCAP International

변화하는 소비자욕구와 기대에 대한 기업계의 적절한 대응에 도움을 주고자 1973년에 CBBB(The Council of Better Business Bureau)의 주도적 역할을 통해 설립되었다. SOCAP은 소비자문제의 최근 경향을 반영하는 연구, 컨퍼런스 개최, 간행물, 웹사이트 자료 제공 등을 시행한다. 구체적으로 다루는 주제는 고객 관리, 고객 애호도 및 고객 유지, 고객접점센터 관리, 국제화, 소싱(sourcing) 전략 및 기술 개발 등이다.

SOCAP International의 핵심적 목적은 '교육'과 '네트워크'를 통한 고객관리의 향상이다. 여기서 교육이라 함은 SOCAP에서 제공하는 출판물, 집회, 연구 등을 통해 회원사들이 직업적 향상을 꾀할 수 있는 교육의 기회를 제공함을 의미한다. 그리고 집

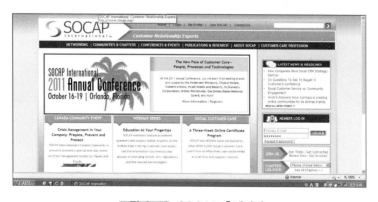

그림 8-16 SOCAP 홈페이지

---

9) 각 기관의 홈페이지는 다음과 같다. 미국의 SOCAP International은 www.socap.org, 일본의 ACAP은 www.acap.or.jp, 호주의 SOCAP Australia은 www.socap.org.au, 아프리카의 SOCAP South Africa는 www.socap.org.za, 유럽의 SOCAP Europe은 www.socapineurope.org, 캐나다의 SOCAP Canada는 www.socapcanada.org, 우리나라의 OCAP은 www.ocap.or.kr이다.

**그림 8-17** SOCAP이 발간하는 CRM 잡지

회, 웹 사이트, 회원사 목록, 분야별 네트워킹 그룹 등을 통해 다양한 네트워크 기회를 제공한다.

이런 핵심적 목적 외의 주요 목적은 다음과 같다.

- 소비자 대응의 완벽성을 유지, 촉진하고
- 기업, 정부, 소비자 간의 효과적인 의사소통과 이해를 장려 및 촉진하고
- 소비자문제 전문직을 규정하고 향상시킨다.

SOCAP International에서 발간하는 'CRM' 잡지는 1982년에 처음 발간되었는데, 600명 이상의 저자들이 작성한 700개 이상의 원고들을 수록하고 있다. 이 원고들은 온라인 또는 오프라인을 통해 제공되는데, 다음과 같은 주제들로 분류되고 있으며 이를 통해 SOCAP에서 다루는 분야들을 파악할 수 있다.

콜센터/ CEO의 비전/ 고객불평 및 문의 처리/ 단골고객 및 관계 관리/ 소비자문제 전문직/ 소비자교육 및 정보/ 고객애호도 및 시장 가치/ 고객 프라이버시 및 규제/ 데이터 분석 및 보고/ 기업 내부적 관계/ 국제적 비즈니스 및 문화적 다양성/ 부서 관리/ 품질 및 운영의 향상/ 인적자원 향상/ 테크놀로지

### 일본의 ACAP

ACAP은 일본 경제기획청 소관의 공익 법인으로 소비자문제 전문가들의 조직이다. ACAP은 기업내 소비자문제 담당자들의 전문가로서의 자질 및 지위 향상과 기업의 소비자지향체제의 정비를 위해 노력하고, 기업과 소비자 및 행정 간의 이해를 깊게 하고 신뢰를 형성하며, 가정·사회·경제의 건전한 발전과 국민생활 향상에 기여하는 것을 목적으로 한다.

주요 활동은 회원사들을 위한 자기계발과 소비자문제에 관한 상담, 교육, 각종 조사, 정보 제공 및 홍보, 제언 및 이를 위해 필요한 사업 등이다. 그리고 소비자상담 및 불평 정보의 수집과 제품 및 서비스에의 피드백, 환경 변화와 기업의 나아갈 방향에 대한 경영자에의 조언, 소비지 대응 담당자의 자질 향상, 산업계 전체가 소비자를 중심으로 사업을 추진하도록 기여하고 있다.

**그림 8-18** ACAP 홈페이지

1. 현재 국내 기업 또는 호텔, 레스토랑 등과 같은 서비스업체들에서 이루어지고 있는 단골고객 프로그램, 데이터베이스 마케팅, 관계마케팅의 실제 사례를 조사하여 발표하시오.

참고문헌

기업소비자정보(1999). 기업소비자전문가협회.

김경자 · 송인숙 · 제미경 역(1998). 세계최고의 고객만족. 시그마프레스.

김미영(2000). 백화점의 불만처리 서비스에 대한 고객의 평가와 개선 방안. 석사학위논문. 가톨릭대학교.

김태영a(2002). 상담원 채용과 이직관리. 기업소비자정보, 봄호, 28-31.

김태영b(2002). 고객상담실 System. 기업소비자정보, 여름호, 16-18.

배병렬 역(1997). 고객가치창조. 도서출판 석정.

여춘돈(1996). 고객만족경영전략 101. 계몽사.

이수영(2000). 전화고객상담원의 직무만족 영향요인. 석사학위논문. 동국대학교.

Jill Griffin(1997). *Customer Loyalty-How to Earn It, How to Keep It-, Jossey-Bass.* Publishers: San Francisco.

Warren Blanding(1991). *Customer Service Operations: The Complete Guide.* AMACOM: American Management Association.

참고 사이트

www.ocap.or.kr

# 제 4 부

# 소비자단체 및
# 행정기관의
# 소비자상담 실무

소비자주권시대의 소비자는 사업자와 대등한 지위를 가지고 합리적인 선택과 자주적인 역량을 가질 것을 요구하고 있습니다. 즉, 소비자는 선택을 통하여 '어떠한 경제 질서를 형성할 것인가?'를 결정할 권한과 책임이 있는 것입니다. 그리하여 기업으로 하여금 단순한 경쟁력을 가질 것을 넘어 소비자가 꿈꾸는 도덕성을 갖출 것을 요구하게 되며, 또한 소비자 스스로도 기업과 마찬가지로 시장에 대한 책임과 윤리를 요구하고 있는 것이기도 합니다.

미래의 소비자운동은 소비자 스스로 합리적인 선택을 할 수 있는 공정한 정보를 제공하고, 그러한 정보를 소비자가 적절하게 활용하여 의사결정을 할 수 있도록 교육하여야 하며, 그를 위한 제도적 장치 마련에 노력해야만 합니다.

자료 : 민홍기(2004). 미래소비자운동을 전망한다.
한국소비자단체협의회 주관 제9회 소비자의 날 기념토론회.

개별화된 형태의 소비자는 큰 힘을 발휘하기에는 어려운 실정에서 소비자들의 소리가 하나로 모아질 때, 또 아직도 소비주체로서의 참된 인식이 없는 소비자들에 대한 자각운동이 일어날 때 소비자의 주권은 실현될 수 있고, 이를 위하여 소비자단체의 필요성이 대두된다.

본 장에서는 소비자를 위한 상담업무에서의 소비자단체의 중요성과 현황 및 업무를 파악하고 소비자단체의 발전을 위한 앞으로의 방향을 살펴보고자 한다. 또한 소비자단체에서의 소비자 상담ㆍ피해구제 사례를 짚어보고자 한다.

# 9장
# 소비자단체의 소비자상담 실무

학습목표
1. 소비자단체에서의 소비자상담의 중요성에 대하여 생각해보자.
2. 우리나라 소비자단체의 현황 및 업무를 살펴보자.
3. 소비자단체소송제도에 대하여 알아보자.
4. 외국의 소비자단체에 대하여 알아보자.
5. 소비자단체의 바람직한 활동과 앞으로의 과제를 모색해 보자.

Keyword  소비자단체, 소비자운동, 소비자상담, 소비자단체소송, 외국의 소비자단체, 상담 실무교육

## 소비자단체의 소비자상담

### 1. 소비자단체의 소비자상담의 중요성

고도로 발달된 기술로 복잡하고 다양한 제품들이 무수히 쏟아져 나오는 현대 산업사회에서는 구조적으로 광범위하게 소비자피해가 발생하게 된다. 이러한 현실에서 보통의 소비자라면 누구나 선택의 어려움에 직면하지 않을 수 없고 당혹과 좌절을 느끼지 않을 수 없다. 따라서 소비자에게 적절한 정보를 제공하는 것부터 소비자피해구제에 이르기까지 소비생활의 여러 측면에서 도움을 주는 소비자상담은 현대 산업사회에서 소비자들에게 없어서는 안 될 중요한 역할을 담당하고 있다고 할 수 있다.

소비자단체는 소비자들이 스스로의 권익보호를 위해 자주적으로 결성된 단체이다. 따라서 소비자단체를 통한 소비자고발의 상담 및 처리는 소비자단체가 소비자의 대리인이 되어 문제해결에 적극적으로 임한다는 점에서 정부나 기업을 통한 피해구제와는 다른 특징이 있다.

소비자단체는 위해상품, 부당한 서비스, 거래방법, 제도 등에 관해 해당기업에 시정을 요구하거나 여론화를 통한 사회적 제재를 가하는 한편, 정부에 시정요청, 정책건의를 함으로써 소비자주권 확립에 기여한다. 또한 소비자상담은 정보전달, 물품교환, 변상, 수리 등의 기능에만 목적이 있는 것이 아니라 상담업무를 주축으로 하여 흩어져 있는 소비자들을 묶고 정보제공 역할을 담당하여 지역사회를 발전시키는 것을 목적으로 한다. 따라서 소비자단체를 통한 소비자들의 능동적인 고발 및 참여는 소비자피해를 예방하고 소비자의 권리를 지켜 사회를 발전시키는 힘이 되는 것이다.

소비자단체의 소비자상담 역할은 다음과 같다.

첫째, 소비자단체는 소비자문제 발생 시 소비자의 입장에서 적극적으로 처리방안을 찾거나 해결방법을 알려주거나 여론화를 통한 사회적 제재를 가함으로써 소비자의 교섭력을 확보하여 피해보상 받을 권리를 실현시키며, 이를 통하여 소비자권리에 대한 인식을 확대시켜 소비자의 자주적 해결을 도모하고 증대시킬 수 있다.

둘째, 합리적 소비생활을 영위하기 위해 필요한 교육을 함으로써 소비생활의 질을 향상시킬 수 있다. 특히 소비자단체의 특성에 따라 상담원이 주체가 되어 소비생활을 향상시킬 수 있는 다양한 교육프로그램을 기획하여 시행함으로써 커다란 효과를 기대할 수 있으며, 개별소비자와의 개별상담을 통해서도 소비생활의 질적 향상을 꾀할 수 있도록 효율적인 교육을 할 수 있다.

셋째, 구매선택과 관련한 정보뿐만 아니라 소비생활 전반에 관련된 다양한 정보를 제공하고 조언할 수 있으며, 이를 위해서는 상품 테스트 자료나 정보네트워크를 제공할 수 있다.

넷째, 소비자단체는 위해 상품, 부당한 서비스, 거래방법, 제도 등의 문제점에 관해 정보 수집을 하고 그 내용을 정부에 시정 요청하거나 피드백 할 수 있다.

다섯째, 이상의 역할들을 수행함으로써 소비자기본법 제3조 '소비자의 기본적 권리' 중 정보를 제공받을 권리, 단체를 조직하여 활동할 수 있는 권리 등을 실현하는 데 기여한다.

이러한 면에서 볼 때 소비자단체의 소비자상담의 중요성이 강조되고 있다.

## 2. 소비자단체의 주요활동

### 1) 소비자단체의 활동

소비자단체에서의 소비자상담은 1968년 서울YMCA에서 소비자고발센터를 설치 운영한 것으로 시작되어 그 이후 전국으로 확대되어 운영되고 있다.

소비자단체의 활동 중 상담과 관계된 주요 활동을 보면 다음과 같다.

#### ■ 소비자상담과 불만처리

소비자가 부정·불량상품이나 부당한 거래, 서비스 등으로 인해 입은 피해를 보상해 주고, 부정·불량상품의 개선을 위한 고발 상담활동은 1968년 서울YWCA에 소비자보호위원회(위원장: 정광모)를 조직하여 소비자보호방안 및 소비자운동 전개방법 제안중의 하나로 고발센터를 설치한 것에서 시작되었다. 이후 서울YMCA를 중심으로 소비자고발센터 운영이 계속되어 오다가 소비자단체협의회(이하 '소협') 출범 후 1979년 7월 3일 소비자보호단체협의회 소비자고발센터로 「소비자다이얼」이 개설되고 전문상담원들의 소비자고발 상담처리업무가 시작되었다. 소협은 그 후 2년 동안 소비자고발 상담업무를 직접 접수, 처리해 오다가 고발상담업무의 확대를 위해 「소비자다이얼」을 폐쇄하였고, 1995년부터는 소협의 지원을 전 회원단체의 지부로 확대해 현재는 전국 대부분의 도시(182개의 조직)에서 규모의 차이는 있으나 소비자고발센터가 운영되고 있다.

소비자고발처리는 한 건의 피해보상에 그치지 않고, 소비자 전체를 위한 활동으로 이어질 수 있어 그 의의가 더욱 크다. 소비자고발센터에 접수된 수많은 소비자피해사례와 불만은 제조업체와 판매자는 물론 행정에도 많은 영향을 끼쳐 각종 상품과 서비스의 질적 향상에 커다란 공헌을 했다. 기업뿐만 아니라 행정에서도 소비자만족, 고객만족주의의 태도를 지향하고 사후서비스뿐만 아니라 사전서비스도 준비하도록 한 것이다.

현재 소비자단체들이 가장 주력하는 활동이 소비자상담으로 거의 대부분의 소비자 단체가 소비자고발센터를 개설하여 운영하고 있다.

### ■ 소비자교육

　　1960년대에 들어서면서 서울YWCA를 비롯하여 각 여성단체에서 전개한 산발적이고 분산적이던 소비자교육 프로그램들이 각 소비자단체들에 의해 계획적인 소비자교육 프로그램으로 발전되었다. 소협 창립 초기의 소비자교육은 소비자운동에 참여한 소비자 지도자를 위한 교육이 대부분이었다. 소비자교육이 활발해지면서 교육대상을 세분화하여 대상에 맞는 소비자교육을 추진하여 일반소비자를 위한 교육, 소비자모니터를 위한 교육과 소비자상담, 피해구제를 담당하고 있는 실무자교육 등 각 대상에 맞는 교육을 실시하고 있다. 최근에는 교육내용이 전문적인 분야에까지 확대되어 소비

그림 9-1　건강기능 식품 소비자 교육
　　　　　(한국소비생활연구원, 2014. 07. 10)

그림 9-2　노인계층 대상 소비자 피해 예방교육
　　　　　(부산소비자연합, 2014. 04. 21)

### 표 9-1　소비자교육 활동

| 일 시 | 실습내용 |
|---|---|
| 청소년 대상 | • 중 · 고등학교 대상 소비자 교육 매년 실시(연 10,000명 이상)<br>• 정보통신윤리교육 및 건전소비자 육성을 위한 소비자교육 실시 |
| 중 · 장년층 및<br>실버소비자 교육 | • 복지관, 경로당과 연계하여 노인대상 교육 인형극 등 순회교육 실시<br>• 소비자학당(10주과정-매주 화요일) 연 2회 실시<br>• 소비자에게 소비자문제와 관련한 다양한 정보를 제공하여, 건전하고 합리적인 판단을 할 수 있는 연락을 키울 수 있도록 함 |
| 다문화가정<br>새터민 교육 | • 지역주부와 연계하여 다문화가장 소비자교육 실시<br>• 새터민 대상 월 1회 정기무료교육 |

자료 : 한국여성소비자연합(http://www.jubuclub.or.kr/)

**표 9-2** 소비자교육 내용 구성

| 대영역 | 소영역 | 세부 내용 |
|---|---|---|
| 1. 소비자 주권 | 1) 소비자 주권 | • 소비자주의<br>• 소비자주권 이해<br>• 소비자권리와 책임<br>• 소비자역할 |
| | 2) 소비자 가치관 | • 소비의 의미<br>• 소비자 가치관 |
| | 3) 소비 윤리 • 소비윤리 | • 돈의 가치, 개념 |
| | 4) 소비자 시민의식 | • 능동적 소비자로서의 참여 의식 |
| 2. 자원관리 | 1) 시장경제 | • 시장경제에서의 선택 원리<br>• 시장경제와 가계경제의 이해 |
| | 2) 소득관리 | • 가계경제의 구조 이해<br>• 시장경제와 가계경제의 이해 |
| | 3) 자산관리 | • 투자 원리<br>• 금융자산, 부동산 관리 |
| | 4) 생활자원 관리 | • 공공재, 시간관리 |
| 3. 소비자 의사결정 | 1) 합리적 의사결정 | • 소비자 의사결정의 합리성<br>• 소비자 의사결정의 효율성 |
| | 2) 소비자 의사결정 과정 | • 소비자 의사결정의 영향 요인<br>• 소비자문제 유형별 소비자 의사결정 과정 |
| | 3) 마케팅활동과<br>소비자의 대응전략 | • 소비자와 시장환경에 대한 이해<br>• 기업활동 이해 및 소비자의 대응전략 |
| 4. 소비자 문제 | 1) 소비자 관련 법과 제도 | • 소비자 기본법과 소비자 관련법<br>• 소비자 관련제도 |
| | 2) 소비자문제의 해결 | • 소비자문제 원인<br>• 소비자문제 유형<br>• 소비자 피해예방 및 구제 방안 |
| 5. 소비자 정보<br>수집과 활용 | 1) 소비자정보 수집 | • 온 · 오프라인 소비자정보원<br>• 온 · 오프라인 소비자정보 내용체계<br>• 온 · 오프라인 정보수집 및 분석 |
| | 2) 소비자정보 활용 | • 온 · 오프라인 소비자정보 활용<br>• 온 · 오프라인 소비자정보 평가 |
| 6. 소비문화 | 1) 소비트렌드와 문화 | • 소비문화현상 변화과정<br>• 소비자집단별 소비문화특성<br>• 소비트렌드 이해 |
| | 2) 지속가능한 소비 | • 지속가능한 생산 · 소비 개념<br>• 환경 보호<br>• 재활용, 재사용 |

자료 : 채정숙 · 김정숙 등 5인, 2008

자기본법, 제조물책임법 등의 소비자법제, 금융·보험 등 신용사회, 정보화 사회를 대비한 내용이 더욱 다양해지고 전문화되고 있는 것이 특징이다.

소비자교육의 성과로는 소비자문제에 대한 소비자들의 인식을 높인 것에도 있으나 소비자운동의 밑거름이라고 할 수 있는 많은 전문모니터를 길러내고 확보했다는 것도 중요하다. 또한 미래사회의 주역인 어린이를 대상으로 한 소비자교육도 계속 실시되고 있다.

### ■: 출판물 발간 및 홍보활동

소비자단체협의회는 소비자에게 각종 소비생활에 관련된 정확한 정보를 제공하여 합리적인 소비생활을 유도하고, 소비자권리와 책임에 대한 소비자인식을 높이기 위해 1987년 9월부터 월간 「소비자」를 발행하고 있다. 또한 소비자상담 및 판례집, 어린이 소비자교육 교재, 소비자교육을 위한 주요 지침서 등 정기간행물 외에 소비자교육과 홍보를 위한 자료 등을 수시로 발간하고 있으며, 단체활동에 대한 단체 간의 정보교류와 대외홍보를 위해 1992년 6월부터 매주 수요일 「뉴스레터」를 발행하고 있다. 각 소비자단체별로 출판물을 발간하고 있는데, 소비자시민모임에서 발간하는 「소비자리포트」, 한국소비생활연구원에서 발간하는 「녹색소비자」 등이 있다.

### ■: 시장감시 활동

김보금(2005)은 민간단체의 중요한 기능의 하나로 국가와 시장이 지닌 권력을 비판하고 감시하는 기능을 강조하고 있다. 소비자단체는 농축산물, 생활용품, 개인서비스 요금 등과 같은 생활필수품에 대한 가격조사를 통한 시장의 견제, 식품안전확보를 위한 감시활동, 상품의 질과 양에 대한 감시활동, 전자상거래, 방문판매, 특수판매 등에 대한 감시활동을 전개하고 있다. 이와 같이 소비자단체의 감시활동은 기업

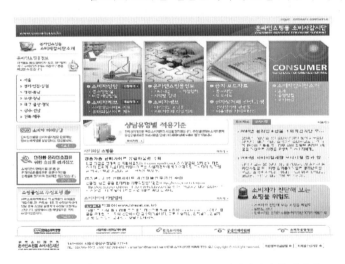

**그림 9-3** 소비자연맹의 온라인쇼핑몰 소비자감시단 홈페이지
(https://emonitor.or.kr)

| 표 9-3 | 주부감시단 운영 현황 |
| --- | --- |

| 일 시 | 실습내용 |
| --- | --- |
| 에너지 소비절약 시민 감시단 | 에너지 소비절약을 유도하고자 전국 15개 단체 300여 명이 '에너지 소비절약 시민 감시단'을 구성 '98년 3월 11일 출범하였다. 대한주부클럽연합회에서는 36명의 감시단원들이 서울, 부산, 인천, 광주 등지에서 활동하고 있다. |
| 100인 에너지 절약 주부 봉사단 | 에너지율점검운동의 확산을 위해 '100인 에너지절약 주부봉사단'을 구성, 가정, 점포, 기업 등에서의 에너지절감현황 및 에너지고효율상품 모니터링을 하고 있다. |
| 물가 감시단 | '98년 3월 18일 발대식을 가진 물가 감시단은 10여 개 단체가 참여 월 2~3회 해당지역 내 주요 생필품 판매업소 및 백화점, 기타 서민생활과 밀접한 개인서비스업소를 방문, 가격변동추이를 점검하고 부당 가격인상 업소를 적발한다. 대한주부클럽연합회는 서울지역 내 강서구, 성북구, 양천구 등지와 부산, 전주지역에서 감시활동을 벌인다. |
| 명예식품 감시원 | 유해식품근절단속을 위해 보건복지부, 시·도 주관의 명예식품감시원 활동에 참여, 부정·불량식품 근절, 위생수준 향상, 불공정거래행위 적발 등을 벌인다. 이외에 농·수산물에 대한 원산지표시위반 등을 감시하는 농·수산물 명예식품감시원도 운영하고 있다. |
| 가정의례지도원 | 예식, 장례 등과 관련 가정의례업소의 불법, 부당행위 근절을 위해 가정의례 지도원을 운영한다. 가정의례에 대한 지도, 계몽 및 홍보, 가정의례법령위반 행위에 대한 신고 활동도 편다. |

자료 : 한국여성소비자연합(http://www.jubuclub.or.kr/)

의 불공정한 행위를 견제하고 소비자의 권익을 보호함으로써 기업의 시장 활동에 대한 견제기능을 수행하고 있다.

### ■ 캠페인

합리적인 소비문화 캠페인을 꾸준히 벌여 소비자의 물가불안심리로 인한 충동구매, 사재기 등을 억제하고 낭비적인 소비생활태도의 개선을 유도해왔다. 각 회원단체별로 다양한 주제에 따라 캠페인을 전개하고 있으며 단체의 연대가 필요한 경우에는 회원단체들이 함께 캠페인을 전개하기도 한다.

### ■ 국제협력

세계 각국의 소비자단체는 서로 정보를 제공하고 교환하며 악질적 수출에 제재를 가하고 소비자국제경찰기구를 설치하여 국제무역의 악성거래를 감시·감독하며 벌칙을 두고 있다. 국제소비자기구(CI: Consumers International)는 1960년에 설립되어 이러한 목적으로 운영되며 현재 120개국에서 240개의 단체가 참여하고 있다. 우리나라에서도 한국소비자단체협의회, 한국소비자연맹, 소비자문제를 연구하는 시민의 모임 등 5개 단체가 가입되어 있으며, CI에서 개최하는 세미나, 워크숍, 회의 등에 참여하고 있다. 또한 세계시장의 단일화에 따라 나타나는 여러 소비자문제의 해결 및 사전예방 등을 위하여 CI뿐만 아니라 다양한 분야에서 국제연대와 협력하고 있다.

### 2) 소비자단체별 활동 현황

우리나라의 소비자운동은 여성단체를 중심으로 산발적으로 이루어지던 활동이 1976년 4월 5개 단체(한국여성소비자연합, 한국YWCA연합회, 한국여성단체협의회, 한국부인회, 전국주부교실중앙회)가 소협을 설립하고 1978년에 경제기획원(현 기획경제부)에서 사단법인 인가를 받음으로써 새로운 전기를 맞이하였다. 그 후 1985년에 소비자시민모임이 소협에 가입하였고, 1988년에는 한국공익문제연구원과 한국소비자교육원, 한국소비자연맹, 한국YMCA전국연맹이 가입함으로써 10단체가 활동하였다.

그림 9-4 소비자시민모임의 「소비자리포트」

그러나 1996년 한국공익문제연구원이 탈퇴하였다.

1995년 이후 소비자보호법이 일부 개정되면서 소비자단체의 등록사항이 완화되어 소비자단체의 설립이 용이해졌는데, 이에 힘입어 새로이 설립된 단체로 한국소비생활연구원과 녹색소비자연대, 법률소비자연맹 등이 있다. 이들 단체 중 녹색소비자연대는 1999년 1월에, 한국소비생활연구원은 2000년 1월에 소협의 정회원으로 가입함으로써 현재 서울에 10개 단체와 이들의 지방지부가 활동하고 있다. 우리나라 소비자단체의 조직현황과 활동내용은 〈표 9-4〉와 같다.

표 9-4 한국소비자단체협의회 회원 단체(2014년 6월말 기준)

| 단체명 | 대표자 | 지방조직(지부, 지회) | 주요 활동분야 | 홈페이지 |
|---|---|---|---|---|
| 한국소비자단체협의회 | 김재옥 | 10개 회원단체 | 소비자상담과 피해구제 총괄, 월간 「소비자」 발간, 정책연구 및 제안·캠페인 활동, 국제협력 등 | http://www.consumer.or.kr |
| 녹색소비자연대 | 이덕승 | 13개 지부 | 소비자권익보호, 환경보전, 교육 및 연구조사 및 국제협력 사업 등 | http://www.gcn.or.kr |
| 한국YWCA연합회 | 차경애 | 55개 지부 | 인간존중, 소비자·환경 운동, 소유와 나눔(먹거리 나누기, 아나바다운동) 등 | http://www.ywca.or.kr |
| 한국여성소비자연합* | 김천주 | 13개 지회, 78개 지부 | 사회운동, 소비자운동, 신사임당 행사, 여성·청소년·환경 운동 등 | http://www.jubuclub.or.kr |
| 소비자시민모임 | 김자혜 | 9개 지부 | 소비자상담, 소비자교육 및 정보제공, 소비자안전 및 조사연구 활동 등 | http://www.cacpk.org |
| 전국주부교실중앙회 | 주경순 | 16개 시도지부 232개 지회 | 교육사업, 소비자운동, 사회환경 및 식생활개선사업, 환경보전사업 등 | http://www.nchc.or.kr |
| 한국소비생활연구원 | 김연화 | 8개 지부, 22개 지회 | 소비자정책연구, 녹색소비, 홍보출판, 소비자상담 등 | http://www.sobo112.or.kr |
| 한국소비자교육원 | 전성자 | 6개 지부 | 소비자교육 및 연수, 소비자정보 개발과 보급 등 | http://www.consuedu.com |
| 한국소비자연맹 | 강정화 | 7개 지방연맹 | 소비자상담 및 불만 처리, 소비자안전-모니터링, 소비자교육, 시장감시활동-서울특별시 전자상거래센터 운영 등 | http://www.ymcakorea.org |
| 한국YMCA전국연맹 | 이신호 | 61개 지부 | 시민권익보호운동, 소비자운동, 지역공동체형성과 시민참여의 강화, 청소년·환경운동 등 | http://www.ymcakorea.org |
| 한국부인회 | 조태임 | 17개 시도지부 | 여성발전, 소비자보호, 건전가정 육성, 사회복지, 환경보호, 법률구조사업 및 출판사업 등 | http://www.womankorea.or.kr |

자료 : 각 단체 홈페이지 참조

＋ 2013년, 대한주부클럽연합회가 한국여성소비자연합으로 본회 명칭 변경됨.

| 표 9-5 | 소비자단체별 활동내용 비교표 | | | | | |
| --- | --- | --- | --- | --- | --- | --- |
| 단 체 | 소비자상담·불만처리 | 소비자교육 | 시장감시활동 | 출판물 발간 및 홍보활동 | 국제협력 | 캠페인 |
| 대한YWCA연합회 | O | O | O | O | O | O |
| 대한주부클럽연합회 | O | O | O | O | | O |
| 한국소비자교육원 | | O | | | | O |
| 한국YMCA전국연맹 | O | O | O | O | O | O |
| 한국소비자연맹 | O | O | O | O | | O |
| 소비자문제를 연구하는 시민의 모임 | O | O | O | O | O | O |
| 한국주부교실중앙회 | O | O | O | O | | O |
| 한국여성단체협의회 | | | | | | |
| 녹색소비자연대 | O | O | O | O | | O |
| 한국소비생활연구원 | O | O | O | O | | O |

자료 : 한국소비자단체협의회, 2007. 2

# 소비자단체의 소비자상담 현황

## 1. 소비자단체에 의한 상담·피해구제

소비자단체에 의한 상담·피해구제는 소비자들이 스스로의 권익보호를 위해 자주적으로 단체를 결성하여 행정기관에 등록한 소비자단체가 소비자기본법 제28조 제1항 제5호에 의해 소비자피해 및 불만처리를 위한 상담정보제공 및 당사자 간의 합의권고를 행함으로써 소비자피해를 구제하는 방법을 뜻한다. 소비자단체가 소비자의 대리인이 되어 문제해결에 적극적으로 임한다는 점에서 정부나 기업을 통한 피해구제와는 다른 특색이 있다.

소비자가 피해를 입은 경우 정보, 전문성, 이익추구 등에 있어 우월한 지위에 있는 기업을 개별적으로 상대하는 것보다는 소비자들로 조직된 소비자단체가 표면에 나서

표 9-6 소비자 상담 다발 품목 현황

| 순위 | 소분류 품목 | '14.4 | '14.5 | 증가율 | 주요 상담내용 |
|---|---|---|---|---|---|
| 1 | 휴대폰 · 스마트폰 | 2,637 | 2,913 | 8.0% | • 단말기 동일 하자 발생 (자동 전원 꺼짐, 배터리 방전 등)<br>• 쉽게 파손되는 액정 |
| 2 | 이동전화 서비스 | 2,098 | 2,537 | 21.0% | • 단말기 및 요금 할인 등을 미끼로 한 전화 권유 판매 (별정통신사 가입조건 등 안내 미흡)<br>• 계약내용 미이행, 할인 미적용 등으로 인한 요금 과다 청구<br>• 통화품질 불량, 통신장애, LTE-3G간 자동전환<br>• 부당 소액결제(앱 구입 후 사업자 연락 두절)<br>• 데이터사용료 과다 청구 (요금제 변경 시 데이터사용료 일할 청구, 앱스토어 자동업데이트) |
| 3 | 헬스장 · 휘트니스센터 | 1,504 | 1,436 | -2.7% | • 계약 취소 시 환급금 과소지급 · 지급지연<br>• 헬스장 폐업 및 개업 · 공사 지연으로 인한 이용 불가<br>• 개인 트레이너 퇴사 · 임의 변경, 결합된 강습프로그램 폐지 · 변경 |
| 4 | 국외여행 | 1,226 | 1,416 | 15.5% | • 질병 등 개인사정으로 인한 계약 취소<br>• 태국여행 관련 계약 취소 위약금<br>• 가이드 불성실 · 도주, 추가 요금 강요<br>• 일정 및 옵션 임의 변경 |
| 5 | 상조회 | 1,082 | 1,225 | 13.2% | • 상조업체 폐업 및 경영악화로 인한 해지환급금 지급 지연 |

자료 : 2014년 5월 소비자상담동향, 한국소비자원

공동의 의사표시를 하는 것이 피해구제에 훨씬 효과적일 것이다.

소비자단체는 위해상품, 부당한 서비스, 거래방법, 제도 등에 관해 해당기업에 시정을 요구하거나 여론화를 통한 사회적 제재를 가하는 한편, 정부에 시정요청, 정책건의 등을 함으로써 소비자가 피해구제를 받는 것을 도와주고 동일한 피해가 발생하는 것을 막는 데 기여한다. 따라서 소비자단체에 대한 소비자들의 능동적인 고발은 소비자피해를 사전에 예방하고 소비자의 권리를 지켜 사회를 발전시키는 힘이 되는 것이다. 〈표 9-6〉과 〈표 9-7〉은 한국소비자원에서 분석한 2014년 5월 소비자상담 처리결과이다.

다음은 최근에 공정거래위원회와 한국소비자단체협의회, 한국소비자원, 그리고 지방자치단체가 네트워크화된 소비자상담센터에서 처리된 소비자상담 · 피해에 대해서 알아보고자 한다.

2014년 5월 소비자상담은 휴대폰 · 스마트폰 2,913건으로 가장 많았고, 다음으로

**2014년 5월 소비자상담 청구 이유 및 처리결과**

| 구 분 | | 건 수(건) | 비 율(%) |
|---|---|---|---|
| 청구이유 | 품질(물품·용역) | 12,603 | 17.6 |
| | 계약해제·해지/위약금 | 11,300 | 15.8 |
| | 청약철회 | 8,271 | 11.6 |
| | 계약불이행(불완전이행) | 5,165 | 7.2 |
| | AS불만 | 1,149 | 5.4 |
| | 가격.요금 | 2,801 | 3.9 |
| | 안전(제품·시설) | 1,112 | 1.6 |
| | 법·제도 | 822 | 1.1 |
| | 표시·광고 | 670 | 0.9 |
| | 거래관행 | 596 | 0.8 |
| | 약관 | 328 | 0.5 |
| | 부당채권추심 | 288 | 0.4 |
| | 이자·수수료 | 173 | 0.2 |
| | 무능력자계약 | 104 | 0.1 |
| | 단순문의·상담 | 16,167 | 22.6 |
| | 부당행위 | 7,314 | 10.2 |
| 합계 | | 71,607 | 100 |
| 처리결과 | 상담·정보 제공 | 11,466 | 84.3 |
| | 소비자단체, 지방자치단체의 피해 처리 | 9,994 | 11.9 |
| | 한국소비자원의 피해구제로 이관 | 16,245 | 3.8 |
| | 분쟁조정신청 | 5,234 | 0.0 |
| | 처리중 | 13,365 | 0.0 |
| 합계 | | 71,607 | 100 |

자료 : 2014년 5월 소비자상담동향, 한국소비자원

이동전화서비스 2,537건, 헬스장·휘트니스센터 1,463건, 국외여행 1,416건, 상조회 1225건 등의 순으로 나타났다. 4월과 비교하면 휴대폰·스마트폰, 이동전화서비스, 국외여행, 상조회는 증가한 반면, 헬스장·휘트니스센터는 감소하였다.

5월에 접수된 상담을 청구한 이유별로 살펴보면, 품질(물품·용역) 12,603건, 계약해제·해지/위약금 11,300건, 청약철회 8,271건 관련 상담이 전체의 45.0%를 차지하고 있다.

## 2. 소비자상담번호 '1372'와 소비자상담센터

2010년 1월부터 공정거래위원회와 한국소비자단체협의회 10개 단체 중 8개 단체, 한국소비자원 그리고 지방자치단체가 네트워크화된 소비자상담센터 (www.ccn.go.kr) 서비스가 시작되었다. 전국의 소비자는 전화·인터넷 등으로 상담을 요청할 수 있으며 상담내용은 전산으로 관리되어 향후 재상담 시 활용된다.

전화상담은 전국 단일번호 '1372'로 소비자가 전화하면 '소비자상담센터'로 연결된다. 지능적 분배로 소비자단체·지방자치단체·한국소비자원 등 네트워크된 기관 중 가장 신속하고 적합한 기관의 상담원을 연결해 상담서비스를 수행한다.

소비자상담센터는 신속한 전화연결로 상담 편리성을 높이고, 모범상담답변과 상담정보관리를 통해 품질 높은 상담서비스와 정보를 제공함으로써 상담의 효율성과 소비자 만족도를 높이기 위한 대국민서비스이다.

소비자상담센터 포털서비스(www.ccn.go. kr)를 이용을 통해 모범상담 사례 조회, 1:1 상담 등 다양한 서비스를 보다 편리하고 빠르게 이용할 수 있으며, 온라인 상거래·다단계 판매 등의 특수거래 등 상담정보를 공유함으로써 소비자 문제에 신속하게 대응하는 소비자 정보종합 관리가 가능하다.

새로 구축된 소비자상담센터 시스템을 통해 그동안 한국소비자원의 통화 연결 지체의 문제가 상당 부분 해소되고 보다 정확하고 신속한 소비자상담이 가능하게 되었다.

소비자는 소비자상담센터에 전화와 인터넷을 이용해 소비자상담·피해처리·피해구제를 신청할 수 있다. 한국소비자원·지방자치단체 소비생활센터·소비자단체별 지부 등 소비자상담센터의 각 상담기관은 체계적으로 업무절차에 따라 상담업무를 진행한다.

소비자상담센터의 프로세스는 상담접수 → 상담진행 프로세스 → 자동분배시스템 → 소비자상담 → 자율처리 이관 → 피해처리 → 합의·권고 또는 피해구제 이관 순으로 진행된다.

'1372'의 실행은 준비된 모범상담 사례로 품질 높은 상담서비스를 제공해 소비자 만족도를 높이고, 인터넷을 통한 상담을 활성화시켜 전화상담을 최소화함으로써 상담원이 업무를 원활하게 처리할 수 있도록 한다. 상담기관별로 상담정보 및 상담 이력 공유와 다발품목 확인을 통한 위험요소를 즉각적으로 식별할 수 있어 소비자피해 확산예방이 가능하게 된다.

## 3. 소비자단체소송

집단피해를 해결하는 소송방법으로는 독일식 단체소송(verbandsklage)과 미국식 집단소송(class action)이 있다. 미국식 집단소송은 대표당사자소송으로 불리기도 한다. 독일식 단체소송은 단체가 소를 제기한다는 의미에서 단체소송이라고 하고 미국식 대표당사자소송은 피해자집단이 소송을 제기한다는 면에서 집단소송이라고 한다.

단체소송은 다수의 소비자가 손해를 입은 경우 소비자 각자가 소액의 피해를 구제받기 위하여 소송을 제기하는 것은 거의 불가능하므로 일정한 자격을 갖춘 단체가 제소자격을 부여 받아 소비자피해에 대처하는 제도이다. 집단소송은 피해단체에 속하는 개인에게 당사자적격을 인정하여 그로 하여금 집단구성원 전원의 이익을 위하여 소송을 수행하도록 하는 것으로 개인주도형의 집단분쟁해결 방식이다(강창경, 2000).

독일에서 단체소송의 최초 도입은 1896년 부정경쟁방지법에서 출발하고 있다. 이 법에서는 부당광고를 한 사업자에 대하여 동종 또는 유사한 제품이나 서비스를 제공하는 자, 또는 유통시키는 자, 그리고 영업상 이익증진을 목적으로 하는 단체가 금지소송을 제기할 수 있다고 규정하고 있다. 이 당시 법은 부정경쟁방지법 위반으로 직접 피해를 받은 소비자에게는 제소권이 주어지지 않았으며 사업자만을 보호하는 취지에 제정되었다. 그 후 1965년 부정경쟁방지법을 개정하면서 대량거래로 인한 피해를 방지하고, 또한 1976년 보통거래약관규제법에서 동법을 위반하여 무효인 약관의 사용중지 또는 추천철회를 위한 제소권을 소비자단체에게 부여하였다(강창경, 2003).

독일에서 단체소송의 제소권은 사업자단체, 소비자단체, 환경보호단체 등 공익을 우선하는 단체에 부여하고 있다. 또한 단체소송의 남용을 막기 위하여 보통거래약관법에서는 최소한 자연인 75인 이상을 구성하는 단체로 규정하고 있고, 부정경쟁방지법에서는 단체가 소송을 제기하고자하는 경우 지방법원장이 관리하는 등록부에 미리 등록하도록 하여 어느 정도의 권리능력을 갖춘 단체로 한정하고 있다.

우리나라의 소비자단체소송은 2008년 1월 1일부터 시행되고 있는, 기업이 소비자의 생명·신체·재산에 대한 권익을 침해하는 행위에 대해 일정한 요건을 갖춘 소비자단체나 비영리민간단체가 그 행위의 금지를 구할 수 있는 소송이다. 소비자단체소송은 집단소송 등 다수소비자문제에 대응하는 국제규범 또는 입법추세에 맞추어 국내에 도입된 것이며, 저질수입상품 등에 따른 소비자안전위해, 악덕상술, 과장광고 등 불공정거래행위로 인한 소비자권익침해행위의 방지, 소제기를 우려한 사업자의 자발적인 위법행위의 중지와 예방, 제품의 품질과 안전성의 향상 그리고 제품결함의 사후 시정 등의 효과가 기대된다(김성천, 2008).

소비자단체소송은 소비자를 대신해 기업의 침해 행위의 중지를 청구할 수 있는 제도로서 어느 정도 소비자의 권익 향상에 기여할 수 있다. 이 소송을 제기할 수 있는 단체는 공정위에 등록한 소비자 단체 중 등록 후 3년이 경과하고 회원수가 1천명이 넘는 단체, 대한상공회의소 및 전국 단위의 경제 단체, 비영리 민간단체 중 구성원 수가 5천 명이 넘고 중앙행정기관에 등록된 단체로 50인 이상의 소비자로부터 소송제기 요청을 받은 단체이다(정혜운, 2008).

소비자단체소송은 불량상품과 불공정거래행위로 인한 소비자피해를 예방하기 위하여 특별히 공익단체에 제소권이 부여된 소송제도이다. 그리고 이 소송제도는 소제기를 우려한 사업자가 자발적으로 위법행위를 중지하도록 하고, 사업자 스스로 상품

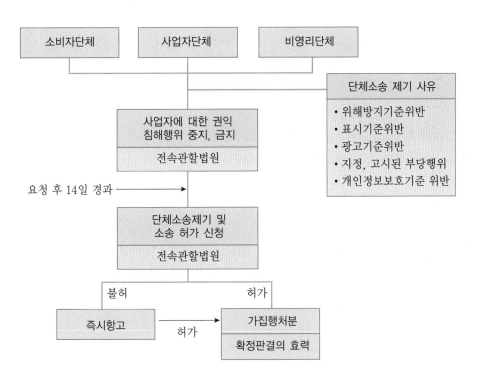

그림 9-5 우리나라 소비자단체소송 절차도

의 품질과 안전성을 향상시키도록 하는 부가적인 효과도 있다. 그리고 단체소송제도에 대한 회의론적인 시각에 대하여도 충분히 공감을 하고, 제도의 보완을 통하여 우리 사회에 도움이 되는 제도로 발전시켜 나아가야 한다(강창경, 2008).

## 4. 소비자단체에서의 소비자상담 실무교육

**그림 9-6** 소비자상담전문가 교육(한국소비생활연구원)

정보화와 개방화의 특징을 동시에 갖는 미래사회에서는 전문소비자상담에 대한 사회적·개인적 수요가 증가할 것이다. 이러한 입장에 부합되는 소비자상담 담당자들은 소비자상담 및 피해구제 정보, 언론매체, 인터넷 또는 교섭력이 약한 소비자 편에서 이에 적합한 역할을 수행할 수 있는 준비를 하여야 한다. 이에 소비자단체에서 소비자교육의 일환으로 소비자상담 실무훈련프로그램을 시행하고 있다.

그 예로는 소비자보호단체협의회에서 실시하는 소비자상담 실무자 교육이 있으며, 일반 소비자를 대상으로 하는 YMCA의 시민대학, 한국소비자연맹에서 시행하고 있는 소비자대학 등이 있다. 그리고 대학생들을 대상으로 각 소비자단체에서 소비자상담실무를 실습하는 기회도 제공하고 있다.

### 1) 소비자상담 현장실습

소비자단체에서 일반 소비자들과 대학생을 대상으로 실시하고 있는 소비자상담 현장실습의 프로그램의 예를 보면 〈표 9-8〉과 같다.

# 소비자단체의 소비자상담 실무

학번 :                이름 :                제출일 :

1. 가까운 소비자단체를 직접 방문하여 소비자단체에서 소비자불만처리가 거래유형별로 어떻게 처리 되고 있는지 알아보고 발표해 보자(참고서식 참조).

   • 방문판매 처리방향 :

   • 통신판매 처리방향 :

   • 할부판매 처리방향 :

2. 상담자로서 피해구제 청구접수 시 유의사항은 무엇인지 각자 조사하여 토론해보자.

   • 방문판매 피해구제 처리시 유의사항 :

   • 통신판매 피해구제 처리시 유의사항 :

   • 할부판매 피해구제 처리시 유의사항 :

3. 각각의 소비자단체의 홈페이지를 방문하여 소비자상담업무에 관한 부분을 분석, 평가하여 보자. 이를 바탕으로 바람직한 홈페이지의 구성요소를 만들어 토론해 보자.

절 취 선

**표 9-8** 한국소비자연맹 대학생 현장실습 프로그램

| 일 시 | 실습내용 | |
|---|---|---|
| 첫째 날<br>〈오리엔테이션(2시간)〉 | 한국소비자연맹 소개<br>품목별 소비자상담 요령 | 소비자상담 현황 소개<br>유전자 재조합식품 표시사항 |
| 2개월 과정<br>〈1일 2시간씩 20일〉 | 전자상거래 소비자문제<br>의류심의위원회 참관 | 소비자상담 접수(실제 전화상담 실습)<br>조사연구사업 실습(통계분석 자료 코딩) |

## 2) 소비자상담 교육

소비자단체에서 실무자와 일반소비자들을 대상으로 실시하고 있는 소비자상담 교육 프로그램의 예를 몇 가지 보면 다음 〈표 9-9〉, 〈표 9-10〉과 같다.

**표 9-9** 한국소비자단체협의회 전국실무자 교육과정

| | 제1차 교육과정 내용 | 제2차 교육과정 내용 |
|---|---|---|
| 주 제 | 소비자상담 및 피해구제 전문가 과정 | 금융과 소비자보호 |
| 내 용 | • 소비자피해구제 제도의 이해<br>• 소비자상담의 이론과 실무<br>• 소비자상담의 의미<br>• 법 일반론 – 법률의 이해<br>• 법제연구 – 민법의 이해<br>• 법제연구 – 전자거래법의 이해<br>• 법제연구 – 특수거래법의 이해<br>• 소비자상담의 현황과 전망 | • 우리나라 금융제도의 현황<br>• 사례연구 1. 금융과 소비자<br>• 사례연구 2. 신용카드와 소비자<br>• 사례연구 3. 손해보험과 소비자<br>• 사례연구 4. 생명보험과 소비자<br>• 법제연구. 소비자관련 제 · 개정<br>  법률연구 |

**표 9-10** 녹색소비자연대의 대학생 상담실습 프로그램

| 프로그램 | 건강 · 안전 · 환경관련 상담피해 접수<br>광고 · 가격 · 품질 등 소비자관련 각종 모니터 |
|---|---|
| 내 용 | 소비자상담 실습과 관련된 전반적인 업무<br>1) 소비자 상담일지 기록<br>2) 상담정보 프로그램(CSW) 입력<br>3) 소비자와의 직접적인 상담경험<br>4) 실질적인 고발상담 사례를 통한 다양한 체험 및 연구<br>5) 각 지역별 물가조사<br>6) 소비자 상담카드 작성<br>7) 그 외 녹색소비자연대 활동 참여 |
| 실습시간 | 매주 월~금, 오전 9시~오후 5시 |

# 🧑 외국의 소비자단체

## 1. 미 국

미국 소비자연맹(Consumer Federation of America)은 240개 지방소비자단체의 전국적 결성체로서 1968년 설립되었다. 현재 소비자연맹은 의회, 정부기관, 법원이 소비자지향적 정책을 추진하는데 압력단체로서 활동하고 있으며, 지방소비자단체를 지원하며, 소비자문제에 대하여 언론과 일반 대중들의 관심을 제고시키는 활동을 하고 있다. 주요 간행물로는 「CFA News」, 소비자의 채무관리 등 여러 가지의 정기간행물 등을 발간하고 있다.

소비자연맹(Consumer Union)은 1936년 비영리법인으로 설립된 단체로서 「Consumer Reports」와 어린이 소비자교육을 위하여 「Penny Power」를 발간하고 있으며, 노인, 저소득층, 여행 등과 같은 특정 소비자문제에 대한 정보제공 활동을 확대하고 있다.

경영개선위원회(BBB: Better Business Bureau)는 1970년 설립된 단체로서 기업에 의한 자율적 소비자보호기구이다. 소비자들로부터의 공신력 유지를 위하여 평판이 좋은 기업들에게만 회원가입을 허용하는 등 회원관리를 중요시 하고 있다.

그림 9-7  미국 소비자연맹(Consumer Union) 홈페이지

전문소비자연맹(NCL: National Consumers League)은 1899년 사회정의실현 및 시장과 작업장에서의 시민보호라는 목적하에 설립된 미국의 선구적 소비자단체이다. NCL의 정기간행물인 「Bulletin」은 격주간으로 발간되며, 소비자문제 연구와 소비자교육을 위하여 소비자지원센터, 소비자연구교육위원회 등의 산하기관을 두고 있다.

## 2. 일 본

일본의 소비자운동은 처음에는 불량상품의 추방운동에서부터 시작하여 점차 가격인하, 상품테스트, 정보지 간행 등으로 다양화되었으며, 이러한 운동의 초기에는 주부연합회의 꾸준한 노력이 있었고 그 성과도 상당하였다. 이에 자극을 받아 일본의 소비자운동은 소비자협회, 연구소 등의 지도와 정부의 행정적 지원이 가미되어 소비자문제에 대해 정책적으로 제도화, 그리고 현대화되었으며 그 대표적인 소비자단체는 다음과 같다.

1960년에 창립된 일본소비자협회(日本消費者協會)는 교육사업으로서 소비자상담자 연수과정을 운영하며 상품지식을 보급하기 위한 세미나, 연구회, 견학, 좌담회를 개최한다. 그 외에도 기업에 대하여 소비자문제의 중요성을 적극 홍보하고 있으며, 생활용품의 상담이나 소비자불만처리를 하고 있다. 간행물로는 「월간 소비자(月刊 消費者)」를 발행하고 있다.

일본주부연합회(日本主婦連合會)는 1948년에 설립되어 물가인상 반대운동, 위해상품 불매운동 등 소비자이익대변에 관한 상당한 압력단체로서 활동을 하여 왔다.

일본소비자연맹(日本消費者連盟)은 1974년에 설립되어 코카콜라의 유해성 구명, 브리타 니카사를 사기판매로 고발, 사카린·합성착색료·플라스틱 추방운동, 원자력전기 금지운동 등의 활동성과를 가지고 있다. 월 3회 「소비자리포터(消費者レポ−タ−)」의 발간과 소비자정보를 제공하고 있으며 최근에는 소비자교육의 조기화 등의 운동에 주력하고 있다. 전국 소비자단체연락회(全國消費者團體連絡會)는 전국소비자단체의 협력과 연락을 강화하고, 소비자운동을 촉진하기 위한 목적으로 1956년에 설립되었고 최근에는 대기업의 횡포방지, 소비자조례의 제정, 주요 식량의 자급자족률 제고, 부가가치세 및 일반 소비세의 신설 반대운동을 전개하고 있다.

## 3. 영국

연구조사 및 시험검사를 주 업무로 하는 영국 최대의 민간소비자단체인 소비자협회(CA: Consumers' Association)는 소비자정보를 제공하고, 제품과 서비스의 품질 향상을 목적으로 1957년 설립되었다. 주요 재원은 「Which?」 등의 출판물 수입과 연구용역 수익금으로 운영되며, 조직은 런던에 본부를 두고 1개 지부(하트포트)와 1개 시험검사소(밀튼 케인즈), 자문 및 지원조직으로 시민생활상담소와 같은 일반적인 정보센터, 구체적 분야(법률, 주택, 재정 등)에 정보를 제공하는 전문센터들, 그리고 지방거래기준부(DTS)의 지도를 받는 정보센터들이 있다. 주요 사업은 상품비교 테스트, 연구·조사, 출판 「Which?」 및 온라인사이트를 운영하는데, 월간 「Which?」 잡지는 약 70만 명의 유료 구독자를 확보하고 있다. 소비자단체의 활동을 조정하고 각 단체의 의견을 대표하는 전국소비자단체연합(NFCG: National Federation of Consumer Groups)이 1963년에 설립되어 운영되고 있다. 조직은 전국의 소비자단체가 회원이며, 재원은 각 지방 소비자단체, 소비자협회 및 정부(통산부)의 예산지원을 받고 있다. 주요 업무는 단체를 설립 지원하고, 상품과 서비스관련 규정의 조사·감시 및 결과를 공표하고 있다.

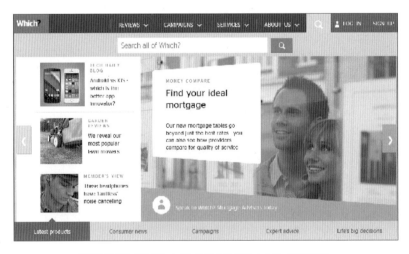

그림 9-8  영국의 소비자정보지 「Which?」 홈페이지

## 4. 프랑스

프랑스에 가장 큰 소비자단체이자 서유럽에서 가장 오래된 단체인 소비자연맹(UFC: Union Federale des Consommateurs)은 개별적 또는 집단적 소비자운동을 장려함으로써 소비자 스스로의 권리 존중과 자유로운 의견표현을 하고, 개인 또는 집단적 이익 보장을 목적을 위하여 1951년에 설립되었다. 본부는 파리에 소재하고, 지방조직은 전국에 걸쳐 약 290개 지부(190개 지방연합, 100여 개 지소)를 두고 있다. 자체 월간지「무엇을 선택할 것인가(Que Choisir)」를 발행하여 단체 재원의 99%를 출판물 수입에서 충당하고, 지방 지부를 통해 소비자상담 및 불만접수처리를 하고 있다. 비영리 순수민간단체로 1959년에 설립된 전국소비자연합(ORGECO: Organisation Generale des Consommateurs)은 75개 지역의 지방 지부를 두고 있고, 지부마다 1~2명 정도의 상근 봉사자가 있다. 주요 업무는 불만처리 및 피해구제, 소비자정보제공 및 교육, 소비자안전, 부당거래, 환경보호 등이다.


## 5. 호 주

초이스(CHOICE, 전 호주소비자협회)는 소비자를 위한 캠페인과 연구활동을 하고 있는 소비자단체로 1959년에 설립되었다. 초이스는 기업이나 정부, 다른 기관으로부터 지속적으로 예산을 지원받지 않는 독립적인 단체로, 재원은 잡지·간행물 등 전액 출판수입으로 충당하고 있다. 상품테스트 결과를 월간지「Choice」에 게재하여 정보를 제공하고, 소비자정책에 대한 제안 활동을 활발히 하고 있으며, 개별소비자에 대한 상담 및 조언도 하고 있다.

# 소비자단체의 바람직한 활동과 과제

## 1. 소비자운동의 패러다임의 전환

현재 시장구조는 과거의 공급자 위주의 시장구조에서 소비자중심 시장구조로 급격히 개편되어 가고 있다. 또한 소비환경도 인간의 법제도가 따라가기 어려울 정도로 급격하고 사회 전반에 걸쳐 광범위하게 변화하고 있다.

따라서 소비자운동도 소비자보호 차원이 아닌 소비자주권시대에 맞는 소비자운동으로 패러다임이 전환되어야 한다. 소비자주권시대에는 소비자가 주권의식을 가지고 시장에 참여함으로써 소비자 스스로 올바른 선택을 도모할 수 있어야 하며, 자유롭게 집단공동체를 만들고 의사를 표현하는 것이 필요하다. 따라서 소비자주권시대에서 소비자 단체들의 활동방향은 소비자 스스로 합리적인 선택을 할 수 있는 올바른 정보를 제공하고, 제공된 정보를 적절하게 활용하여 의사결정을 할 수 있도록 교육을 해야 하며, 이를 위한 제도적 시스템을 구축하는 데 노력해야 한다.

## 2. 재정기반의 확충

우리나라 소비자단체의 재원은 회비나 잡지구독료 등 사업수입보다는 정부보조가 많은 비중을 차지하고 있다. 이는 소비자단체가 소비자보호업무 중에서 소비자상담, 피해구제 기능에 많이 치중했기 때문이다. 반면, 미국이나 영국 등 선진국의 소비자단체는 잡지구독료로 단체의 재정을 충당하고 있다. 소비자단체가 활동을 하는 데 있어서 재정의 독립성을 확보하는 방향으로 나아가는 것은 무엇보다도 중요하다. 만약 재정을 국고보조금에만 의존한다면 정부 관료에 순응하는 관변단체로 변할 가능성이 많다(김보금, 2005). 따라서 소비자단체는 재정을 확보하고 순수한 민간단체가 될 필요가 있으며, 이를 위해서는 회원의 확대 및 정보지의 발간 등 사업을 통한 재정 자립이 필요하다.

## 3. 대도시 중심의 지역적 편중 해소

대부분의 소비자단체들의 조직은 서울 등 대도시를 중심으로 소비자상담 활동이 이루어져 지역적으로 편중되어 있으며, 그 영향력이 극히 제한되어 전국적인 뿌리를 내리지 못하고 있다.

특히 중·소도시 및 군·읍 지역의 소비자단체는 대도시지역의 소비자단체에 비해 비교적 지원이 낮은 것으로 나타났다. 앞으로 정부의 소비자단체에 대한 재정지원은 중소지역 중심의 지원을 강화하여 그 지역에 맞는 소비자단체를 조직하고 각 지역 실정에 맞는 소비자단체 활동을 확대할 수 있도록 지원을 강화해야 한다.


## 4. 정보제공과 소비자교육의 활성화

정보사회에서 소비자를 위한 정보제공의 역할은 더욱 중요하여 컴퓨터 네트워크를 이용한 정보제공이 활성화되어야 한다. 특히 지방 소비자를 위한 정보제공 활동이 매우 열악하기 때문에 현대 정보화시대에 발맞추어 소비자정보전산망 도입이 필요하다. 또한 소비자교육면에서는 가정이나 학교에서의 교육만으로는 불충분하므로 소비자교육은 장기적인 사회교육으로 계속 보완되어야 한다.

그러므로 소비자단체는 소비자에게 적절한 교육내용과 프로그램을 구성하여 제공함으로써 사회소비자교육의 주체가 되어야 한다. 즉 미래사회의 소비자상담은 단순한 소비자불만처리나 피해구제의 차원을 넘어 소비자교육과 소비자정보제공, 소비자정보의 활용 등 다양한 영역을 포괄하게 될 것이다.

또한 소비자정보 수집체계 및 소비자정보 전달체계의 구축 등이 필요하며, 특히 소비자정보 수집체계의 구축에 있어 각 지역단위별로 그 지역의 주민에게 도움이 될 수 있는 소비자상담을 하기 위해서 각 지역 주민들의 자발적 참여를 유도하는 방안이 마련되어야 한다.

## 5. 소비자단체의 전문성 제고

급변하는 경제의 변화 속에서 소비자의 가치관이나 행동은 양에서 질로 변화하고 개성화, 다양화, 고도화의 경향이 날로 더해가고 있다. 소비자단체에서는 다양화, 전문화되고 있는 소비자보호업무를 수행하기 위해서 소비자관련 지식을 습득한 인재가 필요하며 변해가는 소비자문제의 업무수행을 위해서는 끊임없는 교육이 필요하다. 뿐만 아니라 하루가 다르게 쏟아져 나오는 정보들 가운데 올바른 정보를 소비자에게 신속하게 제공하는 데 주력해야 한다.

또한 소비자단체의 전문성을 제고하기 위해서는 소비자단체의 활동내용 중 단체별로 특화할 필요성이 있고, 특히 환경문제, 금융 분야 등에 대한 관심분야를 확대할 필요가 있다. 소비자단체가 전문화되면서 동시에 대중성을 확보한다면 소비자단체는 21세기의 변화하는 사회 속에서 소비자를 위한 단체로서의 역할은 물론 국가경쟁력을 키울 수 있도록 협조하는 역할도 할 것이다.

## 6. 소비자관련 유관기관과의 협력적 관계유지

기본적으로 소비자문제는 소비자단체가 개입하여 해결하기보다는 소비자와 사업자 양 당사자 간에 해결하는 것이 가장 효율적이라고 할 수 있다. 즉, 소비자피해 발생 시 사업자 스스로 신속히 대응하여 해결함으로써 제3자가 개입하여 중재하는 시간과 비용을 절감할 수 있기 때문이다. 따라서 소비자와 사업자 간의 분쟁을 자율적으로 해결할 수 있는 방향으로 전개할 수 있도록 소비자단체와 기업과의 긴밀한 협력적 관계를 유지할 필요가 있다.

소비자피해구제가 소비자단체의 권고, 합의에 의해서 해결된 경우에는 별다른 문제가 없지만 소비자와 사업자가 합의에 이르지 못하고 분쟁조정이 필요한 경우에 적절한 절차가 뒤따르도록 하는 제도적 장치가 필요하다.

현재 이를 보완할 수 있는 제도로는 한국소비자원의 분쟁조정위원회가 이러한 분야를 담당하고 있으므로 피해구제 기능 강화의 방안으로 소비자단체와 한국소비자원과의 유기적인 협조관계가 이루어져야 할 것이다. 또한 소비자단체에서 자체적으로 시험검사가 어려운 성분 및 안전성 시험 등 시험검사의 지원과 소비자교육에 필요한 강사나 교육교재 등의 지원도 한국소비자원과의 협력 가능한 분야이다.

마지막으로 신상품의 출현, 복잡하고 다양한 유형의 거래방법으로 인한 소비자문제에 대한 적극적인 대응을 위해서는 재정경제부 또는 공정거래위원회나 지방자치단체 등 정부기관과 언론계, 관련학계와의 유기적인 협조체제가 이루어져야 할 것이다.

 연구문제

1. 미래사회 환경의 변화에 따른 소비자상담의 변화를 다양하게 예측해 보고, 그에 맞는 소비자단체의 역할에 대해 토론해 보자.

2. 우리나라 소비자단체의 사이트와 주요국의 대표적 소비자단체 사이트의 소비자상담 메뉴의 특성을 비교분석하여 효과적인 소비자상담을 위한 발전방안을 모색해 보자.

참고문헌

강창경(2000). 소비자집단피해의 예방과 구제에 관한 연구. 한국소비자원.

강창경(2003). 소비자집단소송제도의 도입방안. 한국소비자원.

강창경(2008). 소비자기본법상 단체소송제도의 평가 및 개선방안에 관한 연구. 한국소비자원.

김성천(2008). 최초의 소비자단체소송에 주목하자. 한국소비자원.

김보금(2005). 소비자단체 활동 및 조직에 대한 실증연구. 박사학위논문. 원광대학교.

민홍기(2004). 미래소비자운동을 전망한다. 한국소비자단체협의회 주관 제9회 소비자의날 기념토론회.

박인례(2004). 소비자운동 성과의 영향요인-소비자단체를 중심으로. 박사학위논문. 숙명여자대학교.

박희주(2006). 소비자기본법 개정의 의의와 내용. 한국소비자정책교육학회 겨울학술대회.

(사)한국소비자정책교육학회 · (사)한국소비자업무협회(2006). 2006년 한국소비자정책교육학회 겨울학술대회.

이기춘 외(2003). 소비자상담의 이론과 실무. 학현사.

정혜운(2008). 집단소송.단체소송.소비자분쟁조정제도란?. 소비자정보, 1. 한국소비자원.

채정숙 · 김정숙 등 5인(2008). 소비자주권시대의 소비자교육. 신정.

한국소비자단체협의회(2006). 월간 소비자, 3월호.

한국소비자단체협의회(2005). 제33차 정기총회(2005년도 사업보고).

한국소비자원(2010). 소비자단체현황(2010년 3월 말 기준).

한국소비자원(2014). 소비자상담동향, 5월.

한국소비자단체협의회(2009. 3). 소비자상담분석. 월간소비자.

한국소비자단체협의회(2009. 12). 소비자정보/정부와 소비자단체가 함께하는 소비자상담센터. 월간 소비자.

## 참고 사이트

한국여성소비자연합(http://www.jubuclub.or.kr/)
소비자보호단체협의회 홈페이지(www.consumernet.or.kr)
소비자연맹 홈페이지(www.consumerunion.org)

• 에어컨 설치로 인한 피해구제 신청했던 OOO입니다. 한국소비자원 OOO 조정관님의 직업정신으로 무장한 친절한 민원처리에 감동을 받았어요!!! 무더운 날씨인데도 불구하고 직접 방문하여 설치자와 저를 조정해 주신 것 감사합니다. 업무를 처리하고 나면 보람을 느끼신다는 OOO 조정관님. 항상 북적이고 정신없는 민원업무지만 민원이 곧 민심이자 공공업무를 하는 소비자원 직원들의 인심이지 않을까라는 생각이 듭니다. 한국소비자원 파이팅입니다~!!

• 고시원의 환급거부 관행이 심해서 사실상 포기하고 있었는데, 한국소비자원에서 환급받을 수 있게 힘을 써 주셨습니다. 소비자 처지에서 생각하고 노력해 주신 점 정말 감사합니다. 그리고 저랑 연락이 되지 않아서 많이 불편하셨을 텐데, 불평 한 마디 안 하시고 친절하게 상담해 주셔서 더 죄송하고 감사했습니다.

자료 : 한국소비자원 홈페이지(http://www.kca.go.kr), 2011. 8.

소비자문제는 소비자와 사업자 간의 힘의 불균형에서 비롯된 것이기 때문에 힘이 강해진 사업자의 시장지배력을 각종 규제를 통해 약화시키고, 약해진 소비자의 힘을 각종 지원을 통해 북돋움으로써 양자의 힘의 균형을 꾀하기 위한 행정기관의 역할이 필요하다. 행정기관에서 이루어져야 할 소비자상담의 구체적인 역할은 다음과 같다(이기춘, 1997).

첫째, 소비자의 교섭력을 증대시키고 공정한 합의안을 제시하여 피해보상을 받을 권리를 실현시키고, 개별 소비자를 교육한다. 둘째, 소비자행정의 문제점에 관한 다양한 정보를 수집하고 그 내용을 행정에 피드백 함으로써 소비자의 권리보장과 소비자위주의 행정개선에 힘써야 한다.

본 장에서는 행정기관과 한국소비자원에서의 소비자상담은 어떻게 이루어지며, 소비자상담실무를 알아보고 실제로 다루어지는 소비자상담 사례를 살펴보고자 한다.

# 10 장
## 행정기관과 한국소비자원의 소비자상담 실무

**학습목표**

1. 중앙행정기관의 소비자관련업무와 소비자상담에 대하여 살펴보자.
2. 통합소비자상담센터의 소비자관련 업무와 소비자상담에 대해 살펴보자.
3. 지방자치단체의 소비자관련업무와 소비자상담에 대하여 살펴보자.
4. 한국소비자원의 업무와 소비자상담 및 피해구제절차에 대하여 알아보자.
5. 외국 소비자행정기관의 소비자상담에 대하여 살펴보자.

**Keyword** 1372, 소비자불만 자율관리프로그램(CCMS), 소비자행정, 소비자위해감시시스템(CISS), 소비자분쟁조정

## 행정기관의 소비자상담

### 1. 중앙행정기관

#### 1) 공정거래위원회

정부는 소비자보호법과 동법 시행령을 대폭 개정한 「소비자기본법(2006. 9. 27공포)」과 「소비자기본법시행령(2007. 3. 27 공포)」을 '2007. 3. 28부터 시행하고, 2008. 2. 29에 정부조직을 개편하여 소비자정책 추진체계를 공정거래위원회로 일원화하였다.

공정거래위원회는 우리나라 소비자정책의 업무의 총괄부서로서 관련업무를 담당하는 부서는 소비자정책국이다. 이 부서에서는 중장기적 관점에서 체계적이고 일관성 있게 추진해 나갈 수 있도록 3년 단위 소비자정책에 관한 기본계획을 수립하고 있다. 소비자정책은 거래 적정화, 안전성 보장, 정보제공, 소비자교육과 피해구제의 5개 영역으로 크게 구분되며, 정부부처들은 이들 영역에서 개별 법령에 근거하여 소비자정책을 수행하며, 공정위는 각 부처 소비자정책을 총괄·조정한다.

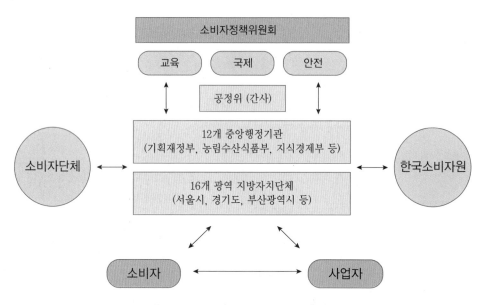

**그림 10-1** 우리나라 소비자정책의 추진체계

자료 : 공정거래위원회, 소비자종합정보 홈페이지(www.consumer.go.kr), 2011. 7.

또한 소비자기본법, 제조물책임법, 약관규제, 할부거래, 방문판매, 전자상거래 등 특수거래 관련 법령을 운용함으로써 소비자안전, 거래개선, 피해구제 등 제반 소비자관련 업무를 관계부처와 한국소비자원, 민간소비자단체 등과 협력하여 추진하고 있다.

**표 10-1** 소비자정책의 범위 및 주요 관련기관

| 구 분 | | 주요 법령 | | 주요 관련기관 |
|---|---|---|---|---|
| | | 공정위 소관 | 타 부처 소관 | |
| 규제행정 | 거래적정화 | 공정거래법, 표시광고법, 할부거래법, 방문판매법, 약관규제법, 전자상거래소비자보호법 등 | 품질경영 및 공산품안전관리법, 산업표준화법 등 | 공정위, 지식경제부 |
| | 안전성보장 | 소비자기본법 | 약사법, 식품위생법, 품질경영및공산품안전관리법 등 | 복지부(식약청), 지식경제부 |
| 지원행정 | 정보제공 | 표시광고법 | 각 부처 개별법령 | 공정위, 소비자원 |
| | 소비자교육 | 소비자기본법 | 평생교육법 등 | 각 부처 공통 |
| | 피해구제 | 소비자기본법, 제조물책임법 | 민법 | 공정위, 소비자원, 법원 |

자료 : 공정거래위원회, 소비자종합정보 홈페이지(www.consumer.go.kr), 2011. 7.

분쟁해결기준의 제정을 통해 소비자피해의 원활한 구제를 위한 제도적 장치를 운영하고 있으며, 소비자불만 피해를 제3자가 개입하여 해결하는 것보다 제품 및 서비스 판매를 통해 소비자피해를 유발하는 기업이 자율적으로 예방책과 구제책을 마련하여 실행하는 소비자불만 자율관리 프로그램(CCMS: Consumer Complaints Management System)을 운용하고 있다.

### ■ 통합소비자상담센터(1372)

소비자기본법을 근거로 2010년 1월 4일부터 공정거래위원회가 한국소비자단체협의회, 한국소비자원 및 광역지자체의 상담센터를 통합하여 일명 '1372 소비자상담센터'를 운영하고 있다. 통합소비자상담센터(1372)는 국번 없이 1372번으로 접수된 소비자의 상담을 전국에 소재한 236명의 상담원(소비자단체 190명, 소비자원 30명, 광역지자체 16명)에게 배분하여 신속한 상담서비스를 제공한다.

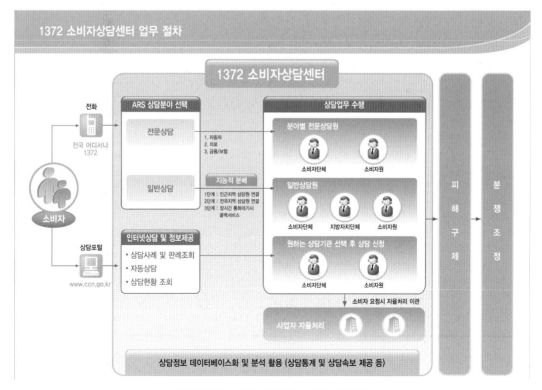

**그림 10-2  소비자상담센터 업무 절차도**

자료 : 공정거래위원회 보도자료, 2009. 12. 29.

표 10-2 상담 다발 품목 현황

| 순위 | 품목명 | 건수 | 주요 상담내용 |
|---|---|---|---|
| 1 | 휴대폰/스마트폰 | 2,913 | • 단말기 동일 하자 발생(자동 전원 꺼짐, 배터리 방전 등)<br>• 쉽게 파손되는 액정 |
| 2 | 이동전화 서비스 | 2,537 | • 단말기 및 요금 할인 등을 미끼로 한 전화 권유 판매(별정통신사 가입조건 등 안내 미흡)<br>• 계약내용 미이행, 할인 미적용 등으로 인한 요금 과다 청구<br>• 통화품질 불량, 통신장애, LTE-3G간 자동전환<br>• 부당 소액결제(앱 구입 후 사업자 연락 두절)<br>• 데이터사용료 과다 청구(요금제 변경 시 데이터사용료 일할 청구, 앱스토어 자동업데이트) |
| 3 | 헬스장·휘트니스센터 | 1,463 | • 계약 취소 시 환급금 과소지급·지급지연<br>• 헬스장 폐업 및 개업·공사 지연으로 인한 이용 불가<br>• 개인 트레이너 퇴사·임의 변경, 결합된 강습프로그램 폐지·변경 |
| 4 | 국외여행 | 1,416 | • 질병 등 개인사정으로 인한 계약 취소<br>• 태국여행 관련 계약 취소 위약금<br>• 가이드 불성실·도주, 추가 요금 강요<br>• 일정 및 옵션 임의 변경 |
| 5 | 상조회 | 1,225 | • 상조업체 폐업 및 경영악화로 인한 해지환급금 지급 지연 |

자료 : 한국소비자원, 2014.6.

소비자상담센터 서비스 이용방법은 소비자가 전국 어디서나 국번없이 1372번으로 전화한 후 ARS를 통해 전문품목(자동차, 의료, 금융보험)과 일반품목을 선택하면 된다. 소비자원 상담건수 기준 약 17%를 차지하는 전문품목(자동차, 의료, 금융보험)은 소비자원과 소비자단체에서 선발된 해당품목 전문상담원에게 즉시 연결하고 있다.

일반품목은 소비자의 거주지역에 가까운 소비자단체, 지자체, 소비자원 상담원 순으로 연결하고, 대기중인 상담원이 없는 경우 다른 지역의 상담원에게 연결한다. 모든 상담원이 통화 중이고 소비자가 콜백서비스를 원하는 경우에는 상담원이 소비자에게 직접 전화를 걸어 상담 실시하고 있다.

한국소비자원 '2014년 5월 소비자상담동향'에 의하면 2014년 5월의 소비자상담은 71,607건으로 전월 대비 1.4% 감소하였다. '물품' 관련 상담이 36,600건(51.1%)으로 가장 많고, '서비스' 관련 상담이 30,597건(42.7%), '물품 관련 서비스' 관련 상담이 4,410건(6.2%) '휴대폰/스마트폰'(2,913건), '이동전화 서비스'(2,537건), '헬스장·

휘트니스센터'(1,463건), '국외여행'(1,416건) 순으로 나타났다. 소비자상담 71,607건 중 61,062건(85.3%)은 '전화' 상담이며 7,192건(10.0%)은 '인터넷' 상담이다. '소비자단체'가 50,376건(70.4%)의 상담을 처리하였으며, '한국소비자원'이 17,632건(24.6%), '지방자치단체'가 3,599건(5.0%)의 상담을 처리하였다.

최근 1개월 동안의 상담 실적을 분석하여 소비자들의 피해가 급증하여 추가적인 피해 예방을 위해서는 소비자들의 각별한 주의가 필요한 품목을 소비생활 유의 품목으로 선정하였다. 전자상거래 분야 '소파', '침대', '시계', '이동전화 서비스', '항공여객 운송 서비스', '원피스' 관련 상담의 증가율이 높아 소비자들의 주의가 필요한 것으로 제시하였다.

향후 공정거래위원회, 한국소비자원, 소비자단체와 합동으로 '1372 소비자상담센터'의 상담 내용을 분석하여 소비들의 피해가 급증하여 피해 예방을 위해서는 소비자들의 각별한 주의가 필요한 소비생활 유의품목을 분기별로 선정하여 발표할 계획이다.

또한 '1372 소비자상담센터' 홈페이지(www.1372.go.kr)에 소비자들이 소비생활에 이용할 수 있도록 품목별로 최신의 상담 동향을 공개할 계획이다. 그리고 상담원에 대한 교육과 관리를 강화하여 소비자들에게 보다 고품질의 상담서비스가 제공될 수 있도록 조치할 것이고, 소비자 피해구제 활동을 더욱 강화하여 소비자들의 피해가 더욱더 구제될 수 있도록 조치할 계획이다.

## 2) 기타 중앙행정기관

기타 중앙행정부처는 소비자보호를 위한 각종 법령의 제·개정, 소비자보호시책의 수립 및 시행, 시험검사 및 조사, 소비자정보제공, 소비자피해구제 등의 업무를 수행하고 있다. 일부 업무의 경우 법령에 의거 지방자치단체에 위임하여 집행하고 있다. 국가는 소비자의 불만 및 피해를 신속하고 공정하게 처리할 수 있도록 필요한 조치를 취할 의무를 지고 있다. 따라서 관련 중앙행정기관은 분쟁조정위원회를 설치하고 있는데, 금융감독위원회의 금융분쟁조정위원회, 보건복지부의 의료심사조정위원회, 산업자원부의 전자거래분쟁조정위원회 등이 있다. 이들 부처는 금융, 의료, 전자거래 분야에 분쟁을 해결하면서 이와 관련된 상담업무도 수행하고 있다. 그 외 법률문제는 법률구조공단, 통신서비스는 방송통신위원회, 개인정보 침해는 한국인터넷진흥원 등에서 상담을 실시하고 있다.

표 10-3　소비자상담 · 피해구제 업무와 관련법령 및 관련부처

| 분 야 | 관련위원회 | 관련법령 | 관련부처 |
|---|---|---|---|
| 모든 물품 및 서비스 | 소비자분쟁조정위원회 | 소비자기본법 | 공정거래위원회 |
| 금융 | 금융분쟁조정위원회 | 금융감독기구 설치 등에 관한 법률 | 금융감독원 |
| 전자거래 | 전자거래분쟁조정위원회 | 전자거래기본법 | 기획재정부 정보통신산업진흥원 |
| 의료 | 의료심사조정위원회 | 의료법 | 보건복지부, 각 광역시도 |
| 법률 | – | 법률구조법 | 법무부 |
| 통신 | – | 정보통신사업법 | 방송통신위원회 |
| 개인정보 | 개인정보분쟁조정위원회 | 정보통신망이용촉진 및 정보보호 등에 관한 법률 | 방송통신위원회 |

## 2. 지방자치단체

지방소비자행정사무는 지방자치법과 소비자보호조례 등에 근거하고 있다. 소비자업무는 전통적으로 경제관련 업무를 담당하던 부서에서 담당하고 있다. 지방소비자정책심의위원회가 지방소비자정책을 총괄하며 지방소비자정책심의위원회를 운영하는 행정부서에서 소비자업무를 담당하고 있다. 또한 지방자치법 제10조 2항 및 지방자치법 시행령 제8조의 규정에 따르면, 소비자보호업무는 지방자치단체의 고유사무로 되어 있으며, 정부는 소비자보호를 위해 〈표 10-4〉와 같은 업무를 수행하도록 되어

표 10-4　지방자치법상 지방자치단체의 소비자보호

| 지방자치법시행령 제8조 별표 1(2014. 7. 8) ||
|---|---|
| 시 · 도 사무 | 시 · 군 · 구 사무 |
| 1) 소비자보호시책 수립<br>2) 물가지도를 위한 관련시책수립 · 추진<br>3) 소비자계몽과 교육<br>4) 소비자보호전담기구설치 · 운영<br>5) 소비자보호를 위한 시험 · 검사시설의 지정 또는 설치<br>6) 지방소비자보호위원회 설치<br>7) 민간 소비자보호단체 육성<br>8) 국민저축운동의 전개 | 1) 소비자보호시책 수립 · 시행<br>2) 가격표시제 실시업소 지정 · 관리<br>3) 물가지도 단속<br>4) 소비자계몽과 교육<br>5) 소비고발센터 등 소비자보호 전담기구의 운영 · 관리<br>6) 민간소비자보호단체의 육성<br>7) 저축장려 및 주민홍보 |

자료 : 지방자치법 시행령, 2014

있다. 이를 살펴보면 앞으로의 소비자보호업무는 소비자교육, 상담 등 지원행정을 강화시키는 방향으로 나아가고 있다고 할 수 있다.

각 지방자치단체 소비자업무 담당자들은 소비자상담 및 피해구제 업무가 가장 고유한 주민접점 업무로 인식하고 있으며, 이미 소비생활센터 설립 이전부터 실시해 오고 있다.

소비자 상담 기관들의 중복업무, 중복상담으로 인한 비요휼성, 상담대기 시간 증가 등 문제로 인하여 2010년부터 '통합소비자상담센터(1372)가 실시되고 있다. 이에 전문적인 피해구제 및 분쟁조정은 한국소비자원에서 전문화하고, 그 외 단순상담과 피해구제는 소비자단체, 지방자치단체 등에서 접수 처리하고 있다.

**표 10-5  광역자치단체의 소비자행정담당조직**

| 자치단체 | 소비자행정 담당조직 | | 지방소비생활센터 |
|---|---|---|---|
| 서 울 | 경제진흥본부 생활경제과 | 소비자보호팀 | 서울특별시 소비자정보센터 |
| 부 산 | 경제산업본부 경제정책과 | 소비자권익증진 담당 | 부산광역시 소비생활센터 |
| 대 구 | 경제통상국 경제정책과 | 생활경제담당 | 대구광역시 소비생활센터 |
| 인 천 | 경제수도추진본부 중소기업지원과 | 중소기업지원담당 | 인천광역시 소비생활센터 |
| 광 주 | 경제산업국 경제산업정책관 | 유통소비담당 | 광주광역시 소비생활센터 |
| 대 전 | 경제산업 경제정책과 | 생활경제담당 | 대전광역시 소비생활센터 |
| 울 산 | 경제통상실 경제정책과 | 경제정책담당 | 울산광역시 소비자보호센터 |
| 경기(1청)<br>경기(2청) | 경제투자실 경제정책과<br>경제농정국 지역특산화산업과 | 소비자지원담당<br>지역경제담당 | 경기도 소비자정보보호센터<br>경기북부 소비자보호정보센터 |
| 강 원 | 산업경제국 경제정책과 | 유통소비담당 | 강원도 소비자생활센터 |
| 충 남 | 경제산업국 생활경제과 | 생활경제담당 | 충청남도 소비생활센터 |
| 충 북 | 경제통상국 생활경제과 | 생활경제담당 | 충청북도 소비생활센터 |
| 전 남 | 경제산업국 경제통상과 | 경제통상담당 | 전라남도 소비생활센터 |
| 전 북 | 민생일자리본부 민생경제과 | 민생경제담당 | 전라북도 소비생활센터 |
| 경 남 | 경제통상국 민생경제과 | 생활경제담당 | 경상남도 소비자보호센터 |
| 경 북 | 일자리경제본부 민생경제교통과 | 민생경제교통담당 | 경상북도 소비자보호센터 |
| 제 주 | 문화산업국 지역경제과 | 지역경제담당 | 제주도 소비생활센터 |

자료 : 각 지방자치단체별 홈페이지, 2011. 8.

한편, 지방자치단체에서는 소비자의 권리의식을 함양하고, 급변하는 소비환경 변화에 대하여 자주적이고 합리적인 대처 능력 함양을 위하여 소비자교육 및 정보제공을 활발하게 추진하고 있다.

# 한국소비자원의 소비자상담

## 1. 한국소비자원의 주요업무

한국소비자원[10]은 소비자보호법(소비자기본법의 구법)에 의해 1987년 7월 1일에 설립된 재정경제부 산하 특수공익법인으로서, 소비자의 권익 증진을 통한 소비생활의 향상과 국민경제의 발전에 이바지하기 위한 목적을 갖고 있다.

한국소비자원에서 하는 일은 다음과 같다.

### 1) 제도 및 정책 연구

국민소비생활의 질적인 향상을 위한 정책개발과 관련 법령, 제도 등의 체계적인 연구를 추진하고 있다. 이를 바탕으로 실효성 있는 소비자보호시책을 강구하여 그 결과를 정부에 건의, 정책 대안으로 제시한다. 그 동안 방문판매 등에 관한 법률의 입법, 신용카드법의 개정, 수입품 안전대책수립, 보험료 적정화 등의 성과를 올렸다. 특히 결함제품으로부터 소비자안전을 확보하기 위한 제도적 장치로서 리콜제도를 도입하도록 함으로써 우리나라 소비자보호의 수준을 한 단계 높였다.

### 2) 상품시험검사

상품이 다양해짐에 따라 위해사례가 급증하는 등 소비자안전성 확보가 시급한 과제가 되고 있다. 한국소비자원에서는 소비자의 일상생활과 밀접한 각종 상품에 대한 품

---

10) 2006. 9. 27 소비자보호법이 소비자기본법으로 전면 개정되면서 '한국소비자보호원'에서 '한국소비자원'으로 명칭이 변경되었고, 소관부처도 '재정경제부'에서 '공정거래위원회'로 이관되었다.

질, 성능, 안전성 등에 대한 검사를 실시하고 분쟁의 대상이 된 상품을 분석하여 소비자에게는 상품정보를 신속하게 제공하고, 업계에는 상품의 품질향상을 유도하고 있다.

자동차용품실, 전기 · 전자제품응용실, 생활용품시험실, 식품시험실, 유기화학분석실, 유전자시험실 등 30여 개의 시험실이 마련되어 있다. 각종 유해물질의 정밀 측정 및 자체 시험능력 향상을 위한 최신 정밀시험 기기와 전문 지식과 경험을 겸비한 직원들에 의해 자체 기획한 검사 외에도 소비자단체의 의뢰나 사업자와

그림 10-3 상품시험검사 모습

소비자 사이의 분쟁에 따른 검사를 객관적이고 공정한 기준에 의해 실시하고 있다.

## 3) 안전정보의 수집 · 평가

한국소비자원에서는 소비자위해정보를 수집 · 평가하고 위해다발품목에 대한 심층적인 조사 및 제품의 안전성에 대한 시험검사를 통하여 소비자안전과 안전제도의 발전을 도모하고 있다. 소비자위해정보를 체계적으로 수집 · 관리하기 위하여 CISS(Consumer Injury Surveillance System, 소비자위해감시시스템)를 운영하며, 이 시스템에서는 소비자기본법에 의해 전국 66개 병원, 18개 소방서 등 위해정보 제출기관과 소비자상담센터(www.ccn.go.kr, 전화 국번없이 1372)을 통해 접수되는 소비자 상담및 소비자 위해정보 신고 직통전화인 핫라인 (080-900-3500)뿐만 아니라 국내외 언론 등 다양한 정보제공처를 통해 소비자 위해정보를 수집 · 관리하고 있다. 특히 취약계층인 어린이의 안전 확보를 위하여 어린이 안전넷(http://isafe.go.kr)을 설치하여 각종 어린이 안전콘텐츠를 제공하고 있다. 수집된 위해정보 중 구조적으로 문제가 있다고 판단되는 사례에 대해서는 실태조사 및 시험검사 등을 통해 위해방지대책이 강구된다. 또한 학계, 의료계, 법조계 등 각계의 외부전문가로 구성된 위해정보평가위원

회를 운영하고 있다. 수집·분석된 위해정보는 관계기관에 건의하고, 사업자에게 시정촉구하며, 소비자에게 제공함으로써 소비자안전 확보에 활용된다.

### 4) 소비자상담 및 분쟁조정

쏟아져 나오는 상품을 구입하거나 용역을 사용하는 과정에서 소비자불만이나 피해가 빈번히 발생한다. 그러나 어떻게 보상받아야 하는지 방법과 절차를 모르는 피해자가 많다. 한국소비자원에서는 자동차, 정보·통신분야, 생활용품, 주택 설비, 출판물, 서비스, 농업, 섬유 및 금융, 보험, 법률, 의료 등 전문서비스 분야에 이르기까지 소비생활과 관련된 불만, 피해에 대해 전문상담원이 상담·처리해 주고 있다. 소비자분쟁해결기준(공정거래위원회 고시)에 따라 분쟁의 당사자에게 합의·권고하는 절차로 피해구제가 이뤄지지 않을 경우에는 소비자분쟁조정위원회에서 조정결정을 한다. 또한 소비자피해 발생의 원인을 규명하기 위하여 전문위원회를 운영하고 있다.

### 5) 거래제도 개선

상품 및 용역의 광고, 권유, 계약판매 등 거래의 모든 단계에서 사업자의 부당한 행위로부터 소비자가 경제적·정신적 손실을 입지 않도록 거래관계 제도와 관행을 개선하는 일을 한다. 또한 거래제도, 부당거래, 부당약관, 잘못된 표시광고에 대한 실태를 조합하여 잘못된 거래관행과 무질서한 유통구조의 개선 등을 모색해 소비자권익을 위한 시책수립에 반영되도록 하고 있다. 국내외 가격조사, 분석, 주요 품목의 품질보증서 및 사용설명서 내용검토, 주요 수입소비재 유통마진 실태 조사, 휴양시설 관련 약관의 부당조항개선 등이 거래개선을 위해 실시하는 대표적인 사업내용이다.

### 6) 출판 및 정보제공

출판물의 홍수라고 할 정도로 많은 정보들이 쏟아져 나오고 있다. 그러나 상품을 구입하거나 서비스를 이용하기 전에 점검해야 할 사항들을 꼼꼼히 짚어주는 정보지를 찾기란 쉽지 않다. 1988년 1월에 창간한 월간 '소비자시대' 는 상품선택에 도움을 주는 상품정보, 가계에 도움을 주는 생활정보, 상품이나 서비스로부터의 피해와 불만에 대한 보상 안내 등 소비생활의 길잡이가 되는 월간 정보지이다. 또한 소비생활과 관련된 각종 연구 결과를 싣는 한국연구재단 등재지인 학술전문지 「소비자문제연구」

그림 10-4 어린이 안전 세미나

그림 10-5 의료피해구제의 효율적 처리방안 공청회

도 연 2회 발행하고 있다. 소비생활관련 각종 물품요역에 대한 거래조건, 표시, 가격 등에 대한 정보의 수집 · 분석을 통하여 객관적으로 정확한 정보를 제공함으로써 소비자에게는 합리적인 소비생활을 유도하고자 소비생활관련 정보를 수집하여 제공하고 있다.

### 7) 소비자교육 · 연수 및 소비자방송

소비자문제의 인식과 해결방안에 관해 소비자, 기업, 정부 등을 대상으로 소비자교육 및 연수를 실시하고 있다. 소비자교육 시범학교 운영과 대학생 실무교육을 통해 학생들에게 올바른 소비개념을 심어주고, 소비자의 선택능력을 높이며, 기업의 소비자 중심적 경영을 유도하고, 정부 · 지방자치단체의 소비자지향적 행정 추진에 도움을 주고 있다.

또한 소비자교육과 연수에 필요한 교재와 프로그램 및 온라인 교육 콘텐츠를 개발하여 보급하고 있으며, 초등학교 재량 활동 시간에 사용하는 인정 도서인 「올바른 소비생활」(전 3권)을 개발 · 보급하고 있다.

더불어 디지털에 의한 방송통신융합의 시대를 맞이해 인터넷 및 다양한 방송매체를 통해 소비자에게 필요한 정보를 적시에 제공하고 있다. 소비자방송 'Consumer TV(http://onair.kca.go.kr)'는 2005년 2월 3일 본 방송을 실시한 이후 소비자교육 · 소비생활정보 · 최신소비자 이슈 등을 중심으로 뉴스와 기획물을 전문적으로 제작하고 있다.

또한 우수한 프로그램을 선정, CD로 제작하여 초등학교 · 중학교 · 고등학교 · 대학교, 시민단체 및 지방자치단체 등 교육현장에서 활용할 수 있도록 보급하고 있다.

## 2. 한국소비자원의 소비자상담 필요성과 현황

### 1) 한국소비자원의 소비자상담 필요성

행정기관이나 한국소비자원에서 소비자상담을 제공해야 할 필요성은 사적 자치를 원칙으로 하는 자유시장 경제체제 기본원리에 한계가 나타나게 되었다는 점에서 찾을 수 있다. 소비자피해는 소비자와 사업자 간의 상품 · 서비스 구입과 소비에 따라 발생하는 것이기 때문에, 본래 사적자치의 원칙에 기인하여 소비자와 사업자가 상호교섭을 통해 자주적으로 해결하는 것이 바람직하다. 즉, 사업자는 소비자에 대해 민사상 책임으로 상품과 서비스를 제공하는 것에 대하여 채무자로서의 계약책임을 부담하고 있다. 그러나 이 사적자치의 원칙은 받아들여지지 않거나, 적용되지 않는 상황이 되기도 한다. 그 이유는 현대사회가 다음과 같은 상황이기 때문이다.

첫째, 소비자는 사업자에 비하여 상품과 서비스에 대한 지식, 정보의 격차가 확대되어 있어 상대적으로 약한 입장에 놓여 있고,

둘째, 대량생산에 따라 결함상품이 생기면 대량의 소비자피해가 생길 우려가 있고, 개인 소비자는 사업자와 충분한 교섭능력을 갖는 것이 어려우며,

셋째, 소비자피해의 해결을 재판 등으로 매듭짓는 경우도 있지만 재판제도는 수속, 시간, 비용 등이 지나쳐 이용이 어렵기 때문이다.

따라서 행정기관이 상담창구를 설치하여 소비자의 입장에 서서 소비자고발을 처리, 해결을 맡는 것이 강력한 소비자보호를 위하여 필요하게 된다.

한국소비자원의 소비자상담은 소비자지원행정의 일환으로 이루어지고 있다. 한국소비자원에서 이루어져야 할 소비자상담을 보면 다음과 같은 역할을 하게 된다

#### ■ 소비자권리의 실현

소비자의 교섭력을 증대시키고 소비자 입장에서 공정한 합의안을 제시하여 피해보상을 받을 권리를 실현하는 데 협력한다. 즉, 소비자들의 소비자상담 및 피해를 처리

하여 소비자의 기본적 권리를 실현시키도록 도와준다. 또한 상품테스트 자료나 정보
네트워크를 이용한 정보를 제공할 권리를 실현한다.

### ■■ 생애학습으로 연결되는 소비자교육

개별소비자에게 개별문제에 대한 가장 효율적인 교육이 가능하다. 예를 들어, 소비
자피해가 발생하였을 경우 상담자는 문제를 해결할 수 있도록 주선하는 데 그치지 말
고 소비자가 스스로의 행동에 관해 생각하고 자각하여 왜 피해를 받은 것인가를 깨달
을 수 있도록 한다. 즉, 소비자상담을 소비자교육으로 진전시키는 것인데, 여기에서
상담자의 능력이 중요하다.

### ■■ 소비생활 전반에 관련된 다양한 정보 제공

피해구제뿐 아니라 생활설계 등 소비생활 전반에 관한 다양한 정보를 제공하여 소
비자인 국민들이 소비생활의 질을 높일 수 있도록 한다.

### ■■ 소비자행정 개선

소비자행정의 문제점에 관한 정보수집과 그 내용을 행정에 피드백할 수 있다. 행정
기관에서의 소비자권익보호 행정, 서비스 등의 평가를 받아 행정 수정을 한다. 궁극적
으로 질 높은 행정서비스를 제공하여 국민생활의 질을 높인다.

## 2) 한국소비자원의 소비자 피해구제 현황

사회 환경이 급격히 변함에 따라 소비자문제의 범위도 크게 확산되고 있다. 또 소
비자들의 의식수준이 높아짐과 함께 소비자 피해구제의 내용도 다양해지고 복잡해지
고 있다. 소비자들이 생활 중에 느끼는 의문, 불만, 피해 등에 대해 호소해 오는 소비
자상담창구를 통해 소비자사회의 실상을 파악할 수 있다. 최근 소비자 피해구제의 추
이를 보면, 2013년 피해구제 접수된 물품 중 의류·섬유신변용품은 매년 40% 이상의
큰 비중을 차지하며 피해구제 접수가 가장 많은 품목이고 차량 및 승용물(2,210건,
16.1%), 성보통신기기(1,147건, 8.3%) 등이 소비사 피해가 많은 품목이었다. 용역 중
에서는 세탁업, 문화·오락, 정보통신, 보험 등이 매년 소비자 피해가 다발하는 품목
인 것으로 나타난 반면, 금융은 2011~2012년 1천 건 이상씩 접수되었으나 2013년에
는 전년 대비 525건(45.3%)이나 감소한 633건이 접수되었다.

| 표 10-6 | 중분류 물품 피해구제 신청 변화 추이 | | |

(단위 : 건, %)

| 구 분 | 2011년 | 2012년 | 2013년 |
|---|---|---|---|
| 의류 · 섬유신변용품 | 6,723(43.3) | 6,292(41.0) | 6,413(46.6) |
| 차량 및 승용물 | 2,948(19.0) | 2,676(17.4) | 2,210(16.1) |
| 정보통신기기 | 2,057(13.3) | 1,945(12.7) | 1,147(8.3) |
| 가구 | 508(3.3) | 598(3.9) | 519(3.8) |
| 문화용품 | 501(3.2) | 566(3.7) | 510(3.7) |
| 보건 · 위생용품 | 385(2.5) | 507(3.3) | 472(3.4) |
| 토지 · 건물 · 설비 | 577(3.7) | 545(3.6) | 441(3.2) |
| 가사용품 | 372(2.4) | 404(2.6) | 405(2.9) |
| 스포츠 · 레저 · 취미용품 | 291(1.9) | 430(2.8) | 388(2.8) |
| 식료품 및 기호품 | 292(1.9) | 297(1.9) | 329(2.4) |
| 주방용품 · 설비 | 268(1.7) | 286(1.9) | 292(2.1) |
| 도서 · 음반 | 289(1.9) | 396(2.6) | 280(2.0) |
| 식생활기기 | 199(1.3) | 263(1.7) | 222(1.6) |
| 농 · 수 · 축산용품 | 63(0.4) | 76(0.5) | 61(0.4) |
| 광열 · 수도 | 31(0.2) | 30(0.2) | 35(0.3) |
| 기타 · 상품 | 18(0.1) | 33(0.2) | 39(0.3) |
| 계 | 15,522(100.0) | 15,344(100.0) | 13,763(100.0) |

자료 : 한국소비자원, 2013 소비자 피해구제연보 및 사례집, 2013

## 3. 한국소비자원의 피해구제 절차

한국소비자원에서 소비자피해를 구제받기 위해서는 먼저 2010년 1월 정부에서 주관하는 소비자상담센터(1372번)에 상담을 신청하여야 한다. 상담직원은 소비자 피해에 대한 적절한 처리방법 등을 안내하고 당사자와의 원만한 처리가 어렵다고 판단되는 건에 대해서는 한국소비자원에 피해구제를 신청하도록 안내하고 있다.

한국소비자원에 접수된 피해구제 신청 건은 피해구제 부서로 이관되어 사건처리 담당직원의 사실 조사가 시작되며 사실조사는 우선 사업자에게 접수사실을 통보하고 지정된 양식에 의해 해명을 요구하게 된다.

| 표 10-7 | 중분류 용역 피해구제 신청 변화 추이 | | | (단위 : 건, %) |
|---|---|---|---|---|
| 구 분 | | 2011년 | 2012년 | 2013년 |
| 물품<br>관련<br>서비스 | 세탁업 | 1,591(62.1) | 1,854(63.8) | 2,099(62.0) |
| | 운수 · 보관 · 관리 | 969(37.9) | 1,051(36.2) | 1,289(38.0) |
| | 계 | 2,560(100.0) | 2,905(100.0) | 3,388(100.0) |
| 용<br>역 | 문화 · 오락 | 2,376(25.4) | 3,084(27.4) | 3,245(29.9) |
| | 정보통신 | 1,694(18.1) | 2,093(18.6) | 2,089(19.2) |
| | 보험 | 1,584(17.0) | 1,850(16.4) | 1,797(16.5) |
| | 의료 | 831(8.9) | 1,010(9.0) | 976(9.0) |
| | 교육 | 654(7.0) | 779(6.9) | 832(7.7) |
| 서<br>비<br>스 | 금융 | 1,142(12.2) | 1,158(10.3) | 633(5.8) |
| | 보건 · 위생 | 219(2.3) | 320(2.8) | 283(2.6) |
| | 법률 · 행정 | 38(0.4) | 50(0.4) | 44(0.4) |
| | 기타 서비스 | 807(8.6) | 926(8.2) | 963(8.9) |
| | 계 | 9,345(100.0) | 11,270(100.0) | 10,862(100.0) |

자료 : 한국소비자원, 2013 소비자 피해구제연보 및 사례집, 2013

이러한 사실조사와 법률조사를 통해 사업자에게 피해보상을 권고하며, 양 당사자가 이를 수용하면 종결 처리된다. 만일 당사자 일방이라도 보상안을 수용하지 않는 경우에는 소비자분쟁조정위원회에 조정을 신청하여 조정결정으로 처리하게 된다(그림 10-6 참고).

## 1) 소비자상담

소비자피해를 입은 소비자는 전화, 방문, 서신, 팩스, 인터넷 등의 다양한 방법을 통해 소비자상담센터에 상담을 신청할 수 있다. 국가(지방자치단체), 소비자단체 또는 사업자도 소비자로부터 피해구제 청구를 받은 때에는 한국소비자원에 그 처리를 의뢰할 수 있다.

소비자상담센터는 소비자상담 신청 건에 대해 피해구제 접수가 가능한 사건인지 여부를 상담하게 되며, 접수 요건이 충족되지 않는 사건의 경우에는 적절한 정보를 제공함으로써 소비자불만을 처리하거나 타 기관 알선 또는 기타상담 등으로 처리하고, 피해구제 접수요건이 충족되는 사건에 대해서는 청구인(소비자)과 피청구인(사업자)의 인적사항과 피해사실 등을 확인한 후 피해구제 청구사건으로 접수하여 피해구제 담당부서로 이관한다.

## 2) 합의권고

한국소비자원에 대한 피해구제의 청구 또는 의뢰는 서면 또는 전자문서(긴급을 요하거나 부득이한 경우에는 구술 또는 전화도 가능)로 하도록 되어 있으며, 한국소비자원은 소비자로부터 피해구제의 청구를 받은 때에는 지체 없이 사업자에게 서면 또는 전자문서로 그 사실을 통보하여 해명을 요구한다.

한국소비자원은 사실조사 및 법률조사를 통해 확인된 내용, 전문위원회의 자문 및 시험, 검사결과 등을 종합적으로 검토한 후, 이를 근거로 사업자에게 피해보상을 권고하게 되며, 이러한 합의권고에 대해 분쟁당사자 일방이라도 수용하지 않아 피해구제 청구일로부터 30일 이내(단, 사실조사 과정에서 원인규명을 위한 전문가 감정 및 자문, 시험검사 등의 사유 발생 시 90일까지 기간연장 가능)에 권고가 성립되지 아니할 때에는 지체 없이 소비자분쟁조정위원회에 조정을 요청한다.

## 3) 분쟁조정

소비자분쟁조정위원회는 분쟁조정요청을 받은 날로부터 부득이한 사유가 없는 한 분쟁조정 요청일로부터 30일 이내에 조정결정을 하게 된다. 조정결정이 양 당사자에 의해 수락되면 조정이 성립되며, 성립된 조정결정 내용은 재판상 화해와 동일한 효력을 갖게 된다. 또한, 조정결정 내용을 당사자가 수령한 후 15일 이내에 양 당사자가 수락거부의사를 서면에 의해 표시하지 않는 경우에도 조정은 성립된다. 조정위원회가 내린 조정결정이 성립은 되었으나 당사자 일방이 결정내용대로 이행하지 않을 경우에는 대법원 규칙 제1768호(2002. 6. 28)에 의거 관할법원으로부터 집행문을 부여받아 강제집행을 실시할 수 있다. 조정위원회의 조정결정에 대해 양 당사자 중 일방이라도 수락거부의사를 15일 이내에 서면으로 표시한 경우에는 소성위원회의 조정결정은 성립되지 않으며, 이 경우에는 법원에 의한 사법적 구제절차인 민사소송절차에 따라 해결하게 된다.

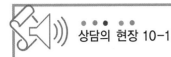

상담의 현장 10-1

## 소비자분쟁조정위원회

⊙ 목적 및 근거
- 소액·다수의 소비자피해 특성상 소비자와 사업자 간의 분쟁은 당사자 간 합의나 제3자에 의한 조정과 같은 방법으로 해결하는 것이 바람직함
- 정부에서는 「소비자기본법」 제60조에 의해 한국소비자원에 설치하여 운영

⊙ 성격
- 소비자분쟁에 대한 조정요청 사건을 심의하여 조정결정을 하는 준사법적인 기구임

⊙ 구성 및 운영
- 소비자분쟁조정위원회는 위원장 1인, 상임위원 1인을 포함한 50인의 위원으로 구성되어 있으며, 비상임위원(48인)은 소비자단체 및 사업자단체 대표, 각계의 전문가로 구성
- 소비자분쟁조정위원회 회의는 위원장, 상임위원과 위원장이 회의마다 지명하는 5인 이상 9인 이하의 위원으로 구성하여 운영되고, 위원 과반수의 출석과 출석위원 과반수의 찬성으로 의결

※ 소비자기본법 개정으로 소비자분쟁조정위원회에 소비자의 집단적 분쟁해결시스템인 「일괄적 분쟁조정」 제도 도입(2007. 3)

### 4) 집단분쟁조정제도

'집단분쟁조정제도'란 다수의 소비자에게 같거나 비슷한 유형의 피해가 발생한 경우 한국소비자원 내에 있는 소비자분쟁조정위원회에서 일괄적으로 분쟁조정을 할 수 있는 제도를 말한다. 집단분쟁조정은 국가, 지방자치단체, 한국소비자원 또는 소비자단체, 사업자가 의뢰하거나 신청할 수 있다. 소비자는 신청자가 될 수 없고 이미 신청된 사건에 당사자로 추가로 참여할 수 있다.

집단분쟁조정의 대상은 피해를 입은 소비자의 수가 50인 이상이고 사건의 중요한 쟁점이 사실상 또는 법률상 공통되어야 한다. 원인행위가 법 시행 이전에 발생하였더라도 집단분쟁조정의 요건을 구비한 경우에는 신청이 가능하다.

조정위원회는 한국소비자원 홈페이지 및 전국을 보급지역으로 하는 일간신문에 14일 이상 그 절차의 개시를 공고하여야 한다. 이는 동일한 피해를 입은 소비자가 분쟁

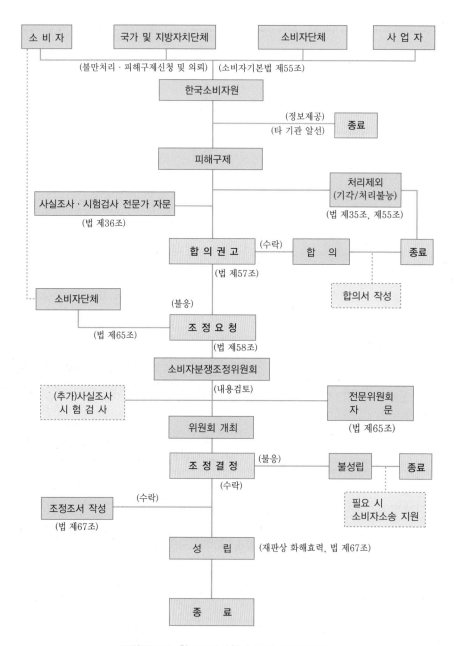

**그림 10-6  한국소비자원의 피해구제 절차도**

자료 : 한국소비자원, 2013 소비자 피해구제연보 및 사례집, 2013

조정의 당사자로 추가로 참여할 수 있는 기회를 제공한다. 그 절차에 참가하려는 소비자는 개시공고기간 내에 서면으로 참가신청을 하면 된다.

조정위원회는 집단분쟁조정 절차 개시 공고가 종료한 날로부터 30일 이내에 분쟁조정을 마쳐야 하며, 조정 결정된 내용은 즉시 당사자에게 통보되고 당사자가 통보를 받은 날로부터 15일 이내에 분쟁조정의 내용에 대한 수락 여부를 조정위원회에 통보하여야 한다.

조정이 성립된 경우 그 조정내용은 '재판상 화해'와 동일한 효력이 있다. 즉 민사소송법상의 확정판결과 동일한 효력이 발생하므로 성립 후 당사자 일방이 이를 이행하지 않는 경우에는 법원(서울중앙지방법원)으로부터 집행문을 부여받아 강제집행을 할 수 있다.

### 5) 소송지원

조정위원회의 조정결정이 사업자의 수락거부로 조정이 불성립된 건에 대하여 소비자가 민사소송을 원하는 경우에는 한국소비자원은 일정 범위 내에서 한국소비자원이 운영하고 있는 '소송지원변호인단'에 소속된 변호사로 하여금 해당 사건의 소송업무를 지원토록 하고 있다.

## 4. 한국소비자원의 소비자상담 교육프로그램

### 1) 한국소비자원의 교육 · 연수과정

경제 · 사회적 환경이 급변함에 따라 다양한 형태의 소비자거래와 그에 따른 소비자 피해가 발생하고, 소비자의 소비형태 · 의식 및 가치관도 급격하게 변하고 있다. 따라서 소비자의 능력을 계발하여 건전하고 합리적인 소비생활을 유도하고, 기업과 정부에서 소비자보호 업무를 수행하고 있는 담당자의 업무효율성을 높이기 위해서는 소비자교육이 필수적이라고 할 수 있다. 한국소비자원은 현재 7개의 연수과정을 개설하여 운영하고 있고, 세부 연수과정은 〈표 10-8〉과 같다.

### 2) 상담실습을 위한 사전지식

#### ■ 소비자의 정의

소비자의 개념은 사회적 · 경제적 · 법적 관점에 따라 그 개념이 달라질 수 있으나,

표 10-8 한국소비자원 2013년 소비자교육 연수

| 연수과정 | 기간 | 대상 | 실적 |
|---|---|---|---|
| 소비자교육 교사연수<br>(3일, 15시간) | 1.7~1.11<br>1.21~1.25<br>7.31~8.2<br>7.31~8.2(충북)<br>8.7~8.9 | 초 · 중등교사 | 5회, 169명 |
| 소비자행정 및 법령 실무 연수<br>(2일, 12시간) | 6.20~6.21 | 중앙 및 지방자치단체<br>소비자행정 담당 공무원 | 1회, 34명 |
| 지방 소비업무 담당자 순회교육 (1일, 2일 등<br>지자체 일정에 따른 맞춤형 프로그램 적용) | 2~11월 | 대구, 경기 등 지역 공무원 및 소<br>비자단체 관계자 | 325명 |
| 소비자전문가 실무연수 | 5.23~24<br>(2일, 12시간) | 일반기업체 소비자상담 업무 직원 | 1회, 34명 |
| | 10.24(1일, 5시간) | 병원 소비자업무 담당 실무자 | 1회, 40명 |
| 맞춤형 기업체 소비자업무 전문가 연수 | 6.11(1일, 6시간) | 홈쇼핑업체 소비자업무 관련<br>임 · 직원 | 1회, 28명 |
| 사회배려계층 대상 교육<br>(미래소비자리더 역량강화 교육) | 12.12(1일, 3시간) | 청주죽림초등학교(시범학교)학생 | 1회, 39명 |
| 견학프로그램 운영(1일 3시간 이내) | 연중 | 견학요청 단체<br>(초, 중, 고, 대학교 등) | 17회, 417명 |

자료 : 한국소비자원, 교육연수결과, 2013

소비자상담자가 반드시 알아 두어야 할 것은 법률적인 관점에서의 소비자이다. 소비자기본법상 소비자의 개념은 사업자가 제공하는 물품 및 용역을 소비생활을 위하여 사용하거나 이용하는 자 또는 대통령령이 정하는 자로 규정하고 있다. 즉 소비자기본법에서 적용을 받는 소비자는 원칙적으로 사업자가 제공하는 물품이나 용역을 소비생활을 위하여 이용하거나 사용하는 자를 말한다.

그러나 소비자기본법 시행령에서는 제공된 물품을 농업(축산업 포함) 및 어업활동을 위하여 사용하는 자를 소비자 범위에 포함시키고 있다. 다만, 축산법 규정에 의하여 농림부령이 정하는 사육규모 이성의 축산업자와 수산업법 규정에 의하여 원양어업자는 제외하고 있다. 이는 일정규모 이하의 농어민을 일반소비자와 다름없이 사업자와 거래하는 경제적 약자로 보고서 보호하려는 의미가 있다.

## ■ 청약철회권 관련 상담지식

• **계약자유와 책임**　사법상의 일정한 법률효과의 발생을 목적으로 하는 2인 이상 당사자의 의사표시의 합치를 말하는데, 즉 합의에 의하여 성립하는 법률행위를 말한다. 계약은 청약과 승낙으로 이루어지며 신의성실의 원칙(위반자의 책임)이 적용된다.

• **청약철회권**　할부거래나 방문판매 등에 있어서 충동구매나 비합리적인 구매결정으로부터 매수인을 보호하기 위하여 매수인에게 부여해 놓은 권리로 청약을 철회할 수 있는 권리를 말한다. 방문판매 등에 관한 법률, 전자상거래 등에서의 소비자보호에 관한 법률, 할부거래에 관한 법률 등 특수거래 계약과 관련한 법률에서 적용하고 있다.

• **청약철회 기간**　특수거래계약과 관련한 법률에 의해 방문판매, 전화권유판매의 경우 계약서를 교부한 날로부터 14일, 다만 계약서를 받은 때보다 재화 등의 공급이 늦게 이루어진 경우 재화 등을 공급받거나 공급이 개시된 날부터 14일, 계약서를 교부받지 아니한 경우, 방문판매자 등의 주소 등이 기재되지 아니한 계약서를 교부받은 경우 또는 주소변경 등 사유로 기간(14일)이내 청약철회를 할 수 없는 경우 주소를 안 날로부터 14일내 청약철회를 할 수 있다. 통신판매, 할부거래는 서면교부일로부터 7일 이내 청약철회를 할 수 있다.

• **청약철회 방법**　청약철회는 입증 가능한 서면으로 하면 되는데, 특히 문서를 정확히 전달하는 기능뿐만 아니라 내용을 증명할 필요가 있는 경우 내용증명우편을 이용한다. 내용증명은 특별한 양식은 없으나 기본적으로 당사자의 인적사항, 사건개요, 요구사항 등이 포함된다.

• **청약철회 효과**　청약철회의 결과는 소비자의 비용부담 없이 원상회복이 된다. 다만 소비자 과실에 의한 제품 손상은 제외된다.

# 계약취소요구서(청약철회요구서)

〈수신인〉

상호 :

사업자대표 이름 :

주소 : 주소를 정확히 기재(반드시 봉투 겉면 주소와 일치)

〈발신인〉

성명 : 계약자 또는 부모(미성년자의 경우)

주소 :

〈본 문〉

사실관계와 자기주장을 쓴다. 청약철회의 경우 계약경위를 명시하고 철회하겠다는 의사표시 정도로 충분하나, 그 외 가능한 육하원칙에 따라 상세히 기술하고 요구사항의 내용과 근거를 분명히 제시한다.

〈발신일자〉

〈서 명〉

※ 내용증명우편 보내는 요령
- A4용지에 작성(원본)한 후 2부를 복사해 발신인에 날인한다. 편지가 2매 이상일 경우 반드시 간인해야 한다.
- 원본은 수신인에게 발송하고, 나머지 1통은 발신인에게 주며, 1통은 우체국에서 보관한다. 단 수신인이 복수일 경우 수신인만큼 1부씩 추가해야 한다.

**그림 10-7** 계약취소요구서 양식 예

## 3) 모의소비자분쟁조정 실습

▪▪ 조정결정서[11] 작성 사례

**건명 : 댄스학원 중도 해지에 따른 강습료 환급 요구**

- **당사자**
  - 청구인 : 문○○ (서울 강북구)
  - 피청구인 : ○○학원 (서울 강북구)

- **사건개요**
  - 신청인은 2011. 2. 28. 피신청인과 3개월간 댄스 강습을 받기로 계약하고 이용하던 중, 개인적인 사정으로 2011. 3. 21. 중도해지를 요청하고 잔여 강습료 환급을 요구하였으나 피신청인이 이를 거부함

- **당사자 주장**
  - 신청인은 피신청인과 댄스 강습료로 190,000원을 지불하였으나 개인 사정으로 중도해지를 요구하였으므로 관련 기준에 의한 잔여 강습료 환급을 요구하고,
  - 피신청인은 계약 당시 신청인에게 중도 해지할 경우 강습료를 환급하지 않는 점에 대한 고지와 신청인의 확인도 받았으므로 신청인이 요구하는 강습료 환급은 어렵다고 주장함

- **판단**

가. 이 건 계약 내용

- 계약자 : 문○○
- 계약일 : 2011. 2. 28.(2011. 3. 14. ~ 2011. 6. 13. 3개월)
- 이용대금 : 190,000원(현금)
- 계약해지일 : 2011. 3. 21.(직접 방문), 2011. 3. 22.(내용증명 발송)

나. 회원준수사항 주요 내용

1. 기 납부 회비는 환불되지 않습니다.

다. 관련 법규 및 고시

- 「방문판매 등에 관한 법률」

---

11) 조정결정서의 기능은 당사자에게 조정결정의 내용을 정확하게 알려 줌으로써 그 결정에 대하여 수락할 것인가의 여부를 판단할 수 있는 자료이고, 조정이 성립된 후에는 효력(재판상의 화해)이 미치는 범위를 명확히 알 수 있게 한다.

- 제29조(계약의 해지)

계속거래업자 등과 계속거래 등의 계약을 체결한 소비자는 언제든지 계약기간 중 계약을 해지할 수 있다. 다만, 다른 법률에 별도의 규정이 있거나 거래의 안전 등을 위하여 대통령령이 정하는 경우에는 그러하지 아니하다.

- 제45조(소비자 등에 불리한 계약의 금지)

제7조 내지 제10조, 제16조 내지 제19조, 제28조 내지 제30조의 규정의 1에 위반한 약정으로 소비자에게 불리한 것은 그 효력이 없다.

• 「소비자분쟁해결기준」(체육시설업, 공정거래위원회 고시)

- 소비자의 귀책사유로 인한 계약해제

개시일 이후 : 취소일까지의 이용일수에 해당하는 금액과 총 이용금액의 10% 공제 후 환급

라. 「소비자분쟁해결기준」에 따른 환급금액 산정

• 총 이용금액 : 190,000원

• 공제금액 : 37,563원

  - 위약금 : 19,000원(총 이용금액의 10%)

  - 실제 이용금액 : 18,563원(190,000원×9일/92일)

• 환급금액 : 152,437원

마. 책임 유무 및 범위

• 피신청인은 계약 당시에 신청인에게 중도계약 해지할 경우 강습료를 환급하지 않는다고 고지하였고 신청인의 확인도 받았으므로 강습료 환급이 어렵다고 주장하나, 신청인이 계약한 댄스아카데미 이용계약은 1개월 이상 재화 등을 제공하는 계속적 거래로 '방문판매 등에 관한 법률' 제29조(계약의 해지)에 따라 언제든지 계약을 해지할 수 있으며, 신청인이 2011. 3. 22. 내용증명으로 계약해지 의사를 통지하였으므로 계약은 해지하였다고 할 것이며, 피신청인의 회원준수사항에 명기된 "기 납부 회비는 환불되지 않습니다."라는 조항은 '방문판매 등에 관한 법률' 제45조(소비자 등에 불리한 계약의 금지)에 따라 무효로 판단된다. 따라서 피신청인은 소비자분쟁해결기준에 따라 산정한 152,000원을 신청인에게 환급함이 상당하다 할 것이다.

라. 결론

• 피신청인은 2011. 6. 22.까지 신청인에게 금 152,000원을 지급한다.

■ 결정사항

• 피신청인은 2011. 6. 22.까지 신청인에게 금 152,000원을 지급한다.

# 한국소비자원의 소비자상담 실무

학번 :　　　　　　이름 :　　　　　　제출일 :

1. 개인이 거주하는 지역의 지방소비생활센터, 한국소비자원을 직접 방문하여 소비자상담의 실태를 조사해 보자(참고서식 참조).

　　타기관과 다른 점 :

　　상담처리 방법 :

2. 방문 후 상담자의 입장에서 볼 때 지방소비생활센터, 한국소비자원에서 이루어져야 할 소비자상담의 구체적인 역할은 무엇이라고 생각하는지 서로 토론해 보자.

　　소비자상담업무 담당자에게 필요한 능력 :

3. 지방소비생활센터 또는 한국소비자원의 소비자상담업무에 가장 큰 문제점은 무엇이고, 이를 위한 해결안을 찾아보자.

　　소비자상담업무의 제약요인 :

　　문제점에 대한 해결안 :

## ■■ 결정문 작성양식(예시)

| | |
|---|---|
| **청구인** | 김 영 희 |
| **피청구인** | OO가구 |
| **결정주문** | 1. 피신청인들은 연대하여 2011. 6. 22.까지 신청인에게 금 1,000,000원을 지급한다.<br>2. 피신청인 1은 위 금원에 대한 각 3개월 할부결제일로부터 다 갚는 날까지 연 20%의 비율에 의한 금원을 지급한다. |
| **결정이유** | • 피신청인 1은 신청인이 주문한 소파(모델번호 N-4*)는 아이보리 색상 제품으로 초콜릿 색상의 제품이 없는데, 계약 당시 신청인이 초콜릿 색상으로 요구하여 주문제작한 제품이므로 제품 대금의 15%에 해당하는 427,500원의 위약금을 신청인에게 받아야 한다고 주장하고, 피신청인 2는 피신청인 1이 신청인의 신용카드 매출 전표를 취소하지 않아 환급할 수 없다고 주장한다.<br><br>• 그러나 이 사건 계약 당시 주문제작 상품 여부는 표시되어 있지 않았고, 계약서에도 '색상 초코색'으로 명시되어 있는 등 피신청인이 주장하는 주문제작 사실은 확인되지 않는 바, 신청인이 이 사건 할부계약 3일 후 할부거래업자인 피신청인 1에게 내용 증명 우편으로 적법하게 청약철회 의사를 통지하고, 신용제공자인 피신청인 2에게도 이러한 사실을 서면으로 통지한 이상 피신청인들은 연대하여 「할부거래에 관한 법률」제9조 제1항, 제10조 제2항에 따라 신청인에게 계약금 1,000,000원을 신청인에게 환급함이 상당하다.<br><br>• 나아가 피신청인 1은 같은 법 제10조 제4항에 따라 신청인으로부터 청약철회 의사가 적힌 서면을 수령한 때에는 지체 없이 신용제공자인 피신청인 2에게 할부금의 청구를 중지 또는 취소하도록 요청하여야 함에도 이를 게을리하여 금 1,000,000원이 3개월 할부로 결제완료 되었는 바, 같은 법 제10조 제2항, 제6항 및 같은 법 시행령 제7조에 따라 각 3개월 할부결제일로부터 다 갚는 날까지 연 20%의 지연배상금을 별도로 지급함이 상당하다.<br><br>이상과 같은 이유로 주문과 같이 결정한다.<br><br>2000년 0월 0일 |

# 외국 행정기관의 소비자상담

정부의 소비자상담은 소비자정책상 소비자지원서비스의 한 분야이다. 소비자지원서비스를 산출·제공하는 방식은 각국에 따라 상이하다. 미국의 경우는 행정당국의 공무원이 직접 이 업무를 수행하는 반면, 일본의 경우는 소비자 지원서비스의 산출·제공을 전담하는 공공기관의 설치와 운영을 행정당국이 직접 맡아 수행하되 소비자상담, 정보제공, 교육 등의 서비스 산출·제공은 전문성을 고려하여 민간요원을 채용하여 활용하고 있다. 소비자상담에 관하여 외국의 경우를 미국, 일본, 영국, 프랑스, 호주를 중심으로 보다 자세히 살펴보면 다음과 같다.

## 1. 미 국

미국 정부의 소비자보호 종합·조정기구는 소비자문제협의회(Consumer Affairs Council) 및 소비자보호청(OCA: U.S. Office of Consumer Affairs), 소비자안전은 식품의약품국(FDA: Food and Drug Agency), 소비자제품안전위원회(CPSC: Consumer Product Safety Commission), 국립고속도로안전청(NHTSA: National Highway Transportation) 등과 같은 기구에 의해서 수행되고, 소비자거래는 연방거래위원회(FTC: Federal Trade Commission)와 주정부에서 수행한다. 소비자를 대상으로 한 정보제공, 교육, 및 소비자불만처리업무는 대체로 주정부에서 담당하고 있다(강성진·김인숙, 1996b)

소비자문제협의회는 41개 연방기관 소비자보호 담당관들의 협의체이며, 소비자보호청은 사무국의 역할을 하고 있다. 미국의 소비자보호정책의 대부분이 여기에서 결정된다. 주요 업무와 기능은 소비자정책 심의 및 종합업무조정, 소비자교육 실시, 소비자주간행사 등의 업무를 수행하고 있다(이강현, 2003).

우리나라 공정거래위원회와 유사한 기능을 수행하고 있는 연방거래위원회(FTC)는 독점 및 불공정거래, 허위과장광고 등의 규제를 통해 소비자보호를 추구하고 있다. 주요 기능은 허위과장 광고 규제, 경쟁제한행위 규제, 불공정 판매 규제 등이다.

소비자안전 분야의 경우 공산품의 안전기준(Safety Standard)의 제정 및 위해상품의 단속 등은 소비자제품안전위원회(CPSC)에서, 식품·의약품·의료기구·화장품 등의 품질, 안전, 제품표시 등에 대한 감독과 규제는 식품의약품안전청(FDA)에서, 그리고 자동차 안전에 관한 소비자정보 제공과 자동차 결함조사 후 시정명령 등의 기능은 고속도로안전청(NHTSA)에서 그 기능을 수행하고 있다.

주정부의 소비자행정은 소비자의 불만처리, 소비자정보 제공 및 교육 등과 같은 소비자업무를 중점적으로 처리하면서 거래 적정화를 위한 소비자보호 규제업무를 추진하고 있다. 미국의 대부분의 주에는 소비자행정 전담부서가 설치되어 있다. 주정부의 소비자행정 전담부서는 크게 두 가지 형태로 분류할 수 있는데, 많은 주 정부가 사기나 기만적인 거래 등과 같은 법률문제 차원에서 소비자를 보호하는 업무가 주정부의 중점업무인 까닭에 전담부서가 주정부의 법무국 법무장관(Attorney General) 산하로 되어 있고, 캘리포니아, 코네티컷, 조지아, 하와이, 인디아나, 미시간, 네바다, 뉴욕, 오하이오, 오레곤, 펜실베니아, 사우스캐롤라이나, 테네시, 유타, 버지니아 등 15개 주에서는 소비자문제국(Department of Consumer Affairs), 또는 소비자보호원(Consumer Protection Board)과 같은 독자적인 소비자보호 전담부서를 두고 있다.

또 시 정부에는 시 법무관실(City Attorney's Office) 아래 소비자문제부(Consumer Affairs Division)가 있고, 군 정부에는 군 법무관실(County Attorney's Office)에 담당 검사가 임명되어 있다. 이 부서들도 행정부와 같이 개별적인 소비자불만을 접수하는 경로를 마련해 놓고 있다.

미국은 주별로 약간의 차이는 있지만 본청 내에 소비자보호국과 같은 행정조직을 설치하여 공무원들이 직접 소비자들에게 교육, 정보제공 및 피해구제 서비스를 제공한다. 미국 주정부 차원의 소비자불만처리에 대해 살펴보면, 일반적으로 소비자불만 처리방법은 크게 상담(consultation), 권고(recommendation), 조정(mediation), 중재(arbitration) 등이 있다. 상담은 우리나라와 마찬가지로 불만을 해결할 수 있는 각종 정보를 제공하고, 권고하고 유도하는 방법이다. 이와 같은 노력에도 실패하면 조정을 하게 되는데, 조정은 분쟁 조정자가 결정을 내리는 방법이다. 조정안에 대해 당사자에게 구속력을 갖지는 않는다. 중재는 일종의 사적인 재판으로 분쟁의 당사자가 중재자에게 문제해결을 공식적으로 그 중재에 따를 것을 합의해서 요청할 경우 착수하게 된다. 조정결과에 대하여는 양 당사자가 모두 따라야 하는 구속력을 갖게 된다(강성진·김인숙, 1996b).

## 1) 주정부의 소비자규제행정과 지원행정을 모두 포괄한 전담기구

주정부의 소비자규제행정 전담부서들은 우리나라의 사업자규제업무를 전부 관장하고 있는데, 첫 번째 조직목표로 불공정한 거래행위나 불량상품으로부터 소비자들이 경제적·신체적 손해를 입는 것을 막는다는 점을 언급하고 있다. 이러한 측면은 사업자규제업무를 통해 간접적으로 소비자보호의 목적을 달성하려는 우리나라 행정과는 매우 상이한 시각이며, 규제업무의 직접적인 목적이 소비자보호라는 것을 명시적으로 강조함으로써 소비자 지향적인 행정체계를 가진 것이라 할 수 있다.

예를 들어 캘리포니아 주정부의 소비자보호부서(Department of Consumer Affairs)는 36개의 산하기관을 총괄한다. 이 기구에서는 최소품질표준을 설정하고, 면허나 등록업무를 담당하며, 소비자불만을 조사하고, 위반사항을 처벌한다.

매사추세츠 주의 소비자보호·기업규제실(Office of Consumer Affairs & Business Regulation)은 32개 전문직종의 면허위원회를 총괄하고 있다.

## 2) 소비자지원행정을 위한 독립부처

뉴욕 주의 소비자보호원(Consumer Protection Board)은 1970년에 설치, 소비자들에게 영향을 미치는 쟁점들에 대해 조사하고 분석하며 소비자교육 프로그램을 개발하고, 자발적인 분쟁조정기구를 통해 개인소비자의 불만을 처리하는 곳이다. 또한 공공사업위원회(Public Service Commission)에서 주최하는 공청회에 뉴욕 주 소비자들을 대표해서 참석하는 주정부 내의 소비자대표(consumer advocacy)라 할 수 있다. 마치 한국소비자원과 유사한 기능을 하는 조직을 주정부가 보유하고 있다고 할 수 있다.

테네시 주정부의 소비자보호부(Division of Consumer Affairs)는 기만적인 거래관행으로부터 소비자들을 보호하기 위해 불만처리, 교육, 조사, 소송, 입법 그리고 등록업무 등을 통해 이를 달성한다. 상품군별로 전문 담당자가 배정되어 있으며, 해결해야 할 문제가 있는 소비자들은 개별적으로 피해구제 양식을 제출하게 된다.

군 정부 수준에서도 역시 소비자지원서비스를 제공하고 있다. 예를 들어, 캘리포니아 주의 소비자보호과(Department of Consumer Affairs)는 소비자들에게 상담서비스를 제공하고, 소비자들을 교육시키고, 불만을 처리하며, 소사업무를 수행한다.

## 2. 일본

일본에서 소비자문제가 인식되기 시작한 것은 1960년대 이후이며, 1965년 소비자행정의 종합조정을 위한 조직으로서 경제기획청에 국민생활국을 신설함으로써 본격적으로 소비자행정을 실시하게 된다. 일본 소비자규제 행정체계는 관계부처가 소속관할에 따라 분담하는 방식을 취하고 있으며, 관련산업별 행정체계는 우리나라와 유사하다(여정성, 1997).

### 1) 소비자기본법과 조례

1968년 제정된 소비자기본법은 일본 소비자보호시책을 구성하는 의원입법 형태이다. 본문은 국가의 책무를 중심으로 하여 지방자치단체, 사업자의 책무 및 소비자 역할에 관하여 주로 규정하고 있다(여정성, 1997).

소비자행정에 관련된 최초의 조례는 1972년 8월에 제정된 「신호시민(神戶市民)의 환경을 지키는 조례」로 환경의 일부로서 소비생활의 보호, 특히 위해방지가 필요하다고 해서 제2장 10절에 소비생활의 보호에 관한 제 규정이 포함되었다. 한편 소비자문제를 내용으로 하는 독립적인 조례로서 최초의 것은 1973년에 제정된 동유미시(東留米市)의 「소비생활조례」이다.

그 뒤 1970년대 후반에는 거의 모든 곳에서 소비자보호조례가 제정되었다. 이 조례에 근거해 마련되는 구체적인 규칙이나 기준의 정비도 충분하지는 않지만 자치단체별로 독자적으로 시행되고 있다. 그 명칭을 보면, 도도부현(都道府縣)에서는 도민생활안정조례(道民生活安定條例), 소비자보호조례(消費者保護條例), 현민의 소비생활안정급향상을 위한 조례(縣民の消費生活の安定及向上に關する條例) 등의 이름을 취하고 있으며, 기타 시청에서는 소비생활안정조례(消費生活安定條例)라는 이름을 거의 모든 곳에서 택하고 있다.

조례의 내용은 물가안정과 소비자보호를 동시에 중시한다는 측면에서 우리나라의 소비자보호조례와 매우 유사한데, 가장 큰 차이는 소비자 조직활동의 지원 육성의 내용에 관해서는 조례에 구체적으로 언급하지 않고 있다는 점이다.

소비자규제행정의 경우 우리나라와 마찬가지로 각 개별법상 중앙행정기관의 장이 위임의 한계를 두는 방법을 취하고 있으며, 소비자보호조례에 이러한 규제행정부문의 실효성을 확보하기 위해서 각종 기준을 정하고 있는 권한을 규정하고 있다. 또한 이를 위반하는 경우 지도 · 조사 · 권고 · 공표 등의 소극적 강제규정을 두고 있다.

### 2) 소비자청

최근 잇따른 식품위장 표시문제, 제품안전문제로 국민의 생활안전이 위협받게 되자 38년만에 새로운 부처, 소비자청을 설립하였다. 소비자청은 2007년 10월 후쿠다 총리의 정책으로 시작되어 2009년 5.29일 국회를 통과한 소비자청설치법에 따라 2009년 9.1 발족되었다. 내각부의 외국형태로 정원 202명이며 조직의 기능은 크게 소비자행정에 관한 사령탑 기능과 소관법령의 집행 기능으로 나뉜다. 또한 내각부 본부 설치 제3자 기관의 소비자위원회(위원 10인)을 설치하여 소비자청을 견제하는 기능을 수행한다.

소비자청의 사령탑 기능은 총무과, 정책조직과, 기획과, 소비자정보과로 나뉘며 소비자정보과에서는 소비자문제에 관한 정보수집 · 분석 · 제공, 지방지원관련 업무와 국민생활센터 관련 업무를 담당하고 있다. 집행기능은 소비자안전과, 거래 물가대책과, 표시대책과, 식품표시과가 소비자 관련 업무를 담당하며 일본 소비자정책을 수립 · 총괄하고 있다.(한국소비자원, 2009)

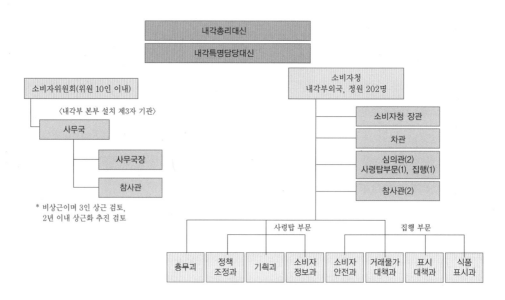

**그림 10-8** 일본 소비자청 및 소비자위원회 조직도(안)

자료 : 한국소비자보호원, 2009

### 3) 국민생활센터

국민생활센터는 국민생활의 안정 및 향상에 기여하기 위해 종합적 견지에서 국민생활에 필요한 정보제공 및 조사·연구 업무를 수행하는 것을 목적으로 한다. 1970년 10월 국민생활센터법에 의해 설립된 내각부(국민생활국)에 설립된 특수법인이다.

국민생활센터의 현재 주된 사업은 다음과 같다(김시월, 2004). 첫째, 전국의 소비생활센터와 연결한 네트워크(PIO-NET)에 의해 소비자고충상담을 수집·분석, 상품사고에 관한 위해의 정보를 제공한다. 둘째, 월간잡지「현명한 눈」, 「국민생활」이나 「삶의 핵심 지식」 등을 발행함으로써 소비자를 계몽한다. 셋째, 상품테스트의 실시와 테스트 결과를 공표한다. 넷째, 소비자상담업무를 통하여 소비자를 교육한다. 다섯째, 소비생활에 관한 기초연구를 한다. 여섯째, 소비생활문헌자료의 수집과 관람제공을 한다. 일곱째, 상담원양성강좌의 개최나 소비생활 전문상담원 자격의 인증 등을 들 수 있다. 일본에서는 '소비생활 전문상담원' 이라는 공적 자격증 제도를 두어 일정한 요건을 갖추고 소비자상담원의 역할을 수행할 수 있는 사람들에게 엄격한 시험을 거쳐 자격증을 부여하며, 자격증 소지자들은 각 지방소비생활센터 등에서 활동을 하게 된다.

국민생활센터의 소비자상담은 소비자로부터 직접 접수받은 상담(직접상담)과 각 지방의 소비생활센터로부터의 상담(경유상담)을 처리하고 있다. 2006년 한 해 동안 직접상담은 4,123건, 경유상담은 4,373건으로 전체 8,496건이었다.

동 센터에서 접수하여 처리하는 상담 중 전문적 법률 지식이 요구되는 경우나, 자동차, 주택과 같은 전문지식이 필요한 상담의 경우에는 '고도전문상담' 으로 분류하여 변호사나 건축사 등과의 협력을 통해 해결한다. 또한 개인정보전문상담원을 배치하여, 일반 국민으로부터 개인정보에 관한 상담을 통해 관련 문제의 해결을 도모하고 있다(이종인, 2008)

### 4) 소비생활센터

1968년 「소비자보호기본법」 제정을 계기로 소비자권익 보호와 증진을 위한 종합적 대책 추진에 따라 지방공공단체에서는 소비자보호조례를 제정하여 전담부서를 설치, 소비자 계몽·불만처리·테스트 등을 실시하는 일선기관으로서 '소비생활센터' 의 설치가 본격화 되었다. 일본의 소비생활센터는 도도부현, 시정촌의 행정기관 산하

설치되어 국민생활센터(NCIC)와 제휴관계를 유지하면서 소비자정보제공, 고충처리, 상품테스트 등을 실시한다. 일본은 兵庫縣立신호생활과학센터(1965년 11월), 東姬路 생활과학센터(1965년 12월)가 설립된 이후 소비생활센터는 1965~1975년 사이에 대폭 증가되어, 2007년 2월 현재 전국 지방자치단체에 532개소의 소비생활센터가 설치·운영되고 있다.

소비생활센터는 지방공공단체가 조례에 의해 독자적으로 설치하는 것으로 되어있기 때문에 다양한 명칭을 사용하고 있으며(소비자센터, 생활과학센터, 현민생활센터 등), 그 규모도 지역실정에 따라 다양하다. 일본의 지방자치단체(都道府縣) 소재 '소비생활센터'의 주요기능 및 업무, 운영방식 등 각종 현황을 보면 다음과 같다(한국소비자원, 2000).

일본의 지방소비생활센터는 지역주민이 접근하기 쉬운 장소에 별도의 독립된 시설(사무실, 전시장, 상품 테스트실, 세미나 및 회의시설 등)을 확보하고 있다. 단순히 소비자상담 및 계몽활동을 전개하는 소비자행정서비스의 거점보다는 시민들이 언제든지 이용할 수 있고 지역주민들의 소비생활 환경의 질적 개선 및 소비생활 문화창조 등 복지 공간으로서 운영하고 있다. 예를 들면 지방자치단체, 소비자단체, 지역주민이 참여하는 '현민축제'의 개최, 각종세미나 및 회의시설을 지역주민에게 무료개방, 각종 소비생활정보를 포함한 지역정보 검색시스템 구축, 지역 주민들과 공동으로 기본적인 시험검사 등을 수행하여 소비생활 합리화 및 과학 유도 등이 그것이다.

## 3. 영국

1959년 소비자협회가 설립되면서 소비자보호에 관한 법률과 정부기관의 정비를 요구하는 여론이 고조되어, 1959년 몰로니 소비자보호위원회가 설치되고 그 후 소비자보호는 각 정당의 선거공약으로 등장하게 되었다. 몰로니위원회는 의회에 보고서를 제출하여 소비자보호는 소비자교육과 소비자입법에 의해야 한다고 권고, 1963년 당시 상무부 통상국 안에 소비자위원회(Consumer Council)를 설립함으로써 본격적인 소비자행정이 전개되었다.

소비자권익에 대한 책임은 공정거래청(OFT: Office of Fair Trading)과 1974년의 설립된 통산부(Department of Trade and Industry)가 분담한다. 통산부는 소비자행정의 총괄부서로서 온라인 소비자정보제공시스템인 Consumer Gateway를 운영하고 있다. 또한 농수산식품부(MAFF: Ministry of Agriculture, Fisheries and Food)는 식품표시를 관장하며, 1975년에 설치된 국립소비자위원회(NCC: National Consumer Council)가 정부 및 여타 공공기관에 대해 소비자의 이익을 대변한다. 이들의 일선기관으로서는 지방의 시민상담국이 실질적인 소비자고발업무의 처리를 집행하고 있다(한국소비자원, 2000).

소비자포커스(Comsumer Focus)는 영국의 독립된 소비자 권익증진 기구인 국립소비자위원회(National Consumer Council, NCC)를 전신으로 하여 2008년 10월 1일 출범하였다. 동 기구는 포괄적인 소비자문제에 관련된 법이라고 할 수 있는 2007년의 '소비자·부동산중개인·피해구제법(Consumers, Estate Agents and Redress Act)에 의해 설립되었으며, 170여명의 직원을 가진 영국 역사상 최대 규모의 소비자권익보호 기구이다.

동 기구는 사회적 영향이 큰 소비자불만들에 대한 집중적 검토를 위해 소비자의 위치에 있는 소규모기업문제, 소비자포커스에의 소비자불만 등의 위임·회부절차, 일반적 소비자이익에 관련된 소비자불만 조사 등의 사업을 하고 있다.(이종인, 2008)

## 4. 프랑스

소비자보호의 태동은 19세기 말에서 20세기 초, 소비자연맹(UFC) 등이 대도시에 등장하면서 시작되었다. 1951년 소비자조합이 설립되고, 1960년 소비자정책자문기구로서 소비자대표 및 사업자대표 동수로 구성된 전국소비자위원회(CNC)가 설립되었다. 이에 따라 1966년에는 특수공익법인인 국립소비자보호원(INC: Institut National de la Cosommation)이 설립되어 본격적인 소비자정책 활동에 들어가게 된다.

현재 프랑스의 소비자보호기관은 경제재무성(Ministere de I'Economic, des Finances et de I'Industre) 산하의 경쟁·소비·위조방지총국(DGCCRF: Direstion Generale de la Concurrence, de la Consommation et de la Repression des Fraudes)과 국립소비자보호원이 있으나, 1990년 I.N.C의 기능개편으로 정부보조금이 대폭 삭감되고 상업적 성격을 강화하여 독립적 성격을 갖게 됨에 따라 '경쟁·소비·위조방지총국'이 주도적으로 관장하게 되었다.

지방 차원에서는 소비자단체의 기술적인 측면을 뒷받침해 주는 소비자기술센터(CTRC)가 전국에 걸쳐 22개가 설치되어 있으며, 일부 도에는 도립기술센터(CTDC)도 있다. 그 밖에 지방의회 자문기구인 지방경제·사회평의회(CESR)가 있고, 전국소비자위원회(CNC)에 상응하는 도립소비자위원회(CDC)가 있다.

특히 프랑스의 소비자피해구제제도는 특정한 소비자피해 구제방법 및 절차가 있다기보다는 소비자의 직접 소송이나 소비자단체를 이용하는 방법, 행정부에 민원을 제기하여 처리하는 방법이 있다. 또한 금융, 보험, 수송 등 특정분야의 경우에는 옴부즈만(Ombusman)제도가 도입되고 있다(한국소비자원, 2000).

## 5. 호주

호주는 연방정부차원에서 경쟁 및 소비자정책 총괄은 재무부(DT: Department of the Treasury)에서 총괄하고, 경쟁 및 소비자정책의 집행은 경쟁·소비자위원회(ACCC: Australian Competition and Consumer Commission)와 주정부의 공정거래청에서 담당하고 있다. 소비자보호법을 제정하지 않고 거래관행법(Trade Practice Act)에서 사업자의 부당 거래행위, 결함상품에 대한 손해배상, 제조물책임 등을 규정하고 있다. 특히 호주는 연방정부, 주정부, 뉴질랜드까지 소비자정책의 조화를 유지하기 위한 소비자문제장관위원회(the Ministerial Council on Consumer Affairs)를 운영하고 있다. 지방차원에서는 각 지역마다 공정거래청(Office of Fair Trading), 소비자업무사무소(Consumer Affairs Bureaus) 등을 설치하여 불공정거래에 대한 조사, 소비자불만 중재 및 교육 등의 업무를 수행하고 있다(한국소비자원, 2006).

## KCOP인상 수상자 ②
# 一當百의 소비자전문가

울산광역시 소비자보호센터 박영순(pys@ulsan.go.kr)

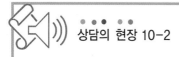

지방소비자행정에서 실질적으로 활동하는 소비자전문가인 그녀는 대학을 졸업하고 처음에는 소규모회사에서 일을 시작하였다. 그러나 전공과 관련 없는 일을 하다보니 정체성의 혼돈이 와서 과감하게 일을 그만두고 대학원에 진학하여 소비자학을 전공하였다고 한다. 졸업직후 한국소비자원 상담실에서 계약직으로 4년 동안 근무하며 한정적이나마 소비자원이라는 기관에 대한 운영과 흐름을 파악하였고, 그 후 울산광역시 소비자보호센터에 지원을 하여 전공과 관련하여 그녀가 하고자 하는 일을 지금까지 하고 있다.

소비자보호센터에서 그녀의 활동은 기본적으로 소비자문제 사후구제인 상담 및 피해구제, 대시민행정서비스, 시민들의 가려운 곳을 긁어주는 정보제공 및 홍보, 조사활동, 종합소비자행정시책 수립, 그리고 울산의 경우 좁은 지역 특성을 활용하여 지역뉴스채널 등을 이용하여 소비자에게 도움이 될 만한 언론 보도자료를 제공하고 있으며, 지자체에서 처음으로 소비자모니터를 운영하고 있다. 지방에 내려와 방송도 여러 번 타고 있다고 웃으면서 말하는 그녀는 누가보아도 一當百의 역할을 충실이 감당하고 있다.

그러했기에 2005년 울산광역시가 소비자행정평가 우수기관에 선정되는 데 기여하였으며, 2006년에 울산광역시 모범공무원상을 수상하기도 하였다.

그녀는 예전과 지금의 업무에 대해 이렇게 얘기한다. "소비자원에서는 한 파트에 근무하며 단편적인 일을 했다면, 울산광역시 소비자보호센터에서는 모든 소비자분야에 대해 총괄적으로 일을 해야 하기에 한편으로는 다양하고 재미있는 업무이나 다른 한편으로는 깊이 있기에는 제한적이라는 애로사항이 있다."

또한 그녀는 소비자학을 전공하는 후배들을 위해 지금 위치에서 더 열심히 일하여 추가적으로 사람이 더 필요하다는 말이 행정기관에서 나올 수 있도록 하는 역할을 해야겠다는 책임감을 느끼면서 일을 하고 있다고 한다.

정말 소비자를 사랑하고, 자신의 일을 사랑하고, 소비자학을 전공하는 후배까지 사랑하는 그녀는 소비자전문가임에 틀림없다!

 **연구문제**

1. CCMS의 특징과 장단점에 대해 논해 보자.
2. 행정기관과 한국소비자원의 소비자상담을 비교 분석해 보자.

**참고문헌**

강성진 · 김인숙(1996a). 지방소비자행정의 활성화 방안. 한국소비자보호원.

강성진 · 김인숙(1996b). 지방소비자행정의 현황 및 문제점. 한국소비자보호원.

공정거래위원회 보도자료(2009. 12. 29). 소비자상담 전국어디서나 1372번으로 전화주세요.

공정거래위원회(2004). 소비자보호종합계획. 공정거래위원회.

공정거래위원회(2006). 공정거래백서. 공정거래위원회.

공정거래위원회(2011. 2). 2010소비자상담동향.

김영신 · 백경미 · 서정희 · 유두련 · 이희숙(2005). 새로 쓰는 소비자상담의 이해. 시그마프레스(주).

백병성(2001). 지방소비자행정의 정착방안에 관한 연구. 한국소비자보호원.

백병성(2003). 소비자행정론. 시그마프레스(주).

백병성(2006). 소비자안전 · 지방소비자 분야의 소비자보호 및 정책추진 활성화 방안 연구. 한국소비자
　　　보호원.

송순영 · 백병성 외(2010). 소비자정책 기본계획 수립방안 연구. 한국소비자원.

여정성(1997). 21세기 소비자정책의 방향과 그 수행에 관한 연구. 공정거래위원회.

유진희(1999). 소비자주권활동의 발전방향 및 소비자단체 경영에 관한 연구. 석사학위 청구논문. 홍익
　　　대학교.

이강현(2003). 소비자정책행정론. 시그마프레스(주).

이기춘 외 15인(1997). 소비자학의 이해. 학현사.

이종인(2008). 해외 주요 소비자기관의 기능 및 정책추진체계 연구. 한국소비자원.

재정경제부 · 한국소비자보호원(2000). 소비자보호제도 총람. 재정경제부 · 한국소비자보호원.

재정경제부 · 한국소비자보호원(2006). 2006 지방소비생활센터 WORKSHOP. 재정경제부 · 한국소
　　　비자보호원.

재정경제부 · 한국소비자보호원(2006). 소비자행정 담당공무원 해외연수 결과 보고서.

지방자치법 시행령(2014).

한국소비자보호원(2006). 소비자행정 평가지표 개발 연구. 한국소비자보호원.

한국소비자원(2007). 2007 소비생활센터 WORKSHOP. 한국소비자보호원.

한국소비자원(2011). 2010년 소비자 피해구제 연보 및 사례집.

한국소비자원(2013). 2013 소비자 피해구제연보 및 사례집.

한국소비자원(2013). 교육연수결과.

한국소비자원(2014.6). 2014년 5월 소비자상담동향.

## 참고 사이트

16개 지방자치단체별 홈페이지(2011. 8)

공정거래위원회(http://www.ftc.go.kr).

공정거래위원회, 소비자종합정보홈페이지(www.consumer.go.kr).

소비자정보넷(http://www.consumergateway.go.kr).

일본 국민소비생활센터 홈페이지(http://www.kokusen.go.jp)

한국소비자원(http://www.kca.go.kr)

[소비자 피해주의보]

## 공동구매로 반값에 판매하는 '소셜커머스'
– '기분 좋았다' '사기당한 것 같다' 사용자 평가는 극과 극

"쿠폰을 사용하면 불친절하게 응대한다고 해서 반신반의하면서 처음으로 쿠폰을 구매했습니다. 저렴한 가격으로 원하는 옷을 사서 기분 좋네요. 손님이 많았는데도 직원들이 친절하게 대해 주셨어요.", "레스토랑 이용 쿠폰을 50% 할인받아 구입했습니다. 예약하기 위해 레스토랑에 전화를 걸었는데 손님이 너무 몰려 며칠간 예약이 불가능하다는 답변을 들었습니다. 쿠폰사용 기간이 얼마 남지 않았는데 짜증이 납니다."

소셜커머스(Social commerce)는 트위터, 페이스북 등의 SNS(Social Network Service)를 활용해 광고를 하여 상품이나 서비스를 할인된 가격으로 이용할 수 있는 쿠폰을 판매하는 전자상거래를 말한다. 주요 상품은 요식업, 공연, 마사지, 여행업 등 지역밀착형 서비스업이다. 소셜커머스업체는 특정매장과의 계약을 바탕으로 소비자에게 특장 매장이용권(쿠폰)을 발행해 직접판매하는 통신판매업자에 해당된다. 소비자는 소셜커머스업체와 쿠폰구입계약을 맺는 것으로 서비스 제공 매장과는 직접적 계약관계가 없다.

　공정거래위원회는 최근 소셜커머스 시장의 성장과 더불어 부실한 서비스, 환불거부와 사용기간 제한, 영세업체의 부도 또는 사기위협 노출 등의 소비자피해가 확산될 우려가 있다며 소비자피해주의보를 발령했다. 피해를 예방하기 위해서는 소비자는 소셜커머스사업자와 서비스제공업체가 모두 믿을수 있는 사업자인지 확인해야 한다. 소셜커머스 사이트에 표시돼 있는 신원정보를 살펴보고, 이용약관과 계약내용을 꼼꼼히 확인하는 것이 좋다. 또한 실제가격과 비교해서 구매하며 반값할인광고에 현혹돼 충동구매를 하지 않도록 자제하는 것이 필요하다.

자료 : 소비자시대, 2011년 1월호., p. 40-41

소비자피해구제 상담은 공정거래위원회에서 고시한 '소비자분쟁해결기준'에 준거하여 이루어지고 있다. 따라서 소비자상담사는 기본적으로 소비자분쟁해결기준에 대한 이해를 필요로 한다. 특히 기업의 소비자상담사에 비해 민간소비자보호단체 혹은 정부의 지방자치단체 등에서 상담사의 역할을 충분히 하려면 모든 제품에 따르는 소비자분쟁해결기준을 어느 정도 숙지하고 있어야 한다.

　이 장에서는 소비자분쟁해결기준에 대한 이해를 토대로 하여 2014년 3월 21일에 개정된 소비자분쟁해결기준(제19차 개정)을 근거로 우리의 일상생활에서 빈번하게 나타나고 있는 소비자피해에 대한 피해구제사례를 살펴봄으로써 소비자피해상담에 대한 미래 소비자상담사의 이해와 적용능력을 높이고자 한다.

# 11 장
# 상품 및 서비스 유형별 소비자 상담의 적용

학습목표
1. 소비자분쟁해결기준에 대하여 학습한다.
2. 각 품목과 서비스별 소비자피해 유형을 이해한다.
3. 소비자피해 상담사례에 대해 소비자분쟁해결기준 의 적용능력을 갖춘다.
4. 소비자상담사로서 소비자피해 상담 시 실무능력을 기른다.

**Keyword**  소비자분쟁해결기준, 소비자기본법, 청약철회, 내용증명, 불공정약관, 의료분쟁 조정, 금융분쟁조정, 전자거래분쟁조정

## 소비자피해상담의 현황

### 1. 소비자상담 · 피해구제 접수현황

2012년의 소비자상담은 총 812,934건으로 2011년의 778,050건 대비 34,884건 (4.5%) 증가하였다. 이는 소비자상담센터를 운영하기 시작한 2010년의 732,560건에 비해서 80,372건(11%) 증가한 것이다. 상담원들이 상담이 종료된 이후 해당업체에 연락 등을 취하여 제품수리, 교환 또는 환불 등의 피해구제를 받을 수 있도록 조치한 금액은 243억 원으로 전년도의 198억 원에 비해 22.7% 증가하였고 피해구제 건수도 111,808건으로 전년도 94,756건에 비해 25.4% 증가하였다. 5대 상담 다발품목은 주택, 부동산담보대출, 스마트폰, 휴대폰, 초고속인터넷, 이동전화서비스로 나타났다. 또한 소비자들의 각별한 주의가 필요한 2013년도의 소비생활 유의품목으로는 차량용 블랙박스, 콘도 · 리조트 회원권, 모바일 정보이용 서비스, 종합체육시설, 자동차대여 가 선정되었다.

2012년의 소비자 상담주체별로는 소비자단체가 563,492건(69.3%)으로 가장 많은 상담을 수행하였고, 한국소비자원 201,255(24.8%), 지방자치단체 48,142건(5.9%)의 순으로 나타났다(공정거래위원회 보도자료, 2013. 2. 6).

한국소비자원의 피해구제 실적을 중심으로 살펴보면, 2013년도 한국소비자원에 28,013건이 피해구제 신청되어 소비자기본법에 의한 피해구제 절차에 따라 처리되었다. 피해구제 신청 건 중 24,526건(87.6%)이 합의권고 단계에서 종결 처리되었고, 나머지 3,487건(12.4%)은 소비자분쟁조정위원회에 조정신청되었다. 피해구제로 접수된 건수는 2011년 27,427건에서 2012년 29,519건으로 7.6% 증가하였으나, 2013년에는 28,013건으로 전년 대비 5.1% 감소하였다(한국소비자원, 2013).

**표 11-1** 한국소비자원 연도별 피해구제 변화추이

(단위: 건, %)

| 구 분 | 2011년 | 2012년 | 2013년 |
|---|---|---|---|
| 분피해구제(A) (전년대비 증감률) | 27,427(17.3) | 29,519(7.6) | 28,013(△5.1) |
| 조정신청(B) (전년대비 증감률) | 1,780(181.2) | 1,839(3.3) | 3,487(89.6) |
| 조정신청비율(B/A) | 6.5 | 6.2 | 12.4 |

2013년 한 해 동안 접수된 피해구제 상위 10대 품목을 소분류 품목별로 살펴보면, 간편복이 2,329건으로 가장 많았으며, 다음으로 세탁서비스 2,036건, 회원권 1,776건, 신발 1,680건 등의 순으로 나타났다. 간편복, 세탁서비스, 회원권, 신발은 매년 소비자 피해가 다발하는 품목인데, 2013년에도 품목별로 최소 1,600여 건에서 최대 2,300여 건씩 접수되면서 여전히 높은 비중을 차지하였다. 보험 중에서는 유사보험이 전년대비 23.7% 증가한 967건이 접수된 반면, 민영보험은 전년대비 22.3% 감소한 830건이 접수되며 대조를 보였다. 이밖에 통신기기(△53.2%), 자동차관련업(△17.7%), 승용자동차(△17.7%) 등이 전년대비 큰 폭으로 감소하였다.

## 2. 피해구제 신청이유 및 처리결과 현황

2013년 피해구제 사건의 신청이유를 살펴보면, 품질·A/S 관련이 11,803건

| 표 11-2 | 한국소비자원 소비자피해구제 상위 10대 품목 | | | | | | |
|---|---|---|---|---|---|---|---|
| 순위 | 2011년 | | 2012년 | | 2013년 | | |
| | 품목 | 건수 | 품목 | 건수 | 품목 | 건수 | |
| 1 | 간편복 | 2,378 | 간편복 | 2,187 | 간편복 | 2,329 | |
| 2 | 신발 | 1,836 | 회원권 | 1,872 | 세탁서비스 | 2,036 | |
| 3 | 세탁서비스 | 1,534 | 세탁서비스 | 1,798 | 회원권 | 1,776 | |
| 4 | 통신기기 | 1,428 | 신발 | 1,797 | 신발 | 1,680 | |
| 5 | 기타 자동차관련업 | 1,081 | 통신기기 | 1,374 | 유사보험 | 967 | |
| 6 | 회원권 | 1,059 | 민영보험 | 1,068 | 병 · 의원서비스 | 917 | |
| 7 | 승용자동차 | 985 | 기타 자동차관련업 | 1,005 | 정보이용 | 906 | |
| 8 | 양복 | 885 | 병 · 의원서비스 | 957 | 이동통신 | 855 | |
| 9 | 민영보험 | 880 | 승용자동차 | 929 | 민영보험 | 830 | |
| 10 | 기타금융 | 813 | 유사보험 | 782 | 기타 자동차관련업 | 827 | |

(42.13%)으로 가장 많았고, 이어서 계약 관련 9,291건(33.17%), 부당행위 관련 5,386 건(19.23%) 등의 순으로 나타났다. 최근 3년간 접수된 피해구제 건을 신청이유별로 살펴보면, 매년 높은 비중을 차지하는 피해유형인 품질 · A/S, 계약 및 부당행위 관련 은 2013년에도 26,480건(94.53%)이나 접수되었다. 특히 부당행위는 전년대비 24.5% 나 증가한 5,386건이 접수되었다. 한편 안전에 대한 소비자들의 관심이 높아짐에 따 라 안전 관련 피해구제 신청이 2011년 288건에서 2012년 329건, 2013년 369건으로 증 가 추세를 보였다. 반면 약관에 대한 피해구제 신청은 2011년 111건에서 2012년 25 건, 2013년 7건으로 큰 감소폭을 보였다.

2013년 피해구제 사건 중 합의가 성립된 사건은 14,302건으로 전체 사건의 51.1% 로 나타났다. 당사자 간에 합의가 성립되어 종결된 피해구제건의 처리결과를 유형별 로 살펴보면 이 중 '환급' 처리된 사건이 7,082건(25.3%)으로 가장 많았고, '배상' 2,415건(8.6%), '계약해제 · 해지' 1,438건(5.1%), '교환' 1,297건(4.6%) 순으로 나타 났다. 합의 성립 사건 중 환급의 경우 2011년 5,306건에서 2012년 6,842건, 2013년 7,082건으로 증가 추세에 있다. 한편 합의가 성립되지 않은 사건 중 3,487건을 조정 신청하였는데, 이는 전년대비 89.6%나 증가한 수치다. 품목별 처리결과를 살펴보면, '환급'으로 합의된 품목은 의류 · 섬유신변용품이 2,129건(30.1%)으로 가장 많았다. 이밖에 '배상'은 세탁업서비스(517건, 21.4%), '계약해제 · 해지'는 문화 · 오락서비 스(347건, 24.1%), '수리 · 보수'는 차량 및 승용물(364건, 32.9%)이 가장 많은 것으로

**표 11-3** 한국소비자원 피해구제 신청이유별 현황

(단위: 건, %)

| 구 분 | 2011년 | 2012년 | 2013년 |
|---|---|---|---|
| 품질 · A/S 관련 | 13,582(49.52) | 12,646(42.84) | 11,803(42.13) |
| 계약 관련 | 8,282(30.20) | 10,773(36.50) | 9,291(33.17) |
| 부당행위 | 4,259(15.53) | 4,328(14.66) | 5,386(19.23) |
| 가격 · 요금 | 621(2.26) | 926(3.14) | 567(2.02) |
| 안전 관련 | 288(1.05) | 329(1.11) | 369(1.32) |
| 표시 · 광고 | 128(0.47) | 237(0.80) | 68(0.24) |
| 약관 | 111(0.40) | 25(0.08) | 7(0.02) |
| 기타 | 156(0.57) | 255(0.86) | 522(1.86) |
| 계 | 27,427(100.0) | 29,519(100.0) | 28,013(100.0) |

**표 11-4** 한국소비자원 피해구제 처리결과 유형별 변화추이

(단위: 건, %)

| 구 분 | 2011년 | 합의성립 | 2012년 | 합의성립 | 2013년 | 합의성립 |
|---|---|---|---|---|---|---|
| 환 급 | 5,306(19.3) | | 6,842(23.2) | | 7,082(25.3) | |
| 배 상 | 2,474(9.0) | | 2,657(9.0) | | 2,415(8.6) | |
| 계약해제 · 해지 | 1,668(6.1) | | 1,895(6.4) | | 1,438(5.1) | |
| 교 환 | 1,305(4.8) | 13,267 (48.4) | 1,254(4.2) | 15,313 (51.9) | 1,297(4.6) | 14,302 (51.1) |
| 수리 · 보수 | 1,288(4.7) | | 1,367(4.6) | | 1,106(3.9) | |
| 계약이행 | 489(1.8) | | 578(2.0) | | 544(1.9) | |
| 부당행위시정 | 737(2.7) | | 720(2.4) | | 420(1.5) | |
| 조정신청 | 1,780(6.5) | | 1,839(6.2) | | 3,487(12.4) | |
| 취하중지 · 처리불능 | 929(3.4) | | 1,026(3.5) | | 1,145(4.1) | |
| 정보제공 · 상담기타 | 11,451(41.8) | | 11,341(38.4) | | 9,079(32.4) | |
| 계 | 27,427(100.0) | | 29,519(100.0) | | 28,013(100.0) | |

나타났다. 한편 조정신청은 문화 · 오락서비스가 708건으로 가장 많았고, 의료서비스가 541건으로 뒤를 이었다.

# 🧑 소비자분쟁해결기준[12]

## 1. 소비자분쟁해결기준의 법적근거

소비자는 각종 물품의 사용이나 서비스를 이용하는 과정에서 제품의 하자, 부당거래, 계약 불이행 등 다양한 피해를 입을 수 있다. 이런 경우 소비자가 사업자로부터 적절한 보상을 받을 수 있도록 품목별, 피해 유형별로 보상기준을 마련해 놓은 것이 소비자분쟁해결기준이다. 소비자분쟁해결기준(구 명칭, 소비자피해보상규정)은 소비자와 사업자 간에 일어날 수 있는 피해보상에 관한 분쟁을 원활하게 해결하기 위한 기준으로 1985년 12월 소비자보호법의 규정에 따라 제정되어 1986년 2월부터 시행되어

**표 11-5**     소비자분쟁해결기준

### 소비자분쟁해결기준

제정 1985.12. 3
개정 2014. 3.21

**제1조(목적)** 이 고시는 소비자기본법 제16조 제2항과 같은 법 시행령 제8조 제3항의 규정에 의해 일반적 소비자분쟁해결기준에 따라 품목별 소비자분쟁해결기준을 정함으로써 소비자와 사업자(이하 "분쟁당사자"라 한다)간에 발생한 분쟁이 원활하게 해결될 수 있도록 구체적인 합의 또는 권고의 기준을 제시하는데 그 목적이 있다.

**제2조(피해구제청구)** 분쟁당사자간에 합의가 이루어지지 않을 경우 분쟁당사자는 중앙행정기관의 장, 시·도지사, 한국소비자원장 또는 소비자단체에게 그 피해구제를 청구할 수 있다.

**제3조(품목 및 보상기준)** 이 고시에서 정하는 대상품목, 품목별분쟁해결기준, 품목별 품질보증기간 및 부품보유기간, 품목별 내용연수표는 각각 별표 Ⅰ, 별표 Ⅱ, 별표 Ⅲ, 별표 Ⅳ와 같다.

부       칙

이 규정은 2014년 3월 21일부터 시행한다.

---

12) 2006년 9월 27일 소비자보호법이 소비자기본법으로 개정되면서 '소비자피해보상규정' 이라는 용어가 '소비자분쟁해결기준' 으로 바뀌었다.

| 표 11-6 | 소비자기본법상의 소비자분쟁해결기준 근거규정 |
| --- | --- |

### 소비자기본법 (제16조)

제16조(소비자분쟁의 해결) ② 국가는 소비자와 사업자 사이에 발생하는 분쟁을 원활하게 해결하기 위하여 대통령령이 정하는 바에 따라 소비자분쟁해결기준을 제정할 수 있다.

③ 제2항의 규정에 따른 소비자분쟁해결기준은 분쟁당사자 사이에 분쟁해결방법에 관한 별도의 의사표시가 없는 경우에 한하여 분쟁해결을 위한 합의 또는 권고의 기준이 된다.

| 표 11-7 | 소비자기본법 시행령상의 소비자분쟁해결기준 근거규정 |
| --- | --- |

### 소비자기본법 시행령(제8조, 제9조)

제8조 (소비자분쟁해결기준) ① 법 제16조 제2항에 따른 소비자분쟁해결기준은 일반적 소비자분쟁해결기준과 품목별 소비자분쟁기준으로 구분한다.

② 제1항의 일반적 소비자분쟁해결기준은 별표1과 같다.

③ 공정거래위원회는 제2항의 일반적 소비자분쟁해결기준에 따라 품목별 소비자분쟁해결기준을 제정하여 고시할 수 있다. 〈개정 2008.2.29.〉

④ 공정거래위원회는 품목별 소비자분쟁해결기준을 제정하여 고시하는 경우에는 품목별로 해당 물품 등의 소관 중앙행정기관의 장과 협의하여야 하며, 소비자단체·사업자단체 및 해당 분야 전문가의 의견을 들어야 한다. 〈개정 2008.2.29.〉

제9조 (소비자분쟁해결기준의 적용) ① 다른 법령에 근거한 별도의 분쟁해결기준이 제8조의 소비자분쟁해결기준보다 소비자에게 유리한 경우에는 그 분쟁해결기준을 제8조의 소비자분쟁해결기준에 우선하여 적용한다.

② 품목별 소비자분쟁해결기준에서 해당 품목에 대한 분쟁해결기준을 정하고 있지 아니한 경우에는 같은 기준에서 정한 유사품목에 대한 분쟁해결기준을 준용할 수 있다.

③ 품목별 소비자분쟁해결기준에서 동일한 피해에 대한 분쟁해결기준을 두 가지 이상 정하고 있는 경우에는 소비자가 선택하는 분쟁해결기준에 따른다.

왔다. 소비자보호법은 '소비자기본법'으로 2006년 9월 27일 전면개정, 2011년 5월 19일 일부 개정하여 2011년 8월 20일부터 시행되고 있으며 소비자기본법의 제16조(소비자분쟁의 해결) 각 항과 소비자기본법 시행령 제8조, 제9조의 각 항은 소비자분쟁해결기준의 근거규정이 되고 있다(〈표 11-6〉, 〈표 11-7〉 참조).

소비자피해구제 상담은 '소비자분쟁해결기준'(공정거래위원회고시 제2014-4호)에 준거하므로 '소비자분쟁해결기준'에 대해 이해가 전제되어야 한다. '소비자분쟁해결기준'은 제3조 별표1(대상품목), 별표2(품목별 보상기준), 별표3(품목별 품질보증기간 및 부품보유기간), 별표4(품목별 내용연수표)가 소비자피해구제 상담을 위한 법적기준이 된다.

## 2. 소비자분쟁해결기준의 목적과 성격

### 1) 소비자분쟁해결기준의 목적

소비자는 각종 물품의 사용이나 서비스를 이용하는 과정에서 제품의 하자, 부당거래, 계약불이행 등 다양한 피해를 입을 수 있다. 이러한 복잡다난한 소비자 피해를 유형화하여 보상기준을 일률적으로 정하는 것은 어려운 일이고 소비자와 사업자 사이의 개별분쟁 때마다 소비자문제를 처리하는 것은 또한 합리적인 일이 못된다. 따라서 국가는 소비자와 사업자 간의 분쟁을 원활하게 해결하기 위하여 품목별, 피해유형별로 보상기준을 규정하고 이 규정에 의해 소비자가 사업자로부터 적절한 피해 보상을 받을 수 있게 함을 그 목적으로 한다.

### 2) 소비자분쟁해결기준의 성격

소비자분쟁해결기준(구명칭, 소비자피해보상규정)은 소비자와 사업자 간에 일어날 수 있는 분쟁을 원활하게 해결하기 위한 기준으로 1980년 소비자보호법[13]이 제정되면서 소비자보호법 제12조에 근거하여 1985년 제정되었다. 그 후 1989년 1차 개정을 시작으로 1993년, 1994년, 1996년, 1999년, 2000년 이후 계속적인 개정을 거쳐 2014년 3월 21일 19차 개정이 단행되었다.

원칙적으로 소비자분쟁해결기준은 행정기관이 결정한 사항을 공고한 고시(告示)로서 사업자에 대한 법적 강제력이 없다. 따라서 다른 법령에 근거한 별도의 보상기준이 품목별 보상기준보다 소비자에게 유리한 경우에는 당해 보상기준을 소비자분쟁해결기준보다 우선하여 적용한다.

소비자분쟁해결기준을 관장하는 공정거래위원회는 품목별로 소관 중앙행정기관

---

13) '소비자기본법'으로 2006년 9월 27일 개정, 2007년 3월 28일부터 시행되었다.

의 장과 소비자단체·사업자단체·대학교수 등 관계 전문가의 의견을 들어 기준을 정하고 있다는 점에서 실질적인 지침이 된다고 본다. 대부분의 사업자는 품질표시나 품질보증서에 '본 제품은 공정거래위원회가 고시한 소비자분쟁해결기준에 따라 보상을 받을 수 있습니다' 라고 표시해 계약내용으로서의 구속력을 갖는다.

이 규정의 적용을 받는 대상 사업자는 물품의 제조업자·판매업자·수입업자는 물론 용역의 제공자까지 포함하고 있어 소비자가 물품의 사용과 용역의 이용과정에 불만이 있을 경우 해당 사업자에게 보상을 청구할 수 있게 되어 있다. 따라서 물품을 구입하거나 용역을 제공받은 소비자가 자신이 입은 피해에 대하여 정당한 불만을 제기할 때에 제조업자·수입업자·판매업자 및 용역을 제공하는 자는 원칙적으로 이 기준에 따라 보상해야 한다.

소비자분쟁해결기준은 법원 판결과 같이 확정적이고 최종적인 의미를 갖기보다는 소비자와 사업자 간의 분쟁을 원활하게 해결하기 위한 최저기준이다. 이를 참조해 사업자는 기준 이상 보상해 주고 피해구제기관은 기준 이상의 합의 권고 또는 조정을 해주어야 한다. 소비자피해보상기준이 최저수준임에도 불구하고 일부 사업자들은 상호 교섭이나 합의권고과정에서 소비자분쟁해결기준의 보상기준을 방어수단으로 삼고 있어 소비자의 불만이 제기되고 있다. 소비환경과 관계법령의 변화에 따라 품목 및 보상기준에 대한 종합적이고 체계적인 재구성 및 보완작업이 필요하다.


## 3. 소비자분쟁해결기준의 일반적 기준

소비자분쟁해결기준은 나름대로 일반적인 기준을 가지고 적용하고 있다. 제품이나 서비스의 종류 및 유형에 따라 다소 차이가 있으나 일반적인 기준은 다음과 같다.


### 1) 품질보증기간

사업자가 품질보증서에 품질보증기간을 표시하지 아니하였거나 해당 품목에 대한 품질보증기간이 소비자분쟁해결기준에 없는 경우 유사제품의 품질보증기간을 적용하고, 이에 해당되지 않는 경우 1년(식료품의 경우 유통기간)으로 한다.

품질보증기간은 소비자가 물품을 구입한 날 또는 서비스를 제공받은 날로부터 계산하게 되나 물품의 계약일과 인도일이 다른 경우에는 물품의 인도일로부터 품질보증기간이 계산되는데, 품질보증서에 판매일자가 기재되어 있지 않거나 품질보증서의 미교부, 분실 또는 영수증과 같은 증거자료를 보존하고 있지 않거나 품질보증서의 미교부, 분실 또는 영수증과 같은 증거자료를 보존하고 있지 않아 정확한 판매일자의 확인이 곤란한 경우는 당해 제품의 제조일(수입품의 경우에는 수입통관일)로부터 6개월이 경과한 날로부터 품질보증기간을 계산하도록 되어 있다. 그러나 제품이나 제품 포장용기에 제조일이나 수입통관일이 표시되어 있지 않은 경우에는 소비자가 주장하는 제품구입일로부터 품질보증기간이 계산된다.

### 2) 부품보유기간

사업자가 품질보증서에 부품보유기간을 표시하지 않거나 해당 품목에 대한 부품보유기간이 소비자분쟁해결기준에 없으면 유사제품의 부품보유기간을 적용한다. 부품보유기간의 계산은 당해 제품의 단종 시부터 계산한다.

### 3) 수리비의 부담기준

품질기간 내에 정상적인 사용상태에서 발생한 제품의 고장을 수리하기위하여 소요되는 모든 비용(부품대, 원자재비용, 기술료, 출장료 등)은 사업자가 부담(무상수리)하는 것을 원칙으로 한다. 그러나, 소비자의 취급 잘못으로 발생한 고장이나, 제조자의 지정수리점이 아닌 장소에서 수리함으로써 제품을 변경·손상시킨 경우, 천재지변에 의한 고장의 경우에는 품질보증기간 이내라 하더라도 유상수리를 하는 것이 원칙이다. 품질보증기간 경과 후에 발생한 고장에 대해서는 순수 부품대, 원자재비용 등의 수리비를 소비자가 부담(유상수리)하도록 하고 있다.

### 4) 교환기준

제품에 고장이 발생하여 소비자분쟁해결기준에 근거하여 교환하는 경우 사업자는 동일제품으로 교환해 주어야 하며, 동일제품의 생산이 중단되어 동일세품으로 교환이 불가능한 경우에는 유사제품으로 교환해 주어야 한다. 이때 유사제품으로서의 교환에 대해 소비자가 동의하지 않으면 구입가격 만큼을 환급하도록 되어 있다.

### 5) 환급기준

소비자분쟁해결기준에 의하여 환급해 주는 경우 증서 또는 영수증에 기재된 제품이나 서비스의 가격을 기준으로 환급하며, 반드시 현금으로 반환하도록 되어 있다. 그러나 구입가격에 다툼이 있는 경우에는 서면 증거자료에 기재된 금액과 다른 금액을 주장하는 사람이 이를 입증해야 하며, 입증이 불가능한 경우에는 당해 통상거래가격으로 환급하도록 되어 있다.

### 6) 환급요건

서비스의 이용계약 이후 계약해제로 인하여 서비스 이용이 불가능한 경우 환급요건이 된다. 한편, 소비자가 표시된 가격 이상을 초과하여 금액을 지급하고 제품을 구입한 경우 양 당사자가 합의하며 소비자는 초과된 금액만큼 환급 받을 수 있다.

한편, 소비자가 중고제품을 신제품가격으로 지불하고 구입한 경우, 광고 또는 표시의 내용과 제품이 일치하지 않는 경우, 제품의 사용설명서의 내용이 불충분하거나 누락되어 소비자가 피해를 입은 경우, 사업자가 계약내용을 불이행하여 소비자가 계약해제를 요구하였을 경우에도 소비자는 환급 받을 수 있다.

### 7) 할인판매기간에 구입한 제품의 교환 및 환급

할인판매기간에 할인된 가격으로 구입한 제품에 하자가 발생하여 교환하고자 하는 경우 비록 정상판매로 환원되어 가격차이가 발생한다고 하더라도 가격차이와 관계없이 동일제품으로 교환해 주어야 한다. 그러나 할인판매 기간에 할인된 가격으로 구입한 제품의 환급은 구입 당시의 가격을 기준으로 환급하도록 되어 있다.

### 8) 사업자의 손해배상책임

사업자가 소비자와 계약한 내용을 이행하지 않았거나 제대로 이행하지 않는 경우, 제품의 사용과정에서 제품의 하자나 결함으로 인하여 소비자가 재산상의 손해나 신체상의 위해(소비자피해)를 입은 경우에는 사업자가 그 피해에 대하여 손해배상책임을 지도록 하고 있다. 사업자의 귀책사유로 인하여 소비자피해가 발생한 경우 그 피해구제의 처리과정에서 발생하는 운반비용이나 시험검사비용 등 모든 경비는 사업자가 부담하도록 규정되어 있다.

보상방법이 여러 가지인 경우 어느 것을 선택할 것인가는 소비자가 결정할 수 있다. 그리고 피해로 인한 정신적 손해, 즉 위자료에 대해서는 정하고 있지 않다. 따라서 소비자분쟁해결기준에 따라 손해배상이 이루어져도 위자료 소송이 배제되는 것은 아니다. 또한 소비자피해보상규정의 적용대상에 포함되지 않은 물품이나 용역은 피해 보상이 배제되는 것이 아니라 유사제품에 준해 보상할 수 있다.

## 4. 소비자분쟁해결기준의 품목별 기준

소비자분쟁해결기준은 피해보상의 일반적 기준이외에 품목별 피해유형에 따른 보상기준을 마련해 놓고 있다. 소비자분쟁해결기준의 개정 시 피해가 다발하는 품목은 추가되거나 기준의 내용이 변경될 수 있다. 1985년 12월 제정된 이후 19차례 개정을 단행하면서 품목들이 개정 추가되어 왔다. 2014년 3월 21일 19차 개정된 품목별 소비자분쟁해결기준은 60여 개 업종, 670여 개 품목에 수리·교환·환급의 조건 및 위약금의 산정 등 분쟁해결을 위한 세부기준을 제시하고 있다.

여기에서는 품목별 피해보상 기준에 대한 자세한 내용은 생략하고 소비자분쟁해결기준의 대상품목〈표 11-8〉과 19차 개정의 주요 내용을 중심으로 살펴보기로 한다(〈표 11-9〉 참조).

| 표 11-8 | 소비자분쟁해결기준의 대상품목(구분, 품종)[14] |
|---|---|

| 번호 | 구 분 | 품 종 |
|---|---|---|
| 1 | 가전제품설치업(1개 업종) | 가전제품설치업 |
| 2 | 결혼중개업(1개 업종) | 결혼중개업 |
| 3 | 결혼준비대행업(1개 업종) | 결혼준비대행업 |
| 4 | 국제결혼 중개(1개 업종) | 국제결혼 중개 |
| 5 | 경비용역업(1개 업종) | 경비용역업 |
| 6 | 고시원 운영업(1개 업종) | 고시원 운영업 |
| 7 | 골프장(1개 업종) | 골프장 |
| 8 | 공공서비스(3개 업종) | 전기서비스, 전화서비스 , 가스서비스 |
| 9 | 공산품(30개 업종) | 가전제품, 사무용기기, 전기통신기자재, 시계, 재봉기, 광학제품, 아동용품, 전구, 가구 스마트폰, 전자담배 자동차, 모터사이클, 자전거, 보일러, TV(텔레비전), 농업용기계, 어업용기계, 농업용자재, 어구, 축산자재, 건축자재, 주방용품, 문구, 의복류, 우산류, 신발, 가죽제품, 악기, 타이어, 연탄, 가방류, 생활위생용품, 가발 |
| 10 | 공연업(2개 업종) | 공연업(영화 및 비디오물 상영업 제외), 영화관람 |
| 11 | 농·수·축산물(7개 업종) | 란류, 육류, 곡류, 과일, 야채류, 수산물류, 종묘 등 |
| 12 | 동물사료(1개 업종) | 사료 |
| 13 | 대리운전(1개 업종) | 대리운전 |
| 14 | 모바일콘텐츠(1개 업종) | 모바일콘텐츠업 |
| 15 | 문화용품 등(4개 업종) | 귀금속·보석, 액세서리, 도서·음반, 스포츠·레저용품 |
| 16 | 미용업(2개 업종) | 피부미용업, 모발미용업 |
| 17 | 봉안시설(1개 업종) | 봉안시설 |
| 18 | 부동산중개업(1개 업종) | 부동산중개업 |
| 19 | 사진현상·촬영업(1개 업종) | 사진현상·촬영업 |
| 20 | 산후조리원(1개 업종) | 산후조리원 |
| 21 | 상조업(1개 업종) | 상조업 |
| 22 | 상품권 관련업(1개 업종) | 상품권 관련업 |
| 23 | 세탁업(1개 업종) | 세탁업 |
| 24 | 소셜커머스(1개 업종) | 소셜커머스 |
| 25 | 숙박업(1개 업종) | 숙박업 |
| 26 | 식료품(19개 업종) | 청량음료, 과자류, 빙과류, 낙농제품류, 통조림류, 제빵류, 설탕·제분류, 식용유류, 고기가공식품류, 조미료, 장류, 다류, 면류, 자양식품, 주류, 도시락, 찬류, 냉동식품류, 먹는샘물 |
| 27 | 신용카드업(1개 업종) | 신용카드업 |
| 28 | 애완동물판매업(1개 업종) | 애완동물판매업 |
| 29 | 어학 등 연수 관련업(2개 업종) | 해외어학연수 수속대행업, 국내 연수업 |
| 30 | 여행업(2개 업종) | 국내여행, 국외여행 |

〈계속〉

---

14) 각 품종별 품목과 소비자분쟁해결기준 전문은 생략. 품목별 소비자분쟁해결기준 전문, 품종별 품질보증기간 및 부품보유 기간 전문은 한국소비자원(www.kca.go.kr) 홈페이지에서 다운받아 참고할 수 있다.

제4부_ 소비자단체 및 행정기관의 소비자상담 실무

| 번호 | 구 분 | 품 종 |
|---|---|---|
| 31 | 예식업(1개 업종) | 예식장 |
| 32 | 온라인게임서비스업(1개 업종) | 온라인게임서비스업 |
| 33 | 운수업(9개 업종) | 전세버스 · 특수여객자동차, 일반화물 · 개별화물 · 용달화물, 시외버스, 철도업(여객), 철도업(화물), 항공(국내여객), 항공(국제여객), 선박(국내여객) |
| 34 | 유학수속대행업(1개 업종) | 유학수속대행업 |
| 35 | 외식서비스업(1개 업종) | 외식서비스업 |
| 36 | 위성방송 및 유선방송업(2개 업종) | 위성방송업, 유선방송업 |
| 37 | 의약품 및 화학제품(10개 업종) | 의약품, 의약외품, 의료기기, 화장품, 비누 및 합성세제, 플라스틱제품, 비료, 농약, 고무장갑, 건전지 |
| 38 | 의료업(3개 업종) | 임플란트, 성형수술, 피부과 시술 및 치료 |
| 39 | 이동통신서비스업(1개 업종) | 이동통신 서비스업 |
| 40 | 이민대행서비스(1개 업종) | 이민대행서비스 |
| 41 | 이사화물취급사업(1개 업종) | 이사화물자동차운송 주선사업 및 화물자동차 운송사업 |
| 42 | 인터넷쇼핑몰업(1개 업종) | 인터넷쇼핑몰업 |
| 43 | 인터넷콘텐츠업(1개 업종) | 인터넷콘텐츠업 |
| 44 | 자동차견인업(1개 업종) | 자동차견인업 |
| 45 | 자동차대여업(1개 업종) | 자동차대여업 |
| 46 | 자동차운전학원(1개 업종) | 자동차운전학원 |
| 47 | 자동차정비업(1개 업종) | 자동차정비업 |
| 48 | 전자지급수단 발행업(1개 업종) | 전자지급수단 발행업 |
| 49 | 정수기 등 임대업(1개 업종) | 정수기 등 임대업 |
| 50 | 주차장업(2개 업종) | 주차장업, 주차대행업 |
| 51 | 주택건설업(1개 업종) | 주택건설업 |
| 52 | 중고전자제품(1개 업종) 매매업(1개 업종) | 중고전자제품 매매업 |
| 53 | 중고자동차매매업(1개 업종) | 중고자동차 매매업 |
| 54 | 창호공사업(1개 업종) | 창호공사업 |
| 55 | 청소대행서비스업(1개 업종) | 청소대행 서비스업 |
| 56 | 체육시설업, 레저용역업 및 할인회원권업(3개 업종) | 체육시설업, 레저용역업, 할인회원권업 |
| 57 | 초고속인터넷 통신망서비스업(1개 업종) | 초고속인터넷 통신망서비스업 |
| 58 | 컴퓨터 소프트웨어(1개 업종) | 컴퓨터 소프트웨어 |
| 59 | 통신결합상품(1개 업종) | 통신결합상품 |
| 60 | 택배 · 퀵서비스업(1개 업종) | 택배 및 퀵서비스업 |
| 61 | 학원운영업 및 평생교육시설 운영업(2개 업종) | 학원운영업, 평생교육시설 운영업 |
| 62 | 휴양콘도미니엄업(1개 업종) | 휴양콘도미니엄업 |

**표 11-9** 소비자분쟁해결기준 19차 개정(2014. 3. 21)의 주요 내용

| 주요 개정내용 | |
|---|---|
| ○ 국외여행, 산후조리원, 자동차 등 44개 품목의 피해배상 및 품질보증기준을 개선 보완 | |

**1) 계약취소 해지에 따른 분쟁해결기준 정비**

| | |
|---|---|
| □ 국외여행 | 여행 개시 30일 전까지는 소비자가 위약금을 부담하지 않고 계약을 취소할 수 있도록 개선함. |
| □ 봉안시설<br>(봉안묘, 봉안당, 봉안탑) | 소비자가 봉안 후 이용계약을 중도에 해지하는 경우 사업자는 총사용료에서 이용기간별 환급률에 해당하는 금액을 환급하도록 하는 내용의 분쟁해결기준을 마련함. |
| □ 결혼중개 | 사업자의 귀책사유로 3개월 동안 한 차례도 상대방을 소개시켜 주지 않은 경우, 소비자가 계약서상 기재한 우선 희망 조건(종교, 직업 등 객관적인 내용에 한정)에 부합하지 않은 상대방을 소개한 경우를 추가함. |
| □ 통신결합상품 | 통신결합상품(초고속인터넷, 이동전화기, 집전화, TV 등의 서비스가 세트로 구성된 상품) 전체에 위약금 없이 계약을 해지(단, 이동통신계약은 제외)할 수 있도록 개선함. |
| □ 기타 | • 오토캠핑장을 숙박업에 해당하는 품목으로 포함시켜 오토캠핑장 이용계약 취소에 따른 분쟁조정이 이루어질 수 있도록 함.<br>• 정기간행물 구독계약 해지, 예식장 이용계약 취소, 고시원 이용계약 해제·해지에 따른 위약금을 합리적으로 조정함. |

**2) 소비자의 신체·재산상 피해에 대한 분쟁해결기준 정비**

| | |
|---|---|
| □ 산후조리원 | 사업자가 손해(치료비, 경비 등)를 배상(무과실 제외)하도록 기준을 마련함. |
| □ 모바일·인터넷 콘텐츠, 온라인 게임서비스 | 사업자가 소비자에게 청구한 금액을 환급하도록 하여 소비자가 억울하게 당한 금전적 피해를 보상받을 수 있도록 함. |
| □ 국제여객항공 | 운항 지연시간이 12시간 이상이면 지연구간 운임의 30%를 소비자에게 배상하도록 하는 등 운항 지연시간별 배상구간을 보다 세분화함. |
| □ 동물사료 | 동물치료 소요비용 또는 동물가격을 배상하도록 되어 있어 사료 구입비에 배상이 이루어지지 않는 문제가 있음. |
| □ 기타 | • 컴퓨터소프트웨어의 성능·기능상 하자, 천도화물의 연착, 사업자의 가전제품 설치 하자, 체험캠프의 일정 변경으로 발생한 소비자의 신체·재산상 피해에 배상기준을 새로 마련함.<br>• 초고속인터넷서비스 및 이동통신서비스에 있어 서비스장애 누적시간의 기산시점을 합리적으로 조정함(소비자의 서비스 중지·장애 통지시점 또는 사업자가 서비스 중지·장애 사실을 알 수 있었을 때 중 빠른 시간 적용). |

**3) 품질보증기준 정비**

| | |
|---|---|
| □ 자동차 | 자동차 외관(후드, 도어, 필러, 휀더, 트렁크리드, 도어사이드실, 루프) 관통 부식의 품질보증기간을 5년으로 설정함. |
| □ 세탁 | 청바지의 내용연수를 계절과 무관하게 4년(단, 원단을 샌드가공, 스톤워싱 등을 통해 인위적으로 외형을 가공한 청바지는 3년)으로 규정함으로써 세탁과 관련한 분쟁조정 시 혼란의 발생을 방지함. |
| □ TV, 스마트폰 | 리퍼부품을 사용하여 수리하는 경우 수리시점부터 1년간 품질보증을 하도록 품질보증기간을 확장함. |
| □ 체육용품 및 문구·완구 | 체육용품 및 문구·완구의 관련규정을 마련함. |

# 🔍 주요품목별 소비자피해 상담사례

소비자와 사업자 간의 분쟁에 따른 소비자피해 상담은 일차적으로 앞서 설명한 소비자분쟁해결기준을 준거로 하게 된다. 소비자분쟁해결기준은 60여 개 업종, 670여 개 품목별로 소비자가 사업자에게 피해보상을 요구할 수 있는 불만유형을 비롯해 용역의 가격, 표시상의 불일치, 거래조건 등 사실상 소비자와 사업자 간에 발생하는 모든 문제를 규정하고 있어 소비자피해상담 시 소비자가 입은 피해를 보상할 수 있는 기준이 된다. 품목별 분쟁해결기준은 분쟁 당사자 간에 별도의 의사표시가 없고 피해 소비자가 품목별 분쟁해결기준에 따른 피해보상만을 청구하는 경우에 한하여 분쟁해결의 기준이 된다. 다른 법령[15]에 근거한 별도의 보상기준이 품목별 보상기준보다 소비자에게 유리한 경우에는 당해 보상기준을 품목별 분쟁해결기준에 우선하여 적용한다. 품목별 분쟁해결기준에서 해당 품목에 대한 보상기준을 정하고 있지 않은 경우에는 동 기준에서 정한 유사제품에 대한 보상기준을 준용할 수 있다.

본 절에서는 피해가 빈번하게 발생하는 주요 품목에 대한 소비자피해 상담사례를 살펴봄으로써 실제 상담에 적용해 볼 수 있도록 한다.

## 1. 식품류

**사 례: 건강식품 섭취 후 부작용 발생된 경우 손해배상 요구**

신청인은 2010. 10월경 고혈압에 효과가 있다는 신문광고를 보고 건강식품을 110만 원에 구입함. 이후 피신청인이 표시한대로 복용방법을 지키며 수주일 복용하였으나 혈압 수치만 높아져 주치의와 상의한 결과 의약품외의 식품 복용은 자제하라고 하여 동 내용에 근거하여 내용증명을 발송했으나 피신청인이 거절함. 의사로부터 소견서도 받았고 효과가 없으므로 반품조치 및 구입가 환급조치 요구함.

**처리결과:** 신청인이 동 사실로 치료를 받은 사실은 없으므로 복용 후 남은 잔여 식품은 반품하고

---

15) 소비자피해보상 시에는 소비자분쟁해결기준(구명칭, 소비자피해보상규정)이 일차적으로 기준이 되지만 이외에도 민법, 할부거래 및 방문 판매에 관한 법률, 약관규제법, 제조물책임법, 전자상거래 등에 관한 법률 등의 관련조항이 적용되기도 한다. 이들 법에 관한 상세한 내용은 '소비자법과 정책' 과목에서 다루고 있다.

구입가 전액 환급받고 계약해제 하기로 합의함(성립).

관련근거 및 참고사항: 쟁점사항은 신청인이 섭취한 제품과 부작용의 인과관계 여부임.

신청인이 동 제품 섭취 후 혈압 수치가 계속 상승되었고 의사로부터 건강식품의 섭취를 제한하라는 소견서를 발급받은 만큼 소비자분쟁해결기준에 따르면 치료비, 경비 및 일실소득 배상이 가능하도록 규정되어 있으므로 동 규정에 의한 처리가 가능함.

자료 : 한국소비자원, 2011

## 상담의 포인트 11-1

## 노인대상 악덕상술! 이런 점에 주의하세요.

악덕상술 유형

**유형 1** 강연회 공연제공 상술

일반가정으로 전통예절강좌 초대장을 발송하거나 놀이 오락제공 명목으로 일정 장소에 노인들을 모은 후 건강식품이나 의료용구를 판매

**유형 2** 무료관광 식사제공상술

무료관광, 공장견학, 식사제공 등을 미끼로 노인들을 모은 후 상품 구입 유도

**유형 3** 사은품 제공 상술

주택가 등을 돌며 각종 생활필수품(라면, 국수 등)을 무료로 준다며 사람들을 모은 후 건강식품 등을 판매

**유형 4** 덤 공짜상술

하나를 사면 다른 하나는 무료로 준다며 건강식품을 판매한 후 2개 값을 청구하거나 하나는 공짜라는 점을 강조하여 우선 복용하게 한 후 반품 요구시 제품 훼손을 이유로 대금 전체 납부 요구

**유형 5** 당첨상술

길거리, 행사장에서 또는 집전화로 추첨에 당첨이 되었다며 상품 구입을 유도

**유형 6** 공공기관 사칭상술

길거리에서 혹은 전화로 공공기관(수협, 동사무소, 가스회사, 종친회 등)을 사칭하며 건강식품, 가스레인지, 족보 등을 판매

피해를 입지 않으려면 이런 점에 주의합시다.

■ 제품 구입여부는 천천히 결정해야 후회하지 않습니다.

■ 무료관광이나 공짜 사은품 제공은 제품 판매가 목적인 상술일 가능성이 많습니다.

■ 집수소나 전화번호 주민등록번호를 함부로 일러주지 맙시다.

■ 'OO에 특효', '효과 없을시 환불 보장' 과 같은 판매원의 설명을 너무 믿지 맙시다.

상품을 구입할 때는 다음 사항을 참조하세요.

- 길거리나 임시 매장에서 상품을 구입할 때는 계약서를 꼭 받아 둡니다.
- 상품의 정확한 가격을 반드시 확인합니다.
- 구입에 확신이 서기 전에는 포장을 뜯지 않습니다.

피해가 발생하면 이렇게 하세요.

- 즉시 판매처에 반품 의사를 통보합니다.
- 문제발생 시 소비자보호기관과 상담합니다.

자료 : 한국소비자원(www.kca.go.kr)

## 2. 의류, 세탁

### 사 례 A: 사이즈가 맞지 않는 코트 반품 및 환급 요구

신청인은 2009. 12. 11. 전자상거래를 통해 피신청인으로부터 85,000원 상당의 코트를 구입함. 배송된 제품을 착용하여 보니 사이즈가 맞지 않아 반품을 요구하였으나 피신청인은 소재의 특성상 반품이 불가함을 미리 고지하였다며 거절. 신청인은 관련 법령에 따라 반품 처리해 줄 것을 요구함.

처리결과: 피신청인이 관계 법령에 의거 대금 환급 조치함(성립).

관련근거 및 참고사항: 쟁점사항은 전자상거래시 반품 및 환급 불가를 미리 고지한 경우 청약철회 가능 여부임. 「전자상거래 등에서의 소비자보호에 관한 법률」및 「동법 시행령」에서는 소비자의 주문에 의하여 개별적으로 생산되는 재화 등 청약철회 등을 인정하는 경우 통신판매업자에게 회복할 수 없는 중대한 피해가 예상되는 경우로서 사전에 당해 거래에 대하여 별도로 그 사실을 고지하고 소비자의 서면(전자문서를 포함한다)에 의한 동의를 받을 경우에만 청약철회를 제한할 수 있도록 정하고 있음(시행령 21조). 또한 그 외의 경우에도 소비자의 책임 있는 사유로 재화가 훼손된 경우, 소비자의 사용으로 재화의 가치가 현저히 감소한 경우, 시간의 경과에 의하여 재판매가 곤란할 정도로 재화 등의 가치가 현저히 감소한 경우, 복제가 가능한 재화 등의 포장을 훼손한 경우에는 소비자가 청약철회를 요구할 수 없도록 정하고 있음. 동 사례는 위 청약철회 제한 사유에 해당하지 않고, 단지 피신청인이 자신의 쇼핑몰 사이트에 이를 일방적으로 고지했다는 사실만으로 청약철회를 거절하고 있는 것으로 위법사항임.

자료 : 한국소비자원, 2011

**사 례 B: 세탁 후에 수축된 여성코트 보상 요구**

　신청인은 2009. 1월경 595,000원에 구입한 여성코트를 2010. 10. 25. ○○○세탁소에 세탁을 맡긴 후 찾아보니, 전체적으로 옷이 수축되어 소매 안감이 겉감보다 더 많이 나와 이의를 제기하였던 바, ○○○세탁소에서는 세탁 과정 중에서 이상이 없었다며 배상을 거부하였기에 하자의 원인 규명 및 배상을 요구함.

**처리결과:** 피신청인이 신청인에게 297,500원을 보상함(성립).

**관련근거 및 참고사항:** 코트의 수축 원인(세탁 과실 여부)이 쟁점사항임. 해당 코트의 수축에 대해 전문가 심의를 거친 결과, 제품의 현 상태에서 안감 등이 밖으로 나와 있는 현상을 확인할 수 있었으며, 세탁 시 수분과다 노출과 자연건조가 아닌 기계건조에 의해 의류가 전체적으로 수축이 된 것으로 판단되어, 세탁 과실로 판단함. 소비자분쟁해결기준 세탁업 배상비율표에 의거하여, 해당 제품의 내용연수(4년) 및 사용기간에 따른 잔존 가치는 구입대금의 50%인 297,500원임.

자료 : 한국소비자원, 2011

---

**전자상거래의 개념**

　전자상거래, 특히 사업자와 소비자 간 전자상거래(Business-to-Consumer Electronic Commerce 혹은 B2C Electronic Commerce)는 상품의 검색, 계약체결, 주문, 대금결제, 제품의 배송과 서비스의 제공 등 일련의 거래과정의 전부 또는 일부가 인터넷과 같은 전기통신매체를 통해 이루어지는 거래를 말한다. 아직까지 전자상거래의 개념과 범주에 대한 일치된 견해가 없는 상황이지만, 좁은 의미의 전자상거래는 최소한 인터넷을 통해 제품 및 서비스의 주문이 이루어진 거래를 의미한다.

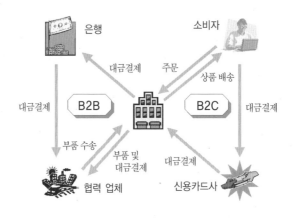

그림 11-1　전자상거래의 개념도

# 의류 · 장신구사고 분쟁조정 의뢰서

서울 마포구 합정동 363-16번지 (사단법인)한국소비생활연구원
Tel : (02)325-4976 · Fax : (02)325-3389

| | | | | 접수번호 | | |
|---|---|---|---|---|---|---|

| 의뢰처 | | | 접수일 | 년 월 일 | 구입일 | 년 월 일 |
|---|---|---|---|---|---|---|
| 소비자 | 성 명 : | | 남 · 여　(나이　　세) | | 직 업 : | |
| | 주 소 : | | | | 전 화 : | |

| 고발품 | 상품분류 | | | 모델 No. | |
|---|---|---|---|---|---|
| | 상표명 | | | 업체전화번호 | |
| | 색 상 | | | 구입가격 | |
| | 소재조성 | 겉감) | | 취급표시 | |
| | | 안감) | | | |

**취급표시 기호:** 약30℃ 중성 / 손세탁 약30℃ 중성 / 염소표백 / 염소·산소표백 / 약하게 / 180~210℃ / 드라이 석유계 / 드라이 / 옷걸이 / 뉘어서 / 등

| 사고경위 | 세 탁 방 법 | | 그림(하자부위 표시) |
|---|---|---|---|
| | 세탁여부 | ① 안했음　② 드라이 (　)회<br>③ 세탁기 (　)회　④ 손세탁 (　)회 | |
| | 세탁장소 | ① 세탁소　② 빨래방　③ 자택　④ 기타 | |
| | 세제에 담궈둔 시간 | ① 없음　② 30분 이하　③ 30분~1시<br>④ 1~2시간 ⑤ 3시간 이상 | ※반드시 표시해 주세요. |
| | 소비자 의 견 | | |
| | 제조 판매처 의 견 | | |
| | 심의의견 | | |

## 심 의 동 의 서

상기 내용에 대하여 (사)한국소비생활연구원에 심의를 의뢰하며 심의 결과에 동의하겠습니다.

년 월 일 서명 _____

# 3. 주거, 시설

## 사 례 A: 견본주택과 상이한 안방 장식장의 옵션 계약 취소 요구

신청인은 2008. 10. 아파트 분양계약을 체결하고 안방 장식장을 제공하는 조건으로 2,618,000원을 지급하는 옵션 계약을 체결함. 입주 전 사전점검 시에 확인하니 견본주택에 설치되어 있던 장식장과 소재 및 디자인에서 큰 차이가 있는 것을 확인하였기에 이에 대한 옵션 계약의 취소를 요구함.

처리결과: 피신청인이 안방 장식장 옵션 계약을 취소함(성립).

관련근거 및 참고사항: 견본주택과 달리 제공된 안방 장식장에 대한 계약취소 가능 여부가 쟁점임. 소비자분쟁해결기준에 의하면 분양주택에 사용된 자재 및 설비 등이 견본주택에 시공된 것과 품질 등에서 차이가 있는 경우에는 설비를 대체하거나 차액을 환급하여야 함.

자료 : 한국소비자원, 2011

## 사 례 B: 아파트 발코니 섀시 설치계약후 해지 요구

K씨는 아파트를 한 채 구입하고자 분양 신청한 것이 당첨되어 계약을 체결하고자 계약서 작성 현장에 가게 되었는데, 누구인지 모를 두어 명의 사람들이 아파트 계약자들로 하여금 발코니 섀시 설치를 권유하여 '앞으로 계속 살아야 할 집인데…' 하는 생각에 발코니 섀시 설치계약까지 하게 되었다. 이후 사정이 생겨 아파트를 매도하기 위해 발코니 섀시 설치계약을 해제하고 자 하였으나, 계약서상에 7일 이후에는 전혀 계약을 해제할 수 없게 되어 있어서 아파트를 팔기 위해서는 발코니 섀시 시공비를 전액 배상해야 하는 어처구니 없는 일이 발생하였다.

처리결과: 섀시 기타 인테리어 공사는 아파트 공사일정과 연계되어 통상 아파트 입주 수개월 전에야 시공이 가능하므로 공사에 착공하기 이전에는 고객이 계약을 해제한다고 하여도 공사물량 수주 등 공사진행에 차질을 초래한다고 볼 수 없어 고객의 사정에 의한 계약의 해제가 가능하다고 할 것이다.

관련근거 및 참고사항: 민법 제565조는 '매매의 당사자 일방이 계약 당시에 금전 기타 물건을 계약금 보증금 등의 명목으로 상대방에게 교부한 때에는 당사자 간에 다른 약정이 없는 한 당사자의 일방이 이행에 착수할 때까지 교부자는 이를 포기하고 수령자는 그 배액을 상환하여 매매계약을 해제할 수 있다'고 정하고 있다. 따라서 이 사례의 경우 사업자의 공사착수 여부를 불문하고 소비자의 계약해제권 행사기간을 7일로 제한하는 것은 상당한 이유 없이 법률의 규정에 의한 고객의 해제권 또는 해지권을 배제하거나 그 행사를 제한하는 불공정약관조항에 해당된다.

자료 : 공정위 소비자홈페이지(www.consumer.go.kr)

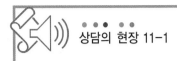

## 부동산 분양·임대 관련 소비자피해, 이렇게 해결해 나가겠습니다

공정거래위원회는 부동산 분양 임대관련 소비자피해를 예방하기 위해 소비자정보제공 확대, 공정한 거래환경 조성 등의 종합 대책을 건설교통부·법무부와 합동으로 추진하기로 하였다.

### ■ 분양정보 종합제공시스템을 구축하여 정보불균형 해소
건축허가 취득여부 등 분양관련 중요정보를 지자체가 홈페이지를 통해 제공하여 소비자피해를 사전에 예방한다. 건설교통부에 허브사이트를 구축하여 개별 지자체 홈페이지에 바로 접속할 수 있도록 함으로써 소비자의 접근성을 제고하고, 허브사이트 구축 시에는 분양정보뿐만 아니라 분양관련 소비자 주의사항을 함께 제공하여 소비자의 정확한 판단이 가능하도록 할 계획이다.

### ■ 클린애드 네트워크를 구축하여 허위·과장광고 사전예방
공정거래위원회, 사업자단체, 소비자단체, 민간광고자율심의기구가 「클린애드 네트워크(Clean Advertisement Network)」를 구축하여 허위·과장광고를 사전에 예방한다.

또한, 정기적인 직권실태조사를 실시하여 사업자가 허위 과장광고를 통해 부당이득을 얻지 못하도록 과징금 부과 강력한 시정조치를 해 나간다.

### ■ 주택성능등급 표시제와 주택품질 보증제도를 통해 주택품질 향상 유도
공동주택이 주택품질, 주거환경을 평가하여 분양공고 시 등급표시를 하도록 하는 주택성능등급 표시제도를 시행하여 소비자의 선택권을 보장하고, 품질향상을 위한 사업자의 자발적인 경쟁을 유도한다. 장기적으로는 주택품질보증제도(Home Warranty)를 도입하는 방안을 추진해 나간다.

### ■ 불공정거래를 방지할 수 있는 시장환경 조성
분양가 상승을 유발하는 분양가 담합, 재건축 입찰담합 등에 대해 모니터링을 강화함으로써 시장원리에 벗어난 분양가 상승을 예방한다. 주요 임대아파트, 상거건물, 사업자의 약관사용 실태조사를 통해 불공정 약관에 대한 시정조치를 강화한다. 특히, 임대료인상, 임대보증금 반환, 계약해지 관련 불공정 약관에 대해 집중적으로 단속을 실시한다.

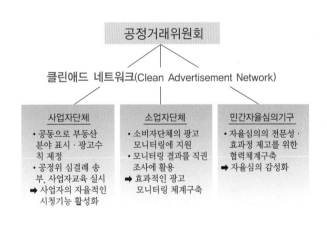

자료 : 공정거래위원회, 2005

## 4. 생활용품

미성년자인 A씨는 2013. 8. 영업사원의 권유로 부모님의 동의없이 300,000원 상당의 화장품 세트를 10개월 할부로 구매함. 이후 법정대리인인 어머니가 계약취소를 요구하자 사업자는 이미 제품을 사용하였으므로 사용한 제품에 대한 금액을 공제 후 환급하겠다고 주장함.

**처리결과:** 사업자에게 관련 법률 설명 후 적정 금액의 환급을 권고하자 잔여 화장품을 반환받고 소비자에게 제품 대금 30만 원을 지급함.

**관련근거 및 참고사항:** 「민법」 제5조에 의하면 미성년자가 법정대리인의 동의없이 행한 법률행위는 취소할 수 있으며, 동법 제141조에는 미성년자가 계약을 취소한 경우 그 계약으로 인하여 받은 이익이 현존하는 한도에서 반환할 책임이 있다고 규정하고 있으므로, 사용한 화장품에 대한 손해배상 책임은 없음. 또한 「방문판매 등에 관한 법률」 제7조 제3항에 의하면 미성년자와 계약을 체결하고자 하는 경우에는 법정대리인의 동의를 얻어야 한다는 사실과 미성년자 본인 또는 법정대리인이 계약을 취소할 수 있다는 내용을 고지하여야 하는 것으로 규정하고 있는 바, 소비자의 계약취소 요구는 타당함.

자료 : 한국소비자원, 2013

신청인은 2009년 12월 인터넷쇼핑몰에서 55인치 LED TV를 구입함. 그러나 배송된 TV는 여러 곳에 잔 흠집이 있었고 볼트 사이에는 찌든 때와 먼지 등이 있었음. 제조사 서비스센터에서 확인한 결과 소비자가 받은 TV는 사용시간이 1,493시간이나 경과한 중고제품으로 확인됨. 이에 소비자는 판매자에게 TV 구입대금 환급은 물론 법정이자, 정신적인 손해에 대한 위자료, 검찰청 사기 고소관련 비용 등에 대한 손해배상을 요구함.

**처리결과:** 판매자는 소비자로부터 LED TV를 반환받음과 동시에 TV대금 372만 원과 위자료 50만 원을 합한 422만 원을 지급하라고 결정함.

**관련근거 및 참고사항:** 사건의 주된 쟁점은 판매자가 TV 구입대금을 환급함에 있어 과연 감가상각한 금액을 공제하는 것이 타당한지, 대금 환급외에 판매자에게 추가적인 손해배상책임은 전혀 인정되지 않는것인지 여부에 있음. 소비자분쟁조정위원회는 계약해제에 관한 '민법' 제536조, 제548조 제1항, 제549조에 따라 판매자가 이씨에게 LED TV대금 372만 원 전액을 환급해야 한다고 판단함. 다만 소비자는 제품대금에 대한 법정이자에 해당하는 금액까지 요구했으나, 이는 소비자가 그동안 TV를 사용함으로써 얻은 이익으로 갈음할 수 있다는 이유로 이를 인정하지 않음. 위자료와 관련하여 일반적으로 계약을 제대로 이행하지 않아 재산적 손해가 발생한 경우, 이 때문에 계약당사자가 받은 정신적인 고통은 재산적 손해에 대한 배상이 이루어짐으로써 회복되어야 보아야 함. 이 사건의 진행경과를 보면 중고TV를 배송한 판매자의 채무불이행 사실로 인하여 소비자가 대금 환급만으로는 회복될 수 없는 정신적 고통을 입었다는 사정이 인정됨. 판매자도 이와 같은 사정을 알 수 있었다고 보이기 때문에 판매자는 대금환급 외에 위자료 50만 원을 배상해야 한다고 판단함. 다만 소비자가 판매자를 사기죄로 고소하는 과정에서 든 비용에 대해서는 검찰청에서 증거불충분 무혐의 불기소처분이 난 이상 이를 손해로 인정하기 어렵다고 보았음.

자료 : 월간소비자, 2011. 5월호

## 상담의 포인트 11-2

## 알아두세요, 청약철회제도

청약철회제도는 소비자와 상품구매에 대해 일정기간동안 신중히 평가한 후 계약이 없었던 것으로 할 수 있는 제도입니다. 특별히 소비자를 보호할 필요가 있는 방문판매, 전화권유판매, 다단계판매, 전자상거래, 할부거래 등의 특수거래 분야에 적용됩니다. 방문판매의 청약철회는 제품의 훼손이 없는 상태에서 계약일(상품을 받은날)로부터 14일 이내, 판매업자의 연락처를 안내받지 못했다면 이를 알게 된 날로부터 14일 이내에 가능합니다 (단, 전자상거래와 할부거래는 7일 이내).

■ 해약통보서 작성과 보내기

해약통보서는 아래 양식을 참고하여 3부를 작성한 후 우체국에서 내용증명우편으로 보냅니다.

(예시)

### 해약통보서

수신인: ○○ 대표자 귀하

주소:

전화번호:

발신인: 홍길동 (인)

주소:

전화번호:

상품명:

구입일:

구입금액:

위 상품을 _____ 사유로 반품하고자 합니다.

20○○년 ○월 ○일

# 5. 자동차, 기계류

## 사 례 A: 주행 중 변속이 되지 않는 승용차 교환 요구

신청인은 2010. 7. 16. 수입자동차를 구입하여 운행하던 중 1주일 후 고속도로 주행 중 변속이 되지 않는 하자가 발생하여 서비스센터에서 수리를 받았으나 출고 직후 동일한 현상이 발생함. 구입 후 1개월 이내에 중대한 결함이 2회째 발생한 중형 차량의 교환을 요구함.

**처리결과:** 차량 교환

**관련근거 및 참고사항:** 변속장치의 이상과 관련 소비자분쟁해결기준에 의거 차량교환 사유에 해당되는지 여부가 쟁점사항임. 소비자분쟁해결기준에 의하면 차량 인도일로부터 1개월 이내에 주행 및 안전도와 관련 중대한 결함이 2회 이상 발생할 경우 차량교환 또는 구입가 환급사유에 해당된다고 볼 수 있으며, 변속이 되지 않아 주행이 불가한 경우 중대한 결함으로 판단.

자료 : 한국소비자원, 2011

## 사 례 B: 차량내비게이션 사용 중 하자 발생한 차량용품의 피해보상 요구

신청인은 직장을 방문한 사업자로부터 2010. 2. 차량내비게이션, 샤크안테나, 후방감지기 등을 신용카드로 280만 원에 구입함. 이후 자동차의 시거잭에 연결하여 사용하던 중 제품의 전원이 꺼지는 하자가 발생하여 사업자에게 여러 차례 수리를 의뢰하였으나, 수리가 계속 지연되어 피해구제를 신청함.

**처리결과:** 사업자는 소비자에게 제품을 수리해 줌.

**관련근거 및 참고사항:** 소비자기본법 제8조 2항에 근거한 일반적 소비자분쟁해결기준에는 수리는 지체 없이 하되 소비자가 수리를 의뢰한 지 1개월이 경과하도록, 수리가 안 될 경우 교환내지 환급하도록 하고 있음.

자료 : 한국소비자원, 2011

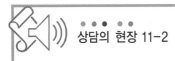

## 자동차 결함 사고 '제작사 배상' 첫 판결

"결함으로 사고발생, 8천 630여만 원 배상하라"

자동차의 제조물 결함으로 인해 교통사고가 난 경우 제조사가 손해를 배상하라는 첫 판결이 나왔다.

서울고법 민사1부(유승정 부장판사)는 D사와 이모씨, 김모씨, 이들의 가족 12명이 "승합차의 결함으로 인해 교통사고가 나 피해를 입었다."며 현대자동차를 상대로 낸 손해배상 청구소송 항소심에서 원고 패소한 1심을 깨고 "피고는 8천 630여 만 원을 배상하라."며 원고 일부 승소 판결했다고 밝혔다.

이씨는 2001년 8월 현대차에서 생산된 승합차를 운전해 경부고속도로에서 시속 약 90km로 주행하던 중 갑자기 차체가 흔들리며 좌측으로 쏠리면서 중앙분리대에 부딪치는 사고를 당했다. 사고가 난 차는 약 127m를 더 진행한 뒤 우측으로 넘어져 정지했다. 조사결과 승합차는 좌측 뒷바퀴와 연결된 베어링에 이상이 생겨 베어링과 차축이 서로 녹아 붙는 용착현상이 일어나 차축이 회전되지 않는 상황에서 과부하가 걸리면서 부러졌던 것으로 나타났다. 이씨가 다니던 D사가 업무용으로 구입한 승합차는 석달 전인 2001년 5월 출고된 신차였으며 주행거리는 베어링의 이론상 수명(1천 300만 km)에 훨씬 못 미치는 2만 1천 km에 불과했다. 차에 탔던 D사 직원 3명 중 이씨는 전치 8주의 부상을, 김모(여)씨는 피부와 신경이 손상되는 중상을 입은 뒤 제조업체를 상대로 소송을 냈고 1심 재판부는 "제조물 결함으로 볼 수 없다."고 판결했지만 항소심 재판부는 원고 측 손을 들어줬다.

재판부는 판결문에서 "승합차의 차축 재료에는 어떠한 결함도 없었고, 승합차와 중앙분리대의 충격 때문에 차축이 부러질 정도는 아니었던 점 등에 비춰보면 차축이 부러진 원인이 된 용착현상은 승합차가 중앙분리대와 부딪히기 이전에 이미 발생했고 사고는 베어링의 용착 및 차축의 파단(破斷: 재료가 파괴돼 둘 이상 부분으로 떨어져 나가는 것)에 따라 불가피하게 발생했다고 봐야 한다."고 밝혔다.

재판부는 "비록 구체적인 원인을 정확히 규명할 수 없다 하더라도 사고가 제품의 결함이 아닌 다른 원인으로 말미암아 발생한 것임을 입증하지 못하는 이 사건에서 승합차는 유통단계에서 이미 베어링에 사회통념상 당연히 구비되리라고 기대되는 합리적 안전성을 갖추지 못한 결함이 있었고, 결함으로 말미암아 사고가 발생했다고 추정된다. 따라서 피고는 제조물책임으로 인한 손해를 배상할 책임이 있다."고 밝혔다.

자동차운행 중 사고와 관련해 제조물 결함이 인정된 것은 이번이 처음이며 급발진 사고에서도 제조물 결함을 주장하는 소송이 제기되고 있지만 아직 인정된 사례는 없다.

자료 : 연합뉴스, 2007. 1. 15

# 6. 관광, 운송

## 사 례 A: 계약취소 시 특약이 있다며 과다한 위약금 부과

신청인은 가족 5인에 대해 2010. 8월 세부 여행상품을 6백만 원에 계약했는데, 개인사정으로 취소하게 되자 특별약관이 있다며 360만 원을 위약금으로 부과함. 신청인은 가입 당시 특별약 관에 대해 별도 고지받은 사실이 없으므로 표준약관대로 환급해 줄 것을 요구함.

**처리결과:** 피신청인이 신청인에게 국외여행 표준약관에 따라 해당 대금의 5%인 304,000원만 공제 후 잔여금액 환급함.

**관련근거 및 참고사항:** 국외여행표준약관과 다른 특별약관 인정여부가 쟁점사항임. 피신청인은 동 상품이 특별약관 적용상품으로 인터넷으로 예약이 진행되면서 계약서에 특별약관이 적용됨 을 동의 받아 예약이 완료되었으며, 총 4회 교부된 일정표와 계약서에 동 내용이 기재되어 있 으므로 특별약관에 대해 사전 설명을 다했다고 주장함. 국외여행 표준약관에는 여행의 특성상 표준약관과 다르게 특별약관을 둘 수 있도록 규정하고 있지만 특별약관을 적용하려면 서면으 로 특별약관을 맺고 표준약관과 다름을 설명하도록 규정하고 있음. 피신청인이 주장하는 예약 화면에는 특별약관이 있으니 확인하라는 문구가 한 줄 명시되어 있을 뿐 별도로 기재하여 서 명받은 것은 아니며 표준약관과 다르다는 사실을 설명했다는 입증자료도 없어 표준약관대로 처리할 것을 권고함.

자료 : 한국소비자원, 2011

## 사 례 B: 포장이사 시 파손 물품에 대한 보상 요구

신청인은 2010. 11. 12. 이사업체 본사에서 소개한 지점을 방문하여 포장이사 이용계약을 체 결하였으나, 이사 후 냉장고가 부분 파손된 상태이나 지점의 연락 불가로 본사에 보상을 요구 하니 거부당함.

**처리결과:** 피신청인이 신청인에게 국외여행 표준약관에 따라 해당 대금의 5%인 304,000원만 공제 후 잔여금액 환급함.

**관련근거 및 참고사항:** 본사 및 지점 간 지배권 인정여부가 쟁점임. 이사화물을 운반한 지점이 본사의 복장이나 로고를 사용할 경우 본사 및 지점 간 지배권을 인정해 볼 수 있고, 그 범위는 20~30% 정도 보아야 할 것임. 이 사건의 경우 이사 당시 투입 차량은 본사의 로고를 사용하 지 않았고, 소비자가 지점으로부터 교부 받은 계약서도 본사의 상호를 사용하지 아니한 것으로 본사에게 일부 책임을 묻기 어려운 사례임.

자료 : 한국소비자원, 2011

# 소비자피해구제상담

학번 :               이름 :               제출일 :

다음 소비자피해 사례에 대하여 어떻게 해결해야 할지 소비자분쟁해결기준이나 법률에 근거하여 판단해 보고 소비자가 주의해야 할 사항에 대하여 알아보자.

**〈사례1〉 인터넷교육서비스 중도해지 요구**

청구인은 2011. 2. 8. 피청구인이 운영하는 인터넷교육서비스를 1년간 이용하기로 약정하고 1,740,000원을 지급하였다. 서비스내용에 불만이 있어 같은 해 5. 3. 계약해지를 요청하고 적정금액의 환급을 요구하였다. 청구인은 피청구인이 개봉하지 않은 프린터의 반납을 거부하고 과도한 위약금을 부과하는 것은 부당하므로 적정 금액을 공제하고 환급을 요구하는 반면, 피청구인은 청구인이 지급한 1,740,000원에서 위약금, 이용한 월교육비 및 화상교육비, 가입비, 사은품비용 등 1,632,000원을 공제하고 환급해 줄 수 있다고 한다.

**〈사례2〉 스포츠시설 이용계약 해지요구**

청구인은 2010. 6. 13. 피청구인과 1년간 스포츠센터 이용계약을 체결하고 391,000원을 신용카드 일시불로 결제하였으나 담당 트레이너가 퇴사하여 11. 18. 계약해지를 요구하였다. 청구인은 적당한 운동프로그램을 책정해 주기로 약속한 담당 트레이너가 퇴사하는 등 스포츠센터 운영이 만족스럽지 못하므로 계약해지 및 적정금액의 환급을 요구하는 반면, 피청구인은 계약시 청구인이 서명하고 회원가입신청서에 '연기 및 환급불가'라는 내용이 명기되어 있으므로 청구인의 요구를 수용할 수 없다고 한다.

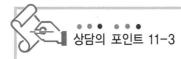

## 불공정 약관 발견시 소비자 대처방법

**Q** 우리주변의 수많은 약관 → 약관이란 무엇을 말하는 건가요?

**A** 약관이란 계약서, 약정서, 규약 등 계약을 할 때마다 일일이 흥정하는 번거로움을 피하기 위해 사업자가 일정한 형식에 의하여 미리 마련해 둔 계약의 내용을 말합니다. 예를 들면, 은행대출약관, 회원약정서, 분양계약서, 승차권 뒷면에 표시된 안내말씀 등을 들 수 있죠. 그러나 당사자 간 개별적인 협상을 통해 체결된 개별약정 등은 약관에 해당되지 않습니다.

**Q** 사업자가 일방적으로 작성한 약관 → 어떤 약관조항이 불공정 약관인가요?

**A** 사업자가 일방적으로 작성하였으나 고객에게 불리한 경우가 많겠죠? 그럼 어떤 약관조항이 불공정 약관에 해당될까요? 일단 면손계 · 채권의 · 대소를 확인하세요.

예를 들면 다음과 같습니다.

- **면책조항의 금지**: ~손해는 책임지지 않습니다. ~민 · 형사상의 모든 책임을 지지 않습니다.
- **손해배상액의 예정**: 과도한 위약금을 부과하는 조항
- **계약의 해제 · 해지**: 가입 후 회비환불을 요구할 수 없습니다. ~최고 없이 계약을 해지할 수 있습니다.
- **채무의 이행**: 상기 일정은 고객의 사전 동의 없이 변경될 수 있습니다.
- **고객의 권익보호** : ~제3자에게 양도할 수 없습니다. ~이의를 제기하지 못합니다.
- **의사표시의 의제**: ~별도의 통지가 없는 한 변경된 약관을 승인한 것으로 간주합니다.
- **대리인의 책임가중**: 고객의 계약 불이행시 고객의 대리인에게 그 의무를 부담시키는 조항
- **소제기의 금지**: 상호분쟁 발생 시 관할법원은 갑소재지의 법원으로 제기하여야 합니다.

위에 해당되지 않더라도 신의성실의 원칙에 반하여 공정을 잃은 약관조항은 불공정 약관에 해당될 소지가 있습니다.

**Q** 앗! 내가 체결한 약관에 불공정 약관으로 의심되는 조항이… 어떻게 해야 하나요?

**A** 약관 작성자의 주소, 전화번호, 불공정하다고 생각하는 약관조항 및 청구취지를 기재한 서면을 약관 전체 사본을 첨부하여 공정위로 심사청구하시면 됩니다. 공정위가 심사한 약관조항이 무효로 판단된 경우에는 해당 사업자에게 약관조항을 삭제 또는 수정하도록 권고하고, 다수 고객의 피해가 발생하거나 발생할 우려가 큰 경우 등에는 시정명령을 합니다.

**Q** 공정위의 시정권고(명령)는 어떠한 효과를 가지나요?

**A** 공정위는 불공정 약관을 사용한 사업자에게 당해 약관조항을 사용하지 말 것을 권고(명령)하고 필요한 경우 동종 사업을 영위하는 다른 사업자에게도 같은 내용의 불공정 약관조항을 사용하지 말 것을 권고할 수 있습니다. 따라서 향후 사업자와 계약을 체결할 소비자로서는 불공정 조항이 배제된 약관을 계약의 내용으로 할 수가 있게 되는 겁니다.

**Q** 공정위의 약관심사 VS 법원의 피해구제?

**A** 불공정 약관조항에 의한 피해발생시 소비자는 개별적으로 법원에 소를 제기하여야 구제 받을 수 있습니다. 그러나 이런 사법적 규제는 피해구제가 사후적이고 소를 제기한 소비자에게만 그 효과가 미치게 되므로 불특정 다수의 소비자피해를 예방하기에는 근본적인 한계가 있습니다. 공정위의 약관심사는 사업자가 불공정약관을 작성·통용하는 것을 사전·사후적으로 방지하여 건전한 거래질서를 확립함으로써 다수의 소비자를 보호하고 있습니다.

자료 : 공정거래위원회 소비자홈페이지(www.consumer.go.kr)

## 7. 교육, 문화

### 사 례 A: 인터넷교육서비스 중도해지 시 과다 해지금 조정 요구

신청인은 자녀의 학습을 위해 2009. 8. 20. ○○○업체의 방문판매사원과 인터넷교육서비스를 18개월 이용하는 계약을 체결하고 이용료 1,728,000원을 신용카드 할부 결제함. 피신청인이 제공하는 인터넷교육서비스를 이용하였으나 계약 당시 약속한 자녀의 성적 및 출석 등 특별관리가 이루어지지 않았을 뿐만 아니라 인터넷교육에 흥미를 느끼지 못하여 2010. 1. 20. 전화로 중도해지를 통보한 후 같은 해 1. 28. 내용증명 우편을 통해 계약해지 의사를 통지하자 피신청인이 이용료를 할인된 연회원 금액이 아닌 할인 전 월회원 가격을 기준으로 정산한 이용료와 10%의 위약금, 교재비, 면제하기로 한 관리비 등을 요구하여 피해구제를 신청함.

**처리결과:** 피신청인은 신청인에게 715,800원을 입금 받고 신용카드 매출 취소함.

**관련근거 및 참고사항:** 인터넷교육서비스의 중도해지 시 사업자의 해지금액 산정방식의 적정성 여부, 계약서에 특약이 있는 경우가 쟁점사항임. 일반적 소비자분쟁해결기준(소비자기본법시행령 제8조 제2항) 1호 바항에 환급 금액은 거래 시에 교부된 영수증 등에 기재된 물품 및 용역의 가격을 기준으로 한다고 명시하고 있고, 관리비는 계약서에 특약으로 면제라고 명시되어 이를 우선 적용. 인터넷콘텐츠업의 소비자분쟁해결기준에 소비자 귀책사유로 인한 계약해지 시 해지일까지의 이용일수에 해당하는 금액과 총 이용금액의 10% 공제 후 환급하도록 되어 있음. 피신청인에게 소비자분쟁해결기준에 의거한 잔여분 환급을 권고하여, 해지 비용으로 인터넷교육서비스를 이용한 5개월 9일치의 이용료 508,000원, 위약금 172,800원(총 이용 금액의 10%), 교재비 35,000원을 합산한 715,800원으로 정산함.

자료 : 한국소비자원, 2011

## 사 례 B: 소속사와 멤버 갈등으로 취소된 동방신기 콘서트

소비자 7백 93명은 (주)SM엔터테인먼트와 (주)드림메이커엔터컴이 공동 제작한 'SM TOWN LIVE 2009 콘서트' 티켓을 2009년 7~8월까지 좌석등급에 따라 9천 9백 원 내지 14만 3천 원에 예매했음. 그러나 사업자들은 콘서트를 열흘 앞두고 콘서트를 일방적으로 무기한 연기한다고 발표하고 입장료를 환급. 소비자들은 콘서트 참석을 위해 비행기표, 기차표, 전세버스 등을 예매한 경우 취소 위약금을 물거나 필요없는 여행을 했고. 1년 동안 기다려 온 콘서트가 일방적으로 취소되어 극심한 상실감에 시달리는 등의 피해를 주장함. 이들은 입장료 환급 외에 '소비자분쟁해결기준'에 따른 추가적인 손해배상을 요구하며 집단분쟁조정을 신청함.

처리결과: 소비자가 구입한 입장료의 10%에 해당하는 금액을 배상함.

관련근거 및 참고사항: 주된 쟁점은 콘서트 취소가 사업자들의 귀책사유로 인한 것인지, 천재지변에 준하는 불가항력적인 사유로 인한 것인지 여부임. '소비자분쟁해결기준'에서 '공연이 취소된 경우'라 함은 공연업자측의 공연 채무불이행, 즉 공연이 무산된 상태를 통칭함. 사업자들이 공연채무불이행의 책임을 팬과 동방신기 멤버의 탓으로 돌리거나 불가항력에 의한 것이라고 주장하는 것은 받아들일 수 없단고 판단됨. 소비자분쟁조정위원회는 사업자들에게 '소비자분쟁해결기준'의 '공연업자의 귀책사유로 공연이 취소된 경우'에 따라 소비자가 구입한 입장료의 10%에 해당하는 금액을 연대하여 배상하라는 결정을 내렸으며 이는 모두 합하면 913만원임.

자료 : 소비자시대, 2010년 7월호

## 사 례 C: 스포츠센터 이용 중 중도에 계약을 해지하는 경우

직장으로 스쿼시 및 헬스클럽 코치가 찾아와 최고의 시설에서 전문코치가 강습을 해준다며 스포츠센터의 가입을 권유하여 6개월 회원으로 등록하고 42만 원을 지불하였음. 그러나 막상 스포츠센터를 이용해보니 시설이 미흡하고 강사도 수시로 바뀌는 등 불편하여 약 3주 정도 이용하다가 중도 해지를 요청함. 그러나 담당코치는 위약금과 이용료, 그리고 가입 시 제공한 라켓과 운동복 등에 대해 터무니없는 비용을 요구하다가 현재는 다른 사람에게 양도하라며 해지를 거절하고 있음.

처리결과: 소비자는 중도해지 위약금 10% 4만 2천 원과 이용료 4만 9천 원(180일 중 21일 이용), 그리고 운동용품에 대한 적정한 비용을 공제한 금액을 환급 받을 수 있음.

관련근거 및 참고사항: 스포츠센터 이용 계약은 대부분 3개월에서 12개월의 장기간 계약으로 체결되기 때문에, 소비자는 이용과정에서 시설이나 강습 등에 대한 불만이나 개인사정으로 중도에 해지하려는 경우가 많이 발생함. 『방문판매 등에 관한 법률』 제29조(계약의 해지)에 의하면 장기간 계속적인 거래에 대한 계약을 체결한 소비자가 언제든지 해지할 수 있도록 규정하고 있으며, 『소비자피해보상규정(소비자분쟁해결기준의 구 규정)』에서는 소비자에게 책임 있는 사유로 스포츠센터 이용 계약을 중도에 해지할 경우 소비자는 총 가입금액의 10%에 상당하는 위약금과 이용일수에 해당하는 이용료를 공제한 금액을 환급 받을 수 있도록 정하고 있음. 『소비자분쟁해결기준』에는 별도의 부대물품(라켓, 운동복, 운동화 등)의 금액의 청구를 금지(단, 계약서에 동 금액이 명시된 경우는 제외)하고 있음.

자료 : 한국소비자원(www.kca.go.kr)

**● ● ● ● ● ● ●**
**상담의 포인트 11-4**

## 어학교재 추가계약 텔레마케팅 주의

최근 3~5년 전 신청한 어학교재가 단계별 과정 또는 장기계약이라며 추가구독 및 고액의 대금을 강요하는 사기성 텔레마케팅이 성행해 소비자들의 주의가 요구된다. 텔레마케터들은 종전의 계약서 등 근거자료는 제시하지 않은 채 단계별 과정 또는 장기계약을 빙자해 수백만 원대의 추가대금을 강요하는데, 대부분 종전 구독업체와는 관련이 없는 업체이므로 섣불리 대금을 결제하지 않도록 유의하여야 한다.

피해를 예방하려면
- 텔레마케터가 전화로 단계별 과정 등을 이유로 추가대금을 요구하는 경우 섣불리 동의하거나 카드번호를 알려 주지 말고 계약내용의 사실관계를 구체적으로 확인하는 것이 중요
- 텔레마케터에게 계약서 사본을 요구하거나 본인이 소지하고 있는 계약서를 근거로 단계별 계약사실 여부를 확인하고, 그러한 계약사실이 없는 경우에는 '계약사실이 없으므로 부당한 대금을 청구하지 말라' 고 단호하게 요구해야 함. 그래도 반복적으로 전화를 걸어 대금을 강요하면 계약사실이 없음을 내용증명우편으로 발송
- 아울러, 단계별 계약은 '계속거래' 로서 언제든지 해지가 가능하므로 만약 단계별 계약 사실이 있더라도 추가구독 의사가 없다면 중도에 내용증명우편으로 해지를 요구할 수 있음

> 계속거래 : 1개월 이상 계속하여 재화 등을 공급하는 계약으로서 언제든지 계약기간 중 계약을 해지할 수 있음(방문판매법 제2조 및 제29조).

- 또, 텔레마케팅으로 체결한 계약은 14일 이내에 청약철회가 가능하므로 부당하게 계약이 체결되었거나 부당대금이 결제된 경우에는 14일 이내에 사업자와 신용카드사에 내용증명으로 청약철회를 요구하면 계약취소 및 기결제 대금의 환급이 가능

자료 : 한국소비자원(www.kca.go.kr)

# 8. 금융, 보험, 신용

**사 례 A: 보험계약자의 자필서명이 없다는 이유로 보험금 삭감 지급**

　신청인은 2010. 2. 1. 보험에 가입하면서 신용불량자라 보험금 수령 시 어려움이 있다는 보험설계사의 권유에 따라 동생을 보험계약자로 하고 자필서명은 신청인이 대필하고 보험 가입함. 2010년 3월 자궁암 진단받아 보험금을 청구하자 보험계약자가 직접 서명하지 않았다며 보험금의 75%를 삭감하여 지급하겠다고 함.

**처리결과:** 질병 사망에 따른 보험금 지급을 권고함(성립).

**관련근거 및 참고사항:** 피보험자의 동의 없는 타인의 사망보험 계약의 효력 발생 여부가 쟁점임. 타인의 사망보험에서는 피보험자의 서면에 의한 동의가 필요(상법 731조 1항)하지만, 동 보험계약의 성격은 보험계약자 및 피보험자 모두 동일하여 도덕적 위험이 없어 실질적으로는 타인의 사망보험에 해당하지 않음. 설사 보험계약자의 자필서명이 없었다 하더라도 보험계약에 대해 양 당사자가 서로 승낙한 경우라면 보험계약의 효력은 발생하므로 피신청인의 보험금 지급책임은 발생한다 할 것임.

자료 : 한국소비자원, 2011

---

**사 례 B: 임의매매, 과당매매 등으로 인한 손해배상 책임 유무(금융분쟁조정위원회 조정번호 제2011-7호, 2011. 2. 15. 결정)**

　신청인은 2008. 1. 30. 피신청인 **지점에 위탁계좌를 개설하고 피신청인 직원 ***(이하 '직원'이라 함)을 관리자로 하여 2010. 1월 말까지 주식을 매매했음. 2008.5.1. 신용거래계좌 설정 약정 후 신용거래를 함. 신청인은 총 거래기간(2008. 1. 30.~2010. 1월) 동안 264,828,814원을 투자하여 담당직원의 매매가 종료된 2010.1월말 147,389,264원 상당의 투자 손실을 입음. 신청인은 지점에 내점하지 못했던 2008.3월부터 담당직원이 주식을 임의로 매매하고 과당매매를 하여 손실을 본 것이므로 피신청인은 이에 대한 책임이 있다고 주장함. 피신청인의 주장은 신청인 계좌의 매매는 협의매매 내지 묵시적 일임에 따른 매매이며 임의매매가 아니라고 함. 또한 본건 매매는 신청인과 협의 내지 사후 통보를 통해 이루어졌고 매매내역 및 잔고 통보를 통해 신청인이 매매내역을 모두 인지한 상태에 이루어진 것으로, 담당직원이 신청인 계좌를 배타적으로 지배하고 있다고 보기 어렵고, 신청인의 투자성향 또한 단기매매를 선호하고 있는 점 등에 비추어 과당매매로 인한 손해배상책임을 인정하기 어렵다고 주장함.

**처리결과:** 본질적으로 투자자는 자신의 판단과 책임으로 투자하여 투자손실을 스스로 부담함이 원칙으로, 신청인은 피신청인이 송부한 거래 및 잔고내역, 지점 내점, 담당직원과의 유선통화 등을 통해 거래상황을 확인하고 거래를 중지시키거나 적극적으로 이의를 제기할 수 있었을 것임에도 불구하고 자기재산 관리를 소홀히하여 손해의 발생·확대에 원인을 제공한 책임이 있

으므로 피신청인의 책임을 10%로 제한함이 타당함. 피신청인은 신청인에게 손해금액 98,696,409원 중에서 9,869,640원을 배상할 책임이 있어 이를 인용하고, 신청인의 나머지 청구는 이유 없어 기각함.

관련근거 및 참고사항: 본건의 쟁점은 피신청인 담당직원의 임의매매 여부 및 과당매매여부라 할 것임. 임의매매인지 일임매매인지 여부에 관한 판단은 구체적이고 명백한 증거가 없는 경우가 많으므로 객관적으로 나타난 계약체결 당시의 권유방법, 투자목적 내지는 동기, 투자자의 거래 경험, 거래내역 등 구체적 상황을 종합적으로 파악하여 매매위탁이 존재하는지 여부를 판단하여야 할 것임. 과당매매행위를 한 것인지의 여부는 고객 계좌에 대한 증권회사의 지배여부, 주식 매매의 동기 및 경위, 거래기간과 매매횟수 및 양자의 비율, 매입주식의 평균적 보유기간, 매매주식 중 단기매매가 차지하는 비율, 동일 주식의 매입·매도를 반복한 것인지, 운용액 및 운용기간에 비추어 본 수수료액의 과다 여부, 손해액에서 수수료가 차지하는 비율, 단기매매가 많이 이루어져야 할 특별한 사정이 있는지 등 제반 사정을 참작하여 주식 매매의 반복이 전문 가로서의 합리적인 선택이라고 볼 수 있는지 여부를 기준으로 판단하여야 할 것임.

자료 : 금융감독원 e-금융민원센터(www.fcsc.kr)

**상담의 현장 11-3**

## 금융관련 피해 해결기관

보험, 증권, 은행과 관련된 불만이나 피해를 입었을 경우에는 금감원(국번 없이 1332) 문을 두드려 보자. 인터넷으로도 민원접수(www.fss.or.kr)가 가능하다. 한국소비자원(02-3460-3000, www.kca.go.kr)도 금융피해를 접수한다. 금융감독원은 민원이 접수되면 일차적으로 금융소비자보호센터 상담을 통해 해결하도록 노력한다. 만약 조정을 신청하면 최대 3개월 이내에 합의조정안을 마련해 준다. 분쟁조정처리결과 회신은 조정결과만을 답변하는 것이 아니라 조정이유, 법적근거 등을 상세히 알려준다. 만약 금융회사들이 금감원의 조정안을 받아들이지 않으면 금융소비자는 금감원의 '소송지원제도'를 활용할 수 있다. 소송지원제도란 금융분쟁 조정결정을 이행하지 않는 금융회사를 상대로 해서 금감원이 소비자에게 변호사 수임료 등 소송비용 일체를 지원해 주는 것이다.

### 사 례 C: 항공권 할인서비스 이행 요구

신청인은 '국내선 5%, 국제선 최대 8%' 할인되는 B카드를 발급받아 사용하던 중, 2009. 12. 14. 국제항공권을 구입하면서 1,542,900원을 B카드로 결제함. 그러나 카드결제 대금청구서를 보니 할인이 되어 있지 않아 B카드사에 이의제기하자 'OO투어'를 통해 항공권을 구입하는 경우에만 할인혜택을 주는 서비스인데 신청인의 경우에는 'OO투어'를 통해 항공권을 구입하지 않았기 때문에 할인되지 않는다고 하여 분쟁이 발생한 건임.

처리결과: B카드사가 합의권고안을 수용하여 신청인에게 항공권 구입대금의 5%에 해당하는 77,145원을 지급함.

관련근거 및 참고사항: 카드사가 카드발급 시에 제공되는 할인서비스에 대한 요건을 제대로 고지하였는지 여부가 쟁점임. B카드사가 카드를 발급할 때 제공하기로 하였던 항공요금 할인서비스와 적용조건에 대해 회원들이 충분히 인식할 수 있는 방법으로 고지되었는지에 대해 살펴본 결과, 신청인은 카드발급 시 받은 '팸플릿'에는 항공권 구입 시 할인혜택이 있다는 것만 있지 특정 여행사를 이용해야만 할인적용이 된다는 조건이 명시되어 있지 않다고 하고, B카드사는 할인적용 및 예매를 위한 세부절차는 홈페이지에 게시돼 있고, 팸플릿상에 그 내용을 '홈페이지를 통해 참고할 것'을 고지하였으므로 신청인의 할인서비스 적용요구는 타당치 않다는 주장임. 본건에 대해 사실관계를 확인한바, B카드사의 주장대로 팸플릿상에 '홈페이지를 통해 참고할 것'이라고 명시는 하였으나, 팸플릿 하단에 작은 글씨로 표시함으로써 할인적용 요건에 대해 충분히 고지하였다고 보기 어려워 B카드사에게 신청인의 할인서비스 적용요구를 수용하도록 합의 권고함.

자료 : 한국소비자원, 2011

상담의 포인트 11-5

## 신용카드 피해 예방 수칙

■ 카드 가입시 약관 내용을 잘 읽어보고 가능하면 약관을 복사해 둡니다.

■ 카드 뒷면에 서명을 반드시 합시다. 서명은 한자 등으로 타인이 흉내 내기 어려운 서명이 좋습니다.
  서명한 카드의 앞 · 뒷면을 복사해 두면 만일의 피해발생 시 보상에 도움이 됩니다.

■ 카드는 항상 잘 보관하고 수시로 확인합니다.

■ 가맹점에서 카드 결제 시 승인과정을 직접 눈으로 확인하고 매출전표 보관을 철저히 합니다.

■ 카드이용 시 전표의 상호, 금액 등을 확인한 후 카드상의 서명과 동일한 서명을 합니다. 서명이 다를 경우 피해 발생 시 보상이 어렵습니다.

■ 비밀번호를 생일이나 전화번호 등으로 하는 것은 위험합니다. 비밀번호가 노출돼 현금이 인출될 경우 보상이 불가능합니다.

■ 신용카드를 폐기할 때는 여러 조각으로 잘게 잘라 버려야 합니다.

■ 주소나 전화번호가 변경되었을 때는 카드사에 통지해 주어야 합니다.

■ 최근 할인회원권 업체들이 텔레마케터를 이용해 회원가입을 권유하는 경우가 많습니다. 이때 신용카드번호를 알려 주면 일방적으로 계약이 체결되므로 함부로 카드번호를 알려주면 안 됩니다.

## 9. 의료서비스

**사 례 A: 척추수술 후 사망한데 따른 손해배상 요구(정형외과)**

  신청인의 부(亡, 78세)는 요통으로 2010.9.29. 피신청인 병원에 입원하였고, 당시 고혈압(210/100mmHg)과 심초음파 검사에서 대동맥 판막이 두꺼워진 소견, 대동맥판막의 부전이 관찰되었으나 척추수술을 받음. 수술 직후 허혈성 심근경색으로 대학병원 응급실로 전원되어 치료받던 중 같은 해 11. 29. 08:34 사망함.

처리결과: 주의의무 소홀에 대한 치료비 및 위자료를 합한 46,000,000원을 신청인에게 배상함.

관련근거 및 참고사항: 고혈압 · 심질환자의 수술 전 검사 소홀 및 무리한 수술 진행에 대한 책임 유무가 쟁점임. 수술 직전 심초음파 검사에서 대동맥 판막이 두꺼워진 소견과 대동맥판막의 부전이 최소한 2등급 정도로 고령 · 고혈압 환자의 경우 심장정밀검사(관상동맥조영술)를 시행하여 심장상태를 정확히 진단하는 것이 필요함. 마취 직전 심전도 검사에서 허혈증세가 나타나고, 수축기 혈압이 200mmHg까지 상승되었다가 혈압 강하제 투여 후 수축기 혈압이 100mmHg까지 저하되었음. 급격한 혈압 강하는 평소 고혈압 환자에게는 매우 치명적일 수 있으므로 수술을 중단하고 혈압조절은 물론 심장 정밀검사를 충분히 시행한 후 후 수술 여부를 결정했어야 함. 수술 전 고혈압 병력과 마취 시 발생한 허혈증세, 흉부 방사선 검사소견, 고령, 콜레스테롤 증가 등 심장 위험 요인(심근경색, 관상동맥 협착 예측)을 예견할 수 있는데도 주의를 소홀히 하여 생명에 위급한 필수적 수술이 아님에도 무리하게 척추수술을 진행한 책임이 있다고 판단됨.

자료 : 한국소비자원, 2011

## 사 례 B: 마취 부작용과 의사의 설명의무 위반 여부(판례)

K는 2005년 7월 재단법인 H의학연구소가 운영하는 병원의 성형외과 의사인 A에게 유방확대수술을 받게 됨. 수술하기 위해 마취한 직후 발작 증상이 나타나 응급 처치 후 대학병원으로 이송됐으나 저산소증 뇌손상으로 전신 마비 상태에 이르렀다. 원고측은 의사 A가 마취할 때 정량을 초과하는 마취제를 너무 빨리 주입하는 등으로 전신 독성 증상을 야기했고, 발작 직후 응급 조치가 부족했다며 의사의 과실을 물어 손해배상 청구소송을 냄.

**처리결과:** 재판부는 의사의 설명 의무 위반 책임을 물어 손해배상책임은 정신적인 위자료로 5천만 원으로 정한다고 원고 일부 승소 판결을 내림.

**관련근거 및 참고사항:** 서울중앙지방법원 민사재판부는 판결문에서 "의사가 정량을 초과하는 마취제를 너무 빨리 주입해 전신 독성 증상을 야기했다는 주장과 발작 직후 응급 조치가 부족했다는 환자측의 주장은 근거가 부족하다"며 의료 과실을 인정하지 않음. 진료기록부를 보면 의사는 발작 즉시 기도를 확보하고 산소를 공급했으며, 적절하게 심폐소생술을 시행한 것으로 보여 의료 과실로 환자의 상태가 나빠졌다고 보기 힘들다는 것임. 그러나 재판부는 "유방확대술은 미용 목적의 성형수술로 환자의 선택권을 보장해 마취 부작용이 발생하면 치명적일 수 있다는 사실을 충분하게 설명해야 한다"고 지적함. 의사가 모든 마취에 알레르기성 반응이나 쇼크가 나타날 수 있다고 설명했으나 구체적인 결과에 대한 자세한 설명을 간과해 설명 의무를 다하지 못한 과실이 있다고 강조했음.

자료 : 소비자시대, 2010. 2월호

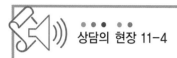

## [법률 이야기] 의료사고 분쟁 조정

평소 멀쩡하던 사람이 간단한 진료를 받으러 병원에 갔다가 뜻밖에 사망해 유족과 병원 사이에 긴 법정 공방을 하는 경우가 있다. 더러는 유족이 소송을 제기할 엄두를 못 내 그냥 덮이는 경우도 적지 않다.

보건복지부에 따르면 의료사고 소송 기간은 1심부터 대법원까지 평균 2년 2개월이다. 그 사이 유족들에겐 아무런 보상 없이 변호사 비용만 수천만 원이 든다. 그렇다고 언제나 유족에게 손해를 배상하라는 판결이 내려지는 것도 아니다. 이런 의료사고 분쟁의 효과적인 해결을 위한 법률이 최근 국회에서 통과된 '의료사고 피해구제 및 의료분쟁 조정 등에 관한 법률안(이하 의료분쟁조정법)'이다. 이에 따르면 의료분쟁은 반드시 재판을 거쳐야 하는 것이 아니다. 의료분쟁 전문 '조정중재원'이 있기 때문이다. 의료사고 분쟁을 재판이 아닌 조정, 중재로 신속히 해결할 수 있도록 돕는 기관이다.

현재 의료법상 '의료심사조정위원회', 소비자기본법상 '소비자분쟁조정위원회'의 조정제도가 있다. 그러나 전자는 거의 사문화된 상태고 후자는 소액 사건 위주로만 운영되어 대부분 재판으로 해결하는 것이 의료사고 분쟁의 현실이다. 보건복지부 감독을 받는 한국의료분쟁조정중재원은 조정 결정을 송달받은 당사자가 15일 이내에 결정에 대한 동의 여부를 조정중재원에 통보하지 않으면, 조정결정에 동의한 것으로 처리한다. 신속히 분쟁이 해결되도록 하는 제도다.

의료인의 배상책임 인정은 의료행위에 과실이 있었는지에 따라 결정되고, 결국 과실 유무에 대한 감정 결과가 핵심이다. 이에 의료분쟁조정법은 의료과실을 감정하는 전문 '의료사고감정단'을 두고 조정신청이 있으면 의료인 2명, 법조인 2명, 소비자권익단체 임원 출신 1명으로 구성된 감정부에서 60일 이내에 감정 결과를 제시하도록 했다.

의료사고에서 과실 판단의 가장 중요한 자료는 '진료기록'이다. 의료분쟁조정법과 함께 통과된 '의료법개정안'은 '의료인이 진료기록부 등을 거짓으로 작성하거나 고의로 사실과 다르게 추가기재 또는 수정한 경우' 1년 이하 자격정지, 3년 이하 징역형이나 1000만 원 이하 벌금형을 받도록 규정한다. 의료사고 분쟁 조정신청은 당사자의 선택사항이지 강제되는 것이 아니다. 따라서 의료분쟁조정법은 의료인 참여를 위해 형사처벌 특례도 둔다. 본래 민사상 배상책임과는 별도로 과실이 인정되면 의료인은 업무상과실치상죄의 형사처벌을 받을 수 있다. 그러나 의료분쟁조정법은 단순한 상해 결과만 발생한 경우, 피해자가 조정 중 의료인과 합의하거나 조정결정에 동의한 때 피해자의 형사고소가 없다면 의료인을 업무상과실치상죄로 처벌할 수 없도록 특례를 뒀다. 다만, 이런 특례는 피해자가 의료사고로 불구가 되는 등 중상해를 입거나 사망한 경우에는 적용되지 않는다. 이 밖에 조정을 통해 의료분쟁을 해결할 경우 '조정 확정 후 피해자가 배상금을 못 받으면 조정중재원에서 피해자에게 대불(代拂)한 후 의료인에게 구상'할 수 있으며, 분만 의료사고의 경우 '사고 원인이 불가항력으로 밝혀져 의료인 배상책임이 없는 때에도 조정중재원에서 사고 가족에게 피해를 일부 보상'하도록 하고 있다.

자료 : 매경이코노미, 2011. 4. 6

# 10. 정보통신

## 사 례 A: 사이트에서는 무료인 것처럼 보이게 한 후 결제받아 청구

인터넷을 이용 중 무료라는 배너가 보여 클릭하니 영화 등 콘텐츠를 무료체험 할 수 있다는 광고였음. 해당 사이트에서 정보를 입력한 후, 휴대폰으로 인증을 받은 후 번호를 입력하라고 해서 시키는 대로 했음. 이후 휴대폰요금 청구서에 소액결제로 OO결제 대행사 이름이 표시되어 3천 3백 원이 청구됨.

**처리결과:** 전액 환급처리함.

**관련근거 및 참고사항:** 결제 대행사를 통해 확인한 결과 해당 사이트는 이용약관과 이용과정상 화면에서 무료 체험 3일이 지나면 유료로 전환되어 부가세 포함 3천3백 원이 결제됨을 표기하고 있었고 자동으로 회원이 됨은 물론 이용약관에도 해당 사실을 고지해 동의를 받은 것으로 확인됨. 그러나 이용약관과 결제사실, 자 동회원으로 전환된다는 사실을 아주 작은 글씨로 구분하기 어렵고 찾기 어려운 곳에 표시한 점과 무료라는 것으로 소비자를 유인해서 오인하게 만든 점이 인정됨. '전자상거래 등에서의 소비자보호에 관한 법률' 제 21조에는 허위 또는 과장된 사실을 알리거나 기만적 방법을 사용해 소비자를 유인 또는 거래하거나 청약철 회 또는 계약의 해지를 방해하는 행위를 사업자 금지행위로 명시하고 있음.

자료 : 서울특별시 전자상거래센터(ecc.seoul.go.kr)

## 사 례 B: 통화품질 불량인 이동전화 계약해지 및 단말기 반품 요구

신청인은 피신청인이 제공하는 이동전화 가입자로 2010. 2. 6. 최신 휴대폰으로 기기변경(2G→3G)을 하였 는데, 사용 중 통화연결이 안 되는 경우가 종종 있었고 같은 해 3.초 거주지 및 직장의 지하주차장에서 통 화가 전혀 되지 않아 피신청인에게 이의 제기 후 같은 달 22일 현장점검 결과 3G통신망이 설치되어 있지 않아 발생된 문제임을 확인하고 피신청인에게 가입해지 및 단말기 반품처리를 요구하였으나, 피신청인은 개 통 후 14일이 경과하여 기기변경 취소가 불가하다고 함.

**처리결과:** 피신청인은 신청인으로부터 이 사건 이동전화 단말기를 받환받음과 동시에 신청인에 대하여 반환일 이후의 잔여 단말기 할부구매 대금 채권이 존재하지 아니함을 확인하고, 2010. 8. 30까지 신청인에 대한 이동통신요금채권 중 금 17,500원을 감면

**관련근거 및 참고사항:** 피신청인의 현장 전파점검 결과 신청인의 주생활지 지하주차장에서의 통화품질 불량이 확인되었고, 이를 이유로 신청인이 피신청인의 통화품질 개선조치 이전인 2010. 3. 22.(2010. 2. 6. 기기 변경 가입일로부터 약 2달 후) 피신청인에게 계약해지를 통보한 이상 이 사건 이동전화 가입계약은 같은 날 적법하게 해지되었다고 봄이 상당함. 피신청인은 「소비자분쟁해결기준」에 따라 신청인의 2010. 3. 22. 자 로 계약해지를 수용(신청인의 단말기 반환 및 잔여 단말기 할부구매 대금 채권 부존재 확인)하고, 해지신청 직전 1개월 기본료 금 35,000원의 50%인 금 17,500원을 감면함이 상당함. 다만 신청인이 위 해지의사표 시 후에도 현재까지 계속 사용함으로써 얻는 단말기 할부금액 상당의 이익은 피신청인에게 부당이득으로 반환해야 할 것인 바, 피신청인은 신청인에 대하여 이 사건 이동전화 단말기를 반환받은 날 이후의 잔여단 말기 할부구매 대금 채권에 대해서만 부존재를 확인함이 상당함. 한편 신청인은 구 전화기(2G) 재사용 조치 를 요구하나, 이는 이 사건 이동통신서비스 가입 및 단말기 할부구매 계약과 별개의 계약에 관한 것으로서 이는 받아들이지 아니함.

자료 : 한국소비자원(www.kca.go.kr)

**사 례 C: 해지누락으로 인출된 인터넷 요금 환급 및 미납금 청구 취소 요구**

신청인은 2008. 10월 피신청인 인터넷서비스를 이용하다 타 지역으로 이전하게 되어 해지신청한 후 2008. 11월 타사 서비스에 가입하였으나 최근 2008. 12월부터 2010. 8월까지 피신청인 인터넷 요금이 매월 인출되었던 사실을 알게 되어 신분증 등 해지 관련서류를 제출해 해지처리를 완료하고 모뎀도 반납하였으나 피신청인은 미납 요금도 있다며 납부를 요구함.

**처리결과:** 피신청인이 해지신청 당시의 위약금 178,200원을 제외한 기 인출대금 전액을 신청인에게 반환함

**관련근거 및 참고사항:** 해지신청 사실 인정 여부가 쟁점사항임. 피신청인은 신청인의 최초 해지신청 시 약정기간 이내라 위약금이 발생함을 안내하니 이전 설치해 계속 이용하기로 한 기록이 있고 해지를 위한 신분증도 제출되지 않았다 주장하나 이를 입증할 녹취기록은 없으므로 신청인이 거주지 이전하여 타사 가입한 후 피신청인 서비스를 이용하지 않은 사실이 확인되면 해지신청 당시의 위약금만을 공제하고 기 인출대금을 반환하는 것이 타당함.

자료 : 한국소비자원, 2011

**표 11-10**  통신관련 민원처리기관

| 구 분 | 전화번호 | 홈페이지 주소 | 민원 유형별 처리사항 |
|---|---|---|---|
| 휴대폰 결제중재센터 | 02-563-4033 | www.spayment.org | 인터넷에서 디지털콘텐츠를 구매, 결제하여 발생되는 정보이용료와 관련한 오과금, 제3자 이용, 사기피해 등으로 인한 민원 |
| 통신위원회 | 02-1335 | www.kcc.go.kr | 인터넷, 이동통신, 유선전화 등 통신관련 민원 처리 |
| 개인정보침해신고센터 | 02-1366 | www.cyberprivacy.or.kr | ID도용 피해, 인터넷사이트 회원탈퇴요구에 대한 미조치, 인터넷상의 개인정보침해관련 사항 |
| 한국소비자원 | 02-3460-3000 | www.kca.go.kr | 이동전화단말기 고장 등 품질불량, 인터넷쇼핑몰 구입 물품하자(미배달) 등 |
| 전자거래분쟁조정위원회 | 02-528-5714 | dispute.kiec.or.kr | 전자상거래 피해 |
| 프로그램심의조정위원회 | 02-2040-3565 | www.pdmc.or.kr | 컴퓨터프로그램 저작권 분쟁조정 및 알선, 소프트웨어 지적재산권 상담 |
| 불법스팸 대응센터 | 02-405-4774 | www.spamcop.or.kr | 불법스팸 관련사항 |
| 해킹ㆍ바이러스 신고센터 | 02-118 | www.krcert.or.kr | 해킹/바이러스 피해, 피싱 등 홈페이지 위ㆍ변조 |
| 경찰청사이버테러대응센터 | 02-392-0330 | www.ctrc.go.kr | 사이버범죄, 인터넷상 특정인으로부터의 명예훼손이나 경제적 피해에 관한 사항, 인터넷상의 사기행위 상담 |
| 검찰청 컴퓨터수사부 | 02-530-4977 | www.dci.sppo.go.kr | |

**상담의 포인트 11-6**

## 오픈마켓 이용시 주의사항!

'인터넷 쇼핑' 제2라운드가 시작됐다. 오픈마켓이 그 주역. MD가 선택한 상품을 등록 판매하는 기존 쇼핑몰과 달리, 오픈마켓은 쇼핑몰측이 거래의 장과 시스템만 제공할 뿐 판매자가 직접 상품을 등록하고 판매한다. 즉 판매자와 소비자가 직접 만나 거래하는 시장이다. 현재 경매사이트로 출발한 옥션을 비롯해, G마켓, 다음온켓, GS e스토어 등이 성업 중이다.

기존 인터넷 몰과 다른 만큼 특성을 이해하고 주의할 점도 있다. 우선 손품을 많이 팔아야 한다. 같은 제품이라도 판매자마다 가격과 조건이 다르므로 비교는 필수다. 또한 무엇보다도 중요한 것은 거래안전이다. 최저가 만을 고려한다면 피해를 입을 수 있다. 이용시 주의사항을 살펴보자.

① 의류의 경우 소비자의 컴퓨터 모니터에 따라 실제 색상과 다를 수 있으므로 신중하게 결정한다. 판매자에게 전화해 문의하는 것도 한 방법

② 가전제품이나 카메라 등은 정식 수입절차를 밟은 제품인지, 병행 수입제품인지 확인한다.

③ "좀 더 깎아줄 테니 주문을 취소하고 직접 거래하자."는 판매자를 조심한다. 소비자가 주문을 마친 후 해당 판매자가 전화해 직거래를 제안하는 사례가 있는데 이때는 에스크로(escrow)*의 도움을 받을 수 없어 피해를 입어도 보상을 받기 어렵다.

④ 판매자에 대한 고객만족도·등급, 이미 사용해 본 소비자들의 이용후기 등을 참고해 판매자의 신뢰도·제품의 질을 가늠한 후 결정한다.

⑤ 터무니 없이 싼 가격을 제시하는 판매자를 경계한다. 판매자 간의 경쟁으로 가격 차이가 나는 것이 오픈마켓의 특징이지만, 고가의 가전제품이나 컴퓨터를 수십만 원 싸게 책정했다면 정상적인 거래로 보기 어렵다.

⑥ 반품할 경우 오픈마켓에 명시된 반품기한을 지켜야 에스크로제도의 보호를 받아 환급이 원활하게 이뤄질 수 있다.

⑦ 소비자가 물건을 받은 후 '구매결정' 버튼을 클릭해야 판매자에게 돈이 지급되는 후불제 마켓을 이용할 때는 물건에 이상이 없는지 잘 살펴본 후 신중하게 결정한다.

⑧ 오픈마켓마다 방식이 조금씩 달라 이용방법을 읽어봐야 한다. 구매결정 의사를 재확인하는 후불방식인지, 반품할 경우 며칠 이내에 신청해야 하는지를 체크해야 낭패 보지 않는다.

자료 : 소비자시대, 2006. 1월호

*에스크로(escrow)제도: 결제대금예치제도. 전자상거래에서 거래의 안전성을 확보하기 위한 제도로서 거래대금 입·출금을 은행 등의 공신력 있는 제3자가 관리하는 제도

연구문제

1. 소비자분쟁해결기준의 품목별 보상기준을 찾아보고, 구체적인 보상기준을 알아보자.
2. 최근 3년간 새로 개정된 소비자분쟁해결기준의 구체적인 내용을 설명해 보자.

참고문헌

공정거래위원회(2005). 소비자는 내친구, 24-25.
공정거래위원회 보도자료(2013. 2. 6). 소비자문제 "1372"가 해결해 줍니다.
매경이코노미(2011. 4. 6). [법률 이야기] 의료사고 분쟁 조정.
소비자시대(2006). 1월호.
소비자시대(2010). 2월호, 7월호.
소비자시대(2011). 1월호, 5월호.
연합뉴스(2007. 1. 15). 자동차 결함 사고 '제작사 배상' 첫판결(www.yonhapnews.co.kr).
월간 소비자(2011). 5월호.
한국소비자원(2010). 소비자분쟁해결기준.
한국소비자원(2010). 2009 소비자피해구제 연보 및 사례집.
한국소비자원(2011). 2010 소비자피해구제 연보 및 사례집.
한국소비자원(2014). 2013 소비자 피해구제 연보 및 사례집.

참고 사이트

공정거래위원회 소비자홈페이지(www.consumer.go.kr)
금융감독원 e-금융민원센터(www.fcsc.kr)
(사)한국소비생활연구원 홈페이지(www. sobo112.or,kr)
서울특별시 전자상거래센터 홈페이지(ecc.seoul.go.kr)
한국소비자단체협의회 홈페이지(www.consumernet.or.kr)
한국소비자원 홈페이지(www.kca.go.kr).

# 찾아보기

## 이기춘

서울대학교 대학원 석사, 박사(소비자학)
Iowa State Univ. 및 Cornell Univ. 객원교수
한국소비자학회 초대회장
소비자정책위원회 초대 공동위원장(민간위원장)
현재 서울대학교 소비자학과 명예교수

## 박명희

서울대학교 대학원 석사, 고려대학교 대학원 박사(소비자학)
Indiana Univ. Business School 및 Ohio Univ. 객원교수
한국소비자학회 3대 회장
한국소비자원 11대 원장
현재 동국대학교 사범대학 가정교육과 교수

## 이승신

University of Illinois, Ph.D.(소비자학)
Oregon State Univ. 및 한국개발연구원(KDI) 객원교수
한국소비자학회 5대 회장
한국소비자원 10대 원장
현재 건국대학교 소비자정보학과 교수

## 송인숙

서울대학교 대학원 석사, 박사(소비자학)
University of Tennessee, Knoxville 객원교수
한국소비자업무협회 초대회장
한국소비자정책교육학회 2대 회장
현재 가톨릭대학교 소비자 · 주거학과 교수

## 이은희

서울대학교 대학원 석사, 박사(소비자학)
Georgetown Univ. 및 Toronto Univ. 객원교수
한국소비자학회 11대 회장
한국소비자업무협회 7대 회장
현재 인하대학교 소비자아동학과 교수

## 제미경

Oregon State Univ. 석사, 경희대학교 대학원 박사(소비자학)
University of Missouri-Columbia 객원교수
한국소비자업무협회 4대 회장
한국소비문화학회 12대 회장
현재 인제대학교 소비자학 전공 교수

## 박미혜

성균관대학교 대학원 석사(소비자학)
동국대학교 대학원 박사(소비자학)
현재 경희대학교 생활과학대학 강사

# 소비자상담 (개정판)

2007년 8월 30일  초판 발행
2011년 8월 30일  개정판 발행
2015년 2월 12일  개정판 5쇄 발행

지은이  이기춘 외
펴낸이  류 제 동
펴낸곳  **교문사**

전무이사  양계성
책임편집  정혜재
본문편집  신나리
표지디자인  이수미
제작  김선형
영업  이진석 · 정용섭

출력  현대미디어
인쇄  동화인쇄
제본  한진제본

우편번호  413-756
주소  경기도 파주시 교하읍 문발리 출판문화정보산업단지 536-2
전화  031-955-6111(代)
FAX  031-955-0955
등록  1960. 10. 28. 제 1-2호

홈페이지 : www.kyomunsa.co.kr
E-mail : webmaster@kyomunsa.co.kr
ISBN 978-89-363-1178-0 (93590)